AF370777

HISTOIRE

DES SCIENCES

DE L'ORGANISATION

ET DE LEURS PROGRÈS,

COMME BASE DE LA PHILOSOPHIE.

TYPOGRAPHIE DE FIRMIN DIDOT FRÈRES,
RUE JACOB, 56.

HISTOIRE

DES SCIENCES

DE L'ORGANISATION

ET DE LEURS PROGRÈS,

COMME BASE DE LA PHILOSOPHIE;

PAR M. H. DE BLAINVILLE,

DE L'ACADÉMIE DES SCIENCES, PROFESSEUR ADMINISTRATEUR AU MUSÉUM D'HISTOIRE NATURELLE,
PROFESSEUR A LA FACULTÉ DES SCIENCES DE PARIS, ETC., ETC.

Rédigée d'après ses notes et ses leçons faites à la Sorbonne de 1839 à 1841, avec les développements nécessaires et plusieurs additions;

PAR F. L. M. MAUPIED,

PRÊTRE, DOCTEUR ÈS-SCIENCES DE LA FACULTÉ DE PARIS,
MEMBRE DE LA SOCIÉTÉ LITTÉRAIRE DE L'UNIVERSITÉ CATHOLIQUE DE LOUVAIN, ETC.

> Philosophia veritatem quærit,
> Theologia invenit,
> Religio sola possidet.
> PIC DE LA MIRANDOLE.
> Nec verò pietas adversus deos, nec quanta his gratia debeatur, sine explicatione naturæ intelligi potest. CICER., DE FINIBUS, III, 21.

TOME PREMIER.

LIBRAIRIE CLASSIQUE DE PERISSE FRÈRES,

PARIS,
RUE DU POT DE FER S.-SULPICE, 8.

LYON,
GRANDE RUE MERCIÈRE, 33.

1845.

INTRODUCTION.

L'importance que l'illustre Descartes, indubitablement le plus grand philosophe des temps modernes, attacha sur la fin de ses jours à l'étude de l'organisation de l'homme et des animaux, comme nous l'apprennent plusieurs de ses lettres à ses amis, qui le sollicitaient de publier enfin son traité *De mundo*, œuvre immense, commencée de bonne heure, et qui cependant n'a pas été terminée; le peu de progrès réels, c'est-à-dire, incontestés et acceptés unanimement, qu'a faits la psychologie, et par suite la philosophie, malgré les travaux d'hommes aussi éminents que Malebranche, Leibnitz, Locke, Hume, Condillac, Cabanis, Destutt de Tracy, Maine de Biran, Kant et toute l'école allemande, Reid et l'école écossaise, la Romiguière et toute la nouvelle école française, m'avaient montré de fort bonne heure, et surtout depuis l'immense effort produit par Gall dans sa physiologie du cerveau et du système nerveux, que les sciences de l'organisation seules pourraient fournir les moyens de résoudre le problème de la nature humaine, problème que l'on trouve proposé depuis si longtemps dans cette inscription hiératique : *Connais-toi toi-même;* puisque seules elles pouvaient offrir les éléments de la comparaison, base de toutes les sciences, quelque élevées qu'elles soient, et par conséquent de la connaissance[1].

---

[1] La science est l'opinion vraie d'une chose, accompagnée de sa raison, *logos*, c'est-à-dire, de sa différence avec les autres. (Platon, Théétète, *ad. fin.*)

a

Dès lors, aussitôt que mes travaux sur l'ensemble de la science de l'organisation animale ont été suffisamment avancés, j'ai éprouvé le besoin d'en confirmer et même d'en corroborer les principes par l'étude des progrès de la zoologie, envisagée dans toute l'étendue dont elle est susceptible, comme je l'expose dans mon enseignement[1]. A cet effet, j'ai, pendant les années 1839 et 1840, fait à la Sorbonne mon cours sur ce sujet, en l'intitulant : *Des principes de la zoologie, déduits des progrès de la science depuis Aristote jusqu'à nous*; mais, sous ce titre, j'ai véritablement embrassé mon sujet de manière à pouvoir le présenter comme une base de la philosophie, ainsi que je la conçois; distinguant soigneusement la philosophie elle-même, que je définis, avec Platon, la connaissance des choses divines et humaines, et qui a été si admirablement formulée dans la religion chrétienne, de l'histoire des différentes sectes ou opinions dites, on ne sait pas trop pourquoi, philosophiques.

Jusqu'ici, en effet, on a appelé philosophie, sans se rappeler l'étymologie de ce mot, ou bien l'exposé plus ou moins étendu de la manière dont les hommes d'intelligence ont conçu la cosmogonie, c'est-à-dire, la formation de l'univers, par les propres forces de la matière, ou par celle d'un des éléments dont elle est formée, jointe au mouvement qui lui était propre, ou à l'aide d'un esprit qui en était distinct et qui en a été l'ordonnateur, l'un et l'autre étant considérés comme existants de toute éternité; ce qui a conduit à l'étude de la terre en masse, comme partie de l'univers, et, par conséquent, à la géométrie et à l'astronomie immédiates.

[1] Il est bon de dire que, sous ce nom de zoologie, je comprends toutes les sciences qui ont trait à l'homme et aux animaux, jusqu'à celle de leur éducation et de leur gouvernement.

Ou bien l'analyse et la démonstration des procédés que suit et doit suivre l'intelligence elle-même pour atteindre à la vérité dans l'acquisition de la connaissance, aussi bien que pour faire reconnaître les erreurs que l'esprit humain est malheureusement porté à lui substituer, entraîné qu'il est par sa nature physique, d'où sont nées la logique et la dialectique, et même la grammaire, qui les précède nécessairement, et les mathématiques, qui en sont, au contraire, la suite inévitable.

Ou bien cette grande part de la connaissance qui, portant l'intelligence à l'étude des corps en particulier, s'est élevée, en considérant les qualités, les propriétés d'une manière générale, sous forme de catégories, et ainsi de généralités en généralités, aux principes, aux lois qui régissent les phénomènes, aux causalités, et a constitué ce qu'on a désigné par la grande dénomination de métaphysique.

Ou bien cette autre partie qui, s'appuyant sur la conscience de l'homme, ce juge intérieur si intègre, quand il est franchement et convenablement interrogé, de ce qui est bien ou mal dans nos pensées, comme dans nos actions, et par conséquent dans celles des autres, a constitué la morale, dont on a fait honneur à Socrate, en disant de lui qu'il avait fait descendre la philosophie du ciel sur la terre.

Ou bien même cette grande et difficile application de la connaissance du monde et de l'homme, au gouvernement général et particulier des hommes réunis en sociétés plus ou moins nombreuses, dans tel ou tel ensemble de circonstances, et qui a reçu le nom de politique, qu'aucun philosophe ancien n'a négligée, comme partie intégrante, et presque terminale de la philosophie.

Mais, ce qui me semble tout à fait digne d'être remarqué, c'est qu'à grand'peine si, depuis les temps anciens, ou du moins depuis le moyen âge, époque où la philosophie comprenait nécessairement la physiologie, les connaissances naturelles, et surtout celles qui embrassent la science de l'organisation, même celle de l'homme, encore moins celle de l'homme malade, ou la médecine, ont été, si ce n'est par accident, considérées comme faisant partie de la philosophie. En effet, dans les temps modernes, et même de de nos jours, à l'exception toutefois du grand Descartes, comme nous l'avons déjà dit au commencement de cette introduction, de Kant, ainsi que du célèbre Gall, dont nous subissons encore l'influence, et de quelques jeunes gens entrés pleinement dans cette direction, comme MM. Auguste Comte et Buchez, aucun philosophe n'a fait cet honneur aux sciences naturelles.

Voyez en effet : parmi les hommes éminents dont fait mention l'histoire de la philosophie, aussi bien dans le dix-huitième siècle que dans le nôtre, pas un, peut-être, ne s'est occupé des sciences naturelles ; pas un n'a étudié l'homme en lui-même, et encore moins par comparaison avec les animaux. Tous, acceptant presque complétement ce point de la philosophie alexandrine, que la science universelle se réduit à la conscience ; que, pour tout connaître, l'âme n'a qu'à regarder en elle, ont cru qu'il suffisait de s'étudier eux-mêmes, sous les rapports intellectuel et moral ; et le résultat, plus ou moins avantageux, auquel ils sont parvenus, a été proportionnel à la beauté de leur nature, et peut-être au calme de la société, alors qu'ils s'observaient. Ils ont cherché à analyser l'histoire naturelle de leurs sensations, celle de la marche de leur intelligence dans l'acquisition de la connaissance, ce qu'ils ont nommé l'histoire de l'entendement humain. Quelques-uns se sont élevés jusqu'à établir les lois de la morale, de la politique naturelle, du droit naturel, de la religion naturelle ; enfin, un assez petit nombre, il est vrai, des plus élevés, Descartes, Spinosa,

Malebranche, Leibnitz, Kant, ont été jusqu'à scruter les rapports de l'homme avec le monde et avec Dieu, ce qu'on a désigné par le grand nom de théodicée ou de philosophie générale; mais tous, ou presque tous, ont tendu à séparer ces grandes questions de la religion chrétienne. Ne voyant pas l'identité parfaite qu'il y a entre la philosophie et la religion, considérées socialement, ils ont élevé la prétention de les séparer nettement, en reconnaissant cependant qu'elles doivent converger vers le même but; et encore ce n'est que dans ces derniers temps que ce grand pas a été fait, par suite de la grave maladie dont la société est affectée, de l'aveu même de ceux qui n'ont pas peu contribué à la déterminer, souvent sans s'en apercevoir, trop fréquemment encore avec l'intention perfide de tout renverser, espérant pour eux une position plus favorable que celle dans laquelle ils se trouvaient dans l'état naturel des choses. Si les philosophes de nos jours acceptaient le fait que la philosophie et la religion chrétienne ne font qu'un, ils ne seraient pas obligés de reconnaître que la philosophie n'est pas une science faite, ou du moins achevée, qu'elle est donc à faire ou à achever, et que c'est précisément sa gloire d'agiter toujours ces grandes questions qui sollicitent perpétuellement l'esprit humain, et de donner sur les mystères de notre destinée des solutions beaucoup moins diverses qu'on ne le dit, dont la forme change et s'élève avec les progrès mêmes de l'humanité. En effet, ces solutions sont déjà données par la philosophie chrétienne; mais une école qui, par la voix de ses organes les plus justement estimés, déclare, d'une part, qu'elle ne conçoit pas la philosophie sans sincérité, que le devoir est la loi souveraine repoussant toute condition, obligeant les gouvernements comme les individus, et qui d'une autre part proclame dans une occasion solennelle qu'il n'y a point d'orthodoxie en philosophie, que dans

son domaine toutes les opinions sont libres, parce qu'il n'y a
pas de texte sacré qui les enchaîne à une règle inflexible
dont elles ne peuvent s'écarter sous peine d'hérésie, montre
qu'elle a changé tout à fait le sens et le but de la philosophie,
et qu'elle est tombée dans cet éclectisme que Brucker déclare,
avec tant de raison, n'être qu'une sorte de monstruosité,
le protestantisme individuel. En effet, il y a, et il doit y avoir
une orthodoxie aussi rigoureuse dans la philosophie sociale
que dans la marche physique, logique et morale de l'homme. Une suite de mouvements naturels, mais rigoureusement déterminés par l'emploi de certains organes, dans la
direction du point que nous voulons atteindre; une suite
d'actes intellectuels posant des prémisses, préalablement
estimées, et en déduisant une conséquence rigoureuse dans
le but de démontrer une vérité relative et particulière, ou
une vérité générale; une suite d'actions dans le sentiment
de notre conscience d'être social, commandée par l'idée de
devoir envers chacun de nos semblables, et envers la société dont nous faisons partie, demandent une orthodoxie
parfaite, un enchaînement à une règle inflexible, sans laquelle il n'y a plus ni marche, ni raisonnement, ni conduite
morale. Or, c'est ce que la religion chrétienne, l'antagoniste et non l'ennemie de la philosophie païenne, car elle
n'est l'ennemie ni des choses, ni des personnes, formule si
admirablement, pour ce dernier point de vue surtout, sans
lequel la société à un certain degré n'est pas possible, en
la liant à la connaissance de Dieu; au point qu'en la suivant, l'homme le plus simple atteint ici-bas le but aussi
certainement que le philosophe le plus consommé, et beaucoup mieux dans la vie à venir; tandis que l'éclectique le
plus conséquent ne peut évidemment *choisir* que d'après
sa nature propre, d'après son tempérament qui se modifie
avec l'âge, avec l'état de santé, et surtout d'après les cir-

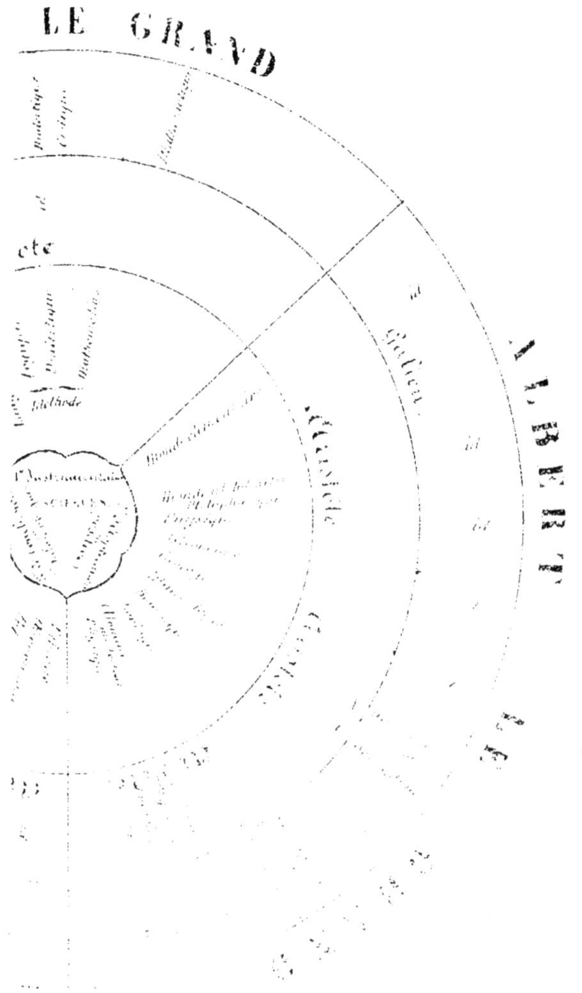

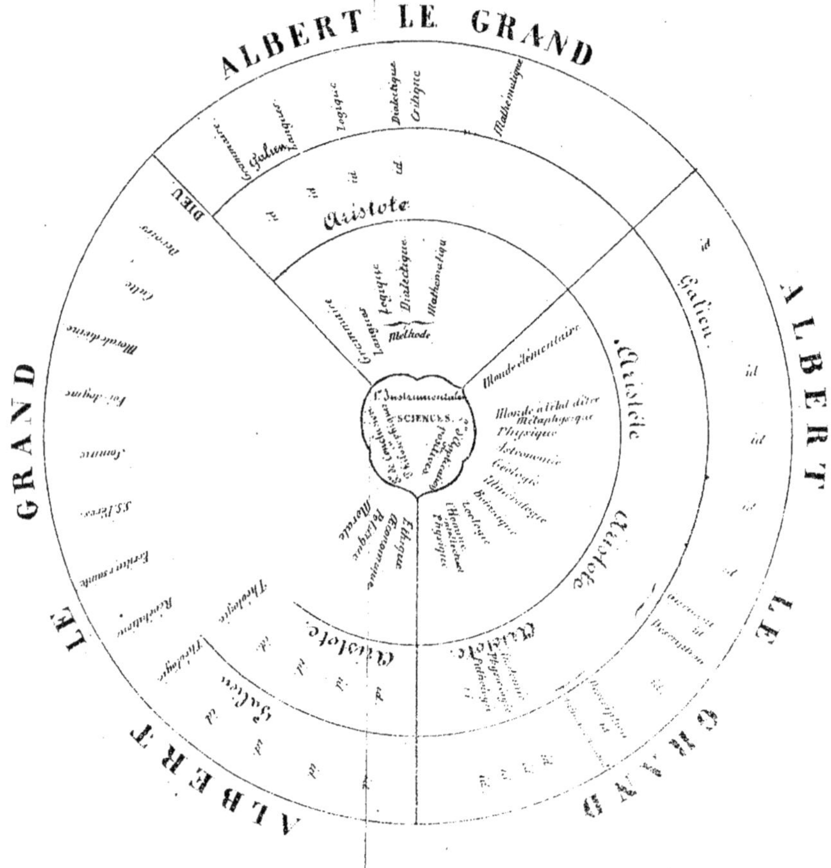

Cercle des Connaissance
Divines et Humaines
ou
La Philosophie
T.A.
page vj.
ALBERT LE GRAND
ALBERT LE GRAND
ALBERT LE GRAND
Aristote
Aristote
Aristote
Aristote
Galien
Galien
Galien
DIEU
Grammaire
Logique
Dialectique
Critique
Mathématique
Grammaire
Langues
Logique
Dialectique
Mathematique
Méthode
Monde élémentaire
Monde à l'état d'être
Métaphysique
Physique
Astronomie
Géologie
Minéralogie
Botanique
Zoologie
Homme
physique
Ethique
Economique
Politique
Morale
SCIENCES.
1re Instrumentales
2e Réelles
3e Complémentaires
Philosophiques
Positives
Métaphysique
Morale
Théologie
Théologie
Théologie
Rationnelle
Révélée
SS. Pères
Femme
Théologie
Morale divine
Culte
Prières

constances dans lesquelles il se trouve. Cherchez, en effet, dans l'histoire ancienne, moderne et récente, la preuve de cette définition, et vous trouverez que l'éclectisme n'est véritablement qu'une règle de plomb, assez mince même pour fléchir à propos et facilement, de manière à pouvoir s'appliquer aux circonstances les plus diverses et aux opinions les plus contradictoires.

Bien plus, et ce qui est encore mieux fait pour nous frapper d'étonnement, c'est que la religion qui résume si admirablement tout ce qui constitue la connaissance, puisqu'elle seule saisit, embrasse l'homme tout entier, dans tous les lieux et dans tous les temps, au présent comme au passé, comme au futur, non-seulement n'a que fort rarement été comprise dans la philosophie, si ce n'est peut-être par Pythagore dans les temps anciens, et par saint Thomas dans la scolastique des premiers de nos temps modernes, ainsi que plus tard par le célèbre institut de Jésus; mais, bien mieux, qu'elle a été considérée comme son antagoniste naturel, son opposé nécessaire. En sorte que, de nos jours, et surtout dans le siècle dernier, par un renversement total de termes et d'idées, la philosophie a pris, pour ainsi dire, comme sa définition, d'être opposée à la religion. Un philosophe est encore, dans l'opinion vulgaire et presque générale de notre temps, un homme antireligieux, ou au moins indifférent, indépendant de la religion; quoique, ainsi qu'il est si facile de le démontrer, la philosophie et la religion ne fassent véritablement qu'une seule et même chose, lorsque l'une est bien comprise, et que l'autre est parvenue à la sublime élévation de la religion chrétienne, la seule qui, sans même considérer sa divine origine, satisfait à tous les besoins de l'homme social et de la société; qui la comprend et la soutient tout entière, grande ou petite, sous quelque forme qu'elle soit, en mettant le *devoir* en première ligne, et s'élevant jusqu'à la conception de la *vertu*, substituant à la force physique brutale la force morale, et cela par un mode admirable d'éducation et d'instruction [1].

C'est de ce point de vue à la fois philosophique et religieux, que mon cours sur l'histoire des progrès de la zoologie, la principale des sciences naturelles, depuis Aristote jusqu'à nous, a été entrepris, et c'est pour cela qu'en le publiant nous prenons pour titre : *Histoire des sciences de l'organisation et de leurs progrès, comme base de la philosophie*, et non pas celui sous lequel il a été fait à la Sorbonne : *Des principes de la zoologie, démontrés par son histoire depuis Aristote jusqu'à nous ;* preuve que nous avons accepté depuis assez longtemps l'opinion que l'histoire de la science est la science elle-même. Mais pour cela il faut que, faisant abstraction des efforts infructueux, restés sans succès, parce qu'ils ont été faits dans une fausse route, ou mal à propos, ou même à rebours, on ne tienne compte que des pas qui ont eu lieu dans la ligne droite, entre le point de départ et le terme ou le but. C'est la raison pour laquelle, dans ce long espace de temps, depuis Aristote jusqu'à M. Oken, ce qui forme plus de deux mille ans, passant sous silence les travaux des personnes qui ont pris, pour ainsi dire, à gauche, volontairement ou involontairement, ce qui a souvent eu lieu par suite de circonstances individuelles, j'ai choisi pour jalons de cette histoire un certain nombre de ces hommes éminents qui, forts de leurs

[1] Je me rappelle à ce sujet que le célèbre saint Simon de nos jours, celui dont on a si singulièrement travesti les doctrines, et que j'ai beaucoup connu, entrant un jour chez moi et posant un petit livre sur ma table, me dit : Voilà le chef-d'œuvre de l'esprit humain. Or ce livre n'était autre que le petit Catéchisme du diocèse de Paris.

propres travaux et de ceux de leurs prédécesseurs légitimes,
ont successivement imprimé à la science une impulsion dans
la direction convenable, et d'une intensité voulue par l'âge
auquel elle était parvenue; impulsion personnelle qui, ajou-
tée à celle donnée par leurs devanciers, a porté la science à
des degrés de plus en plus élevés au-dessus du point auquel
chacun l'avait reçue.

Dans cette manière de voir, un assez petit nombre de
biographies particulières m'a suffi pour atteindre mon but,
mais en leur donnant un tout autre tour que celui qu'ont
dû prendre les biographes proprement dits; ils n'avaient
en effet qu'à examiner des individus, tandis que, pour moi,
c'est la personnification d'une époque, d'un degré de développement de la science, sa formule particulière humaine, c'est-à-dire les parties plus ou moins nécessaires d'un
tout; ce que l'on peut assez bien comparer aux bourgeons
d'un arbre, surtout dans la théorie de Lahire; puisque, avec
une certaine indépendance, ils font partie d'un tout qu'ils
produisent et augmentent proportionnellement à leur nombre et à leur vigueur.

Mais pour donner à chacune de ces biographies le caractère que demandaient la conception, le plan et le but de
mon histoire, il a fallu recourir à un mode particulier d'exécution, dont je dois donner l'explication.

J'ai renfermé la biographie de chacun des hommes qui
constituent mes points ou nœuds scientifiques, sous sept
titres différents.

Dans le premier, j'ai exposé, et quelquefois scruté, apprécié, les éléments que je devais employer, les sources où
j'ai dû les puiser; ce qui est plus important qu'on ne le
pense, surtout pour les auteurs anciens, dont l'histoire est
bien véritablement une fable convenue, et même pour les
modernes, où souvent l'intérêt ou l'ignorance ont fait des

panégyriques ou des éloges, plutôt que de sincères biographies.

Dans le second, j'ai résumé de la manière la plus simple et la plus brève possible, les différentes circonstances de la vie de chaque savant, choisi d'après des principes déterminés, en rapportant les dates les plus rigoureuses que j'ai pu connaître, en insistant sur la situation de sa famille, aussi bien en fortune qu'en position sociale; sur les secours d'éducation et d'instruction qu'il a pu recevoir dans son jeune âge; sur les places qu'il a occupées, les circonstances sociales et particulières où il s'est trouvé; sur ses rapports de famille et de société, autant du moins qu'il était nécessaire pour nous mettre à même de juger son degré de moralité, la première chose pour un homme public; sur la raison des débats auxquels il a pris part, sans négliger même de noter la nature de son tempérament physique et moral, des maladies qu'il a pu éprouver, et le genre de mort auquel il a succombé; parce qu'il est également possible d'en tirer quelques présomptions sur la direction naturelle ou forcée de ses travaux, et, par suite, sur la confiance que méritent ses observations.

Sous le troisième titre sont exposés les éléments qu'il a pu employer pour la confection de ses ouvrages, en notant soigneusement ce qu'il a reçu de ses prédécesseurs, et même de ses contemporains nationaux ou étrangers; ce qui constitue l'appréciation des circonstances scientifiques au milieu desquelles il a vécu. C'est alors, en effet, que doit se trouver remplie la lacune comprise entre le précédent et lui, par une analyse rapide, ou même par une simple mention des travaux faits par les auteurs intercalaires, dont les dates biographiques pourront être rapportées au bas des pages.

Le quatrième titre renferme l'exposition complète et

méthodique des travaux laissés par le biographié à la postérité, avec la date soigneusement établie des époques auxquelles ils ont été publiés, quelquefois même avec les
particularités de leur publication.

Le cinquième expose comment ces ouvrages nous sont parvenus, et se sont répandus dans le monde scientifique ; chose
qui, très-facile à obtenir pour les modernes, est au contraire
souvent fort difficile pour les anciens, et dont l'importance
est cependant proportionnelle à la difficulté. En effet, l'histoire de la manière dont ces ouvrages sont venus jusqu'à
nous, des phases qu'ils ont éprouvées avant qu'ils aient été
imprimés, des commentaires de toute nature qu'ils ont
subis dans toutes les langues, sont absolument nécessaires
à connaître pour déterminer le degré de confiance qu'ils
méritent, et celui de leur influence ultérieure sur les progrès de la science.

Le sixième est employé à donner une analyse raisonnée
et substantielle des principaux de ces ouvrages, et surtout
de ceux qui appartiennent évidemment à la science de l'organisation, la seule dont les détails doivent entrer dans
notre plan.

Le septième, le plus important sans doute, repose sur ce
que la personne dont il est question a introduit de principes, et même de faits importants et nouveaux dans la
science, et a laissé véritablement d'acquis à ses successeurs,
ou mieux à la science, par suite de l'effort qu'elle a produit.

Chaque biographie est enfin terminée par un résumé sur
l'ensemble des chapitres dont se compose l'histoire de chaque sujet, ce qui donne le résultat définitif de son action, de
son influence sur la partie du cercle des connaissances humaines que nous envisageons d'une manière spéciale.

Mais ce n'était pas tout que d'avoir déterminé quel était
le meilleur procédé à suivre, pour présenter la biographie

de chacun des hommes scientifiques qui auraient été choisis, de manière à montrer comment ils se sont, pour ainsi dire, donné la main en traçant la marche de la science à travers les siècles, il s'agissait de les choisir, et de désigner nominativement ces personnifications, et de le faire d'après des principes incontestables, et qui fissent eux-mêmes partie de la conception générale.

Or ces principes reposent sur les faits suivants :

D'abord, que la connaissance humaine, en général , et la science de l'organisation, qui en fait une branche capitale, en particulier, suivent dans leurs accroissements, et dans la suite des temps, une marche naturelle, enchaînée, une marche, pour ainsi dire, forcée, involontaire de la part de l'homme, suivant laquelle, au milieu de tâtonnements plus ou moins nombreux, d'oscillations, et même quelquefois de rétrogradations réelles ou apparentes, le point nécessaire dans la direction voulue est attaqué par l'homme dont la nature d'esprit se trouve le plus en rapport avec le besoin de la science à l'époque où il apparaît. Bien plus, c'est que si cet homme, dont le génie conviendrait à une certaine époque, vient à paraître trop tôt, avant terme, pour ainsi dire, d'abord son effort ne peut être complet en lui-même, et surtout il ne peut produire aucun effet ; il ne peut être senti, et reste véritablement comme non avenu : la terre n'était pas encore convenablement préparée pour que la semence pût y germer, et encore moins y produire des fruits.

Un second fait, encore plus important et non moins indubitable, c'est que la science, conséquence du libre arbitre, caractère essentiel de l'homme, a un but pour lui, la sagesse, c'est-à-dire, en deux mots, la connaissance de ses devoirs par celle de Dieu ; et que, par suite, elle forme un tout, et que ce tout est nécessairement, ou peut du moins être considéré comme un cercle, dont chaque science est un rayon, et que le cercle n'est clos, n'est terminé, que lorsque le but, le terme de la science est atteint, c'est-à-dire, lorsqu'elle comprend la base unique de la société, la religion, comme l'indique si bien l'étymologie de ce mot.

Mais ce cercle, quoique complet à différentes époques de la vie ou des âges de la société humaine, peut offrir un développement, une étendue plus ou moins considérable, suivant que chaque science étant plus ou moins approfondie, le rayon qu'elle représente est lui-même plus ou moins étendu. Dès lors on conçoit que, dans la suite des temps, la science puisse être représentée par plusieurs de ces cercles inscrits, tous complets, lorsqu'ils ont compris toutes les sciences divines et humaines à un certain degré de développement, et s'étendant inégalement, il est vrai, à mesure que les rayons qui les constituent se sont eux-mêmes avancés; produisant un peu, sauf sous ce dernier rapport, ce que produit une pierre jetée dans une grande masse d'eau, c'est-à-dire, des cercles concentriques, tous déterminés ici par la même cause, là par le même but; avec la différence essentielle que, dans les cercles de la science, tous les rayons ne marchent pas rigoureusement avec la même vigueur, et que, dès lors, le cercle nouveau ne se régularise qu'avec le temps, et par une influence réciproque d'un de ses rayons ou d'une science sur les autres.

C'est ainsi que, sans être en aucune manière influencé par le bruit que certains hommes ont fait pendant leur apparition dans ce monde, par suite de circonstances presque locales, et dès lors assez indifférentes, j'ai conçu et exécuté mon histoire des sciences de l'organisation, comme pouvant servir de base à la philosophie, en même temps qu'à démontrer que celle-ci ne fait qu'un avec la religion chrétienne, qui n'en est, pour ainsi dire, qu'un *à priori*, révélée à l'homme par Dieu lui-même, lorsque l'état de la société l'a demandé.

C'est également dans cette idée que je désire que l'on veuille bien lire cet ouvrage, dans lequel j'espère qu'en même temps on pourra trouver suffisamment développés les principes de la science de l'organisation, ceux qui doivent en aider les progrès dans toutes les parties qui en sont encore susceptibles.

Ce sujet, si je ne me trompe, est neuf; mais il est peut-être encore plus difficile. Aussi, suivant moi, il n'aurait probablement pu être traité, ou l'aurait été sans succès avant le point auquel la science en général, et celle de l'organisation en particulier, sont parvenues aujourd'hui. Sans doute elles sont encore assez loin du degré de perfection qu'elles sont susceptibles d'atteindre, même dans les parties les plus avancées; mais, certainement, elles le sont assez pour qu'on puisse en tirer ce qui est nécessaire à l'établissement des principes, et pour démontrer qu'elles sont d'une assez grande valeur pour atteindre le but que toute science doit avoir et doit avouer. En effet, grâce à cette conception, le philosophe n'est plus obligé de distinguer sa doctrine en ésotérique et en exotérique, puisqu'elle n'est autre chose que la religion démontrée dans ce qui en est susceptible; elle n'est plus exposée à supporter des luttes aussi fâcheuses pour la société, que celle dans laquelle on la voit engagée de nos jours, dans la grande et importante question de la liberté de l'enseignement, dont le génie révolutionnaire s'est emparé d'une manière si passionnée.

Aussi devons-nous répéter que cette histoire ne sera pas une énumération chronologique et minutieuse des auteurs qui, dans leurs ouvrages, se sont occupés d'un ou plusieurs des points de la science, telle que nous l'avons conçue.

Nous passerons presque sous silence les collecteurs de faits plus ou moins nombreux, sans conception scientifique, ou bien nous les rattacherons comme éléments, comme matériaux de l'un de nos nœuds scientifiques.

Nous ferons certainement encore moins mention de ceux qui n'ont fait que prolonger tel ou tel système, sans critique ni jugement, et le plus ordinairement sans conviction, et plutôt à cause de la personne qui l'avait établi, que pour le système lui-même, et qui se sont, pour ainsi dire, faits queue.

Nous agirons de même à l'égard des auteurs qui se sont exercés à abréger, retourner, transformer ou traduire les œuvres originales, et surtout à l'égard de ceux qui s'en sont fait une véritable industrie, un moyen de fortune ; chose malheureusement trop fréquente de nos jours, mais aussi bien inévitable au point de civilisation auquel la société est arrivée.

Maintenant que j'ai exposé le plan et le but de mon cours, j'entre en matière en traitant un certain nombre de points de la plus grande importance, pour en donner la raison.

J'ai dit plus haut que la science de l'organisation constitue une partie essentielle de la science en général ; que la science en général est la philosophie, et que la philosophie et la religion chrétienne sont une et même chose, quand l'une et l'autre sont considérées dans leur but, qui est le même, l'établissement des principes qui doivent diriger l'homme social, à quelque degré de société qu'il soit appelé ; l'une par le moyen de la démonstration, l'autre par la foi. C'est ce qu'il est à présent important de développer, afin de mieux faire comprendre notre manière d'apprécier les

progrès naturels de la science de l'organisation, le choix du
représentant de chacun d'eux, tel que nous l'avons fait, ainsi
que l'estimation de la valeur ou de l'intensité de l'effort que
chacun a produit.

Et d'abord, qu'est-ce qu'une science en particulier, et
qu'est-ce que la science en général?

Une science peut être définie par l'art de l'enseigner,
par son but et d'après sa propre nature, ou en elle-même.

L'ancienne scolastique définissait une science : *Disci-
plina quæ certis demonstrat argumentis, quas tradit
regulas;* définition fort juste au fond, mais qui semble ne
voir dans une science que l'art de l'enseigner, de l'exposer.

Dans ces derniers temps, où l'on n'envisage que l'usage,
pour passer d'un extrême à l'autre, M. Buchez a cru la définir, en disant :

« La science a pour but de prévoir, c'est-à-dire, de coor-
« donner les phénomènes, de manière à en démontrer l'ordre
« de succession et la loi de génération. »

Définition qui, limitée à une science de phénomènes,
comme l'astronomie, d'où elle a été tirée, se rapproche
davantage d'une véritable définition, parce qu'elle comprend
le but et la prévision, qui sont choses essentielles, sans
doute, mais qui ne la constituent pas.

Nous proposons donc de l'étendre, de la compléter de
la manière suivante :

La science en général est la connaissance *à posteriori* de
l'existence de Dieu par ses œuvres, dans le but d'établir les
principes, les règles de la société humaine, basée sur la nature de l'homme, ce qui constitue ses devoirs[1].

Une science en particulier est la connaissance de l'en-

---

[1] Qui connaît Dieu, est évidemment sage et vertueux; qui ne le
connaît pas, est évidemment ignorant. (Platon, Théétète.)

semble des lois[1] qui régissent les faits qui la concernent, dans leur succession, comme dans leur génération ou étiologie, de manière à en déduire, par principes, la vérité de ceux qui sont passés ou connus, et la prévision plus ou moins immédiate de ceux qui ne le sont pas encore.

Et par *principes*, dans une science bien constituée, il faut entendre avec Newton, dans son célèbre ouvrage, l'expression logique ou mathématique des lois qui régissent la partie des êtres matériels ou phénoménaux qu'elle comprend.

La science de l'organisation, prise d'une manière générale, et embrassant par conséquent l'homme, les animaux et les végétaux, ce qui constitue l'anthropologie, la zoologie et la phytologie, est celle qui enseigne par principes les lois qui régissent ces trois grandes classes de corps naturels, envisagés à l'état normal et anormal, aussi bien dans leur forme et dans leur structure, que dans les phénomènes qui se produisent en eux-mêmes, et dans les actes qu'ils exercent sur le reste des êtres coexistants, de leur espèce ou autres, sans négliger l'étude du rang qu'ils occupent dans l'harmonie générale des choses.

Ce sont ces différents points de vue qui ont donné lieu à autant de sciences presque distinctes, en apparence du moins, sous les noms d'*anatomie*, de *physiologie*, d'*histoire naturelle*, dans les végétaux, dans les animaux, même dans l'espèce humaine, et qui ont été désignés par des dénominations particulières.

La nature de notre chaire, exclusivement consacrée à la science de l'homme et des animaux; le peu de temps qui nous était réservé pour notre cours, ne nous ont permis,

---

[1] La science est l'opinion vraie, accompagnée de raison (*logos*); — la raison d'une chose, c'est ce qui la différencie d'une autre; — les objets qui ne sont pas susceptibles de raison ne peuvent se savoir. (Platon, Théétète.)

dans notre galerie biographique, de parler que d'un seul homme exclusivement botaniste; cependant cette partie de la science de l'organisation, comprise dans notre pensée, l'a également été dans l'exécution de notre plan, comme on le verra aux articles concernant Linné et Jussieu.

Mais, pour rattacher convenablement ces sciences de l'organisation au cercle des connaissances humaines, dont elles font partie, il était nécessaire de déterminer comment le cercle entier doit être constitué, c'est-à-dire, dans quel ordre celles-là doivent être disposées pour cela, et par conséquent le point par lequel il doit commencer, et le point par lequel il doit finir. Car il n'est pas besoin de dire que ce cercle, symbole des connaissances humaines, ne possède pas toutes les propriétés du cercle des géomètres, parce que tous les points qui le constituent, c'est-à-dire, les sciences, ne sont pas à égale distance du centre, et que chacun d'eux ne peut pas être considéré indifféremment comme commencement ou comme fin.

Pour parvenir à déterminer ces deux points, et par conséquent tout le reste, il fallait donc suivre ou mieux établir le but de la science, connaître l'instrument à l'aide duquel l'homme peut l'acquérir, et le sujet sur lequel elle doit s'appliquer.

Mais, qu'est-ce que la science en général, privilége exclusif de l'espèce humaine, conséquence de son libre arbitre, et qui s'accroît avec les besoins de la société ?

Pour répondre à cette question, il faut nécessairement se rappeler que la nature humaine est à la fois physique, intellectuelle, morale et religieuse, et qu'elle a besoin, pour son complément, de se connaître dans ses rapports avec le monde et avec Dieu.

Par la partie :

a. Physique, elle se rapproche de celle du plus élevé des animaux.

b Intellectuelle, elle s'en rapproche encore, quelle que soit son énorme supériorité sur le plus intelligent d'entre eux.

c Morale, elle n'a plus aucun point de contact, ou du moins que de fort éloignés, et dans une espèce seulement, le chien, instrument de l'homme, avec ce qui existe chez aucun d'eux.

d Religieuse, enfin, elle s'élève jusqu'à la Divinité par la pensée de l'avenir et de l'immortalité, ce qui lui fait prévoir la mort, et, par suite, reconnaître Dieu et la religion, qui en est la science.

La science n'est donc générale ou complète que lorsqu'elle comprend les sciences particulières qui ont trait au monde, et celles qui ont trait à l'homme, envisagé physiquement, intellectuellement, moralement et religieusement.

Et comme la science et la philosophie sont une même chose, comme l'a dit Platon, et comme l'indique l'étymologie des noms *scientia* et *sapientia* tirés des mots *scire* et *sapere*, on voit que la sagesse n'est véritablement que la science poussée jusqu'au principe du devoir et de la vertu.

D'où la définition de la philosophie donnée par Platon, la connaissance des choses divines et humaines, est la seule vraie, puisqu'elle comprend l'homme dans ses rapports avec le monde, avec lui-même, c'est-à-dire, avec la société et avec Dieu.

Mais alors qui ne voit que la science de la sagesse, ou la philosophie, et la religion, quand la première est estimée et envisagée ce qu'elle est réellement, et que l'autre est la religion chrétienne, ne font véritablement qu'une seule et même chose, la science, comprenant le monde, l'homme et Dieu en eux-mêmes et dans leurs rapports ;

Ayant le même but, l'établissement des principes de la société ;

L'une obtenue par la raison, c'est-à-dire, par la démonstration *à posteriori ;*   b.

L'autre par le sentiment ou la foi à la révélation divine *à priori*.

En sorte que l'homme qui a le bonheur d'avoir la foi dans la religion chrétienne, envisagée comme base de la société humaine, est absolument au même point, en philosophie, que celui qui a parcouru péniblement toutes les longues routes de la démonstration pour y arriver.

D'après cela, on doit aisément reconnaître que ce que nous avons nommé le cercle des connaissances humaines ne peut être considéré comme clos, comme fermé, que lorsque la science ou la philosophie comprend l'homme tout entier, dans ses rapports avec le monde, avec lui-même et avec Dieu.

Maintenant, pour parvenir à déterminer comment ce cercle, dont le terme ou la fin ne peut être douteux, puisque c'est Dieu, doit commencer et se continuer, il faut observer que, puisque c'est une démonstration qu'il doit produire, c'est l'ordre intellectuel de démonstration qu'il doit suivre, ce qui est en effet le procédé de la philosophie.

Dès lors, on voit comment il en est résulté la division des sciences qui constituent la connaissance, en trois grandes classes nécessairement successives et subordonnées.

1° Celle des sciences instrumentales préliminaires, par lesquelles l'intelligence de l'homme est exercée, aiguisée, préalablement à toute application, à tout emploi ; c'est elle évidemment qui indique le procédé, la méthode à l'aide desquels un problème quelconque, petit ou grand, est mis en équation et résolu ; en un mot, c'est *l'instrument de la connaissance*.

2° Celle qui, comprenant le monde en masse, et dans toutes ses parties, c'est-à-dire, les sciences macrocosmiques, fournit un des membres de l'équation ou de la comparaison. C'est *l'objet de la connaissance*.

3° Celles bien autrement importantes, quoique bien plus limitées, puisqu'elles ont trait au microcosme, qui comprend l'autre membre, celui dont on cherche la nature par cette comparaison, c'est-à-dire, l'homme sous ses différents rapports, physique, intellectuel, moral et religieux, à l'état normal comme à l'état anormal, l'un éclairant l'autre ; et qui sont, pour ainsi dire, les sciences d'application à la société, les plus élevées, les plus importantes, celles qui touchent au but, la société humaine.

C'est en effet là le *sujet, le but de la connaissance.*

La science de l'organisation dont nous devons développer les principes par son histoire dans ce cours, appartient à la seconde classe du cercle scientifique, dont elle constitue la partie la plus élevée, et ne touche à la troisième que sous les rapports physique et intellectuel, normal et anormal.

Elle présuppose la connaissance des sciences préliminaires, comme toute autre science, mais surtout dans l'art de la méthode, de la nomenclature et de l'expression.

Elle emploie avec le plus grand succès la théorie des causes finales, suite nécessaire de la connaissance de Dieu par ses œuvres. Comme toute autre science, elle suit dans ses progrès une direction déterminée par sa nature et par ceux des besoins de la société, malgré certaines erreurs presque nécessaires à la manifestation et à la démonstration de la vérité.

Ces progrès, appartenant à tous les temps et à toutes les nations, à chacun pour leur part, fort inégale cependant, sont nécessairement oscillants, quand on se borne à les considérer d'une manière superficielle, mais certainement continus, quoique plus petits, bien plus difficiles, et par conséquent bien plus méritoires dans les premiers temps que de nos jours ; ou si les pas sont plus répétés et plus grands, ils sont bien plus faciles, par suite des éléments plus nombreux et souvent même des erreurs de nos prédécesseurs, et surtout parce que, éprouvant de moins en moins l'intermittence à laquelle toute œuvre humaine est sujette, ils profitent constamment de l'impulsion donnée.

Comme il est impossible de connaître véritablement l'origine des sciences de l'organisation d'une manière directe et un peu certaine, à défaut de renseignements suffisants chez les nations les plus anciennement civilisées, nous nous sommes vu forcé de commencer notre histoire presque immédiatement à Aristote, le philosophe le plus complet de l'antiquité; après, toutefois, que nous aurions jeté, dans un chapitre à part, un coup d'œil rétrospectif sur l'état des sciences ou de la philosophie chez les Grecs, avant l'apparition du grand homme de Stagyre.

C'est à cela, en effet, que nous nous sommes borné dans notre cours, et même en donnant moins de développements que nous n'allons le faire dans notre chapitre de l'histoire des sciences avant Aristote; mais M. l'abbé Maupied a bien voulu remplir la lacune que j'avais laissée volontairement, en disant quelque chose de l'état des sciences de l'organisation chez les Juifs et chez les Égyptiens, avec lesquels les Grecs ont eu de nombreux rapports, et même chez les Indous et les Chinois, quoiqu'il soit de plus en plus évident que chez ceux-ci, ce que nous trouvons dans leurs écrits ne remonte guère au delà du moyen âge, ce qui forme un appendice intercalé aux biographies d'Albert le Grand et de Gesner. De plus, il a consacré un article étendu à l'analyse des Pères de l'Église envisagés sous le rapport des sciences naturelles, ce que j'avais entièrement passé sous silence.

M. l'abbé Maupied a aussi en plusieurs endroits donné plus de développements aux personnages et circonstances intercalaires, que je m'étais quelquefois borné à énumérer.

Enfin, dans un dernier appendice placé à la fin du second volume, il a cru devoir montrer, contre l'opinion de l'auteur de l'*Histoire des sciences mathématiques en Italie*, que la religion chrétienne, aussi bien que ses ministres, papes, cardinaux, congrégations religieuses, loin d'avoir étouffé le développement scientifique, l'avaient au contraire généralement et fort efficacement encouragé : thèse pleinement dans ma manière de voir, que j'ai toujours soutenue, mais dont je n'avais pas dû parler dans mon cours, et qu'il me semble avoir élevée à une démonstration. Je lui en fais mes sincères remercîments, comme, au reste, pour toute la peine qu'il a prise de donner à des leçons improvisées, quoique soigneusement préparées, la forme nécessaire pour être rendues publiques par l'impression. Plus je connais M. l'abbé Maupied, et plus je suis à la fois heureux et glorieux d'avoir pour disciple et pour ami un homme dont le cœur est aussi pur que l'esprit est distingué.

H. DE BLAINVILLE.

AVANT-PROPOS.

Les sciences, surtout les sciences qui nous font connaître plus spécialement la nature et ses admirables lois, loin de produire par elles-mêmes le pénible et affligeant effet qui se manifeste dans certains hommes qui les cultivent, sont propres, au contraire, par leur magnifique enchaînement et leur sublime harmonie, à élever l'âme jusqu'à la source de toute existence, en agrandissant la sphère de l'intelligence humaine, et l'initiant à une partie des profonds secrets du Verbe créateur.

Ce que nous connaissons des lois de la nature et de ses harmonies est bien peu de chose, sans doute, en comparaison de la science que Dieu en possède, et qu'il s'est réservée à lui seul ; mais, quelqu'imparfaite qu'elle soit, la connaissance que nous pouvons en acquérir suffit bien pour nous montrer la puissance, la sagesse et les ressources infinies de la parole créatrice et conservatrice. L'univers créé de Dieu, est moulé sur l'archétype éternel de toute existence ; le Dieu, un en trois personnes, la puissance, l'intelligence et l'amour, a fait le monde triple et un : l'ange, intelligence pure au-dessus de tout être matériel, forme le premier et le plus parfait des chaînons ; l'intelligence s'unit à la matière dans l'homme, et, par là, tous les anneaux de la chaîne sont joints ; et chaque partie de ce grand univers n'est à son tour qu'une image imparfaite de la perfection incréée ;

le monde visible n'est qu'une image du monde invisible, que nous voyons par ce miroir et en énigme [1]. Depuis l'homme considéré dans sa nature physique jusqu'au zoophyte [2], dont le nom comme la nature n'est que le passage, le lien du règne animal au règne végétal, et depuis ce dernier jusqu'à la fin du règne minéral, ou au monde élémentaire, qui forme le globe que nous habitons, les planètes, et probablement tous les astres, c'est une nouvelle triade qui complète la chaîne, et force le cœur qui sait admirer et sentir, à s'écrier : « Les cieux racontent la gloire de Dieu [3], et les œuvres de ses mains proclament sa puissance. » La création est une chaîne dont le premier anneau sort de la main de Dieu, et le dernier va se perdre dans l'immensité de l'espace, où Dieu seul peut en trouver la fin, comme seul il en connaît l'origine. Pour nous, il n'est permis à notre faiblesse que d'en voir les chaînons intermédiaires. Dieu les a placés là comme pour nous donner une idée de la grandeur du reste, nous faire concevoir la perfection de son ouvrage, et par là nous associer en quelque sorte à l'œuvre et à la science de son Verbe, sans lequel « rien de ce qui a été fait n'a été fait, qui est la vie et la lumière qui éclaire tout homme venant en ce monde [4]. »

La nature est un grand livre où sont écrites les lois qui la régissent, et nous cherchons à les lire, suivant l'expression si juste de l'illustre professeur dont nous allons exposer une partie de la doctrine. Connaître la cause, les effets et les lois qui les régissent, en faire sortir la nature morale, intellectuelle et même physique de l'homme, en le ramenant sans cesse à Dieu, sa source et son principe,

---

[1] I Cor., c. XIII, v. 12.
[2] Ζῶον, *animal;* φυτὸν, *plante.*
[3] Ps. XVIII, v. 1.
[4] Joan., ch. I, v. 9.

tel est donc l'objet de toute science, qui, dans sa conception la plus philosophique, doit être une; comme il n'y
a qu'une cause qui produit des effets variés dans l'unité.
Soit qu'avec Platon on envisage l'univers à priori, soit
qu'avec Aristote on essaye d'embrasser l'ensemble à posteriori, comme il n'y a pour la raison que ces deux moyens
de concevoir les choses, on arrivera toujours au même
résultat, la multiplicité dans l'unité. Nous avons la science
d'une chose, lorsque nous en connaissons les causes, les
principes, les éléments, les propriétés et la fin [1]; et nous
avons la science de l'ensemble, lorsque nous en connaissons les parties et leurs rapports. L'esprit humain, créé
pour la science, a reçu deux puissances pour marcher à sa
conquête, la raison et l'expérience. L'expérience perçoit et
recueille les faits; la raison les coordonne et les juge, pour
en déduire les lois, qui devront conduire à la prévision,
dernier terme de toute science humaine, véritablement
constituée. Mais, pour que la raison puisse opérer, elle a
besoin d'être préparée et rendue capable. Alors seulement
elle peut entreprendre de parcourir le cercle des connaissances humaines et de travailler à la création de la science,
grand travail, qui n'est et ne peut être le fait d'un seul
homme, mais qui appartient tout entier à l'esprit humain,
héritier actif et toujours vivant des traditions du passé.

Pour l'esprit humain, comme pour l'individu, l'élaboration préparatoire des instruments est nécessaire; point de
pensée manifestable et sociale sans langage; la parole n'est
que l'idée rendue extérieure : c'est le verbe de l'homme revêtu d'une forme sensible; Dieu a tout fait par sa parole,
par son Verbe; il dit, et tout a été fait [2]. Il fit l'homme à

[1] Arist., *Proœmium, libr. physico.*
[2] *Dixit et facta sunt,* ps. CXLVIII, v. 5.

son image et à sa ressemblance[1]; et l'homme, semblable
à Dieu, eut aussi un verbe; intérieur, c'est sa pensée inséparable de son être, comme le Verbe de Dieu est, dans le
Père, inséparable de Dieu; extérieur, c'est la parole qui
n'est que la pensée, agissant dans le monde et sur le monde
soumis à l'homme, qui, à l'image de Dieu, fait tout par
son verbe. Toute science commence donc par le langage que
nous recevons de la société, qui elle-même l'a reçu de Dieu.
De là suit que la première élaboration de l'instrument est
l'étude du langage, de ses formes et de ses lois par la grammaire, la logique et la dialectique; l'intelligence est ainsi
disposée à recevoir par l'art de la rhétorique la communication de la science, qui s'étend alors et devient la propriété sociale.

Au secours de ces instruments essentiels, qui s'adressent
au premier de tous les sens, vient s'adjoindre l'art graphi-
que, qui doit parler aux yeux et fortifier dans l'esprit l'impression de la parole.

Nous arrivons enfin à l'étude des êtres créés, objet de
la science; mais, pour pénétrer dans les profondeurs de ce
sanctuaire, il est nécessaire de compléter et d'étendre l'instrument logique. C'est à l'étude des mathématiques que
l'esprit empruntera ce complément indispensable à la raison, pour embrasser l'univers. Cependant, il faut bien
convenir que, malgré son importance, la méthode mathématique, enclavée dans la nécessité rigoureuse de ses procédés, ne manquerait pas de conduire à une solution
complétement erronée, pour ne pas dire absurde, l'esprit
qui aurait la prétention de résoudre par elle seule les problèmes du monde, surtout organique et intellectuel; les lois
de la nature sont stables; mais elles s'exécutent avec une

---

[1] *Genèse,* ch. **I, v.** 27.

variété infinie, compliquée par les phénomènes de la vie animale d'abord, et par ceux de la liberté intellectuelle ensuite; d'où naissent une foule de données, que la rigueur mathématique est essentiellement forcée de négliger; ce qui rend, par conséquent, sa solution toujours opposée à la réalité, quand elle veut sortir de son domaine. Aussi voyons-nous tous les esprits qui ont prétendu tout soumettre à cette méthode exclusive, aboutir presque nécessairement aux affligeantes doctrines du matérialisme, et par conséquent à la destruction de la philosophie.

L'instrument ainsi préparé s'applique à l'étude de la science, dont les deux termes essentiels sont les créatures et le Créateur. Mais ici se présentent deux manières de connaître, la science et la foi. Il est clair qu'il ne s'agit ici que de la première; bien que la foi, critérium nécessaire de toute science, soit pourtant basée sur celle-ci, en ce sens, qu'il est nécessaire que Dieu prouve que c'est lui qui nous parle; mais une fois cette preuve acquise, nous devons croire ce qu'il nous révèle, et cela même est le principe et la base de la science, et sa véritable pierre de touche : car toutes les fois que la science humaine prétendrait se trouver en contradiction avec la vérité, la science révélée, il serait par là seul prouvé que ses investigations sont incomplètes, et ses conclusions inexactes.

Mais, dans la science humaine, selon que l'on part de l'un ou de l'autre terme, des créatures ou du créateur, la méthode d'investigation est différente, tandis que les résultats, si la marche a été logique, doivent être les mêmes. Cette vérité nous apparaîtra plus claire dans la suite de cette histoire; qu'il nous suffise pour le moment d'exposer la marche de la méthode aristotélicienne, qui devra nous servir de point de départ. Selon cette idée d'Aristote, qu'il est dans la nature de l'esprit humain d'aller du plus connu au moins connu, la science pour lui doit naturellement commencer par les créatures, pour s'élever par elles au créateur. L'étude de la nature se présente donc d'abord : la nature en général, et les lois qui régissent le monde physique, renfermant la physique générale, l'astronomie et les sciences qu'Aristote comprend sous le nom de métaphysique; ensuite la nature en particulier, embrassant les êtres à l'état de corps inorganiques et de corps organiques; et ici viennent la physique spéciale, la chimie et les sciences naturelles, qui embrassent la science de l'homme et nous conduisent à la théologie.

Tels sont les principaux rayons du cercle des connaissances humaines, ou la véritable philosophie que nous définissons avec Platon : L'ensemble des connaissances divines et humaines; et, par conséquent, comme constituant un cercle complet, ayant pour *but*, pour *terme nécessaire*, Dieu, ou la puissance intelligente créatrice, que l'homme seul peut concevoir, non pas en elle-même, mais seulement par ses œuvres; pour moyen ou instrument son intelligence, qu'il a reçue à cet effet; et comme matériaux, les êtres existants, ou le monde créé; d'où la marche naturelle a été la disposition, l'aiguisement de l'instrument, puis l'étude du monde comme moyen, et comme terme l'homme matériel ou physique, et l'homme moral, c'est-à-dire social et religieux, et enfin Dieu.

Après avoir ainsi défini la science, et ce que l'on doit entendre par philosophie ou cercle des connaissances humaines, nous aurions à rechercher comment l'esprit humain, qui en est le compas, est venu à bout de tracer ce cercle. Mais cette immense et magnifique épopée de l'intelligence et de ses conquêtes ne peut être l'œuvre d'un seul homme; à l'humanité seule appartient de se chanter dignement elle-même. Il y a déjà bien de quoi nous intéresser dans l'histoire qui nous fait assister à la naissance, au développement et aux progrès de quelqu'une des parties de cet immense sujet, mais surtout dans celle qui a pour objet les progrès de la science de la nature, considérée dans tous les êtres organisés et vivants ; car là se trouve éminemment la solution la plus certaine et la plus évidente de toutes les hautes questions qui ont rapport à l'humanité. Dans la nature, l'homme étudie l'homme, il y découvre et y scrute son être physique, et par suite son être moral ; il s'y distingue de la brute, et élève son esprit à Dieu, qui l'a donné. Sans cesse la contemplation des lois de causalité et de finalité, plus évidentes ici que partout ailleurs, ramène même l'esprit rebelle à la confession et à la louange de l'adorable Providence, et des perfections infinies du Créateur.

Suivre donc les développements et les progrès des sciences naturelles ; voir comment chaque époque, chaque peuple, chaque siècle, pour ainsi dire, est venu ajouter un rayon nouveau aux rayons déjà tracés ; constater en même temps que la seule loi de progrès, la seule loi d'avenir, ici comme partout ailleurs, est essentiellement et nécessairement fondée sur la dépendance et l'acceptation authentique de la vérité religieuse et morale, seule et même chose au fond ; par suite reconnaître, par les faits et l'histoire, que loin d'avoir nui aux progrès des sciences, le catholicisme, ou la religion révélée, a, au contraire, été la source de leurs plus grands progrès, puisque même les hommes nés hors de son influence immédiate, n'ont pu contribuer pour leur part au progrès qu'autant que, surpassant le vulgaire, ils se sont rapprochés de la pureté de l'enseignement catholique ; vérité qui nous est prouvée par la plupart des philosophes du paganisme, sur plusieurs desquels ne pesa l'accusation d'impiété, que parce que, génies trop élevés pour être esclaves de la superstition, ils furent *raisonnablement pieux:*

tel est le dessein dont il nous a paru important et utile d'essayer aujourd'hui l'exécution.

Notre marche et notre plan sont tracés par le cours du savant professeur dont nous nous efforcerons de reproduire les idées et les vues, en y ajoutant les développements qui nous ont paru nécessaires ou utiles au complément de notre tâche.

M. de Blainville commença son cours *des Principes de la zoologie déduits de son histoire même*, en 1839. Je pris dès lors des notes nombreuses à ses leçons; dès ce moment aussi il m'encouragea à développer son plan par mes propres recherches; il me promit ses notes à lui-même et sa direction; il mit à ma disposition, avec une paternelle bienveillance, sa bibliothèque et tous ses manuscrits. Je m'appliquai aussitôt à étudier dans les sources mêmes tous les auteurs importants; en faisant l'analyse de leurs ouvrages, je recueillis tous les nombreux matériaux que je crus nécessaires à notre but. C'est avec ces éléments combinés, que, suivant pas à pas le plan si logique et toutes les indications de M. de Blainville, je l'ai rempli et développé tel qu'il est. A mesure que je rédigeais, je remettais mon travail à mon savant maître, qui me faisait ensuite ses observations. Ce premier travail ainsi terminé, formait la matière de çinq gros volumes in-8°. Je l'ai repris tout entier en tenant compte des observations, et en essayant de le réduire aux trois volumes actuels sans rien omettre d'essentiel. Certaines parties n'ayant pu être traitées dans la chaire spéciale de M. de Blainville, j'ai dû les intercaler à leur place pour avoir un tout complet. Ce sont la période I : Premières notions de la science dans l'humanité; tout ce qui tient aux Pères de l'Église dans l'époque d'Albert le Grand; l'Appendice sur l'Inde et la Chine; plusieurs aperçus historiques de diverses époques. M. de Blainville m'a également fait traiter sous un nouveau jour que celui qu'il avait indiqué dans ses leçons, la philosophie grecque avant Aristote. J'ai la confiance d'avoir bien rendu son idée en ce point. Mais partout mon effort continuel a été d'identifier ma pensée avec celle du plan et des notes larges et nombreuses de M. de Blainville. J'ai cherché à reproduire son Cours et toute sa pensée; heureux si j'y ai réussi; ce qu'il y a de bien lui appartient, les défauts sont à moi. Si de trop nombreux travaux lui avaient permis de mettre la dernière main à son Cours, l'ouvrage eût été bien plus parfait sans doute; mais au milieu de sa vie si active et si laborieuse, si je n'avais recueilli ce fruit important de ses longues études, il n'eût probablement jamais vu le jour autrement que dans sa chaire, où tant de travaux que d'autres se sont appropriés ont passé inaperçus; c'est ce qui me fait espérer l'indulgence et la reconnaissance des lecteurs.

Ainsi a été produit cet ouvrage; et je devais cette explication à la haute responsabilité et à la confiance dont m'a honoré celui qui a été et sera éternellement pour moi plus qu'un maître.

Notre plan sera logique. Ce n'est point une biographie des hommes savants que nous écrivons, c'est une histoire de la science et de ses progrès.

Par conséquent, on ne doit pas s'attendre à retrouver la suite ni même les noms de toutes les illustrations; encore moins y trouvera-t-on ce genre anecdotique qui ne convient point à un si grave sujet. Nous ne considérerons que les plus hautes sommités, autour desquelles les faits et les principales illustrations secondaires de chaque période de développement scientifique viendront naturellement se grouper dans leurs seuls rapports avec la science.

La première période nous initiera à la naissance de la

science chez tous les peuples anciens, autant que les ra-
vages des temps et la pénurie des monuments nous permettront de pénétrer dans ce sanctuaire antique, et, acceptant
nettement la chronologie de nos livres saints, nous verrons
les débris de la science anté-diluvienne [1], ramassés d'une
part, par les peuples primitifs de l'Asie, qui, partant du
pied des montagnes d'Arménie, transplantèrent ce germe
précieux dans le bassin que bornent au nord la Caspienne et
le Caucase, et que circonscrit à l'ouest, au sud et à l'est,
la chaîne des montagnes qui descendent du Caucase, longe
le golfe Persique et la mer des Indes, pour se perdre au
nord-est dans les chaînes du Thibet et de l'Altaï, dans la
presqu'île qu'arrose le Gange ; et puis, franchissant les hauteurs de l'Himalaya et du Thibet, ou bien, côtoyant les
rivages de l'océan Indien, établirent, dès les temps les
plus reculés, à l'extrémité tout à fait orientale, ce foyer
chinois d'énergie et d'action scientifique, qui, quoique indépendant par sa position, son caractère si spécial, et sa
marche, du foyer occidental ou européen, en a pourtant reçu
à presque toutes les époques une certaine influence sur ses
progrès ultérieurs. Et d'autre part, partant du même point
que les précédents, nous verrons l'autre branche, par un
de ses rameaux, se diriger à l'ouest le long de la Méditerranée, descendre dans la vallée du Nil et s'y fixer ; pendant
qu'un autre rameau remontera en même temps vers l'Ana-
tolie et la Thrace, pour se répandre ainsi sur tout le périple
de la Méditerranée, en semant les étincelles du foyer occidental, que, dans la seconde époque, nous verrons se réunir sur un même point de ce périple, la Grèce ; s'y échauffer,
pour ainsi dire, s'y embraser et prendre une force qui ira
toujours en croissant. Mais, bien qu'ainsi séparés en appa-

[1] Josèphe, *Antiq. jud.*, t. I, ch. II et III.

rence dès l'origine, et s'étendant en sens contraire, ces deux centres d'action ne cessèrent très-probablement jamais d'être en communication, d'un côté par le commerce de l'Égypte, de l'Idumée et de la Syrie, qui, se frayant une route par le golfe Arabique et le golfe Persique, allait, dès les temps les plus reculés, chercher les richesses de l'Inde et de l'Orient, pour les apporter à la Phénicie; de l'autre côté par les navigateurs phéniciens, qui sillonnaient en tout sens les plages de la Méditerranée, et franchissant le *nec plus ultra* des colonnes d'Hercule, bravaient les flots de l'Atlantique pour exploiter les métaux des Bretons et même Visterthulé.

La seconde période nous montrera, avons-nous dit, la Grèce recevant de toutes parts, par des colonies, les débris des traditions, qui deviendront les germes de la science qu'elle fécondera et développera seule. Cette terre natale du génie sera féconde en grands hommes dont les travaux sembleront n'avoir pour but que les progrès et l'amour de la philosophie; c'est là que nous trouverons les anciens monuments des sciences les plus authentiques dont les siècles aient laissé descendre les débris jusqu'à nous.

Cette même période, dont la Grèce revendique toute la gloire avec orgueil, verra tracer, et presque accomplir le cercle des connaissances humaines, et Aristote, le plus vaste génie de l'antiquité, ouvrir et préparer la voie aux progrès des siècles suivants, en analysant les lois de l'esprit humain pour en faire sortir les sciences instrumentales qu'il appliquera à l'étude du monde en général, du monde à l'état d'êtres, et enfin à l'espèce humaine, et créera ainsi véritablement les sciences naturelles et d'observation.

Après la Grèce nous étudierons l'état de la science chez les Romains, résumé dans le matérialiste Pline, qui caractérisera la troisième période; ensuite la première école d'Alexandrie, personnifiée dans Galien qui donnera son nom à la quatrième période. C'est de cette dernière école que nous verrons la science se répandre sur le monde européen. Mais, arrêtée par l'imperfection du principe religieux de la Grèce et de Rome, elle avait auparavant besoin d'être fécondée par un nouvel élément qui, en affermissant ses bases, ouvrît une nouvelle voie au progrès.

La cinquième période montrera donc la science se constituant et se développant par le christianisme, et fuyant ensuite les ruines qui engloutissaient l'empire romain sous le choc des barbares, pour se réfugier par la Perse en Arabie, d'où elle reviendra par la Sicile et l'Espagne en Europe, et surtout en France. C'est là qu'Albert le Grand la reprendra pour la compléter sous l'influence de l'Église et par les travaux de ses docteurs, et il clora ainsi le cercle tracé par Aristote, en ne laissant plus à ses successeurs qu'à l'agrandir dans le nombre et la connaissance plus approfondie des matériaux de chacun de ses rayons.

C'est ce que commencera, dans la sixième période, Gesner, qui, finissant en quelque sorte la série des naturalistes généraux, fait le passage aux modernes, à ceux qui, n'ayant plus qu'à se diriger dans les spécialités, pousseront chaque rayon aussi loin que leur talent et l'état de la science le permettront; mais en même temps, surtout à dater des contemporains et même des prédécesseurs de Bacon, l'observation et l'expérience, trop exclusivement embrassées, conduiront certains philosophes à la conception du hardi projet de terminer le cercle scientifique en poussant à l'extrême les causes physiques, et rejetant toute cause finale. Toutefois, l'intensité de cet effort, contre l'intention formelle de ses auteurs, forcera, par l'évidence des faits, la science à revenir, comme malgré elle, à l'acceptation pure et nette d'une vérité religieuse, d'une providence, cause créatrice et conservatrice des lois qui régissent le monde, aussi bien

que la nature organisée. Nous diviserons ce grand travail
en deux périodes, la septième comprenant les modernes,
et la huitième et dernière consacrée aux contemporains [1].
Toutes deux ne peuvent être caractérisées que par l'ensemble des efforts séparés d'un grand nombre de talents. Ce ne
sont pas cependant les moins intéressantes, ni les moins
curieuses pour nous; d'autant plus qu'elles nous présente-
ront la lutte, vivante encore, du principe philosophique et
organisateur de la science contre le matérialisme, principe
de destruction et de ruine; là nous rencontrerons encore
de vigoureux champions, de ces âmes ardentes et coura-
geuses que rien n'arrête, âmes que l'amour seul de la vérité
conduit, esprits droits et sublimes, puisqu'ils ont bien pu
vaincre tous les préjugés, secouer l'accablante autorité d'une
science puissante, bien qu'égarée, et, guidés par la profondeur même de leurs travaux, venir se prosterner purement et simplement devant l'Église et la vérité catholique
qu'elle seule possède, pour reconnaître et proclamer la valeur et la puissance même scientifique du christianisme.

Tel est le plan que nous essayerons de développer dans
cet ouvrage; mais en outre il nous a paru important d'ajouter et de développer en son lieu une thèse dont la doctrine,
comme on peut déjà le prévoir, différera en plusieurs points

---

[1] Nous prions le lecteur de ne pas trop tenir compte de ces divisions en périodes, comprenant les anciens, les modernes, les contemporains, etc.; car elles sont opposées à l'idée générale et dominante
du cours et de tout l'ouvrage, dans lesquels M. de Blainville n'a
point fait entrer les hommes qui y sont jugés par la considération
de l'époque où ils ont pu vivre, mais bien parce qu'ils venaient répondre à un besoin de la science. Nous n'avons introduit ces divisions qu'après coup et sur la demande de certaines personnes, afin
de faciliter les recherches aux lecteurs qui pourraient désirer cette
espèce de guide chronologique.

de celle du savant auteur de l'Histoire des sciences en Italie. Il nous a paru que la science et l'érudition dont **M.** Libri fait preuve dans son livre nous imposaient l'obligation rigoureuse de consacrer un article à part à l'examen de la thèse qu'il s'est efforcé d'établir dans le discours préliminaire de l'Histoire des sciences en Italie.

Notre première intention avait été de faire de cet article une introduction ou un discours préliminaire, mais dans le cours de l'impression nous avons cru plus convenable de renvoyer cet article à la fin du deuxième volume, où il sera mieux placé comme complément de l'époque d'Albert le Grand, à laquelle il se rapporte. Quand donc on trouvera dans le cours de l'ouvrage un renvoi au *Discours préliminaire* ou à l'*Introduction*, on voudra bien avoir recours au *Complément de la période V*, qui les remplace.

F. L. M. MAUPIED.

ERRATA

DU TOME PREMIER.

Pages 33, lig. 11, *qui les apporta*, lisez : qui les avait apportés.

33, lig. 23, *s'en aller*, lisez : transporté.

34, lig. 10, *et on ose bien*, lisez : et l'on ne craint pas de.

34, lig. 29, *parlerons de*, lisez : terminerons par.

35, lig. 14, *calomniateurs exagérés*, lisez : calomniateurs hardis.

38, lig. 4, *a cru sur*, lisez : a cru à tort sur.

40, lig. 10 et 11, *textuellement dans Aristote*, lisez : textuellement d'Aristote.

41, lig. 10, *sur les végétaux*, ajoutez : ceux sur les pierres, des fragments sur les sens, etc.

49, lig. 27, *des renseignements*, ajoutez : utiles.

66, lig. 19, *de positif*, lisez : d'admissible.

66, lig. 24, *sa priorité en Ionie*, lisez : sa priorité scientifique en Ionie.

72, lig. 3, *puis quelques points*, lisez : puis sur quelques points.

73, lig. 3, *remplir de*, lisez : remplir l'intervalle de.

73, lig. 19, *plus explicitement*, ajoutez : qu'Aristote.

73. lig. 21, *la vie et*, ajoutez : exposé.

75, lig. 11, *par Anaxagore*, lisez : avec Anaxagore.

76, lig. 12, *aussi peu et moins*, lisez : aussi peu et même moins.

80, lig. 10, *le champ*, ajoutez : d'observation.

101, *notes*, lig. 2, 1 *Plut.*, lisez : 2 Plut.

101, *notes*, lig. 3, 5 *Diog.*, lisez : 3 Diog.

108, lig. 16, *et dans le vers cité*, lisez : et le vers cité l'est sous le titre de περσικοῖς.

108, lig. 19 et 20, *le même vers*, lisez : le même passage.

146, lig. 30, effacez un *dans*.

156, lig. 2, *tisane*, lisez : ptisane.

156, lig. 18, *tisane*, lisez : ptisane.

217, *nota*, lig. 4, *zoolâtrie*, lisez : zooïâtrie.

217, *nota*, l. 15, *Scheider*, lisez : Schneider.

242, VIII, lisez : VII.

———

HISTOIRE

DES SCIENCES

DE L'ORGANISATION

ET DE LEURS PROGRÈS,

COMME BASE DE LA PHILOSOPHIE.

CHAPITRE PRÉLIMINAIRE.

DE L'ORIGINE DES PRINCIPAUX PEUPLES ANCIENS.

Avant d'arriver aux monuments positifs d'une science constituée, il est nécessaire de rechercher l'origine de la science elle-même. Or, cette question est intimement liée à celle de l'origine des peuples, et de l'influence mutuelle qu'ils ont exercée les uns sur les autres. La question de l'origine des peuples est donc un préliminaire essentiel pour arriver au point de départ des sciences [1].

[1] Ce chapitre ayant pris plus de développement que nous ne le pensions d'abord, a formé à lui seul un premier volume que nous avons publié sous le titre de *Prodrome d'ethnographie, ou Es-*

Précédant toute recherche, il est une vérité qui domine l'histoire entière de l'esprit humain. La science humaine a ses racines dans le fond même de l'intelligence de l'homme, faite, pour connaître, avec toutes les facultés qui devaient la conduire à l'accomplissement de cette haute et noble destinée. Qu'elle ait donc été créée capable d'acquérir par elle-même les premières notions de la science, ou qu'elle ait dû les recevoir d'une révélation divine, ce qui revient au même pour le moment, l'intelligence, une et la même pour tous les hommes, a nécessairement commencé à connaître de la même manière partout; partout aussi la marche progressive de ses investigations a été la même. C'est ce qui explique pourquoi partout les mêmes vérités fondamentales se rencontrent à côté des mêmes aberrations, quand on est sorti de la vraie route; pourquoi partout aussi le même enchaînement dans le développement des premières, comme dans la suite des secondes. Il n'y a qu'un certain nombre de voies pour arriver au vrai, et un même nombre correspondant de chemins pour tomber dans le faux, et rouler à ses dernières conséquences.

Mais, et c'est encore une vérité première, l'humanité est créée; elle est sortie d'une seule famille primitive, qui a peuplé toute la terre; les sciences de l'organisation, les sciences ethnographiques, historiques, archéologiques, etc., démontrent ces deux vérités, enseignées

---

sai sur l'origine des principaux peuples anciens, contenant l'histoire neuve et détaillée du boudhisme et du brahmanisme; 1 vol. in-8°, Paris, 1842. Cet ouvrage n'est dans notre plan que le premier volume de l'histoire des sciences, etc., dont il peut pourtant être séparé. Nous en résumons ici les conclusions, en renvoyant, pour les preuves et les détails, à l'ouvrage déjà publié.

par nos livres saints. Et c'est déjà une grande présomption pour la véracité de ces mêmes Écritures touchant le point du globe qu'elles assignent comme centre originel à tous les peuples de la terre. Cependant, il s'est rencontré des hommes, en assez grand nombre, qui ont employé tous leurs efforts à contredire ce que le bon sens général des historiens de tous les temps avait admis conjointement avec l'enseignement catholique. On ne prétendait à rien moins qu'à infirmer la divine origine de celui-ci; pour y réussir, on a cru qu'en faisant tout sortir de l'Inde ou de la Chine, peuples, arts, sciences, philosophie, religion, c'en serait fait de la divinité du christianisme, puisque ses livres seraient convaincus d'erreurs et de plagiat. Plus modérée, quoique basée sur les mêmes données fausses, une autre opinion, en faisant venir presque tout de l'Inde, ne pense pas par là infirmer la divinité de l'enseignement catholique. Enfin, une troisième opinion, en admettant les données des deux autres, croit y trouver la confirmation de la révélation primitive faite à l'humanité avant sa dispersion sur la terre, et, dès lors, elle ne répugne point à dater de l'Inde et de la Chine le commencement de la philosophie et des sciences. Quoique respectables dans leurs motifs, ces deux dernières opinions glissent trop rapidement vers la première, pour ne pas inspirer quelque défiance; elles n'ont pas, du reste, de meilleurs fondements.

Tout concourt en effet à refuser à l'Inde et à la Chine cette haute initiative qu'on a voulu lui donner sur l'Occident : la tradition d'un déluge universel, admis identiquement le même par tous les peuples [1]; l'accord de

---

[1] Prodrome d'ethnographie (*tome Ier de cette histoire*), ch. Ier, p. 1.

toutes les chronologies positives [1]; la situation géographique, la nature minéralogique, climatérique, le niveau de l'Arménie chaldéenne; les traditions qui concernent ce pays; la civilisation toujours connue de ses habitants[2]; les communications jamais interrompues entre tous les peuples anciens[3]; leur état social primitif[4]; la philologie et la dérivation des langues[5]; la religion véritable; ses falsifications dans les cultes païens[6]; l'astronomie et les autres sciences d'observation[7]; la philosophie[8] et les arts[9], s'accordent à confirmer le récit de Moïse sur l'origine des peuples. En outre, ce récit étant de tous celui qui renferme le plus grand nombre de caractères de simplicité, de naturel, de logique et de véracité, à l'exclusion de tous les autres, ceux-ci n'étant jamais d'accord entre eux que dans ce qu'ils empruntent au récit de Moïse, il faut, en saine logique, conclure qu'il est la seule et véritable histoire des origines de l'humanité. Par conséquent, ce qu'il raconte des temps qui ont précédé le déluge, depuis la création, est encore la seule histoire exacte que nous ayons sur ce point. Cette dernière vérité est de nouveau appuyée par les confirmations partielles que son récit reçoit des traditions de tous les peuples, dont les divergences et les oppositions même ne servent qu'à l'ap-

---

[1] *Prodrome d'ethnographie*, ch. II, p. 10.

[2] *Id. id.*, ch. III, p. 28.

[3] *Id. id.*, ch. IV, p. 40.

[4] *Id. id.*, ch. V, p. 50.

[5] *Id. id.*, ch. VI, 59.

[6] *Id. id.*, ch. VII, p. 98; ch. VIII, p. 170; ch. IX, p. 209; ch. X, p. 258.

[7] *Id. id.*, ch. XI, p. 288.

[8] *Id. id.*, ch. XII, p. 333.

[9] *Id. id.*, ch. XIII, p. 343, etc.

puyer davantage. S'il se rencontre çà et là quelques difficultés d'accord, elles peuvent provenir de deux sources:
ou de ce qu'on a mal compris et mal interprété le texte,
ou de ce qu'on n'a pas assez approfondi les objections.

Une première conséquence qui ressort des faits prou-
vés dans cet ouvrage, c'est que les peuples de l'Arménie
chaldéenne ont hérité de la science antédiluvienne,
qu'elle a été pour eux le premier germe. Enfin, et cette
dernière conséquence nous sera plus largement démontrée dans le courant de cette histoire, tout le progrès
de l'esprit humain s'est réellement effectué entre l'Asie
occidentale et l'Europe, et l'Asie orientale a réellement
plus reçu qu'elle n'a donné.

PÉRIODE I.

PREMIÈRES NOTIONS DE LA SCIENCE DANS L'HUMANITÉ.

Les traditions de tous les peuples s'accordent, avec
l'Écriture révélée et avec la science, pour nous apprendre que l'homme fut originairement créé dans un état
de perfection dont il est déchu. Parfait dès le principe,
il ne passa point par les développements successifs des
différents âges ; il fut créé social, car c'est là sa nature
et son état normal. Sa science fut grande, Dieu fut son
maître; la nature tout entière lui fut soumise, et il
connaissait son empire. Dieu amena tous les animaux
devant l'homme, qui leur donna des noms convenables,
forma ainsi la nomenclature universelle [1], et arriva

---

[1] *Genèse*, ch. II, v. 19, 20.

du premier coup au dernier perfectionnement d'une science achevée.

La chute de l'homme ne fit pas de lui tout à coup un être sauvage, en lui faisant oublier tout ce qu'il avait appris d'un si grand maître ; au contraire, les conjectures raisonnables que nous permettent de faire les lambeaux des traditions antiques, l'induction, l'analogie, nous portent à croire que la civilisation fut grande et la science cultivée avant le déluge. Cependant il ne faut pas oublier que la déchéance, dont la croyance se retrouve dans toutes les cosmogonies, ne condamna pas seulement l'homme à gagner son pain matériel à la sueur de son front, mais encore le pain de la pensée par les fatigues de l'intelligence.

Le premier homme vit, pour ainsi dire, l'univers sortir des mains du Créateur ; il observa, pendant neuf cent trente ans, les richesses et les phénomènes que la terre et le ciel offraient tour à tour à ses sens. Est-il permis de supposer qu'il n'ait pas réfléchi sur le rapport des effets et des causes, lui qui était en relation si intime avec la grande cause, son père immédiat ; et qu'il n'ait pas connu, aussi bien que ses descendants, la naissance de l'univers, à laquelle il assista? Pendant sa vie, on avait déjà acquis bien des arts : on chantait des poésies, on jouait des instruments, on touchait du kinnor et du schougab. On discernait dans la terre les veines de fer et de cuivre, que l'on travaillait de toutes les façons [1]. On savait bâtir des édifices, construire des villes [2], et observer les phénomènes célestes ; c'est « à l'esprit et au travail des enfants de Seth qu'est due la

---

[1] *Gen.*, ch. IV, v. 21, 22.
[2] *Id.*, ch. IV, v. 17.

science de l'astronomie [1], de la géométrie [2]; et ils avaient même gravé leurs observations sidérales sur des colonnes de pierre : au rapport de Josèphe, on en voyait encore deux en Syrie de son temps. »

Les connaissances astronomiques et métaphysiques que l'on retrouve chez tous les anciens peuples, que tous attribuent à leur premier père, et dont ils n'étaient certainement pas les inventeurs, puisqu'ils en ignoraient la valeur, n'ont d'origine raisonnable que dans la science antédiluvienne, dont les lambeaux furent emportés par chacun de ces peuples. Mais ces débris se conservèrent surtout chez les premières nations fixées après la grande catastrophe. Les peuples qui occupèrent l'Asie ne sentirent jamais l'état de dégradation où tombèrent ceux qui s'éloignèrent de la mère patrie, pour aller coloniser l'univers. Aussi loin, en effet, que l'on peut remonter dans les âges, on trouve les Chaldéens, les Phéniciens, etc., fixés sur le sol, constitués en nations, et cultivant les sciences, le commerce et les arts. Ces faits résultent de l'accord irrévocablement établi, et prouvé par la science la plus profonde et la critique la plus minutieuse, de toutes les chronologies avec celle de Moïse [3], dont l'exactitude est invinciblement démontrée. Mais, après le déluge, tout fut à refaire, et c'est là proprement que commence l'origine des sciences.

Les peuples de l'Asie, les seuls chez lesquels nous

---

[1] Josèphe, *Antiq.*, l. I, ch. III.

[2] *Id. id.*, ch. XI.

[3] Les recherches de Saint-Martin sur l'Arménie, d'Abel Remusat sur les langues tartares; ses mélanges asiatiques ; les recherches de Klaproth, etc., ont invinciblement fixé ce point. — Nous renvoyons sur cette question à notre ouvrage sur l'origine des peuples : *Prodrome d'ethnographie,* 1 vol. in-8°.

devons chercher les premiers délinéaments de la science humaine, puisqu'ils sont les seuls existants comme nation à l'époque primitive de la dispersion, se partagent en deux types bien distincts et parfaitement tranchés : le type oriental, sous lequel on peut compter les Chinois et les Indiens, et le type occidental, qui renferme les peuples qui occupèrent le couchant de l'Asie, l'Afrique et l'Europe; entre ces deux extrêmes se trouvent les Perses, qui sont comme le moyen terme, non-seulement par leur position sur le globe, mais encore par leur religion, leurs sciences et leurs mœurs.

Bien que les communications n'aient jamais été interrompues, depuis l'antiquité, entre les peuples de l'Asie occidentale et ceux de l'Asie orientale, cependant il est positif et certain que tout le mouvement intellectuel, d'où est né le progrès des sciences, s'est exercé uniquement dans le périple de la Méditerranée. Les Indiens et les Chinois ont eu une influence plutôt passive qu'active; ils ont plutôt travaillé en dehors que contribué à l'avancement; ils ont peu reçu peut-être, mais ils ont encore plus reçu qu'ils n'ont donné. Cette vérité, opposée aux idées systématiques qui ont régné et régnent encore dans beaucoup d'esprits, ressort des recherches de la critique la plus rigoureuse et de l'étude philosophique du développement de l'humanité [1]. Les sciences étaient d'ailleurs très-avancées en Occident, quand elles sont nées, pour ainsi dire, dans la Chine et l'Inde, où elles n'ont fait que très-peu de progrès.

Nous pourrions donc laisser de côté cette partie de l'histoire des sciences, sans lacune véritable, comme avait cru devoir le faire M. de Blainville dans son Cours,

____

[1] Voir le même ouvrage.

puisqu'elle ne se rattache à aucune période du mouvement scientifique, dont il a suivi le développement dans ses leçons, et que nous devons étudier dans cet ouvrage. Cependant, pour ne rien laisser à désirer, nous la traiterons sommairement, en son temps, plutôt comme un appendice curieux que comme un élément nécessaire. Nous en retirerons néanmoins un avantage important, celui de mieux constater que tout appartient à l'Occident, par lequel nous devons commencer pour être logiques, et dans l'ordre du développement naturel.

ASIE OCCIDENTALE.

Si nous portons nos premiers regards sur la Perse, nous y trouvons un système religieux et philosophique intéressant, à la vérité ; mais l'histoire des sciences n'y rencontre que les grands mouvements politiques qui, en remuant l'Asie, ont contribué à mettre les peuples en communication, et, par là, ont pu favoriser le progrès des sciences. Du reste, nous n'avons rien de positif sur les travaux scientifiques des anciens Perses.

En revanche, l'Occident asiatique et ses dépendances nous offrent le plus vif intérêt, en nous montrant, avec le berceau du genre humain renouvelé, les débris des sciences primitives, recueillis pour servir de base à un progrès qui, quoique lent et inappréciable d'abord, n'a pourtant jamais cessé de marcher. C'est là véritablement qu'il faut chercher le premier point de départ ; c'est là que l'on peut espérer de rencontrer les éléments les plus anciens des connaissances humaines. C'est donc de là que nous partons réellement pour arriver, par les progrès successifs accomplis autour des rivages de la Méditerranée, jusqu'à nos temps.

La Chaldée a été le premier berceau de l'humanité. L'astronomie y a fait ses premiers pas; elle a passé ensuite aux Égyptiens et aux Grecs. Les derniers ont déduit une théorie des observations qu'ils avaient reçues. Les Phéniciens eurent aussi leur part dans ces observations. Mais chez tous ces peuples l'astronomie conduisit à une autre science, qui leur paraissait plus importante, et qui n'était que son application aux besoins et à l'utilité de l'homme. L'astrologie judiciaire, que nous regardons comme si absurde, était pourtant fondée sur la connaissance de la nature : il y avait au fond une idée qu'il serait bien difficile de ne pas admettre comme vraie, l'influence plus ou moins marquée des corps célestes sur les corps terrestres. Qui oserait nier, dans l'état actuel de nos connaissances, que le mouvement de la terre, que les révolutions des astres ne sont pas combinés par le Créateur pour exercer une influence sur la conservation des êtres et de la vie dans le monde? Que savons-nous si, dans l'origine, l'astrologie ne fut pas appuyée sur de semblables principes? Plus tard, elle dégénéra et tomba dans l'absurdité, ce qui dut faire même oublier les principes certains de cette science.

C'est en Chaldée, en Égypte et en Phénicie qu'ont commencé aussi les sciences mathématiques et les sciences mécaniques; les arts de l'architecture, de la navigation, etc., ne permettent pas d'en douter. Elles étaient, il est vrai, plutôt pratiques que théoriques, puisqu'à la Grèce appartient l'honneur de la théorie, de la généralisation.

Nous n'avons sur les sciences d'observation, les sciences naturelles et la médecine, chez les peuples qui nous occupent, que des données assez vagues, comme sur toutes les autres branches des connaissances humaines. Cependant ils avaient nécessairement fait quelques pas, puisque les Grecs ont reçu d'eux les premiers éléments. Chaque peuple a revendiqué pour lui l'invention de la médecine ; ce qui prouve qu'aucun ne l'a inventée, mais que tous s'en étant occupés dès les temps les plus reculés, ont dû la tirer de leur commune origine, et qu'ils y ont ajouté les observations que l'expérience et le besoin leur fournissaient.

C'était un usage en Assyrie d'exposer les malades à la vue des passants [1], pour s'informer de ces derniers s'ils n'avaient pas été attaqués d'un mal pareil, et pour apprendre par quels remèdes ils s'en étaient délivrés. Ceux qui guérissaient plaçaient dans le temple du dieu de la médecine un tableau, qui indiquait les remèdes auxquels ils devaient la santé. Hippocrate passe pour avoir profité de semblables observations inscrites dans le temple de Cos.

En Égypte, au rapport d'Hérodote, il y avait un médecin pour chaque maladie [2] ; ce qui pourrait faire croire que déjà la médecine se partageait en différentes branches. Le régime hygiénique des Égyptiens suppose chez eux l'art plus avancé que partout ailleurs ; ils prévenaient les maladies, au rapport de Diodore [3], par les vomitifs, les purgatifs, les bains intérieurs et extérieurs, et les diètes. Chaque mois on usait de ces divers remèdes, fondés sur la croyance que toute nourriture contient un superflu dont s'engendrent les maladies, et qu'en conséquence tout ce qui tend à évacuer détruit le principe du mal. Les médecins étaient payés par l'État, et il y en avait à la suite des armées. Mais l'obliga-

---

[1] Diod., l. I, p. 22.
[2] Hérod., l. I, c. 197.
[3] Diod., l. I, p. 73.

tion de suivre dans l'exercice de leur art leurs devanciers et les règles tracées dans les livres sacrés, la peine de mort infligée au téméraire qui, en s'écartant de ces règles, voyait périr un malade entre ses mains [1], durent arrêter tout progrès. Néanmoins, l'art des embaumements, tel que les Égyptiens le pratiquaient, put conduire à une connaissance au moins grossière de certaines parties du corps humain, aussi bien qu'à celle de la propriété des aromates et des simples. L'histoire de Joseph, le précepte de Moïse dans l'Exode [2], montrent que la médecine fut de tout temps une profession chez les Égyptiens. Ils mêlèrent à son étude celle de l'astrologie, et à son exercice des rites mystérieux et des incantations. C'est en Égypte que l'anatomie fera plus tard ses plus grands progrès dans l'école d'Alexandrie, parce que son étude fut plus facile là que partout ailleurs. C'est encore de l'Égypte que la Grèce tirera la connaissance de plusieurs animaux, entre autres celle des singes. On retrouve sur les monuments égyptiens un grand nombre d'animaux qui prouvent qu'ils en avaient fait une certaine étude.

Leurs idées ridicules sur les générations spontanées des animaux, sur la cosmogonie, etc., ont dû nuire plus à la science qu'elles ne lui ont servi : cela n'empêche pas de regretter éternellement la perte des volumes et des monuments où leurs progrès scientifiques étaient consignés ; progrès qui durent être grands sous plus d'un rapport, à en juger par les parcelles de leurs débris que nous retrouvons éparses. La langue hiéroglyphique ne dut pas être moins favorable aux sciences naturelles chez les Égyptiens qu'elle ne le sera chez les Chinois ; et

[1] Diod., l. I.

[2] *Genes.*, ch. L, v. 2. — *Exod.*, ch. XXI, v. 19.

nous ne voyons pas que rien chez les premiers soit venu en arrêter les progrès, si ce n'est peut-être la funeste influence d'une mythologie matérielle qui put bien remplacer pour eux la philosophie de Tschu-Hi, qui arrêtera le progrès en Chine.

Au milieu de tous ces peuples s'élève un peuple qui ne ressemble à aucun d'eux, qui eut des rapports avec tous, et fut chargé par la Providence de remplir à leur égard une immense mission. Le peuple juif a exercé sur le monde une si haute influence religieuse, qu'on a oublié de lui rendre justice sous tous les autres rapports. On l'a regardé comme un peuple ignorant, qui n'avait rien fait pour la science; erreur d'autant plus grave que, de tous les peuples de l'antiquité, il est le seul qui ait embrassé tout le cercle des connaissances humaines dans sa vérité. Bien qu'apocryphe, la réponse de Josèphe à Appion est assez ancienne pour mériter d'être citée. « Quant aux hommes de notre nation, y est-il dit, qui ont excellé dans les arts et dans les sciences, on ne sçauroit lire nos anciennes histoires sans connoistre qu'elle en a porté qui n'ont point été inférieurs aux Grecs [1].

Éclairés par une religion certaine, qui fut pour eux toute philosophie, les Juifs firent de rapides progrès, surtout dans les sciences naturelles. Les sciences exactes leur furent peut-être moins familières; les abus de l'astrologie durent les en détourner; et leur constitution politique fut probablement un obstacle au développement des progrès matériels de l'industrie, et des arts de la peinture et de la statuaire. Mais, aussi, les sciences morales, les lettres, la poésie, qui sont le parfum

[1] Josèphe, *Réponse à App.*, l. II, ch. V; trad. d'Arnault; ouvrage apocryphe, mais des premiers siècles de l'ère chrétienne.

de l'âme, la sauvegarde de tout ce que le cœur de l'homme a de noble, et son intelligence de beau et d'élevé, furent portées chez eux à une perfection qui a fait et fera à jamais l'admiration du monde. Sortis de l'Égypte, ils en apportèrent tout ce qu'elle avait de connaissances, et leur législateur est loué pour sa sagesse dans les sciences égyptiennes.

Clément d'Alexandrie partage la philosophie de Moïse en quatre parties; la physique en est une; et il ajoute qu'il apprit l'astronomie des Égyptiens. A la manière dont Moïse parle des sacrifices, des animaux et de leurs qualités particulières, on voit assez qu'il était initié dans l'histoire naturelle et l'anatomie animale; et certes la narration de la création seule est un assez beau monument scientifique.

Le livre de Job, qui, s'il n'est pas de Moïse, est probablement aussi ancien que lui, nous donne de remarquables indices de l'état où était alors la science. On nous y peint la terre suspendue sur le néant [1]; on y conduit l'esprit jusque dans l'intérieur du globe, pour y voir le lieu où l'argent commence ses veines, et la retraite de l'or. Le fer est tiré de la terre, et la pierre fondue par la chaleur donne l'airain [2]. Les oxydes et les sels métalliques étaient donc traités par la chaleur dès le temps de Job, pour en opérer la réduction; dès lors l'homme creusait dans les montagnes des vallées qui n'avaient jamais porté l'empreinte de ses pas, et s'enfonçait dans les entrailles de la terre, qui, comme aujourd'hui, était déchirée intérieurement par des feux souterrains. Pour dire en poésie que les exhalaisons des minéraux rendent la terre et les plantes stériles, les oi-

---

[1] Job, ch. XXVI, v. 7.
[2] *Id.*, ch. XXVIII, v. 1, 2, etc.

seaux et les bêtes sauvages ignorent la route qui mène aux minières. L'abaissement ou le soulèvement des montagnes par les tremblements de terre [1], l'écroulement et la disparition des rocs arrachés du lieu de leur formation, et couverts par les flots de la mer, dont la violence creuse la pierre et ronge peu à peu ses rivages [2], l'écoulement des lacs, le tarissement des fleuves, avaient été observés [3]. Voilà donc déjà le germe et le fond de toutes les hautes questions de la géologie.

La météorologie trouve aussi place dans le livre de Job ; on y parle raisonnablement de la plupart des météores. L'eau des torrents est desséchée par les rayons du soleil, et tout à coup l'air se rassemble en nuages ; le Seigneur y élève des gouttes de pluie, enchaîne les eaux dans les nuées, et les nuées soutiennent leur poids ; le vent en passant les dissipe, ou bien le Seigneur les étend pour s'en servir comme d'un pavillon ; sa sagesse les dirige en tous lieux : elles arrivent où il veut exercer ses vengeances ou répandre ses miséricordes, se dissipent en rosée féconde, ou bien se répandent en torrent, fondent du haut du ciel et couvrent la terre [4].

C'est Dieu qui a mesuré les eaux de l'abîme et donné des lois à la pluie ; il commande à la neige de descendre sur la terre, et aux pluies et aux tempêtes de s'y répandre. La tempête vient du Midi, les frimas de l'Aquilon ; Dieu souffle, et la glace se forme, les eaux se durcissent comme la pierre, et la surface de l'abîme s'affermit ; le soleil de l'été apparaît, les eaux se fondent

[1] Job, ch. IX, v. 5, 6.
[2] Id., ch. XIV, v. 18-19.
[3] Id., ch. XIV, v. 11.
[4] Id., ch. XXVI, v. 8 ; ch. XXXVI, v. 28, 29 ; ch. XXXVII, v. 6-13 ; ch. XXXVII, v. 21.

ensuite au loin ; et la fonte des neiges et des glaces des montagnes forme les torrents, que les rayons du soleil dessèchent [1].

As-tu pénétré dans les trésors de la grêle, demande Dieu à Job? Question encore insoluble aujourd'hui, de savoir comment se forme la grêle. Quand Dieu pesait la force des vents, et qu'il marquait leur route à la foudre et aux tempêtes, où étiez-vous? Le tonnerre retentit dans tout l'espace des cieux, et les éclairs brillent jusqu'aux extrémités de la terre ; après l'éclair, le ciel gronde ; le bruit s'est-il fait entendre? le coup est déjà frappé. Et quand un nuage épais s'est formé, Dieu y fait briller sa lumière, et son arc apparaît dans le ciel. Le tourbillon, cette trombe terrestre, enlève l'homme dans ses plis, et il le brise [2].

Par quelle voie se répand la lumière? Pourrez-vous rapprocher les brillantes Pléiades, ou disperser les étoiles de l'Ourse? Ailleurs on parle de l'Orion et des astres du Midi. Connais-tu l'ordre du ciel, et son influence sur la terre [3]? La lumière était donc déjà regardée comme un corps ; l'on avait observé plusieurs constellations, et l'on reconnaissait la dépendance mutuelle des lois célestes et terrestres ; ce qui confirme le fondement que nous avons déjà assigné à l'astrologie.

Si du règne inorganique nous passons au règne organique, nous verrons que la manière dont on en parle suppose des connaissances déjà assez avancées. Les lois de la végétation sont assez bien analysées dans ces pa-

---

[1] Job, ch. XXVIII, v. 25, 26 ; ch. XXXVII, v. 6-13 ; ch. XXXVIII, v. 30 ; ch. VI, v. 16, 17.

[2] Job, ch. XXVIII, v. 25, 26 ; ch. XXXVII, v. 3-4, etc.; ch. IX, v. 17 ; ch. XXVII, 21.

[3] *Id.*, ch. XXXVIII, v. 30-33 ; ch. IX, v. 9.

roles : L'arbre qu'on a coupé n'est pas sans espérance ; il peut reverdir ; il porte de nouveaux rejetons. Quand sa racine aurait vieilli dans la terre, quand son tronc serait desséché dans la poussière, il germerait à l'odeur de l'eau, et ses feuilles reverdiraient comme au jour où il fut planté. On savait que les scirpus ne peuvent verdir sans humidité, ni les carecta croître sans eau [1].

L'araignée tisse sa toile, et la teigne se construit un fourreau [2]. On connaissait le venin de l'aspic, et l'on avait observé que les crochets de la vipère sont de véritables dents [3]. Non-seulement on avait étudié les mœurs des insectes et les poisons des reptiles ; mais jamais description plus poétique, plus naturelle et plus vraie fut-elle faite du plus grand de tous les reptiles, le crocodile ? «Je n'oublierai point Léviathan, sa force, et la merveilleuse structure de son corps. Qui le dépouillera de l'armure qui le couvre ? qui lui donnera un double frein ? qui ouvrira les portes de sa gueule ? La terreur habite autour de ses dents ; son dos est couvert d'écailles, comme de boucliers étroitement scellés : l'une est si bien jointe à l'autre, que l'air ne peut passer entre deux ; elles s'attachent, se lient entre elles, et ne se séparent jamais. Ses frémissements font jaillir la lumière ; ses yeux brillent comme les rayons de l'aurore. Des flammes sortent de sa gueule, et des étincelles volent autour de lui. La fumée sort de ses narines comme d'un vase rempli d'eau bouillante. Son souffle est semblable à des charbons brûlants ; le feu sort de sa gueule. La force est dans son cou, et la terreur s'élance devant lui. Les muscles de sa chair sont tellement unis, que rien ne

[1] Job, ch. XIV, v. 7-9 ; ch. VIII, v. 11, 12.
[2] Id., ch. VIII, v. 14 ; ch. XXVII, v. 18.
[3] Id., ch. XX, v. 16.

peut les ébranler. Son cœur est dur comme le rocher, comme la meule qui écrase le grain. Quand il se lève, les forts sont dans la crainte; dans leur terreur, ils chancellent. En vain on l'attaque avec l'épée et la lance, les dards et les javelots. Le fer est comme la paille légère; l'airain n'est qu'un bois aride. Les flèches ne le mettent pas en fuite; les pierres de la fronde sont pour lui comme l'herbe des champs; la massue est comme un brin de paille; il se rit de la lance. Il repose sur les cailloux les plus durs; un lit de dards est pour lui comme le limon. Sous lui, l'abîme bouillonne comme l'eau sur le brasier; la mer s'élève en vapeurs comme l'encens d'un vase d'or. L'onde blanchit derrière lui comme la chevelure d'un vieillard. Nul sur la terre n'a sa puissance; il a été créé pour ne rien craindre [1].»

Les oiseaux dont il parle sont tout aussi poétiquement décrits : «Qui a donné au paon son plumage, au héron son aigrette, à l'autruche ses ailes? Elle abandonne sur la terre ses œufs, que le sable doit réchauffer; elle oublie qu'ils seront peut-être foulés aux pieds ou brisés par les animaux. Insensible pour ses petits, comme s'ils n'étaient pas les siens, elle ne craint pas de voir son enfantement inutile; car Dieu l'a privée de sagesse, et ne lui a point donné l'intelligence. Mais lorsqu'il en est temps, quand elle élève ses ailes, elle se rit du cheval et du cavalier [2].» Qui jamais a décrit d'une manière si concise et si poétique tout à la fois les mœurs de l'autruche? il semble la voir fuir devant le chasseur avec une rapidité qui le désespère. En lisant le dernier trait, ses ailes, qui ne peuvent servir au vol, parais-

---

[1] Job, ch. XLI.
[2] Id., id.; ch. XXXIX, v. 13-18.

sent pourtant levées pour équilibrer et accélérer sa course, et le cavalier est la risée de ses cris.

Tous ont admiré Buffon dans la peinture qu'il fait du cheval : eh bien! voici son modèle et son maître : « Est-ce toi qui as donné la force au cheval, qui as hérissé son cou d'une crinière mouvante? Le feras-tu bondir comme la sauterelle? Ses naseaux soufflent la terreur. Il creuse du pied la terre, il s'élance avec orgueil, il court au-devant des armes. Il se rit de la peur, il affronte le glaive. Sur lui le bruit du carquois retentit, la flamme de la lance et du javelot étincelle. Il bouillonne, il frémit, il dévore la terre. A-t-il entendu la trompette? c'est elle! il dit : *Vah!* Allons; et de loin il respire le combat, la voix tonnante des chefs, et le fracas des armes [1]. »

On y mentionne les biches, les chèvres sauvages, le temps de leur portée, et les cris que leur arrachent les douleurs de la parturition. On y parle de l'onagre sauvage et de l'orix; l'hippopotame y est décrit : « Vois Béhémot, que j'ai créé en même temps que toi : comme le taureau, il se nourrit de l'herbe de la prairie. Sa force est dans ses reins, ses flancs sont comme un épais bouclier. Il agite sa queue, semblable à un cèdre; les muscles de son corps sont comme entrelacés; ses os sont des tubes d'airain; ses membres, des lames de fer. C'est le chef-d'œuvre de Dieu. Celui qui l'a créé l'a armé d'un glaive. Les sommets les plus élevés produisent sa pâture, et les animaux des champs viennent se jouer autour de lui. Il se repose en des lieux secrets, parmi les joncs fleuris, et dans la fange des marais. Les roseaux le couvrent de leur ombre, et les saules du tor-

___

[1] Job, ch. XXXIX, v. 19-25.

rent l'environnent. Voilà que le fleuve s'enfle : il ne redoute rien, il resterait immobile quand le Jourdain fondrait sur sa tête. L'attaqueras-tu de front, et oseras-tu percer ses narines [1]? »

Non-seulement on parle, dans Job, des animaux, mais encore on y touche la structure du corps humain, et on y signale plusieurs faits physiologiques. Vous avez revêtu mon corps de chair et de peau, vous l'avez fortifié d'os et de nerfs. L'oreille discerne les paroles, comme le goût juge les mets; la nourriture s'altère dans le sang, et se change en un venin mortel. Mais le grand principe de la science, la reconnaissance et la glorification de la cause suprême, se trouvent admirablement exprimées dans le peu de mots où Job semble avoir voulu résumer tout ce qu'il a dit de la nature : « Interrogez les animaux des champs, et ils vous instruiront; les oiseaux du ciel, et ils vous apprendront. Parlez à la terre, et elle vous répondra; et les poissons de la mer vous diront : Qui ignore que tout a été fait par la main de Jéhova? Il a dans sa main la vie de tout ce qui respire, et l'âme de tous les esprits créés [2].

On s'imagine que Job et ses contemporains n'étaient que de grossiers bergers. Il est bien vrai que l'art pastoral était alors plus en honneur qu'il ne l'a jamais été depuis; mais nous avons déjà vu les sciences et les arts cultivés par les patriarches; le livre de Job, en nous le rappelant, nous apprend de plus qu'on savait écrire des livres, et graver sur la pierre et l'airain avec un ciseau [3]. On fabriquait des armes de fer et des arcs d'airain; les enfants jouaient du tambour et de la cithare, et l'on

---

[1] Job, ch. XL, v. 10-19.

[2] *Id.*, ch. XII, v. 8-10.

[3] *Id.*, ch. XIX, v. 23, 24.

dansait au son des instruments [1]; on exploitait les entrailles de la terre, on desséchait les fleuves, on arrê-
tait leur cours.

Ainsi, en entrant dans la Palestine, les Hébreux avaient
le germe de toutes les sciences consigné dans leurs
livres sacrés. Malheureusement les anciennes annales
dont parle Josèphe, et qui auraient sans doute jeté un
grand jour sur l'histoire scientifique de ce peuple, ne
sont pas venues jusqu'à nous, et il ne nous reste aucun
monument qui puisse nous éclairer sur l'histoire des
sciences chez les Hébreux, depuis Moïse jusqu'à Salomon. Mais alors aussi nous avons la preuve la plus certaine qu'ils n'étaient pas demeurés dans l'inaction; ils
avaient, en effet, parcouru tout le cercle de la philosophie; et ils eurent la gloire unique dans le monde d'a-
voir, dans l'un de leurs plus grands rois, le plus grand
de leurs philosophes, et un génie scientifique qui ne le
cède à aucun autre, pas même à Aristote, qu'il surpasse
en un sens, puisque longtemps avant lui il avait achevé
et clos le cercle des sciences, que le philosophe grec ne
put fermer, faute du rayon le plus important.

Les génies universels ne sont jamais spontanés, ils
ne surgissent pas tout d'un coup au sein d'un peuple ignorant; mais il faut, et c'est là l'histoire de
l'esprit humain, que les voies leur soient préparées par
les travaux et les découvertes d'une longue suite de
prédécesseurs; et quand toutes les branches ont été
travaillées, que tous les matériaux nécessaires à la
construction du grand édifice sont rassemblés, alors
apparaît un de ces esprits moins rares peut-être qu'on ne
pourrait le croire, mais qui, placé ainsi dans les cir-

[1] Job, ch. XX, v. 24; ch. XXI, v. 12.

constances les plus favorables à son action, déploie la puissance et l'énergie que bien d'autres, moins favorisés, ont consumées dans un vain labeur. Il embrasse à la fois tout ce que les autres lui ont préparé, et en forme cette grande synthèse qui est la science achevée.

Tel fut Salomon, né dans toutes les circonstances les plus favorables à la culture des sciences et des arts, fils du plus grand des rois d'Israël. David avait étendu les limites de son royaume jusqu'où elles pouvaient aller; tous les peuples limitrophes étaient ses tributaires; et la paix, fruit du courage et de la victoire, faisait régner l'abondance et la prospérité dans ses États. Ce fut sur un trône aussi bien établi que monta Salomon, qui n'eut plus qu'à profiter du règne de son père pour se rendre grand. Son alliance avec les rois de Tyr étendit son commerce, remplit ses trésors, et introduisit parmi ses sujets la culture des arts, dont ils s'étaient peu occupés jusqu'à ce moment. La construction du temple et des palais de Salomon atteste l'habileté des Tyriens, et le zèle du roi des Hébreux à procurer à son peuple, non-seulement l'utile, mais encore le beau. Le temple, le plus bel édifice de ces temps, regardé comme une merveille, les détails de ses palais, prouvent les progrès des arts, surtout de l'architecture, de la sculpture, de la peinture et de la métallurgie [1].

La musique était née en Israël, fille du Très-Haut, consacrée à son culte comme la poésie; elle fut florissante sous David, qui l'avait presque créée; elle arriva sous Salomon aussi haut qu'elle pouvait atteindre; et l'on a pu assurer qu'elle surpassa tout ce que les an-

---

[1] L. III Reg., ch. VI et VII; Jos., *Antiq. jud.*, l. VIII, ch. II.

ciens avaient de grand et de sublime dans cet art, sans en excepter même la Grèce.

La culture des arts, et les soins du gouvernement de son peuple, n'empêchèrent pas ce vaste génie de faire dans les sciences ce qu'il avait exécuté dans le reste. La liste de ses ouvrages, qui nous est seule demeurée, montre avec quelle étendue il avait développé toutes les connaissances humaines, et nous fait regretter la perte de ces monuments si précieux, où la sagesse qu'il avait reçue en don devait être empreinte. Il avait traité de la physique en général : *la disposition de l'univers et les vertus des éléments*; il avait traité du temps, et de toutes les questions qui s'y rapportent : *du commencement, de la fin et du milieu des temps, des changements successifs et du retour des temps*. Puis, il était entré dans l'astronomie, et avait traité *du cours des années* et *de la marche des étoiles*; la météorologie, *la force des vents*. Enfin, après avoir embrassé l'univers dans sa généralité, il descend dans ses différentes branches, et étudie le monde organique; il commence par la botanique, *super lignis*; il fait l'histoire de tous les végétaux, *depuis le cèdre qui est sur le Liban, jusqu'à l'hysope qui sort de la muraille*. En zoologie, il parle d'abord des généralités, de la nature des animaux et de l'instinct des bêtes en général; puis il divise le règne animal, ou plutôt les animaux vertébrés ou ostéozoaires, dont il a seulement parlé en quatre subdivisions, qui sont encore les quatre grandes classes admises généralement dans l'ordre où il en traite : 1° *des animaux terrestres*, 2° *des oiseaux*, 3° *des reptiles*, qu'il se garde bien de confondre avec les poissons, ou de placer après eux; 4° il finit par *les poissons*, dans lesquels il renferme probablement les mollusques; et alors les articulés, les insectes, dont il parle quelquefois dans ses livres, pour en tirer des comparaisons ou pour décrire leurs mœurs, auraient fait la cinquième subdivision de son règne animal. Ce règne le conduit à l'homme, et il l'étudie dans tout son être. 1° La psychologie, *les pensées des hommes*; 2° l'homme dans sa nature organique, et l'application des connaissances acquises par la science aux besoins de l'homme, *les différences des plantes et les vertus des racines*, la botanique médicale[1]. Avec tout cela il ne fut point étranger aux lettres et à la poésie : *il composa trois mille paraboles, et il fit mille et cinq cantiques*. Ce qui est surtout remarquable, c'est que toutes les sciences furent conduites par lui à leur véritable but, Dieu et sa glorification; et par là il traça le dernier rayon en traitant de la théologie, ou de Dieu créateur et conservateur. Du reste, le peuple juif fut plus favorisé sous ce rapport que tous les autres peuples; il ne perdit jamais de vue le grand principe de toute philosophie, comme de toute science. Le cercle fut tout tracé pour lui dès l'origine, et l'on peut dire qu'il commença par où les autres ont fini. Voilà sans doute ce qui dut favoriser ses progrès, et éloigner de lui à tout jamais ces systèmes destructeurs de la science qui arrêtèrent les autres peuples, et dont sa religion le garantit.

Les livres qui nous restent de Salomon, et qui sont révélés, ajoutent à toutes ses autres gloires celle de prophète. Sans doute qu'il ne fut aussi grand que par un don spécial de Dieu; mais cela n'empêche pas de reconnaître en lui, sous le rapport où nous le considérons, le résumé, la mesure de la gloire scientifique de sa nation; gloire qui vivra encore après lui, et désormais

---

[1] L. Sapientiæ, ch. VII, v. 17 et suiv.; lib. III Reg., ch. IV, v. 32, 33.

nous verrons le peuple juif apporter aux autres nations sa part de science. La cour des rois de Perse lui emprunta ses plus sages et ses plus grands ministres; l'Égypte, sous les Ptolémées, lui demanda ses livres, et fut en relation de science avec lui. Les Grecs ont reçu des Juifs en philosophie et dans les autres sciences. Outre un grand nombre d'autres preuves, le décret rendu par la république d'Athènes en l'honneur d'Hircan, et envoyé à ce prince par des ambassadeurs de la république, démontre, d'une manière plus forte encore[1], qu'il y avait entre la Judée et Athènes des communications, et qu'un grand nombre de Grecs voyageaient en Judée, et pouvaient par conséquent y puiser quelques connaissances. Le goût des sciences demeura si profondément imprimé dans le génie de cette nation singulière et étonnante, que, même après sa dispersion, elle les fera encore fleurir partout où elle se trouvera. Ce seront des Juifs avec des Chrétiens qui porteront les sciences aux Arabes par la Perse; et ces mêmes Juifs, avec des Arabes, apporteront les sciences en Europe à l'époque de la renaissance. Ainsi donc, bien que cette nation n'ait laissé de sa science aucun monument écrit, elle n'en a pas moins rendu de grands services, et puissamment contribué aux progrès de l'esprit humain.

Quand on cherche à approfondir, autant que des lambeaux le permettent, le caractère scientifique de la période que nous venons de parcourir, on y découvre facilement les marques d'une commune origine; les effets et les causes sont intimement liés dans la science antique. Les Égyptiens et les Hébreux contemplaient la nature dans la cause suprême; le caractère de

---

[1] Jos., *Antiq.*, l. XIV, ch. XVI.

leur science fut donc éminemment théologique ; et dès que sa pureté fut ternie par le matérialisme sous une forme quelconque, on vit le progrès s'arrêter, comme le prouve l'Égypte, où prédomina une mythologie végétale et animale. Les Juifs seuls furent exempts de cette triste nécessité. Malgré cela, le caractère théologique n'abandonna jamais la science orientale ; et le matérialisme même y eut un caractère spécial qui tenait à la profonde impression du dogme primitif, et qu'il ne put secouer, comme le matérialisme occidental le fit plus tard.

Toujours donc les nations asiatiques furent en possession d'une civilisation et d'une science qui ne permet pas de penser qu'elles aient jamais éprouvé de dégradation ; il n'en sera pas de même si nous considérons celles qui, s'étant plus éloignées du berceau des peuples, se trouvèrent plus complétement séparées de la source. Nous les trouverons toutes d'abord à un état de déchéance plus ou moins grand, et qui durera plus ou moins longtemps, suivant qu'elles se sont plus ou moins éloignées de leur origine. Ainsi la Grèce et l'Italie, qui éprouvèrent à un moindre degré cette déchéance, passeront néanmoins leurs premiers âges à s'établir sur le sol, et recevront ensuite, par de nouvelles communications, les lumières de la mère patrie ; tandis que les barbares que le Nord vomira dans son temps, ayant parcouru un bien plus long trajet, et par là même brisé tout lien et toute communication avec la métropole, croupiront dans l'ignorance jusqu'à ce que, poussés par la soif des conquêtes et l'envie des richesses de la civilisation, ils viennent se heurter contre les peuples qui ont conservé le feu sacré et la lumière de l'intelligence.

Rome était née pour dominer par la force ; et nous

ne devons pas nous attendre à trouver parmi ces fiers
républicains, dont la guerre, les cabales politiques et
l'empire du monde absorbaient le génie, de ces hommes
qui font faire des progrès à l'esprit humain. Nous y
trouverons bien des orateurs remarquables; mais, nés
des tempêtes de la démagogie, ils n'ont de langue que
pour la tribune, excepté peut-être le plus grand et le
dernier des orateurs de la république, dont la parole
défendait avec autant de puissance Marcellus et Milon,
qu'elle chassait Catilina et condamnait Verrès. Cependant on a lieu d'être surpris de trouver dans Numa, le
second roi de Rome, une philosophie pure et une
science aussi exacte qu'elle pouvait l'être alors, sans
qu'on puisse dire où il les avait puisées. Les règles[1]
qu'il avait prescrites pour le calendrier montrent qu'il
connaissait assez précisément la longueur de l'année
solaire; c'est une preuve à ajouter à beaucoup d'autres,
que les sciences étaient déjà florissantes dans quelques
parties de l'Italie, et que l'Étrurie fut probablement la
maîtresse de Rome. Quoi qu'il en soit, si plus tard
nous voyons à Rome un Varron, un Pline, etc., s'occuper des sciences, leurs ouvrages ne seront que des
copies ou des compilations à peu près infructueuses
pour le progrès. Mais il n'en sera pas de même de la
Grèce proprement dite, ni de cette partie de l'Italie
qui a porté le nom de Grande Grèce. Nous allons voir
ce peuple faire plus pour la science que tous les autres
ensemble.

[1] *Hist. Rom.*, Catrou et Rouillé, l. I, p. 190.

PÉRIODE II.

ÉPOQUE GRECQUE.

SECTION I. — AVANT ARISTOTE.

I. COUP D'OEIL HISTORIQUE SUR LA GRÈCE.

Il n'est plus permis de croire à l'état sauvage des premiers habitants de la Grèce. Descendus directement des hauteurs du Caucase, ou de ce pays de l'Arménie septentrionale où nous avons vu le genre humain recommencer sa course, les Grecs sont un peuple primitif, tout aussi bien que les Chinois, les Indiens, les Chaldéens et les Égyptiens. Race d'une organisation heureuse au physique, ils ne tardèrent pas, grâce à la beauté du climat de la Grèce, à se développer d'une manière plus remarquable et plus suivie que les autres peuples ; ils s'étendirent à l'ouest jusqu'en Italie, et au sud-est jusque sur les côtes de l'Asie Mineure ; à l'est jusque sur les rives les plus éloignées de la mer Noire. Leurs relations avec les villes d'Ionie et avec les Lydiens contribuèrent encore à leur développement. Bientôt leur commerce s'étendit jusqu'en Égypte et en Phénicie, qui établirent dans la Grèce des espèces de comptoirs devenus ensuite des colonies.

L'Asie Mineure et la Crète, qui, située sur le chemin de l'Égypte en Grèce, avait dû en recevoir des colonies avant celle-ci, apportèrent à la Grèce des éléments divers qu'elle élabora, et dont elle fera jaillir plus tard un éclat et une gloire qui lui seront propres. La Méditerranée, après avoir vu la blancheur des voiles de l'Égypte contraster avec le teint noir de ses matelots [1], après avoir reçu sur tout le contour de ses bords les colonies phéniciennes, verra la Grèce envoyer à son tour des essaims d'une population active fonder les colonies de Cyrène dans le nord de l'Afrique, planter l'olivier, et construire l'opulente Massilie, rivale et héritière de Carthage à l'empire des mers, sur les plages méridionales de la Gaule; orner tout le midi, l'est de l'Italie et la Sicile de brillantes cités qui, sans cesse en communication avec la mère patrie, en conserveront le génie, et rivaliseront avec elle dans les sciences, la civilisation et le commerce. Au nord de l'Asie Mineure, les bords septentrionaux et méridionaux du Pont-Euxin seront habités par des peuplades grecques, tandis que l'Éolie, l'Ionie et la Doride donneront à la Grèce les plus belles contrées de l'Asie Mineure, et les plus favorablement situées pour le commerce. Telle est cette Grèce, merveille de l'univers, dont Athènes, la Grèce de la Grèce, selon l'heureuse expression du poëte, fut le centre intellectuel; terre classique de toute gloire, libre et esclave tout à la fois, assez puissante pour terrasser l'Asie, trop mutine et trop jalouse d'elle-même pour échapper au joug de Rome, à laquelle cependant, esclave et vaincue, elle imposera sa puissance intellectuelle; et les Romains apprendront à penser et à être hommes, de ceux qu'ils ne prisaient pas autant qu'une murène engraissée.

Ce n'est ni dans la Chine ni dans l'Inde qu'il faut aller chercher les premiers germes raisonnés des connaissances humaines; ce n'est pas plus dans la Perse, l'Égypte ou l'Italie : la Perse n'eut que des spéculations

[1] *Les Suppliantes*, trag. d'Eschyle, Théât. des Gr., t. II, p. 410-11.

métaphysiques; l'Égypte se renferma en elle-même, et la Grèce ne l'intéressa d'abord que pour son commerce; l'Égypte, d'ailleurs, ne fit de la science qu'une théogonie plus ou moins abstruse; l'Italie a tout reçu de la Grèce; la Chaldée elle-même ne donna aux Grecs que des observations astronomiques. La Grèce était déjà avancée, quand elle commença ses relations avec ces pays divers. C'est donc dans cette belle contrée que les premiers germes des sciences positives se sont développés avec rapidité.

Les poëtes de la Grèce commencent de prime abord par les questions les plus difficiles sur l'origine des choses, sur la nature des dieux et des animaux, sur la grandeur, la dimension et le mouvement des corps célestes. Les sages persévèrent dans la même voie, et leurs successeurs, les premiers philosophes, s'enquièrent ensuite du mécanisme de la respiration et de la digestion, de l'action des sens et de la reproduction; et enfin les philosophes arriveront à constituer le cercle des connaissances humaines.

L'astronomie fut cultivée dès les premiers temps chez les Grecs; l'histoire des Argonautes, l'Iliade, l'Odyssée, en font foi; et Thalès le Milésien jeta chez eux les véritables fondements de cette science.

La métallurgie, l'art de fondre et d'allier, de sculpter et de graver les métaux, la mécanique, paraissent avoir commencé très-anciennement chez les Grecs; les travaux de Vulcain, décrits par Homère, donnent la mesure de leurs progrès.

La médecine fut d'abord en Grèce la science des princes et des héros; elle descendait du ciel: la famille des Asclépiades conserva depuis la plus haute antiquité, par droit d'héritage, la science et l'art de guérir.

Esculape, chef de cette famille, devint le dieu de la médecine; des temples, qui devinrent des écoles, lui furent élevés dans le voisinage des sources d'eaux minérales et thermales. La fondation de trois écoles célèbres, l'une à Rhodes, l'autre à Cos, et la dernière à Cnide, par ses descendants, signala de nouvelles découvertes et un progrès plus marqué. Mais la science ne sera véritablement constituée en corps de doctrine que par le plus célèbre des Asclépiades, Hippocrate, le père de la médecine. Telle est l'origine de la science en Grèce. Mais au sixième siècle avant Jésus-Christ, la Grèce, assise au rang des nations puissantes, donne à son mouvement intellectuel un essor grand et imposant. Les sept sages apparaissent pour préluder, par l'enseignement de la morale et la création des systèmes législatifs, à ce brillant spectacle qu'offrent la poésie, l'art tragique, l'éloquence, la philosophie et les sciences. C'est dans cette époque qu'Athènes, d'abord gouvernée par des rois qu'elle remplaça successivement par des archontes à vie, décennaux et annuels, jalouse de sa liberté, secoua trois fois le joug de Pisistrate, dont la constance et l'habileté triomphèrent enfin de ces efforts redoublés; et il régna. Son long et heureux règne commença pour Athènes les jours de la gloire, et elle lui dut peut-être de se trouver plus tard à la tête de la Grèce : il protégea les lettres, les sciences et les arts. C'est à lui que nous devons les poésies d'Homère, qui seules suffisent bien pour absoudre son ambition, même aux yeux d'une république. Cependant Sparte et Athènes, qui se disputeront plus tard l'empire de la Grèce, se liguent, et Athènes brise pour toujours le joug des Pisistratides. La guerre se déclare entre Athènes et Darius, et c'est là le commencement du siècle le plus brillant de la ville de Minerve en tout genre de mérite. Elle osa compter sur ses forces, qui n'étaient rien en comparaison de celles de la Perse et du grand roi. La victoire de Marathon, qui coûta six mille quatre cents hommes aux ennemis, et moins de deux cents aux Athéniens, enfla extrêmement le cœur de ces fiers républicains. La terreur qu'elle répandit chez les Perses, l'estime où elle mit Athènes dans toute la Grèce et les contrées voisines, lui inspirèrent ces sentiments de grandeur et de fierté qui la portèrent à se croire l'arbitre suprême de la Grèce qu'elle défendait, et, par cette orgueilleuse opinion, à se frayer peu à peu une route pour le devenir en effet.

La trahison vraie ou fausse de Pausanias, chef des Lacédémoniens, fournit aux Athéniens le prétexte de leur enlever le commandement des armées de la Grèce dans la guerre Persique. De la souveraineté ils passèrent à la tyrannie, qui leur faisait traiter les Grecs moins en alliés qu'en sujets. Ils s'enrichirent, et se firent les arbitres du trésor commun, fruit de la convention par laquelle chaque ville grecque leur payait une somme annuelle, qu'ils exigeaient, moins à titre de quote-part pour la guerre dont ils s'étaient chargés, qu'à titre de tribut.

C'est à la faveur de ces grands revenus qu'Athènes s'orna de monuments en tout genre, où toute la délicatesse des arts et la somptuosité d'un grand et riche État s'immortalisèrent, pour servir un jour de modèle au luxe des Romains et à celui des nations futures en fait de magnificence et de goût, et firent d'Athènes le rendez-vous du génie et le centre de la Grèce intellectuelle.

Un demi-siècle s'était passé; le ressentiment de Sparte

secondée de plusieurs villes grecques, fit éclater la guerre du Péloponnèse, qu'Athènes soutint pendant vingt ans. Mais le siége de Syracuse, témérairement entrepris, l'épuisa d'hommes et d'argent, et la peste acheva ce que la guerre avait commencé; ses alliés mirent bas toute crainte, et l'abandonnèrent. Sept années son nom et son courage la maintinrent encore; elle ne succomba que sous les honteux efforts des Lacédémoniens, qui appelèrent à leur secours les Perses, naguère si glorieusement rejetés de l'autre bord de la mer sur le même flot qui les apporta. Athènes médita pendant trente ans comment elle souillerait sa gloire, en mendiant à son tour le même secours aux ennemis de la Grèce. Par là, du moins, elle délivra les Grecs de l'esclavage de Sparte, qui n'avait pas mieux usé qu'elle de son pouvoir. Thèbes parut ensuite, avec son Épaminondas; et depuis, la balance pencha tantôt d'une part, tantôt de l'autre, jusqu'à ce que Philippe, père d'Alexandre le Grand, fixât enfin à la Macédoine l'empire de la Grèce, que ces trois États s'étaient si longtemps et si opiniâtrément disputé; mais il ne put y transporter le centre de la science, que nous verrons plus tard s'en aller d'Athènes à Alexandrie.

Cette brillante époque de la vie politique de la Grèce sera aussi sa plus éclatante période pour la science et la philosophie, dont nous devons étudier maintenant les premiers germes avec quelques détails.

II. PREMIERS ÉLÉMENTS DE LA SCIENCE GRECQUE AVANT ARISTOTE.

1. *Sources.* Mais avant tout, si l'on veut jeter quelque lumière sur cette première période de l'histoire philosophique et scientifique de la Grèce, il est néces-

saire de scruter les sources, d'en discuter la valeur, l'authenticité, et tous les caractères qui peuvent conduire une saine critique à découvrir la vérité, au milieu du chaos inextricable où se sont jusqu'ici jetés tous les historiens de la philosophie : ils n'ont fait que se copier les uns les autres, sans s'inquiéter d'où venaient tant de fables, tant d'absurdités, tant d'incohérences. Aujourd'hui même on publie des ouvrages qui ne sont qu'une copie de toutes les pauvretés des crédules compilateurs anciens, et on ose bien les donner comme des recueils de fragments authentiques, ou comme des histoires bien au-dessus de tout ce qu'on avait publié auparavant.

En essayant de suivre une autre marche, nous espérons arriver à d'autres résultats. Pour être brefs et méthodiques, nous commencerons par discuter tout d'abord les sources anciennes où l'on a puisé, en ne disant que fort peu de chose des modernes, qui ne sont que des copistes. Il nous sera facile ensuite de prendre chaque prédécesseur d'Aristote, de dire quels sont les auteurs qui en ont parlé, et dont nous connaîtrons la valeur; puis d'exposer ce que l'on peut admettre comme probable sur la vie et la doctrine de chaque philosophe; et enfin, dans un résumé général, nous verrons la filiation de toutes ces écoles.

Nous parlerons d'abord des auteurs qui ont vécu avant notre ère; et parmi eux, de ceux dont nous pouvons fixer l'époque; ensuite de ceux dont nous ne pouvons dire d'une manière bien précise quand ils ont vécu; puis nous parlerons de ceux qui sont venus après Jésus-Christ.

1. *Sources antérieures à notre ère.* Nous les diviserons en trois catégories : celles qui précèdent Aristote,

celles de son temps, et celles qui sont venues après lui.

1° *Avant Aristote*. Dans cette première période nous trouvons parmi les poëtes Ion de Chio, qui florissait peut-être vers la 72ᵉ olympiade; il a pu être contemporain de Socrate, à moins qu'il n'y en ait eu deux. Diogène Laërce et Platon le citent; il ne nous reste plus rien de lui, et il a peu fourni à ses successeurs. — Aristophon et Aristophane, que Ménage croit être le même, 427 avant Jésus-Christ : c'est le fameux poëte comique contemporain de Socrate. On sait que la calomnie lui coûtait peu : les *Nuées*, comédie dirigée contre Socrate, en font foi. — Cratinus, Antiphon [1], Mnésimaque, du même temps, et un peu plus tard Antiphane, tous poëtes comiques et par conséquent calomniateurs exagérés, puisque tel était le caractère de l'ancienne comédie grecque. A ces poëtes il faut joindre le rhéteur Isocrate, qui vivait 427 avant Jésus-Christ : sacrifiant la vérité à ce qu'il croyait le charme de l'éloquence, il cherchait à faire briller son talent par des paradoxes opposés aux opinions reçues de son temps; témoin son éloge de Busiris, et ses récits sur Pythagore. Il eut pour disciple Éphore, qui avait beaucoup écrit même sur l'Égypte, sans y avoir été, comme le prouvent ses erreurs, relevées par Diodore, qui lui reproche de n'avoir même pas consulté ceux qui avaient vu l'Égypte. Sénèque, Censorin, Duris de Samos [2], l'accusent de mauvaise foi,

---

[1] Il y a eu un autre Antiphon de Rhamnus, auteur des *Vies des hommes célèbres*, que citent Diogène et Porphyre; il est peu d'accord avec les anciens écrivains, et mérite peu de confiance. On ne sait trop quand il vivait. — Il paraît qu'il avait aussi écrit un livre sur les poëtes, qu'on a attribué à Glaucus de Rhégium.

[2] Liv. I de ses hist.

d'erreur, et lui refusent même la grâce de l'imitation.
— Alcidamus, son condisciple, avait composé un Art
de la rhétorique, cité par Plutarque, un éloge de la
mort, et divers autres ouvrages. On lui attribue une
physique. Il nous reste de lui deux harangues, dont
l'une n'est qu'une déclamation contre les sophistes. —
Enfin à cette classe appartient encore Simon le misanthrope (420 avant Jésus-Christ): il faisait profession de
douter du mérite de tous les anciens philosophes, et ne
cessait de les déprécier dans ses poésies.

Parmi les historiens, Eudème de Paros vivait longtemps avant la guerre du Péloponnèse; nous savons peu
de chose de lui. — Hérodote d'Halicarnasse (489 avant
Jésus-Christ, 1ʳᵉ année de la 72ᵉ olympiade), le plus
célèbre historien de l'antiquité. Il avait vu par lui-même
la plupart des peuples dont il parle. Il est certain qu'il
a voyagé en Égypte et dans toute la Grèce. Nous avons
de lui dix-neuf livres d'histoire. S'il est crédule, il est
consciencieux ; mais il ne fournit que peu de chose sur
les premiers philosophes de sa patrie; il parle de Thalès
et de Pythagore seulement. — Chérille, aussi d'Halicarnasse ou de Samos , plus jeune qu'Hérodote; il vivait
du temps de la guerre du Péloponnèse, et dut suivre
Alexandre, si toutefois il n'y eut pas deux Chérille. —
Anaximandre, historien de Milet, vivait du temps d'Artaxercès Mnémon (405 avant Jésus-Christ ; il expliqua les
symboles des pythagoriciens. Suidas seul a cité cet ouvrage, qui eût épargné bien des peines et des erreurs à
ceux qui ont fait des recherches sur Pythagore.

Viennent enfin les philosophes, et d'abord Hippasus de
Métaponte, disciple de Pythagore et maître d'Héraclite,
avant et avec lequel Aristote le cite toujours. Il avait
écrit sur la physique, et probablement aussi sur son

maître; mais il est resté peu de chose de lui, et on ne l'a guère cité après Aristote. — Lysis de Tarente, disciple et contemporain de Pythagore, et maître d'Épaminondas de Thèbes, suivant les uns; d'après d'autres, il y en aurait eu deux, et le disciple de Pythagore serait le plus ancien. On lui a faussement attribué les vers dorés, d'après Meiners. Parménide (504 avant Jésus-Christ), disciple de Xénophane, avait écrit en vers sur la philosophie, comme tous les premiers philosophes, qui se rapprochaient ainsi des poëtes, dont ils étaient les continuateurs.

Platon (de 429 à 348 avant Jésus-Christ), le plus célèbre des philosophes de la Grèce, disciple de Socrate, est le premier dont il nous reste des ouvrages complets, que nous pouvons encore consulter. C'est uniquement comme historien que nous devons l'apprécier ici; et à ce point de vue nous sommes forcés d'avouer que le philosophe a quelquefois poussé l'historien à exagérer les opinions des anciens, pour amener plus facilement à l'absurde les sophistes de son temps. Il a aussi accepté quelques erreurs qui circulaient dès cette époque. S'il est donc précieux, il demande pourtant à être discuté. — Métrodore, fils d'Épicharme, cité par Jamblique dans l'histoire de Pythagore, était contemporain de Platon. — Eudoxe l'astronome, pythagoricien et ami de Platon, était superstitieux, et n'examinait pas assez les auteurs dont il faisait usage; c'est du moins ce que lui reproche Strabon. — Aristippe, cité par Diogène, était disciple de Socrate; il a écrit sur son maitre et sur les anciens philosophes; mais il ne reste rien de lui, et il a été peu cité. — Xénophon (360 avant Jésus-Christ), disciple et historien de Socrate, mérite la confiance dans la plupart des choses qu'il nous apprend; cependant on l'a accusé d'embellir parfois ses sujets. — Antisthène, qui termine cette période, vivait peu de temps avant Aristote : c'est, d'après Meiners et plusieurs anciens, un menteur, qu'Aristote a cru sur ce qu'il dit des sciences des Égyptiens et des Babyloniens.

De toute cette série, il n'y a donc que Platon qui puisse être de quelque poids; ce que nous fournissent les autres ne sert réellement qu'à rectifier ou à confirmer quelques faits assez peu nombreux. Si l'on joint à cette pénurie l'incertitude de la chronologie grecque, laquelle n'a commencé à être un peu déterminée et fixée qu'au temps de Socrate et de Platon, on comprendra toute la difficulté que l'on doit rencontrer dans l'emploi de ces premiers matériaux. La seconde période va nous donner quelque chose de plus satisfaisant.

II. *Aristote et ses contemporains.* Les auteurs dont nous allons parler sont les plus importants, parce que tous les historiens qui sont venus ensuite ont surtout puisé dans leurs ouvrages; et du degré de confiance qu'ils méritent, dépend celui des faits qu'ils ont avancés. Nous y établirons deux classes : l'une renferme ceux dont il nous reste des ouvrages, ou qui ont été très-fréquemment cités ; l'autre, ceux qui l'ont été peu et dont il ne reste plus rien.

A la tête des premiers se présente Aristote (384 avant Jésus-Christ, 99ᵉ olympiade), le premier par lequel nous connaissons quelque chose des anciens philosophes grecs; il est leur historien le plus sûr et le plus digne de foi. Il surpassa sans exception tous ceux qui vinrent après lui, par sa pénétration, par son amour pour l'étude, par son érudition. Il avait au-dessus d'eux de grandes liaisons et de l'opulence ; il avait tout le zèle et l'activité nécessaires pour employer ces deux moyens aux progrès des sciences et au profit de l'érudition ; il fut le premier dans la Grèce qui forma une bibliothèque complète. Il possédait, comme le prouvent ses écrits, les ouvrages de tous les poëtes et de tous les philosophes anciens. Il vivait avant l'époque ou au commencement de l'époque pendant laquelle les Grecs furent attaqués de la manie générale de supposer des livres. C'est à tort qu'on l'a accusé d'avoir falsifié la doctrine de ses prédécesseurs, pour se donner le mérite de la combattre, et augmenter sa gloire en s'appropriant leurs découvertes. Quiconque en effet a lu Aristote saura qu'au contraire il cite souvent les propres expressions, qu'il raconte les opinions en historien, et les réfute en philosophe ; ou bien qu'il accepte et approuve de très-longs passages de ses prédécesseurs, en les fortifiant. A quel propos d'ailleurs se serait-il arrêté à réfuter des opinions supposées et chimériques, qu'aucun de ses auditeurs n'aurait connues ? Comment aurait-il osé attribuer, à des auteurs qu'ils lisaient aussi bien que lui, des opinions qu'ils n'auraient jamais émises ? et quelle confiance aurait - il méritée aux yeux de ses disciples, s'il s'était attribué des doctrines et des découvertes qu'ils savaient bien appartenir à d'autres ? Il n'y avait pas alors d'Allemagne inconnue au vulgaire, pour fournir ses élucubrations à un petit nombre de privilégiés qui en profitassent.

Les calomniateurs d'Aristote, car il en eut, étaient disciples et partisans des philosophes célèbres qu'Aristote avait blâmés ou réfutés dans ses ouvrages, et aucun d'eux n'osa lui reprocher ni plagiat ni falsification. Son autorité est donc parfaitement établie ; malheureusement il ne nous reste que ses grands ouvrages scientifiques, qui contiennent bien la doctrine et les opinions des anciens, mais non les circonstances de leur vie. La perte de ses ouvrages historiques est d'autant plus fâcheuse, que ses successeurs n'en ont donné que de rares extraits. Cependant l'ordre dans lequel il cite les anciens est toujours le même et chronologique, et souvent il dit lesquels vivaient les premiers : sous ce rapport il supplée un peu à ce que nous avons perdu. Il est très-certainement la source authentique où ont été puisées la plupart des opinions des philosophes qui ne sont pas apocryphes. Les opinions des philosophes de Plutarque sont copiées presque textuellement dans Aristote. Plutarque y a parfois mêlé des circonstances qui ne sont pas d'aussi bon aloi; et d'autres fois il a mis sur le compte de ses héros les développements qu'Aristote ajoutait à leur opinion pour la confirmer. Nous en donnerons des preuves à l'occasion.

Aristoxène de Tarente, l'un des plus grands et des plus célèbres disciples d'Aristote, a écrit des vies des hommes illustres, une vie de Pythagore, et celles de plusieurs autres philosophes, louées par les Grecs. Il est fréquemment cité par les hommes les plus célèbres de l'antiquité, dont les écrits sont parvenus jusqu'à nous. Cicéron [1] et d'autres louent sa rare érudition, ses recherches, et l'étendue de son génie. Cependant on doit lui reprocher d'avoir calomnié Socrate, trompé par un certain Spintharus, disciple de celui-ci. On l'a aussi accusé de s'être déchaîné en calomnies contre son maître, parce qu'Aristote lui avait préféré Théophraste pour successeur; mais d'autres auteurs anciens le justifient sur ce point, ce qui ferait croire à la supposition de ses diatribes contre Aristote. Aristoxène a aussi com-

---

[1] *De Orat.*, l. III, ch. XXXIII; *Attic.*, l. VIII, ch. IV; *Tuscul. quæs.*, I, 18.

mis quelques anachronismes. Tout bien pesé, il mérite
pour la confiance le premier rang immédiatement après
son maître. Nous avons de lui plus de fragments qu'on
ne le croit communément, mais rien de complet.

Théophraste, le successeur d'Aristote, mérite la même
confiance que son maître, des ressources duquel il hérita; car Aristote, en lui léguant son école, lui légua
aussi sa bibliothèque et ses propres ouvrages. Il ne nous
reste plus de lui que ses Caractères, et ses livres sur les
végétaux.

Nous entrons dans cette suite d'auteurs qui ont
falsifié les faits, ou supposé des livres de leur façon,
qu'ils attribuaient à des auteurs anciens; ils méritent
autant d'attention et peut-être plus que les précédents.
Tous cependant ne sont pas coupables au même degré;
nous allons essayer de dessiner le caractère de chacun.

Dicéarque était condisciple et ami d'Aristoxène, mais
il est loin de mériter la même confiance. Les uns, Cicéron [1] entre autres, le louent comme historien, et comme
géographe admirable et digne de foi. Strabon et Polybe
lui reprochent au contraire beaucoup d'erreurs. Plusieurs de ses opinions nous prouvent qu'il était crédule,
peu exact et négligent. — Héraclide de Pont, condisciple
et disciple d'Aristote, est traité par tous les anciens
et les modernes comme un imposteur crédule et vani-
teux, qui faisait des ouvrages qu'il attribuait aux anciens, dans le but de tromper les connaisseurs et de
rendre la pareille, lui-même ayant été ainsi trompé. Il
publia de la sorte des tragédies sous le nom de Thespis et
d'Euripide. C'est dans ses contemporains que Diogène
Laërce a puisé tous les faits qui font ainsi juger Héra-

[1] *Attic.*, II, 2; VI, 2.

clide. — Il faut joindre à Héraclide Cléarque, aussi disciple d'Aristote, et ni moins crédule ni moins effronté que son condisciple, d'après Aulu-Gelle et Diogène Laërce. Quant au prétendu ouvrage de cet écrivain, auquel Josèphe, contre Appion, a emprunté un passage sur la connaissance d'Aristote avec un juif, nous le croyons, avec Jonsius et Meiners [1], supposé. De plus, l'ouvrage de Josèphe contre Appion est probablement d'un juif du quatrième siècle. — Hermippe, sous Ptolémée Évergète, fut un des premiers philosophes grecs qui crut à la magie, et qui en traita dans ses écrits. Il parla le premier des ouvrages de Zoroastre, indiqua leurs titres, et fit monter leur contenu à deux millions de lignes, simplement sur des bruits populaires. Il est fameux par ses impostures et son goût pour les fables, comme l'a fort bien prouvé Meiners [2]. Josèphe, ou plutôt son pseudonyme du quatrième siècle, contre Appion, le loue beaucoup ; mais il est clair que c'est par une reconnaissance intéressée : il avait dit que Pythagore avait emprunté des Juifs plusieurs opinions et plusieurs usages ; ce qui allait fort bien à ce juif, qui voulait relever sa nation à tout prix. — Andron d'Éphèse vivait aussi vers 336 avant Jésus-Christ. Nous savons peu de chose de lui, si ce n'est qu'il était superstitieux et crédule, quoique assez soigneux ; il a écrit sur les sept sages de la Grèce. — Théopompe, son contemporain, l'a beaucoup pillé. Il faut juger ce Théopompe avec sévérité ; il blâmait plus volontiers qu'il ne louait ; il a été accusé par les plus grands hommes d'être un détracteur méchant et partial, un plagiaire, un ra-

---

[1] Meiners, *Hist. de l'orig. des progrès, etc., des sciences dans la Grèce*, t. I, p. 164 et suivantes.

[2] *Id. ibid.*, t. I, p. 184-188.

conteur d'historiettes, un inventeur de fables [1]. Telles sont les premières sources où ont été puisées toutes les erreurs et toutes les incohérences qui composent ce qu'on a appelé l'histoire de la philosophie des premiers temps de la Grèce ; nous aurons à discuter plus tard ce qu'il y a de vrai.

Parmi les auteurs de cette époque dont il ne nous reste plus rien et qui ont été peu cités, se rencontrent Zénon de Cittium, père des stoïciens ; Cléanthe son disciple, qui n'ont guère été cités que par Diogène Laërce. — Alexis de Thurium, poëte comique, dont les fragments sont dans Crispin ; un autre Alexis de Tarente a écrit sur la philosophie de Pythagore. — Enfin, Duris de Samos est un des historiens célèbres de la Grèce que l'on estime le plus, quoiqu'il ne soit pas exempt de fautes et d'erreurs [2]. Il a été souvent cité, mais nous n'avons plus rien de lui.

Nous allons voir tous les faussaires que nous venons de juger, transportés et copiés à Alexandrie, où ils trouveront une foule d'imitateurs stimulés par l'appât du gain et des honneurs. Les Lagides, en arrivant au trône d'Alexandrie, démembré de la succession d'Alexandre le Grand, essayèrent de transporter en Égypte les sciences de la Grèce. Ptolémée Lagus Soter, le chef de la dynastie des Lagides, protége les sciences et les lettres, attire à sa cour les hommes qui les cultivent, par les récompenses et les honneurs qu'il leur accorde. Ses successeurs continuent ses efforts, et travaillent à l'envi à faire d'Alexandrie le foyer des sciences. La fondation de la bibliothèque et du muséum par Ptolémée Ier, vers

---

[1] Dionys., VI, 783-785, edit. Reiskii. Cicéron., *de Leg.*, I, 1. Porphy. ap. Euseb., *Præp. Evan.*, ch. X, 3 ; Plutar. dans la Vie de Lysandre.

[2] Cicer., *Attic.*, II, 2, 3 ; Diog. II.

3oo ans avant Jésus-Christ, va faire pulluler un nombre infini d'ouvrages que la cupidité attribuera aux auteurs les plus anciens, afin d'en obtenir un prix plus élevé. Mais l'étonnante stérilité de productions du premier ordre, au milieu d'une moisson si abondante de travaux littéraires, historiques et philosophiques, ne semble-t-elle pas une confirmation puissante de l'incapacité des faussaires qui les produisirent, en même temps qu'elle prouve aussi leur effronterie, qui a jeté tant d'incertitude sur l'histoire? L'appréciation de ceux qui nous sont connus va mettre ces faits hors de doute.

III. *Après Aristote. — Formation de la bibliothèque d'Alexandrie.* Après les temps d'Aristote arrivent deux hommes, Sosicrate et Néanthes de Cyzique. Le premier vivait après Héraclide de Pont et Hermippe, puisqu'il les copie : s'il n'est pas lui-même un inventeur de fables, ce n'est ni un historien ni un critique habile, autrement il n'eût pas puisé à de pareilles sources. — Néanthes était pythagoricien et vivait sous Attalus. Plutarque l'accusait de crédulité ; il copia Hermippe, et fabriqua comme lui des fables. Porphyre[1] et Diogène Laërce[2] fournissent des preuves de son ignorance.

Ces deux hommes nous conduisent de la Grèce en Égypte, où nous rencontrons d'abord Démétrius de Phalère, bibliothécaire d'Alexandrie sous Ptolémée Lagus et sous Ptolémée Philadelphe, dont il encourut la disgrâce. Disciple de Théophraste, il se réfugia en Égypte par la crainte d'Antigone. Il a écrit une histoire des archontes d'Athènes. C'est lui qui commença à rechercher de toutes parts les livres pour augmenter la bibliothè-

[1] *De Abstin.*, ch. IV, 5.
[2] Ch. VIII, 55.

que dont il était chargé. On a dit que par ses soins la Bible avait été traduite en grec; d'autres lui ont refusé cet honneur. Après lui, les livres affluaient tellement à Alexandrie, que les Ptolémées établirent sept juges pour apprécier le mérite de tous ceux qui étaient présentés. — Callimaque, surintendant de la bibliothèque d'Alexandrie, de Ptolémée Philadelphe à Ptolémée Évergète, a écrit un tableau de ceux qui se sont illustrés en quelque science que ce soit, en prenant un peu tout ce qui lui tombait sous la main sans distinction; et comme malheureusement les mauvaises sources et les livres apocryphes abondaient, il en résulte que son témoignage n'a presque aucune valeur. — Ératosthène de Cyrène, né sous Ptolémée Philadelphe, fut appelé, par Ptolémée Évergète, d'Athènes à Alexandrie, pour être surintendant de la bibliothèque. Il jouit d'une très-grande considération dans l'antiquité, quoique Strabon lui reproche des conclusions fausses et des relations sans fondement. — Aristophane, disciple et successeur de Callimaque et d'Ératosthène à la surintendance de la bibliothèque, obtint cette place, au rapport de Vitruve, pour avoir convaincu de plagiat plusieurs des auteurs qui présentaient des livres à la bibliothèque. Ce fait prouverait donc qu'on faisait faire des livres; et cela est d'ailleurs confirmé par Ptolémée Phiscon, qui employait toutes sortes de moyens pour augmenter sa collection; il accordait des honneurs et des récompenses aux écrivains, qui dès lors n'étaient pas difficiles sur le choix des matériaux.

Aux bibliothécaires il faut joindre quelques écrivains d'Alexandrie. Hiéronyme ou Jérôme était un célèbre péripatéticien qui vivait sous Ptolémée. Quoique souvent cité par les anciens, il parait peu exact. — Satyrus péripatéticien, et Sotion d'Alexandrie, paraissent avoir eu le même caractère. Sotion vivait sous Ptolémée Épiphane; son ouvrage sur la suite des philosophes est plein de faussetés, de contradictions et d'anachronismes; il est souvent cité par Diogène Laërce; et en comparant ses divers récits, il n'est pas difficile de le juger. Héraclide, fils de Sérapion, sous Ptolémée Philométor, a abrégé Satyrus et Sotion, et ne mérite pas plus de confiance que le dernier.

Aristarque : il y a eu deux hommes de ce nom, l'un philosophe, 264 ans avant J. C., et l'autre le fameux critique, 160 ans avant J. C.; il est assez connu. — Démétrius de Magnésie vivait du temps de Cicéron; il a écrit sur les homonymes, ou les personnes qui portent le même nom. — Alexandre Cornelius, surnommé Polyhistor pour sa grande érudition, vivait du temps de Sylla; il traite, dans ses ouvrages, de la suite des philosophes grecs. Il était crédule, et amusait les Grecs par des récits tirés d'auteurs étrangers; comme Manéthon, Bérose et autres écrivains grécisés, qui, après avoir tout reçu des Grecs, brodèrent des histoires pour leur apprendre qu'ils leur avaient tout donné; et ce fut une troisième et nouvelle source de contradictions et d'erreurs. Cette fureur de chercher chez les peuples étrangers l'origine des sciences des Grecs, fureur qui domina depuis Alexandre et les historiens de sa suite, est encore prouvée par l'exemple de Philon, philosophe pythagoricien, qui vivait un peu avant notre ère. Les passages qui nous restent de lui démontrent son ignorance.

IV. *Auteurs dont on ignore l'époque précise.* Nous avons, avant de passer aux Latins, à dire un mot des auteurs dont nous ignorons l'époque précise, mais qui ont certainement vécu avant Jésus-Christ. C'est d'abord un Eudoxe, dont nous ne savons qu'une chose : c'est qu'il attribua à Pythagore l'invention du système qui porte son nom, et qu'il sacrifia réellement une hécatombe. — Lycon d'Iasse se disait disciple de Pythagore; c'est un des calomniateurs d'Aristote les plus acharnés et les plus injustes. — Lycus, péripatéticien, était un historien très-négligent. — Androcyde, appelé pythagoricien par Nicomaque, ne nous a laissé qu'une seule légende dans son écrit sur les symboles des pythagoriciens. — Anticlide, cité par Athénée, Plutarque, etc. — Rufus et Myniès ne nous sont connus que pour être cités. — Hippobote, pythagoricien, avait écrit une histoire des hérésies ou sectes grecques, et de leurs fondateurs; il mérite peu la confiance et est plein de fables. — Lobon d'Argos, cité par Diogène Laërce, a écrit un livre sur les poëtes. — Hippias; il y en a eu deux : l'un d'Élée, cité par Plutarque dans la vie de Nicias, et l'autre d'Érythrée, cité par Athénée. — Il y a eu aussi trois Glaucus : l'un de Locres cité par Athénée, l'autre d'Athènes, et le troisième de Rhegium, sous le nom duquel des ouvrages ont été supposés. — Démocrite d'Éphèse a écrit sur Éphèse et sur Samos. — Timée, autre que le contemporain de Platon, puisqu'il a copié Héraclide et Hermippe, a recueilli tous les prétendus miracles de Pythagore, et écrit des histoires; il se contredit souvent, et on peut dire de lui comme d'Héraclide de Pont, qu'il ne mérite aucune croyance : ce jugement est fondé sur le témoignage de Plutarque[1], de Longin, et de tous ceux qui l'ont cité. — Enfin Antilochus, cité par Clément d'Alexandrie et par un anonyme, a décrit l'histoire des philosophes depuis Pythagore jusqu'à Épicure.

---

[1] Vol. III, 335; Polybe, *Hist.*, XII, 1. 6 ; ch. 15, 16.

V. *Auteurs latins avant Jésus-Christ*. Ces auteurs sont au nombre de quatre, Varron, Cicéron, Lucrèce et Ovide. — Varron (116 avant Jésus-Christ) est souvent cité par saint Augustin sur les dieux du paganisme et les opinions des philosophes : auteur assez estimé, il ne nous reste plus de lui que son traité de la langue latine et son *de Re rustica* ; il était ami de Cicéron (106 avant notre ère), dont nous n'avons pas besoin de discuter le mérite : ce grand orateur est toujours aussi consciencieux qu'habile quand il a de bonnes sources ; mais malheureusement il a été parfois trompé comme bien d'autres, et a puisé dans les auteurs dont nous avons parlé précédemment. — Lucrèce (95 avant Jésus-Christ) nous a conservé dans son poëme de la nature des choses les opinions de plusieurs anciens philosophes grecs, qu'il combat comme opposés au système d'Épicure, qu'il avait embrassé. En comparant ce qu'il dit avec les passages analogues d'Aristote, on voit qu'il est très-fidèle, et qu'on peut avoir confiance en lui. — Ovide (43 avant Jésus-Christ) est moins digne de foi ; le genre de son poëme demandait des fables, et il les a accueillies. Ainsi toute son histoire de Pythagore, chant XV des Métamorphoses, est pleine de faits controuvés, et contient même des anachronismes positifs.

VI. *Après Jésus-Christ*. Nous commencerons cette dernière classe par des auteurs que nous aurions encore pu ranger parmi les précédents, mais qui nous ont paru mieux placés ici. — Le premier est Diodore de Sicile, qui vivait sous César et Auguste : crédule, mais fidèle et vrai dans ses récits, s'il puisa dans Aristoxène, il copia aussi Dicéarque et toutes les fables de Ctésias sur Babylone. Sa bibliothèque et ses *excerpta* sont pourtant à consulter. — Didyme d'Alexandrie, compilateur in-

fatigable et sans soin, composa une foule d'ouvrages
dont il paraît que la perte n'est nullement à regretter.
— Vitruve, sous Auguste, a écrit sur l'architecture un
ouvrage en dix livres qui est venu jusqu'à nous. — Al-
cimus, qui vivait peu de temps après Jésus-Christ, a
écrit sur l'Italie, et est cité par Athénée. — Strabon (14
de Jésus-Christ) était sans contredit un des écrivains
les plus savants et les plus éclairés de son époque. Il a
écrit une géographie dont l'exactitude nous surprend
encore, et à chaque ville il nomme les hommes illustres
qu'elle a produits, et dit un mot d'eux. Non-seulement
il connaissait très-bien les ouvrages des plus grands
hommes, mais il les examinait. Il poursuit avec une sévérité inexorable les fables et leurs inventeurs; cependant,
d'autres fois, on peut aussi lui reprocher de la
crédulité ou de la faiblesse. — Thrasylle, platonicien,
vivait sous Tibère ; il a écrit sur l'Égypte. Timon Apol-
loniade, cité par Diogène Laërce, était du même temps,
aussi bien que Dioscoride, médecin et botaniste estimé, cité par Galien et par Plutarque. — Pomponius
Méla a composé une description du monde, en trois
livres qui sont venus jusqu'à nous. L'Égyptienne Pamphila vivait sous Néron ; elle a composé des histoires
miscellanées et abrégé Ctésias, et ne mérite par conséquent pas plus de confiance que lui. Il faut penser autrement de Sénèque, qui, dans ses divers ouvrages,
nous fournit aussi des renseignements.

Modératus de Gadès, pythagoricien du premier siècle, ignorant l'histoire, prétendait qu'Aristote et Platon s'étaient attribué les découvertes de Pythagore.
Pour les rendre à son maître, il donna à la philosophie
prétendue de Pythagore une forme tout à fait platoni-
cienne. Il transforma toute l'arithmétique des pythago-

riciens en un système de signes hiéroglyphiques par
lesquels il prétendait qu'ils avaient exprimé leurs idées
sur l'essence des choses invisibles, toujours égales et
immuables, et sur celle des choses sujettes au changement. Il doit donc être relégué parmi les conteurs.
Nous ne connaissons que le nom de Muséus, grammairien qui vivait sous les Césars. Pline, qui florissait dans
le premier siècle, est le plus fameux compilateur connu;
son témoignage a rarement de la valeur, à moins qu'il
ne cite ses sources. Cependant il critique quelquefois les
fables. — Auprès de lui arrive Apollonius de Thyane,
imposteur qui se donnait pour la véritable image de
Pythagore. Il réalisa dans sa vie toutes les fables qu'on
débitait sur son modèle, et les choses qu'il ne pouvait
faire il les supposait. Il fit passer toutes ses extravagances
pour les actions de Pythagore, dans la vie qu'il en
donna; en sorte que Philostrate, qui a écrit sa vie à lui-
même, n'a eu qu'à reproduire celle de Pythagore. L'un
et l'autre ont été copiés par Jamblique et Porphyre. C'est
en grande partie d'Apollonius de Thyane que les Romains
empruntèrent leur jugement sur Pythagore. — Flavius
Josèphe, juif du premier siècle, est assurément un excellent historien de sa nation; mais, crédule de son naturel, il a adopté parfois les fables des inventeurs grecs
et alexandrins. — Solin, qu'on a appelé le singe de
Pline, n'est que son plagiaire.— Érotion vivait sous Néron, et Artémidore Capito, cité par Galien, sous Adrien.
— Celse, philosophe épicurien du second siècle, est
assez connu pour ses mensonges et ses calomnies, qui
ont été plus d'une fois exhumés de l'oubli par des esprits d'une trempe semblable à la sienne. Tout au contraire de Celse, Numénius (deuxième siècle) prétendait
que Platon avait puisé dans Moïse. C'est aussi vers ce

temps que vivait Lucien, qui fit métier de critiquer tous les philosophes et toutes les croyances. — Les Nuits attiques, d'Aulu-Gelle (130 de Jésus-Christ), sont importantes à consulter; la critique qui a présidé à leur rédaction inspire de la confiance en ce qu'il peut dire. — Favorin vivait sous Adrien, et Apulée sous Antonin et Marc-Aurèle; ces deux auteurs sont assez souvent cités. — Pausanias de Césarée en Cappadoce, sous Antonin le Pieux, a écrit sur la géographie et les antiquités grecques.

Plutarque de Chéronée, s'il avait un peu plus de critique, s'il savait estimer ses autorités, s'il citait plus souvent ses sources, serait un des auteurs les plus importants à consulter. Il a copié Aristote presque mot pour mot dans ses opinions des philosophes, sans le dire toutefois; il a même souvent mis sur le compte de ces philosophes ce qu'Aristote ajoute à leurs idées. Ainsi Aristote avait dit qu'Anaxagore mettait l'homme au-dessus de tous les animaux, parce qu'il avait des mains; mais en acceptant cette idée, Aristote avait ajouté que c'était parce que les mains étaient l'instrument de l'intelligence, et que l'intelligence seule servait à l'homme à dompter tous les animaux. Plutarque a mis le tout sur le compte d'Anaxagore, tandis qu'Aristote reproche à celui-ci de n'avoir placé la supériorité de l'homme que dans ses mains [1]. Mais Plutarque n'a pas seulement copié Aristote, il a encore plus copié tous ceux qui sont venus après lui. Il nous a laissé les vies des hommes illustres, les opinions des philoso-

----

[1] Nous pourrions citer bien d'autres preuves de notre jugement, car nous avons fait une comparaison de Plutarque et d'Aristote que tout le monde pourra faire, en prenant simplement les passages que nous citerons plus tard.

4.

phes, et quelques traités de morale; il était épicurien.

Athénée, qui vivait de Marc-Aurèle à Alexandre-Sévère, nous a laissé le Déipnosophiste, ou Souper des sages; c'est un recueil d'érudition sur toute espèce de choses. — Nicomaque vivait dans la seconde moitié du second siècle; il se disait pythagoricien. Il suivit les traces de Modératus et d'Héraclide de Pont, et ne mérite pas plus de confiance qu'eux. Cependant Jamblique et les néoplatoniciens en font le plus grand éloge, ce qui montre quel cas on doit faire de leur sentiment. Apollodore l'arithméticien a vécu après Nicomaque, puisqu'il le cite; mais il a aussi vécu avant Diogène Laërce.

Diogène, qu'il ne faut pas confondre avec Laërce, a vécu on ne sait trop quand; mais comme il a copié Aristoxène, Héraclide, Timée, Néanthes, Modératus et Nicomaque, il doit avoir vécu dans la première moitié du troisième siècle; c'est un auteur crédule, peu connu et peu estimé de son temps même.

Diogène Laërce vivait probablement sous Antonin le Pieux, mais certainement après Plutarque, qu'il cite. Homme crédule, écrivain sans méthode et sans ordre, souvent en contradiction avec lui-même, il n'avait ni le dessein ni le talent d'inventer des fables. Il a aussi bien suivi Héraclide, Hermippe, Timée et Néanthes, qu'Aristoxène et Aristote. Il conserve presque toujours les propres paroles des auteurs qu'il cite, ce qui donne à son style une inégalité et une bigarrure frappante. On peut donc le croire comme les compilateurs de bonne foi, quand on est sûr qu'ils ont puisé à de bonnes sources. C'est lui qui nous a conservé les noms et les dires de la plupart de ses prédécesseurs dans ses vies des philosophes, seul ouvrage qui nous reste de lui. Souvent aussi il ne cite pas, et se contente de dire *on dit*; d'au-

tres fois il fait lui-même des vers à la louange de ses
héros, en sorte qu'il se mêlait également d'amplifier. Son
contemporain Sextus paraît avoir puisé dans les mêmes
sources que lui.

Élien, qui vivait vers l'an 222, n'est que le compilateur de Ctésias, et de tous les historiens analogues qui
suivirent Alexandre. — Porphyre (233) a plagié tous ses
prédécesseurs, et souvent sans critique. On peut en
dire autant de Jamblique, son successeur et son copiste. Jamblique commet de plus, par une négligence
impardonnable, une foule d'anachronismes ; il vivait
sous Julien l'Apostat.

Saint Clément d'Alexandrie (217), Eusèbe de Césarée
(326), saint Augustin (354-450), et tous les Pères des
premiers siècles, sont très-certainement des autorités
de bonne foi ; mais comme ils n'ont pu puiser que dans
des sources corrompues, telles qu'elles étaient alors,
leur témoignage, en ce qui concerne les premiers philosophes grecs, est de peu d'importance.

Après eux vient Stobée, de la fin du quatrième
siècle au commencement du cinquième ; il suit Plutarque presque partout ; il nous a conservé des fragments
de la plupart des philosophes ; mais il ne dit pas toujours où il a puisé, en sorte que l'authenticité de ces fragments manque souvent de certitude. — Simplicius, au
sixième siècle, a commenté Aristote, et fait les argu-
ments qu'on trouve à la tête de plusieurs livres du Stagirite ; et là il a aussi parlé des anciens philosophes. Nous
venons ensuite jusqu'à Suidas, qui commence le moyen
âge (11e ou 12e siècle), et qui a fait dans son Lexicon
grec une compilation sans choix et sans jugement.

Sans parler du moyen âge, qui a dû accepter les
choses comme elles lui étaient transmises, nous ne ci-

terons parmi les modernes, pour la question qui nous occupe, que l'Histoire de l'origine, des progrès et de la décadence des sciences dans la Grèce, par Christophe Meiners, professeur ordinaire de philosophie à l'université de Goëttingue. C'est un ouvrage d'une haute critique, et qui mérite la confiance dont il jouit. Nous n'acceptons pas pourtant toutes ses vues, quoique nous l'ayons suivi et confirmé, après vérification, en bien des points.

Si maintenant nous voulons conclure quelque chose de cet exposé succinct mais important, nous voyons que, dans la première période, Hérodote, Platon et Xénophon nous restent seuls, et qu'ils nous fournissent fort peu de chose. La seconde période est beaucoup plus importante, puisqu'elle nous donne Aristote et Théophraste, dont nous avons les ouvrages, et de la véracité desquels nous ne pouvons douter; puis Aristoxène et Duris de Samos, qui sont souvent cités et dignes de foi. Après eux nous n'avons plus que des histoires fabriquées, que nous devons par conséquent rejeter. Cette proscription doit s'étendre à plus forte raison sur la troisième et la quatrième section, qui comprennent les fabricateurs alexandrins et les auteurs inconnus. Les uns et les autres ne firent qu'augmenter les falsifications et les livres apocryphes.

Chez les Latins nous avons Cicéron et Lucrèce, qui sont de graves autorités dans la question présente.

Après Jésus-Christ, Strabon seul est digne de confiance; Pline nous donne beaucoup, il est vrai, mais il est nécessaire de le contrôler. Plutarque et Diogène Laërce, qui sont en définitive toute la ressource qui nous reste aujourd'hui pour les circonstances biographiques, ne méritent pourtant aucune confiance.

Nous sera-t-il possible, avec de tels éléments, d'arriver à quelque chose de satisfaisant? nous l'espérons, en prenant Aristote pour guide, et en écartant soigneusement toutes les opinions trop douteuses qui ne seraient appuyées que par des auteurs peu croyables. Nous commencerons par ceux qu'on a appelés les sept sages.

II. LES SAGES DE LA GRÈCE.

Le nom de sage n'avait pas chez les Grecs la même signification que nous lui donnons, et il n'a pas toujours eu chez eux non plus la même signification.

En rapprochant tous les textes des anciens auteurs, on trouve que le nom de *sage* était donné à ceux qui passaient pour habiles dans un art ou une science, et qui s'occupaient des connaissances les moins à la portée du commun; et on donnait celui de *prudent, prévoyant*, à ceux qui s'occupaient de leurs avantages, de leur utilité. et de celle des peuples. Cette distinction est clairement établie par Aristote, au chapitre septième du sixième livre de l'Éthique à Nicomaque: « Il ressort donc, dit-il, de ce que nous avons dit, que la sagesse est la science et l'intelligence des choses qui sont les plus honorables par leur nature. C'est pourquoi on dit que Thalès et Anaxagore, et autres, sont sages mais non prudents, parce qu'on les voit négliger leurs propres avantages, tandis qu'ils savent les choses superflues, admirables. difficiles à connaître et divines, mais, dit-on, inutiles, parce qu'ils ne cherchent pas les choses humaines. tandis que la prudence concerne les choses humaines. » Plus tard le nom de sage fut remplacé par celui de philosophe. qui veut dire ami de la science, de la sagesse; car sagesse et science voulaient dire une même chose. Quand les savants prirent le nom de philosophe, on donna le nom de sage à ceux qui s'occupaient des intérêts humains, de la société et d'eux-mêmes, et qu'autrefois on appelait prudents. C'est alors que ce nom de sage fut appliqué à ceux qu'on a appelés les sept sages de la Grèce.

Il ne faut donc pas conclure de ce nom que les sept sages fussent des savants et des philosophes; tout prouve qu'ils n'étaient que des hommes prudents, dans le sens qu'Aristote nous l'a expliqué. En effet, ni Platon ni Aristote, ni aucun autre ancien avant Plutarque, n'a parlé d'écrits des sept sages; et ce dernier ne cite qu'avec beaucoup d'incertitude et de doute des vers attribués à Thalès. Dicéarque prétend qu'ils n'étaient ni des sages ni des philosophes, mais des hommes intelligents, et propres à former des législateurs. D'après Plutarque, ils s'attachaient plus particulièrement à la partie de la philosophie morale qui traite de la politique.

Jamais l'antiquité ne les a donnés comme des philosophes ou des savants; elle ne nous a transmis d'eux que quelques sentences. Or, si l'on examine ces sentences, attribuées aux sept sages par Platon, Aristote, Diogène, l'auteur du Banquet des sages, Démétrius de Phalère, Sosiade et Stobée, etc., on voit bientôt que chacune de ces sentences a été attribuée à chacun des sept sages; que, dans les derniers temps, les Grecs n'ont pas su eux-mêmes celles qui appartenaient à chacun d'eux; et que, surtout, il y en a plusieurs de supposées [1]. Elles sont toutes du reste très-simples, et ne sortent pas de la ligne de tous les proverbes des peuples enfants, proverbes que nous retrouvons encore naissant et se perpétuant dans nos campagnes patriarcales, où les anciens

---

[1] Voir Diog. Laërce, *Vie de Thalès.*

du village sont respectés et consultés, et donnent leurs réponses en s'appuyant de sentences analogues et traditionnelles.

Les sages de la Grèce étaient donc des hommes doués probablement des grandes qualités de l'esprit et du cœur, réunissant une prudence mûrie par une expérience de plusieurs années, avec toutes les connaissances que l'on regardait alors comme utiles; ils étaient, à cause de ces qualités mêmes, consultés dans les circonstances les plus graves, et employés dans les affaires publiques les plus difficiles; ils travaillaient à rendre leurs concitoyens meilleurs, par des sentences pleines de sens et faciles à graver dans la mémoire des peuples. Tout ce que l'on cite d'eux, soit de leurs paroles, soit de leur vie, tout ce que l'on sait du commencement de tous les peuples, prouve et confirme cette manière de juger. Il n'était donc pas nécessaire qu'ils fissent de longs voyages chez les peuples étrangers, chez les Babyloniens, les Indiens, les Égyptiens, pour y apprendre des sciences qu'ils ignorèrent, et que ces peuples ne connaissaient pas encore. Leurs voyages se bornèrent tout simplement à la Grèce et à l'Asie Mineure. Selon le témoignage de tous les anciens, Thalès de Milet fut le premier et le seul des sages de la Grèce qui fit des recherches et des observations sur l'origine des choses, sur la grandeur et le mouvement des corps célestes, sur les phénomènes météorologiques; enfin, sur lui-même et sur l'âme humaine; peut-être aussi jeta-t-il les fondements de la géométrie : c'est ce qui le fit appeler dans la suite le père de la philosophie grecque [1]. C'est aussi le seul, avec Solon, qui ait passé pour

____

[1] Aristote; Strabon, l. XII ; Plutarque, *Vie de Solon* ; Cicéron, *De natur. Deor.*, l. I et II.

avoir voyagé en Égypte et en Phénicie. Nous allons étudier ces données, et commencer par Thalès l'histoire de la philosophie avant Aristote.

III. PHILOSOPHES ANTÉARISTOTÉLICIENS.

Thalès de Milet, 38ᵉ olympiade [1]*, environ 636 avant Jésus-Christ, ou 639 ou 640.*

I. *Sources.* Thalès relie donc les sages aux philosophes de la Grèce, dont il est le plus ancien. Le premier auteur qui ait parlé de lui est Hérodote (1ʳᵉ année de la 72ᵉ olymp., 489 avant Jésus-Christ), qui vivait environ 150 ans après lui; il n'en parle que sur des bruits publics [2], et dans trois endroits seulement. Dans son premier livre, au chapitre soixante-quatorzième, il dit que, pendant un combat entre les Lydiens et les Mèdes, le jour devint tout à coup la nuit; et il ajoute que Thalès le Milésien avait prédit ce changement du jour en nuit aux Ioniens. Au chapitre soixante-quinzième, il dit que c'était un bruit général parmi les Grecs, que Thalès de Milet avait fait passer le fleuve Halys à Crésus, lorsque ce prince marchait contre Cyrus, en lui conseillant de partager le fleuve en deux lits, et de le rendre par là guéable. Quoique cette espèce de tradition ait été adoptée ensuite par une foule d'écrivains, Hérodote pense

---

[1] La chronologie grecque est de la plus grande incertitude pour les temps anciens. « Avant les olympiades, dit Jules Africain, vous ne trouvez rien de précis ni d'exact dans la chronologie grecque, tous les faits ayant été mêlés, et ne s'accordant nullement entre eux avant cette époque.» Jules Africain, ap. Eusèbe, Praep. Ev., l. X, ch. X, p. 487. — Une olympiade était une révolution de quatre ans; la première a commencé au mois de juillet 772 ou 776 avant J. C., suivant la plus commune opinion.

[2] Ὡς δὲ ὁ πόλλος λόγος Ἑλλήνων, liv. I, ch. LXXIV.

que Crésus, étant arrivé sur les bords de l'Halys, n'eut besoin que de faire passer son armée sur les ponts qu'il y trouva. Au chapitre cent soixante-dixième, Hérodote dit que la famille de Thalès de Milet était originaire de Phénicie, et que, dans l'assemblée de l'Ionie qui se tenait à Téos, il conseilla aux Ioniens de se confédérer.

Platon, qui vivait deux cents et quelques années après Thalès, en a parlé en plusieurs endroits, mais sans aucune particularité biographique, si ce n'est qu'il cite la fable de sa chute dans une fosse, en observant les astres. L'origine de cette fable est dans une lettre évidemment supposée d'Anaximène à Pythagore, citée par Diogène Laërce.

Aristote, le premier qui nous ait clairement fait connaître les opinions de Thalès, n'en parle jamais que d'après la tradition : *on dit, on rapporte, on attribue*. Il l'appelle toujours Thalès le Milésien, et le donne comme le maître d'Anaximandre. Il le cite également comme le premier théologue naturaliste, le premier qui se soit occupé d'observer les phénomènes physiques[1]. On regardait, dit-il, Thalès, Anaxagore et d'autres, comme des hommes sages qui s'occupaient des choses élevées, mais non comme des hommes prudents, parce qu'ils négligeaient leurs propres intérêts et les choses humaines[2]. Cependant, comme on objectait à Thalès l'inutilité et la stérilité de l'étude de la philosophie, à cause de sa pauvreté ; ayant prévu par l'astrologie que cette année serait fertile en olives, il se procura un peu d'argent, puis, dès l'hiver, acheta des oliviers ; et quand la sai-

[1] Arist., l. I, *Métaph.*, ch. III.
[2] Eth. à Nic., l. VI, ch. VII.

son fut venue, il les revendit, en tira beaucoup de gain,
et prouva ainsi à ses amis l'utilité de la science. Aristote [1] dit qu'on lui attribue ce trait; mais on l'a aussi
attribué à plusieurs autres, et nous soupçonnons pour
cela même que c'est un conte des Grecs.

Nous avons plus de confiance en ces paroles d'Aristote : « Thalès, prince de cette philosophie qui observe
les phénomènes naturels, dit que l'eau est le principe de
tout, que tous les êtres ont été produits par elle, et
qu'ils doivent tous s'y résoudre. » Après avoir exposé
assez longuement cette opinion de Thalès, il ajoute :
« Si donc cette opinion sur la nature est antique et
vieille, cela n'est pas évident. Cependant Thalès est dit
avoir pensé de cette manière sur la première cause [2]. »
On lui attribue aussi l'opinion très-ancienne qui dit que
la terre repose sur l'eau [3]. Les philosophes anciens tenaient qu'il y a une intelligence répandue dans tout
l'univers, et c'est peut-être ce qui avait persuadé à
Thalès que tout était plein de dieux : car il pensait qu'il
y a une âme du monde; que l'âme est une nature se
mouvant toujours et soi-même ; que tout a une âme,
même l'aimant, puisqu'il meut et attire le fer [4].

Telles sont les opinions qu'on attribuait à Thalès
suivant Aristote; mais il ne faudrait pas trop se hâter
de prononcer sur cette question de l'âme de l'aimant, et
de tout ce qui se meut; car si, comme nous le prouverons, le traité *De anima*, d'Aristote, est une physiologie sur la vie, ne serait-il pas permis de croire que
les anciens, pas plus que lui, n'entendaient pas par le

---

[1] *Politiq.*, l. I, ch. VII.
[2] *Métaph.*, l. I, ch. III.
[3] *Du ciel.*, l. II, ch. XIII.
[4] **De la vie** (*De anima*), l. I, ch. II et V.

mot *psyché* (âme) ce que nous entendons, mais simplement la vie; et alors leurs opinions seraient moins exagérées et plus vraisemblables.

Cicéron dit que Thalès de Milet, le premier qui ait examiné ces questions, a dit que « l'eau est le principe de toutes choses, » et que « Dieu est cette intelligence par qui tout est formé de l'eau [1]. » Cicéron semble avoir copié ici le passage du chapitre troisième du premier livre de la Métaphysique d'Aristote; c'est le même sens et presque les mêmes termes.

« De Milet, dit Strabon, furent des hommes dignes de mémoire : Thalès, l'un des sept sages, qui fut parmi les Grecs le premier auteur de physique et de mathématique, et Anaximandre, son disciple, et Anaximène, disciple d'Anaximandre [2]. »

Pline a parlé de Thalès pour l'éclipse prédite, dont Hérodote a fait mention le premier [3]. Il l'a donné ailleurs comme inventeur des horloges, et a cité l'histoire des oliviers.

Plutarque de Chéronée, qui vivait sept ou huit cents ans après Thalès, a résumé à peu près tout ce qui circulait de son temps sur le philosophe de Milet. — Il dit qu'il voyagea en Égypte, qu'il y apprit que l'eau est le principe de toutes choses, qu'il est le plus ancien des sept sages, le premier auteur de la philosophie, et le chef de l'école ionienne; qu'il publia sa doctrine en vers, etc. C'est absolument tout ce que dit Aristote, sauf deux circonstances : la première est le voyage en Égypte, que nous discuterons bientôt; la seconde est la publication de sa doctrine en vers, que Plutarque donne comme

---

[1] *De la nature des dieux.*

[2] *Str. Géog.*, l. XIV.

[3] *Hist. nat.*, l. II.

douteuse, et que nous pouvons par conséquent bien rejeter après un homme si peu difficile.

Athénée, au onzième livre du Déipnosophiste, fait dire à Phénix de Colophon, dans ses ïambes, que « Thalès, qui fut un citoyen très-utile à sa patrie, et de beaucoup le plus probe parmi plusieurs hommes de ce même siècle, reçut un vase d'or. » Ce vase d'or est sans doute la coupe (d'autres disent un autre vase, d'autres le trépied, que les sept sages se renvoyèrent, et que Thalès aurait consacré à Apollon, dans le temple de Delphes, au dire de Diogène Laërce.

Diogène Laërce, dans sa vie de Thalès, a résumé tout ce qu'on a pu dire sur son compte; il est nécessaire d'apprécier les autorités sur lesquelles il s'appuie. « Hérodote, Duris et Démocrite, dit-il, disent que Thalès naquit d'Examius et de Cléobuline, qui était issue des Thélides, famille fort illustre parmi les Phéniciens, selon Platon, qui fait descendre cette maison de Cadmus et d'Agénor. Thalès est le premier qui porta le nom de sage. » Immédiatement après des autorités aussi imposantes et les plus anciennes de toutes, Diogène, comme s'il les rejetait à cause de leur ancienneté même, ajoute, sans dire de qui il le tient : « Ce philosophe ayant suivi Nilée à son départ de Phénicie, son pays natal, obtint à Milet le droit de bourgeoisie ; d'autres conjecturent pourtant qu'il y prit naissance d'une maison noble du lieu. » En présence d'une contradiction double et aussi flagrante, il n'y a pas à balancer pour accepter l'opinion qui fait naître Thalès à Milet, surtout quand l'autre n'est appuyée sur aucune autorité.

« Pamphila, dit encore Diogène, rapporte qu'il étudia les éléments de la géométrie chez les Égyptiens; mais si l'on se rappelle que Pamphila était une Égyptienne,

que de plus elle était femme savante, on aura bien de la
peine à ne pas regarder son assertion comme un petit
mouvement de vanité en faveur de son pays. Si l'on
ajoute qu'elle copia Ctésias et les fabricateurs de la bibliothèque d'Alexandrie, on sera bien tenté de regarder
son récit comme apocryphe. « Cependant, continue Diogène, Thalès n'eut jamais de précepteur, excepté qu'il
s'attacha aux prêtres d'Égypte. Jérôme de Rhodes rapporte qu'il connut la hauteur des pyramides par l'observation de leur ombre, lorsqu'elle se trouve au même
point d'égalité avec elles. » Ces deux nouvelles assertions
sont fondées sur les mêmes témoignages sans doute;
mais il est malheureux que l'assertion de Jérôme, qui
fut l'un des copistes et des inventeurs de la bibliothèque d'Alexandrie, soit en contradiction avec celle de
Pamphila; car celle-ci dit qu'il apprit la géométrie en
Égypte, et celui-là insinue qu'il fut le premier à connaître la hauteur des pyramides par l'égalité de leur
ombre. Mais comment Thalès, qui venait apprendre la
géométrie en Égypte, découvrit-il à ses maîtres les propriétés des triangles semblables que sa découverte suppose, et qu'ils ne devaient pas connaître, puisqu'il les
leur apprend? Sans doute ces propriétés des triangles ne
dépassent pas ce que nous appelons aujourd'hui les
éléments de la géométrie; mais si l'on se rappelle que le
carré de l'hypoténuse, attribué à Pythagore, paraît
cependant plus probablement la découverte d'Eudoxe,
qui vivait longtemps après, on aura peine à croire que
les propriétés des triangles fussent connues de Thalès:
quand même cela serait, l'assertion de Jérôme ne serait
pas prouvée pour cela; car il dit que ce fut au moment
où la longueur de l'ombre égale celle des pyramides,
que la hauteur de celles-ci fut mesurée; ce qui, outre les

propriétés des triangles, suppose encore des connaissances astronomiques assez simples, il est vrai, mais que Thalès dut apporter d'ailleurs, puisqu'il les apprit aux Égyptiens. Mais d'où les tenait-il, lui qui ne connaissait pas la géométrie quand il vint en Égypte? Ce sont là des assertions si contradictoires, qu'il est impossible de les admettre.

« Le Nil, dit plus loin Diogène, mérita aussi son attention. Il prétend que les débordements de ce fleuve étaient occasionnés par des vents contraires, qui revenaient tous les ans et faisaient remonter les eaux. » Mais où Diogène a-t-il pris cela? il ne le dit pas; où Thalès a-t-il parlé de la sorte? Il n'a rien écrit, ou s'il a écrit, on ne possédait plus ses œuvres du temps de Diogène, car il n'en parle que sur des on-dit. D'autre part, on a mis sur le compte d'Anaximandre et de plusieurs autres, qui n'avaient certainement point été en Égypte, la même explication des débordements du Nil : elle ne prouve donc rien.

Enfin, la dernière assertion, sur laquelle repose tout l'échafaudage du voyage de Thalès en Égypte, est contenue dans une prétendue lettre de Thalès à Phérécyde, dont Diogène dit : « On attribue à Thalès les lettres suivantes. » Il n'était donc pas sûr lui-même de leur authenticité. Voici ce que contient cette lettre : « Ne croyez pas que nous soyons, Solon et moi, si peu raisonnables, qu'après avoir fait le voyage de Crète par un motif de curiosité, et pénétré jusqu'en Égypte pour jouir de la conversation des prêtres et des astronomes du pays, nous n'ayons pas la même envie de faire un voyage pour nous trouver auprès de vous. » Dans la même lettre il dit à Phérécyde : « Vous êtes le premier des Ioniens qui vous préparez à donner aux

Grecs un *traité sur les choses divines ;* » et à la fin :
« Mais nous, qui n'écrivons point, nous parcourons la
Grèce et l'Asie. » Outre que ce dernier trait est une
contradiction formelle de tout ce que Diogène raconte sur les écrits de Thalès, qu'il aurait dû croire
au moins sur parole, puisqu'il dit que lui et Solon
n'écrivent point, il est impossible d'accepter l'authenticité de cette lettre. En effet, Phérécyde, que l'opinion
la plus générale s'accorde à regarder comme le premier
qui ait écrit sur les choses naturelles et divines, était
postérieur à Anaximandre de quelques olympiades ; il
était contemporain d'Anaximènes, et vivait au plus tôt
vers 560 avant J. C., et Thalès vers 636, ce qui met
entre les deux une distance de soixante-seize ans. Il
n'est guère admissible que Thalès, octogénaire, ait écrit
une pareille lettre à un tout jeune homme ; cela est
opposé au caractère des sages, qui enseignaient les jeunes gens et n'apprenaient pas d'eux : mais de plus,
comment supposer que ce vieillard, qui mourut quelques années après, voyageât encore comme dans sa
jeunesse? La chronologie de Diogène le réfute bien
plus fortement encore. Il dit que Phérécyde vivait
dans la 59ᵉ olympiade, et que, suivant Apollodore,
Thalès naquit la première année de la 35ᵉ olympiade,
et mourut à soixante-dix-huit ans, ce qui donne entre
les deux vingt-quatre olympiades, chacune de quatre
ans, par conséquent quatre-vingt-dix-neuf ans à Thalès au temps de Phérécyde ; et, suivant Apollodore,
il était mort depuis vingt et un ans. Il est vrai que
Diogène cite une autre chronologie d'après Sosicrate,
suivant lequel Thalès serait mort dans la 58ᵉ olympiade, à quatre-vingt-dix ans ; mais cela n'est pas plus

favorable à la fameuse lettre, que nous devons dès lors regarder comme apocryphe.

Diogène transcrit, d'après Lobon d'Argos, qui paraît être de la même trempe qu'Héraclide de Pont, des vers qu'on lisait au-dessous de la statue de Thalès : « C'est ici Thalès, dans la personne duquel Milet l'Ionienne, qui l'a nourri, a produit le plus grand des hommes par son savoir dans l'astrologie. » Ces vers s'accordant avec les témoignages d'Hérodote et des plus graves auteurs, et réfutant d'ailleurs plusieurs des assertions de Diogène, on peut au moins en accepter le contenu. Nous ne pousserons pas plus loin la critique des récits de Diogène; il les a tous puisés à des sources que nous connaissons pour suspectes, et ils ne valent pas la peine d'être discutés.

Nous n'avons rien à dire des modernes; ils ont tous copié Plutarque et Diogène Laërce. Mais que reste-t-il de positif sur Thalès? Nous allons le résumer en quelques mots.

II. *Vie et opinions de Thalès*. Sa famille était originaire de Phénicie, et descendait de Cadmus et d'Agénor; peut-être par elle put-il recevoir quelques connaissances astronomiques des Phéniciens, ce peuple navigateur; et cela expliquerait sa priorité en Ionie. Mais, quoi qu'il en soit, il naquit à Milet vers 636 avant J. C. Il ne sortit probablement jamais de l'Ionie et de la Grèce, et n'eut pas besoin d'aller en Égypte pour apprendre ce que les Égyptiens ne savaient pas. Il s'occupa des affaires de sa patrie, et fut le premier des sages qui s'appliqua à l'étude de la philosophie naturelle et de la théologie. S'il connut assez d'astronomie pour prédire une éclipse, les notions de géométrie qu'il put donner aux Milésiens ne dépassaient pas les éléments les plus simples, comme on peut le voir dans Euclide.

Sa théologie et sa cosmogonie étaient encore moins élevées. Il enseignait que l'eau est le principe de toutes choses, que tous les êtres ont été produits par elle, et qu'ils doivent tous s'y résoudre[1]; que Dieu est le plus ancien des êtres, n'ayant jamais été engendré; et le monde, la plus magnifique de toutes choses, puisqu'il est l'ouvrage de Dieu[2]. Ce Dieu était pour lui comme l'âme du monde, et tout était plein de dieux. Il ajoutait que l'âme est une nature se mouvant toujours et soi-même; que l'aimant a une âme, puisqu'il meut et attire le fer[3]; que les démons sont des substances spirituelles; que les demi-dieux sont des âmes séparées des corps, et qu'il y en a de bons et de mauvais[4]; que les étoiles sont terrestres, mais néanmoins enflammées; qu'il n'y a qu'un monde; que le soleil s'éclipse quand la lune se met droit au-dessous; que celle-ci est illuminée par le soleil; qu'il n'y a qu'une terre; qu'elle est ronde et au milieu[5], et soutenue par l'eau[6].

Plutarque et Diogène lui attribuent beaucoup d'autres opinions, qu'ils ont tout aussi bien attribuées aux pythagoriciens, aux sept sages de la Grèce, à Démocrite, etc.; et par conséquent elles n'appartiennent à personne en particulier.

Thalès eut pour disciple Anaximandre; mais il ne

---

[1] Arist., l. c.

[2] Diog. Laër., *Vie de Thalès*.

[3] Arist., *ls cits*.

[4] Plut., *Opin. des philosophes*, l. I, ch. VIII.

[5] Plut., *id.*, l. II, ch. XIII, I, XXIV, XXVIII; l. III, ch. IX, X, XI.

[6] Arist., l. c.

faut pas croire qu'il fonda une école comme Platon et
Aristote. L'institut de Pythagore fut la première école;
puis vinrent celles d'Athènes, centre intellectuel où
tous les philosophes se réunirent de chaque point de la
Grèce. Anaximandre fut plutôt un ami auquel Thalès
communiqua ce qu'il savait; et l'on voit qu'à part les
premières notions de l'astronomie et de la géométrie,
ses connaissances se réduisaient à des conjectures sans
fondement; car, quant aux opinions attribuées à ce
même philosophe et à ses amis sur les causes du tonnerre et de la foudre, on ignore si elles sont authentiques, quel que soit à ce sujet le concert de Sénèque,
de Plutarque et de Stobée, son copiste. Mais fussent-elles
vraies, elles prouveraient que leurs connaissances météorologiques étaient nulles, ou fort conjecturales.

Anaximandre, 42ᵉ *olympiade, environ* 636 *avant J. C.*

Anaximandre, disciple de Thalès ou plutôt son ami, et
probablement du même âge, nous est connu par les
mêmes sources que son maître.

I. *Sources.* Aristote le cite pour avoir admis, avec
Empédocle, que tout exista en même temps et en
mélange[1]; il ajoute qu'Anaximandre admet l'infini
comme l'unique cause; que cet infini est divin et impé-
rissable; qu'il contient et gouverne tout; qu'il est la
nature[2]. D'après Théophraste, ce philosophe faisait
naître la mer du reste de la première eau; car alors que
l'espace qui environne la terre était humide, la première humidité fut évaporée par le soleil, et devint

---

[1] *Métaph.*, l. XII, ch. II.
[2] *Auscultat. phys.*, l. III, ch. IV.

air, d'où naquirent les conversions du soleil et de la lune, qui se tournent toujours vers le point d'où l'humidité leur est fournie autant qu'il est nécessaire. Ce qui en est resté est la mer; et elle finira par être ainsi desséchée tout entière [1]. Aristote enfin l'appelle disciple de Thalès, et le cite en plusieurs autres endroits, mais toujours pour les mêmes choses.

Cicéron, dans son livre de la Nature des dieux, et dans ses Questions académiques, répète à peu près ce qu'a dit Aristote, mais d'une manière plus explicite, en rappelant qu'Anaximandre était disciple de Thalès, et qu'il n'admit pas son opinion sur l'eau, origine de tout ; mais il croyait que les dieux reçoivent l'être et meurent de loin en loin, et que ce sont des mondes innombrables.

Selon Strabon, Anaximandre était de Milet, et ami de Thalès [2]; et, d'après Ératosthène, cet ami et concitoyen de Thalès publia le premier une table décrite sur la position de la terre [3]. Si nous en croyons Anaximandre, physicien de Milet, dit Pline, il y a dans la terre une certaine divinité immortelle. Les Lacédémoniens rapportent que ce philosophe leur prédit le tremblement de terre qui ruina leur ville et une partie du mont Taygète [4].

Plutarque répète ce qu'ont dit Aristote et Cicéron, en amplifiant, pour se donner, suivant sa coutume, le plaisir de réfuter [5]. Ainsi, il lui fait dire que les parties de l'élément infini souffraient des altérations, mais que le fond en était immuable.

---

[1] *Météor.*, l. Alter.

[2] *Géog.*, l. XIV.

[3] *Géog.*, l. I.

[4] Plin., *Hist. nat.*, l. II, ch. LXXIX.

[5] Plut., *Opin. des philosophes*, l. I, ch. III.

Diogène Laërce, sur l'autorité de Favorin dans son *Histoire diverse*, et d'Apollodore l'Athénien dans ses *Chroniques*, deux auteurs dont nous n'avons plus rien, nous donne le peu que nous savons d'Anaximandre, sans citer d'autres sources; mais on voit qu'il avait également copié d'après Aristote.

Eusèbe et Suidas ont tous deux répété les précédents. De plus, Suidas, à l'article Anaximandre, lui attribue plusieurs ouvrages, à tort, sans aucun doute; car Apollodore, Thémistius et Diogène Laërce ne connaissaient tous qu'un seul livre qui portât le nom d'Anaximandre; ce livre, cité par Apollodore, paraît avoir été écrit en prose. Or, comme ce que citent ces auteurs s'accorde avec ce que dit Aristote, on peut en conclure qu'ils ont tous eu le même ouvrage sous les yeux. Cependant, tous les écrivains grecs, sans exception, regardant Phérécyde, qui était né après Anaximandre, comme le premier auteur qui ait écrit en prose sur la nature des dieux et des choses, on est tenté de croire apocryphe le prétendu livre d'Anaximandre, à moins de dire qu'il ait été publié après celui de Phérécyde.

Vossius cite, au sujet d'Anaximandre, Diogène et Suidas qui l'a reproduit, en élevant des doutes sur ce qu'ils lui attribuent[1].

II. *Vie et opinions.* Anaximandre était donc disciple de Thalès, et comme lui de Milet; d'après Apollodore, il avait soixante-quatre ans la deuxième année de la 58e olympiade, et il mourut peu après, ayant fleuri principalement sous le règne de Polycrate, tyran de Samos; c'est là tout ce que nous connaissons de sa vie. Peut-être écrivit-il quelque chose soit sur la physique théogonique,

---

[1] Vossius, *De hist. græcis*, p. 25.

soit, plus probablement au rapport de Strabon, sur la géographie. Rejetant la théorie de son maître, qui faisait tout naître de l'eau, ou plutôt la complétant, il reconnaissait que tout avait été plongé dans l'eau à l'origine; mais qu'un principe infini, qui est la nature, avait débrouillé cette espèce de chaos primordial. Au-dessous de ce principe, de cet élément infini qui souffrait des altérations dans ses parties, mais dont le fond était immuable, il admettait des dieux mortels qui naissaient et mouraient de loin en loin; ces dieux, qui paraissent les analogues des demi-dieux et des démons de Thalès, étaient pour Anaximandre des mondes innombrables.

Comme Thalès encore, il enseignait que la terre occupe le milieu de l'infini, et qu'elle en est le centre. Elle est de figure sphérique, et la lune emprunte sa lumière du soleil. qui, selon lui, égale la terre en grandeur, et est composé d'un feu très-pur. Toutes ces opinions seront également mises sur le compte des successeurs des Ioniens[1]. Anaximandre inventa le style des cadrans solaires, et le mit sur ceux de Lacédémone[2]; il fit aussi des instruments pour marquer les solstices et les équinoxes, décrivit le premier la circonférence de la terre, et construisit la sphère[3]. Cette dernière opinion paraît confirmée par Strabon.

Anaximandre médita donc les mêmes points que son maître : Dieu, l'origine du monde matériel, les esprits inférieurs ou demi-dieux, l'astronomie, et de plus la géographie de l'Asie Mineure, et peut-être aussi de la Grèce; il chercha à expliquer l'origine de la mer, et crut qu'elle finirait par être desséchée; il dit quelque

---

[1] Plut., *Opin. des philosophes*; Diog. Laër., *Vie d'Anaximandre.*
[2] Favorin dans Diog., *Vie d'Anaximandre.*
[3] Diog., *id.*

chose des tremblements de terre. Il n'y a donc encore là rien de bien positif; ce sont des conjectures sur les questions les plus difficiles, puis quelques points, comme la géographie, qui n'avaient pas été touchés par son maître; et cependant on ne dit nulle part qu'Anaximandre ait voyagé, ce qui confirme de plus en plus la fausse supposition des voyages de Thalès. Anaximandre eut pour disciple Anaximènes.

Anaximènes florissait vers la 56ᵉ olympiade, environ 580 avant J. C.

I. *Sources.* Aristote cite Anaximènes le Milésien, plus ancien qu'Anaxagore, pour son opinion sur les tremblements de terre, qu'il réfute [1]; il dit ailleurs qu'Anaximènes et Diogène établissent que l'air est avant l'eau, et qu'il est surtout le principe des corps simples [2].

Cicéron rapporte l'opinion d'Anaximènes sur Dieu dans le traité de la Nature des dieux, et dans ses Questions académiques, où il dit qu'il était disciple d'Anaximandre [3]. Strabon dit qu'il était de Milet, disciple d'Anaximandre et ami d'Anaxagore [4]. Pline, répétant les mêmes choses, le dit aussi disciple de Thalès, et ajoute qu'il inventa le gnomon, et que le premier il montra à Lacédémone l'horloge qu'ils appellent sciothérion (cadran solaire). Nous avons vu les mêmes inventions mises sur le compte d'Anaximandre. Plutarque le dit également de Milet, et nous donne ses opinions [5]. Diogène Laërce ajoute qu'il était disciple de Parménide,

---

[1] *Meteor. : lib. Alter.,* ch. VII.

[2] *Métaph.,* l. I, ch. III.

[3] *De Nat. deor.,* l. I, ch. X ; *Quæst. ac.,* l. II, ch. XXXVII.

[4] L. XIV.

[5] *Opin. des philosophes,* passim.

et que, suivant Apollodore, il naquit dans la 63ᵉ olympiade, et mourut environ le temps de la prise de Sardes, ce qu'on estime remplir de 55o à 5oo avant notre ère. Il lui attribue un livre composé dans un langage simple et dépourvu d'images; ce qu'on ne peut attendre d'un contemporain de Phérécyde, comme le remarque fort bien Meiners[1]. Diogène lui attribue aussi deux lettres à Pythagore, dans l'une desquelles est la fable de Thalès, tombé dans une fosse en observant les astres. Mais elles sont évidemment apocryphes. Athénée raconte, d'après Hermippe, que le vêtement d'Anaximènes avait été blâmé par Théocrite de Chio[2]; et Eusèbe, dans ses Chroniques, dit qu'Anaximènes florissait vers la deuxième année de la 56ᵉ olympiade, ce qui placerait sa naissance vers la 48ᵉ ou 49ᵉ olympiade, correspondrait à 58o et quelques, et serait ainsi plus d'accord avec les dates de la vie de Thalès et d'Anaximandre.

Cicéron est donc le premier qui nous ait appris les opinions d'Anaximènes un peu plus explicitement, et après lui Plutarque et Diogène; c'est d'après eux que les modernes ont composé la vie et la doctrine de ce philosophe.

II. *Vie et opinions.* Nous voyons par les indications précédentes combien les circonstances de la vie d'Anaximènes nous sont encore moins connues que celles de la vie de ses deux prédécesseurs. Nous savons cependant qu'il était de Milet, de la secte ionienne, disciple d'Anaximandre et ami d'Anaxagore, et plus âgé que lui. Il florissait dans l'intervalle de 55o à 5oo.

Il prétendait que l'air infini est Dieu, qu'il est immense et toujours en mouvement, mais que toutes les

---

[1] T. I, p. 33, note 53.
[2] L. I, Deipnos.

choses qui naissent de l'air sont définies; que la terre, l'eau, le feu, et tout ce qui naît d'eux, sont produits[1]. Toutes choses sont engendrées de l'air, et se résolvent en lui : « Comme notre âme, dit-il, qui est air, nous maintient en vie, ainsi l'esprit et l'air contient en vie tout ce monde; car esprit et air sont deux mots qui signifient une même chose[2]. »

Il pensait que la circonférence du ciel est de terre; que les astres sont fichés comme des têtes de clou au cristal du ciel; qu'ils se meuvent aussi bien vers la terre qu'autour de la terre. Le soleil, selon lui, est plat comme une lame, les astres sont repoussés par l'air épaissi et résistant, et les éclipses arrivent quand la bouche par où sort la chaleur du feu est close. L'air en s'épaississant forme les nuées; et quand celles-ci se coagulent encore davantage, il s'en exprime de la pluie, qui devient de la neige quand l'eau en tombant vient à se prendre et à geler, et de la grêle quand cela vient à être surpris d'un vent froid. L'arc-en-ciel se fait par illumination du soleil donnant sur une nuée épaisse, grosse et noire, de manière que les rayons, ne pouvant percer et pénétrer à travers, s'amassent dessus. Mais à côté de ces idées, passables pour son temps, il ajoutait que la terre est plate comme une table, que la raréfaction et la sécheresse de la terre sont la cause de ses tremblements[3].

Au milieu de beaucoup d'absurdités, il y a quelques conjectures assez tolérables, dont on a fait honneur à tous les Ioniens les uns après les autres; et Pline, en attribuant à Anaximènes la découverte du gnomon et du cadran, dont d'autres font honneur à son maître, four-

----

[1] Cic., l. c.
[2] Plut., *Opin. des philosophes.*
[3] *Ibid.*, passim.

nit une nouvelle preuve du peu de foi qu'on doit ajouter à toutes ces prétendues découvertes. Aristote, que nous allons voir si précis et si détaillé quand il s'agira des opinions d'Anaxagore et de ses successeurs, n'a presque rien dit des trois philosophes de Milet, preuve assez forte qu'il n'y avait pas grand'chose à en dire; il les cite pourtant un assez grand nombre de fois, mais c'est presque toujours pour la même idée ; et s'ils en avaient émis d'autres, un homme aussi soigneux n'eût pas manqué de les recueillir. Nous allons entrer dans une voie un peu plus large par Anaxagore.

Anaxagore , de la 70ᵉ à la 88ᵉ olympiade, environ de 500 à 428 avant J. C.

I. *Sources.* Platon venait au monde quand Anaxagore le quittait; il est le premier qui parle de lui dans son Cratyle et son Phédon, ainsi qu'en plusieurs autres endroits. Mais c'est par Aristote que nous connaissons toute la doctrine d'Anaxagore. Il nous apprend qu'il était de Clazomène, plus ancien qu'Empédocle; mais qu'il lui était inférieur par ses ouvrages, et que par conséquent il avait écrit[1] : il cite même, ou plutôt Théophraste, un livre qu'Anaxagore avait adressé à Léchinéon (πρὸς Λεχινέον)[2]. Anaxagore y disait que l'humidité des plantes vient de la terre; que la terre est leur mère, et le soleil leur père.

Xénophon a aussi cité Anaxagore, et Cicéron le fait disciple d'Anaximènes, et l'auteur de cette opinion, que le système et l'arrangement de l'univers sont dus à la puissance et à la sagesse d'un esprit

[1] *Métaph.,* l. I, ch. III.
[2] *Des plantes,* l. I; fragment d'Aristote ou de Théophraste.

infini. Il le cite encore pour son mépris des richesses et son amour de la science[1]. Lucrèce, épicurien qui basa son système sur l'infini matériel d'Anaximandre et sur les atomes de Démocrite, expose et combat la philosophie d'Anaxagore[2]. D'après Strabon, Anaxagore physicien fut un homme illustre de Clazomène, ami d'Anaximènes de Milet; Archélaüs le physicien et Euripide le poëte furent ses disciples[3]. Les Grecs, dit Pline, célèbrent Anaxagore de Clazomène, la seconde année de la 78e olympiade, pour avoir prédit, par sa science des choses célestes, quand une pierre tomberait du ciel[4].

Élien, aussi peu et moins digne de foi que Pline, cite l'ouvrage d'Anaxagore περὶ βασιλείας, sur la tyrannie. Plutarque répète tout ce que nous savons par les précédents, en y joignant quelques autres détails tirés de Platon, et autres auteurs qu'il ne cite pas. Il dit, entre autres choses, que lors de sa condamnation à Athènes, Anaxagore aurait composé un écrit sur la quadrature du cercle.

Diogène Laërce fait Anaxagore disciple d'Anaximènes. D'après Timon, dans ses poésies satiriques, il dit qu'Anaxagore fut le premier philosophe qui joignit un esprit à la matière. Cela semble assez d'accord avec ce que nous apprenons d'Aristote. — Apollodore, dans ses Chroniques, rapporte qu'il naquit dans la 70e olympiade, et qu'il mourut la première année de la 78e; cette chronologie est en contradiction avec celle de Pline, aussi bien qu'avec celle de Diogène, qui lui donne 72 ans de vie. Petau, Meursius et Ménage corrigent l'erreur, et placent sa mort dans la 88e olympiade. Larcher, adoptant

[1] *De Nat. deor.*, l. I ; *Tuscul.*, l. V.
[2] *De rerum Natura*, l. I.
[3] Strab., l. XIV.
[4] *Hist. nat.*, l. II, ch. LVIII.

cette manière de compter, fait naître Anaxagore en 5oo
avant J. C., et mourir en 428. La Bletterie pense qu'il vivait
vers l'an 478 avant J. C.—Démétrius de Phalère veut, dans
son histoire des archontes, qu'il ait commencé dès l'âge
de vingt ans à exercer la philosophie à Athènes, sous l'archontat de Callias. Suivant Favorin, dans son Histoire
diverse, il parait avoir été le premier à croire que le sujet du poëme d'Homère était de recommander la vertu
et la justice. — Sotion, dans la succession des philosophes, dit que Cléon l'accusa d'impiété, pour avoir
défini le soleil une masse ardente; mais que Périclès,
son disciple, ayant pris sa défense, Anaxagore fut seulement condamné à une amende de cinq talents,
et envoyé en exil. — Satyre, dans ses Vies, taxe Thucydide de s'être rendu son accusateur. — Hermippe
prétend, dans ses Vies, qu'il fut mis en prison et jugé
coupable de mort; que Périclès le fit absoudre, mais
qu'Anaxagore se suicida de dépit. — Selon Jérôme, au
second livre de ses Commentaires divers, Périclès le fit
comparaître dans un temps où il était si chancelant et
si exténué de maladie, qu'il fut absous plutôt par pitié
que juridiquement. — Telles sont les autorités, très-
discordantes entre elles, citées par Diogène, qui nous apprend une foule d'autres circonstances tout aussi contradictoires, sans dire d'où il les tire.

Saint Clément d'Alexandrie nous apprend que, suivant Anaxagore, la fin de la vie est de montrer la contemplation, pour en faire sortir la vérité[1]. — Saint
Augustin le dit disciple d'Anaximènes et maître d'Archélaüs, et ajoute qu'il fut condamné pour avoir défini le soleil une pierre, et nié sa divinité; il parle aussi

---

[1] Strom., l. II.

des opinions d'Anaximènes et d'Anaxagore, d'après Cicéron [1].

Stobée nous a conservé quelques opinions d'Anaxagore dans ses fragments; mais puisqu'il reproduit Plutarque, et que celui-ci copie dans ce qu'il a de bon Aristote, nous revenons toujours à ce dernier, comme à la véritable source.

Simplicius, commentateur d'Épictète et d'Aristote, nous a transmis plusieurs fragments d'Anaxagore puisés dans son ouvrage sur la physique, intitulé τὰ φυσικά, en plusieurs livres.

Enfin, parmi les modernes, Meiners a parfaitement analysé ce qui nous reste d'Anaxagore.

Il suit de cette courte exposition, qu'Aristote est l'unique et la véritable source des doctrines d'Anaxagore; tous les autres l'ont copié directement ou médiatement, en puisant dans les compilateurs.

Mais Plutarque et Diogène Laërce sont les seuls qui nous donnent quelques circonstances de sa vie; et toutes ne sont pas acceptables, puisqu'elles se contredisent.

II. *Sa vie.* Tous ceux qui ont parlé d'Anaxagore s'accordent à dire qu'il était de Clazomène en Ionie. Nous savons aussi qu'il était plus ancien qu'Empédocle [2], et qu'il vivait du temps de Périclès, de 500 à 428 av. J. C. Il fut ami et peut-être disciple d'Anaximènes. Quoique riche et d'une famille illustre, tous les anciens, Aristote à leur tête, s'accordent à dire qu'il négligea le soin de ses affaires temporelles, pour s'occuper uniquement de la philosophie. Il quitta sa patrie, et vint à Athènes,

---

[1] *Cité de Dieu*, l. VIII, ch. II; l. XVIII, ch. XLI, 56ᵉ lettre à Dioscore sur les questions curieuses.

[2] Arist., *Métaph.*, l. I, ch. III.

où il se lia avec Périclès. C'est là qu'il commença à enseigner, et, selon toute vraisemblance, il est le premier philosophe qui ait paru à Athènes, qui y ait vécu, et émis une doctrine ; ce qui porterait à croire qu'Athènes reçut de l'Ionie les premiers germes de la science. Sa physique effaroucha les Athéniens ; il fut accusé d'impiété pour avoir nié la divinité du soleil et celle des astres ; car, dit Plutarque, le peuple n'aimait pas et ne souffrait pas volontiers les physiciens, qu'on appelait alors météorologistes, persuadé que par leurs raisonnements ils réduisaient toute la Divinité à des causes purement naturelles et dépourvues de raison, à des puissances ou facultés sans providence, et à des accidents ou passions involontaires et de pure nécessité[1]. »

On ne sait trop comment Anaxagore finit sa carrière. D'après Diogène, citant une inscription lue sur son tombeau, il mourut à Lampsaque. C'est, après Phérécyde, le premier et le plus ancien philosophe duquel nous avons la certitude qu'il ait écrit quelques ouvrages. Aristote cite son ouvrage sur les plantes, adressé à Léchinéon ; Plutarque, celui sur la quadrature du cercle ; Élien, celui sur la tyrannie ; Simplicius, ses livres sur la physique. Quoique Simplicius vécût environ 900 ou 1000 ans après Anaxagore, cependant il nous paraît certain qu'il a bien cité, et qu'Anaxagore avait écrit sur la physique ou les phénomènes de la nature : en effet, Aristote, qui ne rapporte que des on-dit de ses prédécesseurs, cite de très-longs passages d'Anaxagore, en ces termes : Anaxagore dit, Anaxagore assure, pense, prétend, etc.; il fait plus, il dit positivement que les ouvrages d'Anaxagore étaient inférieurs à ceux d'Empédocle[2]. En outre,

<hr>

[1] Plut., *Vie de Nicias.*
[2] *Métaph.*, l. I, ch. III.

Socrate, dans le Phédon de Platon, dit qu'il a jeté les yeux sur un livre d'Anaxagore, qui commençait ainsi : « Tous les corps étaient confondus, mais un esprit les sépara et les arrangea ; » ce qui plut beaucoup à Socrate. Plutarque avait lu le même ouvrage, ou bien avait pris dans Platon cette phrase, qu'il cite aussi comme commençant l'ouvrage d'Anaxagore. On peut donc admettre positivement qu'Anaxagore a laissé des ouvrages, et de plus, par les citations d'Aristote, qu'il avait bien agrandi le champ de ses prédécesseurs. En effet, ceux-ci s'occupèrent des éléments des mathématiques, de l'astronomie et de la météorologie ; Anaxagore y joignit les plantes et les animaux, et s'éleva jusqu'à un Dieu infini, spirituel, indépendant de la matière, et la dominant. Mais on conçoit que les progrès qu'il fit faire à la science durent être bien restreints, quoiqu'il ait plus reculé les bornes des connaissances humaines qu'aucun de ceux qui fleurirent dans le même temps. L'examen de sa doctrine va nous en fournir la preuve.

III. *Doctrine d'Anaxagore.* Il suivit le même ordre que ceux qui l'avaient précédé, et que suivirent ceux qui vinrent après lui. Il commença par des recherches générales sur la nature et les causes premières de toutes choses, et sur leur origine : il passa ensuite à l'étude de la nature et des qualités des diverses parties du monde, à celle des phénomènes et des divers objets qui sont sur la terre.

Tout ce qui est, dit-il, a existé de toute éternité [1] ; car il est également impossible qu'une chose vienne de rien, et qu'elle retourne dans le néant [2]. Mais les choses

---

[1] *Simplicius in Ar. phys.*, XXXIII, XXXIV.
[2] Arist., l. **I**, *de Gen. animal.*, ch. XVIII.

réelles n'eurent pas toujours l'ordre, la situation et les rapports que nous remarquons à présent en elles. Au commencement il y avait l'unité des choses, un amas d'éléments infiniment petits, de corpuscules composés chacun de parties semblables; ce sont les homoïoméries qui avaient toutes les qualités que nous découvrons maintenant dans le monde corporel [1]. En sorte que cet amas primitif contenait une infinité de petits os, une infinité de petits viscères, une infinité de petites gouttes de sang, une infinité de particules d'or, d'eau et de feu, en un mot, une infinité de petites particules de tous les corps qui existent, formant alors autant d'espèces différentes qu'il existe maintenant de corps différents. Car si on n'admet pas pour chaque espèce de corps des éléments particuliers indestructibles, et d'une nature semblable à la leur; si on n'admet pas que les os sont formés d'un certain nombre de petits os, les viscères d'un certain nombre de petits viscères; que plusieurs gouttes de sang réunies donnent naissance au fluide qui coule dans nos veines, que plusieurs molécules d'or composent ce métal précieux, que le feu et l'eau naissent de particules de feu et d'eau, et que tous les corps enfin naissent de l'assemblage de parties similaires [2], on sera obligé de convenir que les choses ont été faites de rien, et retournent à rien. L'agrégation de ces petits corps homoïomères donne la production ou la naissance des corps que nous voyons, et la désagrégation

---

[1] Arist., l. I, *Métaph.*, ch. IV, VI; Lucrèce, l. I; Plutarque, l. I, *Opin. des philosophes.*

[2] Arist., *de Cœlo*, l. III, ch. III; *de Gener. et interitu*, l. I, ch. I; Lucrèce, l. I; Plutarque, *des Opinions des philosophes*, l. I, ch. III; Stob., *Ecl. phys.*, p. 26.

de ces petites particules immuables et constitutives cause la destruction ou la mort [1].

A l'origine de ce monde, cette masse infinie de petits corps homoïomères, mêlés et confondus, était immobile et dans un repos complet. Alors l'intelligence, l'entendement divin, aussi éternel, infini, pouvant tout et renfermant tout, connaissant le passé, le présent et l'avenir, tant ce qui pouvait être produit que ce qui l'était déjà, sépara cette masse d'éléments confondus, y mit l'ordre et les arrangea, et fit ainsi les générations de toutes choses [2].

Les éléments légers, clairs et secs s'élancèrent dans la partie supérieure; et de ces éléments furent formés le soleil, la lune, les autres astres, l'air, l'éther, ou les espaces du ciel. Les éléments compactes, humides, froids et obscurs, s'abaissèrent vers l'endroit où est la terre. Chacun de ces éléments se réunit à son semblable; les dissemblables se séparèrent; d'où il résulta de nouvelles compositions d'éléments qui avaient été originairement confondus. Des nuages fut formée l'eau, de l'eau la terre, de la terre les pierres; et, par d'autres séparations et d'autres réunions de parties, furent produits les plantes, les animaux, et l'homme. Ce n'est donc point le hasard, le sort, ou la nécessité, ou une nature aveugle et sans raison, mais une divinité, qui embrasse tout, qui pénètre tout, qui est l'unique cause du mou-

---

[1] Arist., l. I, *Métaph.*, ch. III; *de Gener. et interitu*, l. I, ch. I; *de Cælo*, l. III, ch. III; *Physicæ Auscultationis*, l. I, ch. III; Plutarque, *des Opinions des philosophes*, l. I, ch. XVII, XXX.

[2] Platon; Cratyle; Phédon; Arist., l. I; *Métaph.*, ch. III; *Physicæ Auscultat.*, l. VIII, ch. I; Plut., *des Opin. des philos.*, l. I; *Simplicius*, l. c., fol. 8 *a* et 33 *b*.

vement, de l'ordre et de la beauté du monde [1]; et rien n'arrive sans qu'elle l'ait prévu.

Du système d'Anaxagore, il suit que Dieu n'a point créé; il a seulement coordonné les éléments éternels, doués par essence de toutes les propriétés et qualités que les corps possèdent. Platon et Aristote l'ont combattu sur ce point, en lui reprochant de ne faire intervenir la Divinité que quand il ne pouvait plus expliquer les choses par leurs qualités essentielles.

Pour justifier sa doctrine des homoïomères, il admit que dans chaque partie de nourriture il y avait une infinité de parties semblables à la chair, aux os, etc., mais imperceptibles. Pressé par les dernières conséquences, il ne put se borner là, et fut obligé d'ajouter que tout était dans tout, que tout se séparait de tout, et que dans les plus petites parties de la matière composée il y avait une infinité d'éléments essentiellement différents.

Dans toutes les autres pensées d'Anaxagore sur la nature des corps célestes, sur les phénomènes les plus importants du ciel et de la terre, sur l'essence de l'homme, des animaux et des plantes, il y a, comme dans ses conjectures sur l'origine de toutes choses, des vérités et des erreurs, mais toujours plus d'erreurs que de vérités.

L'univers, avançait-il, s'appuie lui-même ou est fondé sur lui-même, voulant expliquer pourquoi il ne s'affaissait pas. Il disait que le feu et l'éther n'étaient qu'une même substance remplissant l'espace, dans le haut duquel le soleil et les autres astres étaient mus comme des masses de pierres brûlantes [2].

----

[1] *Simplicius*, ubi suprà; Platon, dans son *Cratyle*.

[2] Platon, Xénophon et autres; Plutarque, *des Opinions des philosoph.*, l. II, ch. XX.

6.

Diogène Laërce, Plutarque, et plusieurs Pères de l'Église après eux, lui attribuaient l'opinion que les astres étaient des pierres enlevées de la terre, et changées en étoiles ; que ces masses devenues brûlantes s'éteignaient et tombaient sur la terre. Pline et Plutarque disent qu'on vénérait encore à Ægos-Potamos une pierre ainsi tombée, dont il avait prédit la chute. Toutes ces absurdités paraissent apocryphes, d'autant plus que Platon, Xénophon et Aristote gardent le silence sur cette prétendue prédiction et sur le reste. Cependant Aristote a eu l'occasion d'en parler lorsqu'il a fait mention de la pierre d'Ægos-Potamos[1].

Ses opinions sur les astres, qu'il dépouillait de leur divinité, le firent poursuivre, et rendirent sa doctrine si suspecte, qu'on ne se la confiait qu'en secret jusqu'au temps de Platon.

Le premier il osa avancer dans ses écrits que la lune n'était point une déesse, mais une terre semblable à la nôtre, et qu'elle recevait sa lumière du soleil : il la disait moins grande que le Péloponnèse[2] ; que les comètes étaient la réunion de plusieurs planètes ; que la voie lactée était la lumière de plusieurs étoiles sur lesquelles le soleil ne donnait pas, ou auxquelles la terre interceptait la lumière du soleil par sa situation intermédiaire[3].

Plutarque lui fait dire encore que le soleil a plusieurs fois la grandeur du Péloponnèse[4].

Selon lui, le mouvement des astres est dû à la répulsion de l'air qui est autour des pôles, et que le soleil,

---

[1] Arist., *Météor.*, l. I, ch. VII.

[2] Diogène et Plutarque, *des Opin. des philos.*, l. XI, ch. XXI.

[3] Arist., *Météor.*, l. I, ch. VII, VIII ; Plut., *des Opin. des philos.*, l. III, ch. II.

[4] *Opin. des philos.*, l. II, ch. XXI.

même en le poussant, rend plus fort et plus dense [1];
par là les astres se meuvent d'orient en occident.

Il expliquait très-bien comment l'air reçu dans la clepsydre est la cause qui empêche l'eau d'entrer, vu que
la fistule est bouchée [2]; il disait aussi qu'on entend
mieux la nuit que le jour, parce que pendant le jour
l'air échauffé par le soleil fait du bruit, tandis que pendant la nuit il se repose, toute chaleur étant absente [3].

Il croyait, avec Anaximène et Démocrite, que la
terre était plate; selon lui, elle avait été d'abord spon-
gieuse et marécageuse, environnée d'eau; cette eau
ayant été brûlée par le soleil, la partie huileuse s'exhala,
et le reste s'affaissa en salure et amertume, pour former
la mer. A cause de sa forme plate et de l'air qui y est
renfermé, la terre est immobile; les tremblements de
terre sont occasionnés par des rayons d'éther qui se pré-
cipitent dans les cavités inférieures; l'air est un corps
réel; le vent est un mouvement de l'air raréfié et agité
par les rayons du soleil; l'éclair est une masse d'éther
venue d'en haut, et qui, en s'éteignant, produit le tonnerre; la grêle se forme lorsque des exhalaisons humides s'élèvent jusque dans l'air supérieur et froid; l'arc-
en-ciel est une réfraction de lumière ronde du soleil,
donnant contre une nuée épaisse [4].

Il s'est souvent contredit dans sa doctrine sur l'âme:
tantôt il la confond avec l'intelligence divine; tantôt
il dit que celle-ci est distincte et séparée de toutes les
autres substances; tantôt, que l'intelligence pénètre,

[1] Plut., *Opin. des philos.*, l. II, ch. XXIII.
[2] Arist., *Problèmes*, sect. XVI, ch. XIII.
[3] Arist., *Problèmes*, sect II, ch. LXV.
[4] Arist., *Météor.*, l. I, ch. VIII; *id.*, l. II, ch. IV, VII, IX; *de Cœlo*,
l. II, ch. XIII; Plut., *des Opin.*, l. III, ch. V.

comprend et gouverne tout; qu'elle se trouve dans les
animaux et même dans les plantes, et qu'elle est partout la cause du sentiment et du mouvement; mais
qu'elle ne souffre pas, et qu'elle n'est pas composée de
parties. Il accordait à tous les animaux la vie, le sentiment, le désir et la pensée; mais il plaçait l'homme
au-dessus des animaux, parce qu'il a des mains et une
intelligence qui les soumet tous [1].

Se plaignant de la faiblesse des sens, sujets à l'erreur,
et regardant l'intelligence comme pouvant seule conduire
à la vérité, il voulait qu'on expliquât les qualités inconnues des choses par leurs qualités connues; mais il
enseignait que toutes choses étaient ce qu'elles semblent être, et qu'entre l'être et le non-être, ou entre deux
principes contraires, il existe un certain milieu [2]. Il suit
de là que le monde n'est plus qu'une apparence fantastique et phénoménale, et que rien n'est certain; c'est le
scepticisme.

Dans sa doctrine physiologique, l'accroissement de
la chair se fait par la nourriture; la génération s'opère
par la semence du mâle, et la femelle ne fournit que
la place où se développe l'embryon; la semence est
animée par une chaleur éthérée, une faculté divine
et formatrice qui l'organise insensiblement; la semence est une émanation de la moelle, de laquelle se
forme aussi la graisse et la chair. Si la semence vient du
côté droit, elle forme un mâle; si elle vient du côté gauche, il en résulte une femelle. Le côté droit de la matrice est aussi destiné à contenir les mâles, et le côté

---

[1] Platon; Arist., *de Anima*, l. I, ch. II; *Phys.*, l. VIII, ch. V;
des parties des anim., l. III; Plut., *des Opin. des philosophes*, l. V,
ch. XX.

[2] Arist., *Métaph.*, l. III, ch. VII.

gauche les femelles. Anaxagore enseignait encore que la tête ou le cerveau étant la partie la plus noble du corps humain, le siége de toute sensibilité et la source de toutes les sensations, était formée la première, et que l'animal ébauché tirait sa nourriture par le nombril [1]. On est surpris, après ces observations, de l'entendre dire que les chats font leurs petits par la bouche, que les corneilles et l'ibis s'accouplent et engendrent par le bec; que les végétaux sont réellement des animaux; qu'ils sentent, ont des pensées, des désirs et des aversions [2]. Il pensait que les végétaux respirent, aussi bien que les poissons [3]. La terre, dit-il, est la mère commune, et le soleil le père commun de toutes les plantes [4]. Il ne regardait comme heureux que ceux qui s'appliquent aux actions justes et honnêtes, et qui participent par la contemplation à quelque chose de divin [5].

Nous ne connaissons de lui, en médecine, qu'une erreur rapportée par Aristote: il disait que le fiel était la cause des maladies aiguës; il affirmait que lorsque le fiel abonde, il se répand dans les poumons, les veines et les côtes [6].

D'après Plutarque, il faisait naître les crues du Nil de la neige de l'Éthiopie, qui se fond en été, et se gèle en hiver. Démocrite et beaucoup d'autres disent à peu près la même chose, toujours suivant Plutarque [7].

[1] Arist., *de la Générat. des animaux*, l. IV, ch. I, VIII, et *passim*; Censorin, *de Die natal.*, ch. VI.

[2] Arist., *de la Génér. des animaux*, l. III; *de Plantis*, l. I, ch. I.

[3] Arist., *de Respirat.*, l. I, ch. II.

[4] Arist., *de Plant.*, l. I, ch. II.

[5] Arist., *Éthic. à Eudème*, l. I.

[6] Arist., *des Parties des animaux*, l. VII, ch. II.

[7] Plut., *Opin. des philos.*, l. IV, ch. I.

Ce dernier trait mérite d'être remarqué, car on a fait expliquer cette crue du Nil par presque tous les anciens philosophes grecs, chacun à leur façon, et on en a tiré une preuve pour plusieurs qu'ils avaient été en Égypte. Or, Anaximandre, Anaxagore, Démocrite et plusieurs autres, expliquent ces crues à peu près de la même manière. Personne pourtant n'a prétendu que ni Anaximandre ni Anaxagore fussent sortis de la Grèce, et on l'a dit de Démocrite et des autres. D'autre part, on attribue à plusieurs philosophes les mêmes opinions; et dans les fragments qui nous restent d'eux, ils se répètent presque tous. N'ont-ils pas dû se copier sur ces mêmes particularités des pays étrangers à la Grèce? supposé qu'ils en aient réellement parlé, car les sources authentiques n'en disent absolument rien.

Enfin, si nous nous sommes un peu étendu sur Anaxagore, c'est parce qu'il est la source probable où nous verrons ses successeurs puiser. Il eut en effet pour disciple Archélaüs, qui fut maître de Socrate, par lequel nous arrivons à Platon.

Pythagore, né dans la 49ᵉ olympiade, mort à la fin de la 68ᵉ, environ 580 à 510, ou 506 ou 500.

Il n'est aucun des anciens philosophes de la Grèce sur lequel on ait tant écrit que sur Pythagore, et il n'en est aucun sur le compte duquel on ait aussi débité plus de fables contradictoires et incroyables. Fidèles à notre méthode, nous allons recueillir ce que les anciens auteurs en ont dit, et puis nous discuterons les points les plus marquants de sa vie, ceux qui importent le plus à l'histoire des sciences, sans nous occuper de toutes les fables que l'on ne peut admettre.

1. *Sources.* Hérodote (né 484 av. J. C.), qui florissait

trente à quarante ans après la mort de Pythagore, est le premier qui en parle. Il dit que les vêtements des Égyptiens ressemblent à ceux des orphiques, des bachiques et des pythagoriciens [1]. Dans le même chapitre il traite les fêtes pythagoriciennes d'orgies; on s'est appuyé làdessus pour affirmer que Pythagore avait été en Égypte; du moins nous n'en connaissons aucun autre cité d'Hérodote, et nous en avons vainement cherché nousmême dans cet historien. Or le passage en question ne prouve pas du tout le voyage de Pythagore en Égypte : il peut permettre de le supposer si l'on veut, mais sans en fournir aucune preuve.

Isocrate, dans son éloge de Busiris, où il essaya de faire briller son éloquence par des paradoxes, dit que Pythagore voyagea en Égypte.

Platon a été en grandes relations avec les pythagoriciens d'Italie; il puisa chez eux une partie de sa doctrine, et l'on doit s'attendre à trouver de fréquentes mentions d'eux dans ses ouvrages; nous n'y connaissons pourtant aucune circonstance bien importante touchant la vie de Pythagore, dont le Timée expose les sentiments. Dans son Phèdre, Platon modifie la transmigration des âmes, et la restreint aux hommes seuls, tandis que Pythagore l'étendait jusqu'aux animaux.

Aristote est encore ici le premier et le plus nécessaire à consulter : il a parlé dans une foule d'endroits des pythagoriciens et de leur doctrine; mais, à notre connaissance, il n'a nommé Pythagore qu'une fois, c'est au chapitre cinquième du premier livre de la Métaphysique, où il dit qu'Alcméon fut de l'âge de Pythagore, déjà vieux. Partout ailleurs il présente les pythagoriciens comme habitant l'Italie, comme s'étant appliqués les

[1] Hérod., l. II, ch. LXXXI.

premiers aux mathématiques ; et enfin il expose fort au long leur doctrine toutes les fois que l'occasion s'en présente. Voilà ce que nous trouvons dans les ouvrages qui nous restent d'Aristote ; mais il est certain qu'il avait écrit sur la vie et l'institut de Pythagore : ces derniers écrits sont malheureusement perdus, et ils ont été peu cités.

Cicéron demande pourquoi Pythagore lui-même a-t-il parcouru l'Égypte, et pourquoi a-t-il été trouver les mages de Perse [1] ? « Nous apprenons, dit-il ailleurs, que Pythagore, Démocrite et Platon ont parcouru des terres lointaines [2]. » Nous aurons à voir où Cicéron a lu ces voyages, et ce qu'il faut en penser. L'orateur romain expose ainsi la doctrine de Pythagore, en nous apprenant de nouvelles circonstances : « Pythagore croit que Dieu est une âme répandue dans tous les êtres de la nature, et dont les âmes humaines sont tirées. De tous ceux dont il nous reste des écrits, Phérécyde est le premier qui ait soutenu l'immortalité de l'âme [3] ; il vivait sous Tullus, troisième roi de Rome. — Pythagore, son disciple, soutint fort cette opinion ; il arriva en Italie sous Tarquin le Superbe, ouvrit une école dans la Grande Grèce, et l'on ne passait point pour savant à moins d'être pythagoricien. Mais, hors les cas où les nombres et les figures pouvaient servir d'explication, les pythagoriciens ne rendaient presque jamais raison de ce qu'ils avançaient. Platon vint les voir ; il emprunta la doctrine de Pythagore sur l'immortalité de l'âme, et entreprit de la démontrer. Cicéron dit encore que Pythagore affectait de parler d'une manière obscure [4].

---

[1] Cicéron, *de Fin.*, V, 29.

[2] *Tuscul. Quæst.*, IV, 19.

[3] Il faut lire *la transmigration* des âmes probablement, car longtemps avant Phérécyde on croyait *l'immortalité*.

[4] Cicéron, *de Nat. Deor.*, l. I ; *Tuscul.*, I.

Ovide consacre une partie de son quinzième chant à exposer l'histoire et la doctrine de Pythagore ; on y lit qu'il était de Samos, qu'il avait fui la tyrannie pour venir s'établir en Italie, et que Numa fut son disciple. Anachronisme permis au poëte, mais qui est réfuté par toutes les dates les plus certaines, et le témoignage de tous les auteurs anciens les plus graves.

Lucrèce, au premier livre de son poëme, réfute les pythagoriciens et leur doctrine des antipodes.

Strabon dit qu'à la gloire de Crotone s'ajouta la grande assemblée des pythagoriciens et le plus célèbre des athlètes, Milon, disciple de Pythagore [1]. A Samos, du temps du tyran Polycrate, vivait Pythagore, qui, voyant naître la tyrannie dans la république, abandonna la ville, et s'en alla en Égypte et à Babylone, dans le désir d'étudier ; et lorsqu'il revint, qu'il trouva que la tyrannie continuait, il navigua vers l'Italie, où il passa le reste de sa vie [2].

Pline a parlé de Pythagore en une foule d'endroits, et, suivant sa coutume, il n'a pas manqué de recueillir de préférence toutes les fables curieuses. Il dit que Pythagore et Démocrite parcoururent la Perse, l'Arabie, l'Éthiopie et l'Égypte ; qu'ils furent les premiers à célébrer la magie dans nos pays, l'ayant apprise des mages ; que certainement Pythagore, Empédocle, Démocrite, Platon, ont été en Perse apprendre la magie, entreprenant plutôt des exils que des voyages [3]. Ailleurs il dit que Pythagore vint en Égypte sous le roi Semnesertes [4]. Il cite des ouvrages de Pythagore et de Démocrite sur la magie des plantes ; attribue au premier la découverte de

* Strab., l. VI.
² Strab., l. XIV.
3 *Hist. nat.*, l. XXIII, ch. XVII; l. III, ch. I.
4 L. XXXV, ch. IX.

l'identité de l'étoile Vesper avec l'étoile du matin ; expose
les tons de musique formés par les distances d'un astre à
un autre, d'après Pythagore ; dit que les anciens Romains
avaient élevé une statue à ce philosophe, comme au plus
sage des Grecs, sur la place des Comices, et qu'on avait
trouvé des livres pythagoriciens dans un tombeau qu'on
croyait être celui de Numa ; et il cite tous les avis contraires sur ce fait [1]. Il ajoute plusieurs autres choses
çà et là, mais de peu d'intérêt.

Plutarque a résumé sur Pythagore la plupart des
choses qu'en avaient dites ses prédécesseurs ; il en parle
dans les Opinions des philosophes, dans la vie de Numa,
et en plusieurs autres endroits. Il traite de conte l'opinion qui prétendait que les pythagoriciens n'écrivaient
jamais leurs préceptes ; il nous apprend que Pythagore
vint au monde cinq générations après Numa, qu'il aimait la vaine gloire, etc.

Athénée cite la frugalité de Pythagore, et son opinion
que l'univers avait été fabriqué par une harmonie universelle.

Aulu-Gelle, sur l'autorité de Plutarque, d'Aristoxène,
d'Alexis le poëte, d'Aristote, dit qu'il est faux que les
pythagoriciens ne mangeassent point de fèves, ni de la
chair des animaux ; qu'au contraire ils en mangeaient,
mais s'abstenaient de certaines parties, comme le cœur,
la matrice, et de certains animaux. Il raconte les métamorphoses que Pythagore avait éprouvées, et dit aussi
un mot de son école.

Hermippe, dans Josèphe contre Appion, parle des

____

[1] *Hist. nat.*, l. XXIII, ch. XVII ; l. XXX, ch. I ; l. II, ch. VIII,
XXI, XXII ; l. XVIII, ch. XII ; l. XIX, ch. V ; l. XX, ch. IX ;
l. XXIII, ch. VI ; l. XXVIII, ch. IV ; l. XXXV, ch. IX, XII ; l. XIII,
ch. XIII ; l. XXII, ch. VIII.

voyages de Pythagore en Judée; mais nous savons que ces deux ouvrages sont supposés.

Eusèbe et Apulée ont répété ce qu'ils avaient lu touchant ces voyages.

Apollonius de Thyane a fabriqué toute une histoire de Pythagore et de ses pérégrinations, qu'il essaya de réaliser dans sa personne.

Diogène Laërce a recueilli toutes les fables les plus en contradiction, avec les faits les plus positifs, sur le philosophe de Samos; mais, comme il cite plusieurs de ses sources, il est facile de démêler une partie de la vérité. Il ne mentionne pourtant que le voyage en Égypte, sans nommer ses autorités : « Il passa, dit-il, en Égypte, muni de lettres de recommandation que Polycrate lui donna pour Amasis. » Puis il ajoute : « Antiphon, dans l'ouvrage où il parle de ceux qui se sont illustrés par la vertu, rapporte qu'il apprit la langue égyptienne, et fréquenta beaucoup les Chaldéens. » Nous connaissons la valeur du témoignage d'Antiphon, poëte qui se moqua des pythagoriciens dans une de ses comédies. Aristoxène, encore suivant Diogène, assure que Pythagore est redevable de la plupart de ses dogmes de morale à Thémistoclée, prêtresse de Delphes. Le même Diogene expose la doctrine de Pythagore d'après Alexandre, qu'il dit en tout conforme à ce que rapporte Aristote; puis il énumère jusqu'à sept opinions diverses relatives au genre de mort du fondateur de l'école d'Italie. Ainsi Aristoxène et Aristote, voilà les deux seules autorités compétentes citées par Diogène. Ils avaient, dit-il lui-même, vécu avec les derniers pythagoriciens. Or ni l'un ni l'autre ne parlent de voyages hors de la Grèce, ni des autres fables débitées sous le nom de Pythagore.

Après Diogène, sont venus Porphyre et Jamblique,

qui ont copié Apollonius de Thyane, Plutarque et Diogène; et c'est sur leur thème que les modernes ont brodé l'histoire de Pythagore et celle de son école.

Meiners cependant a consacré presque deux volumes de son histoire des sciences en Grèce, à débrouiller ce qu'il y a de vraisemblable sur Pythagore et son école. Il a démontré, du moins pour nous, la fausseté et l'impossibilité des voyages de Pythagore hors de la Grèce. Si l'on excepte le témoignage d'Isocrate et l'allusion d'Hérodote, personne en Grèce, avant les historiens de la suite d'Alexandre, n'avait parlé des voyages de Pythagore et des autres philosophes en Asie et en Afrique. Cléarque, Onésicrite, Callisthène et Mégasthène, qui vécurent tous sous les premiers successeurs d'Alexandre, parlaient des sciences des Chaldéens, des mages et des Indiens avec le même étonnement ou la même admiration qui dirigeait leur plume lorsqu'ils décrivaient les monstres et les merveilles de l'Inde. Mégasthène surtout, le plus hardi et le plus fabuleux d'entre eux, assurait que tout ce qu'on avait recherché et enseigné dans la Grèce sur la nature des choses se trouvait aussi parmi les Juifs et les Indiens, et y avait été enseigné depuis bien longtemps [1]. Ces écrivains, dont l'impudence est presque aussi inconcevable que les fables qu'ils ont inventées, gagnaient cependant la confiance des Grecs crédules, quoique Ératosthène et d'autres critiques sévères leur refusassent toute croyance. Hermippe [2] ne doutait déjà plus que Pythagore n'eût appris beaucoup de choses des Juifs et des Thraces. La plupart des écrivains qui parurent entre le siècle d'Alexandre et celui

---

[1] Euseb., l. XI, ch. LX.
[2] Jos., adv. Ap., I, 22.

d'Auguste, regardèrent comme une chose certaine la haute antiquité des sciences chez les Orientaux et les Égyptiens. Sous le règne du dernier, cette opinion était dominante; et Strabon, Philon le pythagoricien, Apollonius, Sénèque et Pline, parlent de la sagesse de ces peuples, et des voyages de Pythagore et des autres philosophes dans leurs pays, comme d'autant de faits incontestables.

Ces erreurs, répandues d'abord par des Grecs légers, furent confirmées dans les siècles suivants par les récits et les fictions des écrivains qui parurent chez les peuples auxquels les Grecs avaient communiqué leur langue et leurs sciences [1]. Des philosophes étrangers et grécisés, ces fables passèrent aux Pères des premiers siècles, qui durent les accepter comme le firent tous les auteurs profanes de la même époque. Telle est la source et la filiation de ces erreurs, qui, si on les admettait, feraient voyager Pythagore chez tous les peuples connus des anciens; en sorte que sa vie n'y eût point suffi, puisque les uns le font demeurer vingt ans en Égypte, plusieurs années en Perse, plusieurs en Chaldée, plusieurs en Judée, ce qui monterait déjà à près de trente à quarante ans. Or la plupart des opinions certaines le font vivre d'abord quarante ans à Samos, et puis le reste de sa vie à Crotone; et il y en a qui l'ont fait passer jusqu'à soixante ans dans cette dernière ville, ce qui conduirait évidemment à un âge que Pythagore n'atteignit jamais. Mais si l'on considère que les Perses, les Indiens, les Chaldéens, etc., n'étaient connus en Grèce que par des bruits vagues, avant qu'Alexandre eût pénétré dans leurs pays, et avant les guerres médiques; si l'on

____

[1] Meiners, t. II, p. 101-102; traduct. de Laveau.

ajoute qu'il aurait fallu, pour faire de tels voyages, des
ressources qui n'étaient pas plus concevables alors qu'aujourd'hui, on ne pourra se refuser à ranger toutes ces pérégrinations parmi les fables. Meiners ajoute que « si l'on
veut s'en rapporter aux auteurs anciens vraiment dignes
de foi, et aux conjectures vraisemblables; de tous les
prétendus voyages de Pythagore, on ne regardera comme
certain que celui d'Égypte, qui est indiqué par Hérodote
et attesté par Isocrate, et tous les autres paraîtront ou incertains, ou entièrement fabuleux [1]. Il ajoute que Pythagore fit ce voyage non pour étudier les sciences, mais la
religion, les lois et les mœurs, et surtout l'institution
des prêtres. La concession du voyage en Égypte nous
paraît encore très-large; en effet, le témoignage d'Hérodote, s'il n'est appuyé d'autres textes que celui que nous
avons cité, ne prouve absolument rien. Celui d'Isocrate,
dont la vanité a voulu faire briller son éloquence dans
l'éloge de Busiris, nous paraît suspect, surtout en présence du silence d'Aristote et de l'autorité positive
d'Aristoxène, son disciple, lequel dit que Pythagore,
en quittant Samos, passa par la Grèce, alla interroger
la prêtresse de Delphes, et aborda immédiatement en
Italie à l'âge d'environ quarante ans. Ici il n'est nullement question du voyage en Égypte, et il ne dut pas
être fait plus tard, puisque tous les anciens les plus
sérieux s'accordent à dire qu'une fois arrivé en Italie,
Pythagore y passa le reste de ses jours. On peut donc
encore raisonnablement douter même du voyage de
Pythagore en Égypte.

On ne s'est pas contenté de faire voyager Pythagore
chez tous les peuples connus dont il ignora les langues,

____

[1] Meiners, t. II, p. 106-107.

on lui a encore attribué une foule d'ouvrages qu'il n'a jamais écrits; ni Aristote, ni son disciple Aristoxène, les premiers historiens authentiques de Pythagore et de son institut, n'ont parlé de ces ouvrages. Meiners, d'ailleurs, démontre que la manie ou la passion de supposer des livres, pour une foule de motifs que nous ne connaissons pas tous, a existé dans la Grèce dès les temps les plus reculés. Diogène Laërce, sur l'autorité d'Ion de Chio, dit que Pythagore attribua à Orphée un poëme dont lui-même était l'auteur, et plus tard une foule d'ouvrages furent à leur tour publiés sous le nom de Pythagore; c'est encore un fait dont les auteurs anciens conviennent. On ne peut donc avoir aucune confiance dans les prétendus écrits de ce philosophe.

II. *Vie de Pythagore.* Si nous laissons de côté toutes les circonstances contradictoires et les niaiseries dont en a chargé la mémoire d'un homme qui parut si grand, les faits importants, probables et utiles à connaître dans la vie de Pythagore se réduisent à un petit nombre. Il naquit près de quarante à cinquante ans après Thalès, trente ans après Anaxagore, et près de vingt ans après Phérécyde. Il fut par conséquent contemporain de ces trois philosophes et d'Anaximènes, mais plus jeune qu'eux tous. Il fut disciple de Phérécyde et d'Anaximandre, ce qui nous expliquera les deux grands points de sa doctrine, les mathématiques et la transmigration des âmes. Né à Samos, il avait quarante ans lorsque le tyran Polycrate s'empara de la souveraine autorité dans sa patrie; Pythagore s'enfuit alors, traversa la Grèce, visita les oracles célèbres, s'entretint avec les prêtresses, et probablement avec les prêtres orphiques et bachiques, dont plus tard il emprunta les vêtements et plusieurs cérémonies pour son institut. Il ne se fixa point dans la Grèce, mais vint en Italie, où régnait une plus grande liberté et plus d'opulence. Il choisit Crotone pour y établir l'association qu'il avait méditée. Son extérieur avantageux, les voyages qu'il venait de faire en Grèce, sa science et ses mœurs lui gagnèrent bientôt la confiance des habitants. Les jeunes gens l'entourèrent; il leur persuada de se réunir en société, leur donna des règlements hygiéniques et moraux, et les divisa en deux classes : dans l'une étaient ceux qui, étant éprouvés, portaient le nom d'ésothériques, ou de mathématiciens; et dans l'autre, ceux qui, ne l'étant pas encore entièrement, s'appelaient exothériques, acustiques, acusmatiques. Telle fut l'origine du célèbre institut de Pythagore, qui dura après lui, et se perpétua jusqu'au temps de Platon et d'Aristote. Il n'est pas vrai que ses disciples s'occupassent exclusivement de l'étude et de la contemplation des choses célestes et invisibles. Ce que dit Aristoxène de leur régime prouve que c'était une société politique et philosophique, dont le but était d'améliorer les citoyens pour arriver à une plus grande prospérité des affaires de la république.

Une autre circonstance, toujours connue par Aristoxène, c'est que Pythagore ne se distingua nulle part avant son arrivée à Crotone, où il florissait vers la 60e et 62e olympiade, suivant l'accord de tous les anciens dont le témoignage n'est pas suspect; c'est-à-dire vers l'âge de quarante-quatre ans, date qui concorde parfaitement avec le témoignage du même Aristoxène, qui le fait venir en Italie à quarante ans; il aurait eu ainsi quatre ans pour préparer les voies et pour commencer la fondation de son institut. Tous les anciens témoignent encore qu'il ne quitta plus l'Italie depuis cette époque, si ce n'est, suivant quelques-uns, pour aller à Délos rendre les derniers devoirs à son maître Phérécyde. Il n'y aurait donc là aucune place pour le voyage d'É-gypte, à moins qu'il ne l'ait fait avant de quitter défi-nitivement Samos, ce dont les plus anciens auteurs, à part Isocrate, ne disent absolument rien. Et d'ailleurs que serait-il allé apprendre en Égypte? car il puisa les éléments des mathématiques et de l'astronomie dans l'école de Thalès; la doctrine de la transmigration des âmes, dans celle de Phérécyde; ses idées religieuses et les principaux usages de son institut, il put les puiser chez les prêtres orphiques et bachiques et dans les temples des oracles de la Grèce. Or, à ces trois points se réduit tout ce qu'a fait Pythagore. Sans le nier, nous regardons donc comme très-douteux son voyage en Égypte; et il nous semble plus probable qu'il vint de Samos, en traversant la Grèce, à Crotone, où il passa le reste de sa vie, et où il mourut vers la 69e olympiade, à l'âge d'environ quatre-vingts ans.

Il s'occupa surtout de l'art de gouverner les hommes, sans science morale proprement dite, mais avec des prin-cipes religieux et sociaux dont il fit l'application à la ville de Crotone. Il créa la diététique, ou mieux l'hy-giène générale et particulière : générale pour ses disci-ples, particulière pour les athlètes. Et il est faux que l'usage de la viande et des fèves fût interdit à ses dis-ciples; seulement il y avait, au rapport d'Aristote [1], certaines viandes et certaines parties de l'animal dont ils ne mangeaient pas.

Il pratiqua la médecine, dont il avait probablement recueilli les premières notions dans ses voyages en Grèce, à l'époque où cet art était considéré comme la science des dieux et des prêtres, et les maladies, surtout les

[1] Arist., dans Diog., *Vie de Pyth.*

épidémies, comme des punitions envoyées par les dieux. Aussi employait-il pour moyens thérapeutiques les conjurations, auxquelles il joignait la musique, conséquemment à son grand système d'harmonie universelle; il y ajoutait les emplâtres ou topiques. Les médecins de Crotone sortis de son école devinrent célèbres.

III. *Doctrine de Pythagore.* Un peu moins incertains que les circonstances de sa vie, les dogmes de Pythagore furent cependant inconnus du public jusqu'à Philolaüs, qui les publia en trois ouvrages assez fameux pour que Platon les fit acheter cent mines [1]. Ce fait, avec bien d'autres, montrerait suffisamment que Pythagore se contenta de transmettre sa doctrine de vive voix.

Sortant de l'école de Thalès, comme le fait remarquer Aristote, ceux qui ont été appelés pythagoriciens s'appliquèrent les premiers aux mathématiques; ils les mettaient au-dessus de tout, et expliquaient tout par elles [2]. Nourris dans cette science, ils pensèrent que ses principes étaient les principes des êtres et de toutes choses. Les nombres et les symétries, c'est-à-dire les convenances et les proportions des nombres entre eux, qu'ils appellent harmonies, produisent tout ce qui est. Il y a, dans la nature, des nombres premiers, qui sont les principes des autres nombres et des êtres. Les éléments des nombres premiers sont le pair et l'impair, dont l'un est fini et l'autre infini : l'unité résulte des deux. Parmi les pythagoriciens, les uns pensent que la première unité est l'unité même des espèces; les autres, que c'est l'unité mathématique; mais ils n'admettent point de nombre monadique. Quelques-uns disent qu'il y a dix principes coordonnés entre eux : le fini, l'infini; l'im-

---

[1] Diog. Laërce, *Vie de Pyth.*

[2] Arist., *Métaph.*, l. I, ch. V ; Cicéron, *Tuscul.*, I.

pair, le pair; l'unité, la pluralité; la droite, la gauche;
le masculin, le féminin; le repos, le mouvement;
le droit, le courbe; la lumière, les ténèbres; le bien,
le mal; le carré, le plus long que l'autre côté. Alcméon
le Crotoniate paraît avoir pensé de la même manière;
soit qu'il leur ait emprunté cette opinion, soit qu'eux-
mêmes la lui aient empruntée, car il vivait du temps de
Pythagore déjà vieux [1].

Pythagore mettait encore parmi ses principes l'unité
et la dualité : la première est la cause efficiente, l'entendement, Dieu et le bien; la dualité est la cause
passive, matérielle, le monde visible, le démon et le
mal, à qui appartient toute la matière [2].

De l'unité et de la dualité infinie proviennent les
nombres; des nombres les points, et des points les
lignes; des lignes procèdent les figures planes; des
figures planes les solides; des solides les corps, qui
ont quatre éléments : deux pesants, l'eau et la terre;
et deux légers, l'air et le feu. De l'agitation et des changements de ces quatre éléments dans toutes les parties
de l'univers résulte le monde, qui est animé, intellectuel et sphérique [3].

Les pythagoriciens et Platon ont soutenu que l'infini
existait par lui-même, qu'il était la substance et non
l'accident. Mais les pythagoriciens le placent dans les choses sensibles; ils n'en font point un nombre divisible,
et disent que tout ce qui est au delà du ciel est infini.
Ils placent le feu au milieu, prétendent que la terre, qui
est un astre, se meut autour du milieu, et que de ce
mouvement résultent le jour et la nuit. Ils font aussi

[1] Arist., *Métaph.*, l. I, ch. V; Plut., *Opin. des phil.*, l. I, ch. III.
[1] Plut., *Opin. des philos.*, l. I, ch. III, VII.
[5] Diog. Laër., *Vie de Pyth.*; Ovid., *Métam.*, l. XV.

une autre terre opposée à la nôtre, et ils l'appellent terre adverse. Croyant que tous les corps tendent vers le centre, ils disent que l'univers n'a pas besoin d'être retenu par des chocs extérieurs; que sous nos pieds les corps pesants exercent leur gravitation en haut, et sont portés sur la terre dans une direction opposée à la nôtre, ainsi que nos images sont représentées dans l'eau. Ils ajoutent que les peuples qui nous sont ainsi opposés voient le soleil quand les flambeaux nocturnes nous éclairent; qu'ils partagent alternativement avec nous les saisons de l'année; que leurs jours et leurs nuits ont la même durée que nos nuits et nos jours [1]. Aristote et Lucrèce, que nous citons, repoussaient cette doctrine de la gravitation et des antipodes, parce que, dit Aristote, elle était fondée plutôt sur des convenances que sur des causes et des raisons visibles.

Les pythagoriciens, dit encore Aristote, placent la comète parmi les astres errants, et disent que le soleil surpasse un peu son éclat, qui approche ordinairement de celui de l'étoile de Mercure, et que la voie lactée est un chemin [2]. Pythagore avait pensé qu'il y a cent vingt-huit mille stades de la terre à la lune, le double de la lune au soleil; et de là aux douze signes, le triple. Il disait qu'il y a un ton de musique de la terre à la lune; de la lune à Mercure, un demi-ton; de Mercure à Vénus, un demi-ton; de Vénus au soleil, deux tons; du soleil à Mars, un ton; de Mars à Jupiter, un demi-ton; de Jupiter à Saturne, un demi-ton; de là aux douze signes, un ton. Ce qui fait en tout sept tons qu'il appelle le diapason d'harmonie, c'est-à-dire, l'universalité

---

[1] Arist., *Auscult. physic.*, l. III, ch. IV; *de Cœlo*, l. II, ch. XIII; Lucrèce, l. I.

[2] Arist., *Météor.*, l. I, ch. VI.

du concert. Les corps célestes, par leur rotation, produisent cette harmonie universelle que nous n'entendons pas, parce que, naissant au milieu d'elle, nous y sommes habitués; elle est pour nous le silence, et les bruits que nous entendons la troublent[1].

Telle était la poétique astronomie des pythagoriciens. Après avoir construit le ciel par des nombres, ils descendaient aux substances sensibles, qu'ils composaient aussi d'un nombre mathématique indivisible; parce qu'ils voyaient des nombres dans les passions et les accidents des corps sensibles, ils ont fait les êtres des nombres indivisibles[2].

Certains pythagoriciens pensaient comme Leucippe et Démocrite que les petits corpuscules qui s'agitent dans l'air sont l'âme, et que l'âme est ce qui donne le mouvement. Ils appelaient l'air l'éther froid, donnant le nom d'éther épais à la mer et à l'humide. Les rayons du soleil pénètrent l'éther et les endroits les plus profonds; tout ce qui participe à la chaleur est doué de vie; par conséquent les plantes sont animées, mais toutes n'ont pas une âme. L'âme est une partie détachée de l'éther et immortelle comme lui, et elle diffère de la vie. Ils enseignaient encore que les animaux s'engendrent les uns des autres par la semence, qui est une distillation du cerveau et contient une vapeur chaude. Lorsqu'elle est portée dans la matrice, les matières grossières et le sang qui viennent du cerveau forment les chairs, les nerfs, les os, le poil et tout le corps, mais la vapeur qui accompagne ces matières constitue l'âme et les sens. La formation du corps, son accroissement et son dévelop-

---

[1] Plin., *Hist. nat.*, l. II, ch. XXI, XXII; Arist., *de Cœlo*, l. II, ch. IX.

[2] Arist., *Métaph.*, l. XIII, ch. VI et III.

pement se font suivant des règles harmoniques. Les sens sont les portes du soleil, et un écoulement de l'âme que pénètrent ses rayons. Pythagore divisait l'âme humaine en trois parties, qui sont l'esprit, la raison et la passion. L'esprit et la passion appartiennent aussi aux autres animaux; la raison ne se trouve que dans l'homme: elle consiste dans le jugement, et est seule immortelle. Le cœur est le siége de la passion, le cerveau celui de la raison et de l'esprit. Le sang nourrit l'âme, dont les veines et les nerfs sont les liens; mais lorsqu'elle vient à se fortifier et qu'elle se renferme en elle-même, les paroles et les actions deviennent ses liens. Pythagore prétendait que la forme sphérique est la plus belle forme des corps solides, et que la figure circulaire l'emporte en beauté sur les figures planes; que la vieillesse, et tout ce qui éprouve quelque diminution, ressortit à une loi commune; qu'il en est de même de la jeunesse et de tout ce qui prend quelque accroissement; que la santé est la persévérance de l'espèce dans le même état, au lieu que la maladie en est l'altération[1].

Ces premiers essais de physiologie devaient conduire à une médecine analogue; aussi est-elle toute magique, fondée sur des incantations, les vertus magiques des plantes et la musique découlant du système de l'harmonie universelle[2].

Enfin, les êtres étant le résultat de l'harmonie des nombres, les pythagoriciens enseignaient qu'il y a une destinée pour tout l'univers en général, pour chacune de ses parties en particulier, et qu'elle est le principe du gouvernement du monde[3]. Ainsi, avec les premiers délinéa-

---

[1] Alexandre et Aristote, *dans Diogène Laërce.*
[2] Plin., l. XXIII, ch. XVII.
[3] Diog. Laërce.

ments du cercle des connaissances humaines, arrive la conception de la série des êtres créés.

Tendant au terme de la science, Pythagore prêchait les vertus morales, le respect et le culte envers la Divinité; il annonçait une autre vie, l'immortalité de l'âme après plusieurs transmigrations dans les plantes, les animaux ou les corps humains, suivant ses perfections ou ses imperfections : c'est la fameuse doctrine de la métempsychose que Platon accepta, mais qu'il restreignit. Il n'envoie pas, en effet, les âmes humaines dans des corps de bêtes, mais, suivant qu'elles sont bonnes ou mauvaises, il veut qu'elles passent en d'autres corps humains où elles seront plus ou moins heureuses[1].

Alcméon.

I. *Sources.* Le premier disciple de Pythagore dont nous avons à parler est Alcméon; il est assez peu connu. Strabon ne l'a nommé nulle part. Aristote est le premier qui en fasse mention en deux ou trois endroits; il le dit de Crotone, contemporain de Pythagore et plus jeune que lui. Il le présente comme s'étant occupé de physiologie[2].

Cicéron l'appelle citoyen de Crotone, et il a cité quelques mots de sa doctrine sur Dieu[3].

Diogène Laërce en fait un médecin, et dit, sur l'autorité de Favorin, qu'il fut le premier à enfanter un système de physique[4].

II. *Sa vie et ses opinions.* Nous ignorons complétement les circonstances de la vie d'Alcméon; nous savons

---

[1] Plat., *Phèdre.*

[2] Arist., *Métaph.*, l. I, ch. V; *de Generat. anim.*, l. III, ch. II; *de Hist. anim.*, l. I, ch. XI.

[3] *De Nat. deor.*, l. I.

[4] Diog. Laërce, *Vie d'Alc.*

seulement qu'il était de Crotone, contemporain de Pythagore et son disciple. Il paraît aussi qu'il écrivit quelque ouvrage, puisque Aristote, en citant certaines de ses opinions, dit qu'il a répandu sur le reste un discours confus; Diogène dit positivement qu'il a écrit sur la médecine et sur la physiologie.

Il admettait la doctrine des nombres des pythagoriciens, et Aristote ne savait s'il en était l'auteur ou s'il la leur avait empruntée. Il appelait les principes contrariétés; il ne les faisait pas définis comme les pythagoriciens, mais quelconques, ainsi par exemple : le blanc, le noir; le doux, l'amer; le bien, le mal; le petit, le grand. Il reconnaissait une âme divine, et de plus il érigeait en dieux le soleil, la lune et les autres astres[1]. Il paraît avoir été l'un des premiers philosophes qui aient étudié l'organisation des animaux dans le but d'en expliquer les fonctions. Aristote le réfute en effet au sujet de son opinion sur la respiration des chèvres par les oreilles[2], d'où l'on a conclu qu'il connaissait le conduit de la bouche dans l'oreille moyenne. Si l'on en croit certains auteurs, il aurait écrit le premier un traité de physiologie sur les sens[3]. Chalcidius, dans son commentaire sur le Timée de Platon, dit qu'il était naturaliste et qu'il s'était occupé de l'anatomie de l'œil. Suivant le faux Plutarque, il aurait étudié le développement du poulet dans l'œuf; ce qui paraît assez vraisemblable, puisqu'Aristote rapporte qu'Alcméon le Crotoniate dit que le vitellus et non l'albumen est le lait de l'œuf[4].

---

[1] Arist., *Métaph.*, l. I, ch. V; Cicéron, *de Nat. deor.*, l. I.

[2] Arist., *de Hist. anim.*, l. I, ch. II.

[3] Diog. Laër.; Clém. d'Alex.

[4] *De Gener. anim.*, l. III, ch. II.

Empédocle , 84ᵉ olympiade , 444 ans av. J. C.

Nous sommes plus heureux à l'égard d'Empédocle que pour Alcméon ; la plupart des anciens en ont assez longuement parlé, et Aristote nous a même conservé des fragments assez nombreux de ses vers , que Plutarque et les autres ont copiés.

I. *Sources.* Aristote dit qu'Empédocle était d'Agrigente ; il le cite dans un très-grand nombre d'endroits, en rapprochant toujours sa doctrine et son nom de la doctrine et du nom d'Anaxagore ; ce qui, suivant la coutume du Stagirite, ferait croire que peut-être il a été disciple d'Anaxagore, ou que du moins il lui a emprunté quelque chose. Aristote cite d'Empédocle de très-longues tirades de vers hexamètres, et partout il dit qu'il a écrit en vers. Il ajoute même qu'il avait écrit une physique[1]. Il le ridiculise à cause de sa jactance pour s'être vanté d'avoir regardé la mer comme étant la sueur de la terre. « Car, s'il a ainsi chanté par le désir de faire de beaux vers, il peut peut-être paraître bon poëte, puisque la métaphore appartient à la poésie , mais pour connaître la vérité, cela ne suffit pas[2]. » Ailleurs, il ne le croit pas meilleur poëte que philosophe : « Il n'y a rien de commun entre Homère et Empédocle, que le mètre du vers ; le premier est un véritable poëte, le second mérite plutôt le nom de physicien que celui de poëte[3]. »

Cicéron a parlé des quatre éléments d'Empédocle dans le premier livre de la Nature des dieux.

---

[1] *Météor.*, l. IV, ch. IV.

[2] *Météor.*, l. II, ch. III.

[3] *Poët.*

Horace a écrit ce vers sur lui :

Empedocles ardentem frigidus Ætnam insiluit.

Strabon dit aussi qu'Empédocle se précipita dans l'Etna, et que la violence du feu rejeta un de ses souliers[1].

« Empédocle d'Agrigente, dit Lucrèce, d'une région féconde en prodiges, qui n'a pourtant rien produit de plus grand qu'Empédocle. Les vers qu'enfanta son génie divin font retentir encore aujourd'hui l'univers de ses sublimes découvertes, et cependant il a erré dans les principes de la matière. » Puis il expose sa doctrine[2].

Pline est le premier des anciens que nous sachions avoir dit qu'Empédocle avait voyagé chez les mages en Perse. Des modernes l'ont répété après lui. Or, voici sur quoi cela nous paraît fondé. Aristote, dans ses Problèmes, section XXI, problème 22, cite les écrits d'Empédocle, et dans le vers cité, il y a le mot περσιχοις (persicois), ce qui prouverait qu'Empédocle a pu parler de la Perse, et non qu'il y ait été. Mais ce fameux mot est tout simplement une faute de copiste, car le même vers, cité au chapitre quatrième du quatrième livre de la Météorologie, contient, au lieu de περσιχοις le mot φυσιχοις, lecture bien plus d'accord avec toutes les autres citations d'Empédocle, qui a écrit sur la physique. Voici donc une nouvelle preuve de la légèreté avec laquelle tous ces voyages des philosophes grecs en Perse et ailleurs ont été supposés.

Plutarque a cité d'Empédocle la plupart des mêmes vers qu'Aristote.

Athénée le loue comme interprète des choses naturelles.

---

[1] Strab., l. VI.

[2] *De Rerum nat.*, l. I.

Diogène Laërce prouve assez bien qu'il était d'Agrigente et d'une famille riche. Il le fait disciple de Pythagore, de Parménide et d'Anaxagore; il ajoute qu'il imita Anaxagore dans ses Recherches sur la nature, et Pythagore dans la gravité de ses mœurs et son extérieur. Aristote, dans son ouvrage intitulé le Sophiste, attribue à Empédocle l'invention de la rhétorique, et donne celle de la dialectique à Zénon.—Aristote, Jérôme et Néanthes, dans Diogène, lui attribuent des tragédies et un poëme intitulé *Persiques* sur la descente de Xerxès en Grèce. — Diogène cite des vers d'Empédocle qui prouvent qu'il se mêlait d'incantations et de magie. — D'après Hippobate, il se serait précipité dans l'Etna pour faire croire à son apothéose après avoir guéri une femme abandonnée des médecins, ou tombée en léthargie. Diogène ajoute : «Néanmoins, ce fait fut toujours démenti par Pausanias. » Après avoir rapporté plusieurs autres opinions sur sa mort, il finit par dire qu'on ne sait ni où ni comment il mourut.

II. *Vie d'Empédocle.* Suivant donc ce qui est plus communément admis et plus vraisemblable, Empédocle naquit à Agrigente, d'une famille riche et illustre. Il florissait vers la 84ᵉ olympiade, 440 av. J. C. Il voyagea dans la grande Grèce, et probablement aussi dans la Grèce proprement dite. Il fut disciple de Pythagore, ou du moins de son école; il écouta très-probablement aussi les leçons d'Anaxagore et peut-être celles de Parménide. Ces leçons diverses nous expliquent sa doctrine, qui tient évidemment de celle des Ioniens et de celle des Italiotes. Il avait écrit cinq cents vers sur la nature et sur les expiations, et six cents sur la médecine. Dans sa jeunesse, il avait aussi composé des tragédies et un poëme sur la descente de Xerxès en Grèce; ce poëme, intitulé Persiques, avec le vers mal écrit des Problèmes d'Aristote, cité plus haut, aura pu faire croire à des gens comme Pline, qui n'y regardaient pas de si près, qu'Empédocle avait voyagé en Perse. Mais ni Diogène, venu après Pline et qui a copié ici les meilleurs auteurs grecs, ni Plutarque, ni aucun auteur grave ne parlent d'un voyage aussi chimérique. Pourtant Empédocle était assez rapproché de ses premiers biographes pour qu'ils eussent connu un fait si remarquable, et certainement ils n'eussent pas manqué de le relater.

Aristote donne soixante ans de vie à Empédocle, d'autres lui en donnent jusqu'à cent neuf. On ne sait comment il est mort, mais sa chute ou sa précipitation dans l'Etna est très-probablement une fable.

III. *Doctrine d'Empédocle*. Thalès avait regardé l'eau comme le principe des choses; Anaximènes et Diogène avaient dit que l'air était antérieur à l'eau et qu'il est le principe des corps simples. Hippase de Métaponte et Héraclite d'Éphèse prétendaient que le feu est le seul principe. A ces trois premiers éléments, Empédocle en joint un quatrième, la terre, et il devient par là le créateur de l'ancienne théorie des quatre éléments, le chaud, le froid, le sec et l'humide; le feu, l'air, la terre et l'eau. Il les nomme : le prompt Jupiter, Junon qui donne la vie, Pluton, et Nestis qui remplit de larmes les yeux des humains, nous révélant ainsi le secret de la mythologie allégorique des Grecs. A ces quatre premiers principes, Empédocle en joint deux autres, l'amitié et l'inimitié, ou bien la concorde et la discorde, qui sont deux principes éternels de mouvement; en sorte que, quand il eut tout réuni, il compta six principes. La concorde unit et produit le repos, la discorde désunit et fait naître le mouvement. Cependant il ne se servit de ses quatre premiers éléments que comme de deux : le feu existe seul et par lui-même, et, opposés au feu, l'air, la terre et l'eau sont considérés comme étant d'une seule nature ; ce que tout le monde peut comprendre en lisant ses vers, ajoute Aristote, qui nous a transmis toute cette doctrine[1]. De l'air est formée l'eau, qui s'épaissit et devient terre. De la terre naissent, en rétrogradant, les autres éléments : l'eau d'abord, ensuite l'air et le feu. Cette chaine de métamorphoses n'est jamais interrompue, et les éléments ne cessent de voyager du ciel à la terre et de la terre au ciel[2].

Toutes choses naissent de ces éléments et y retournent par un mouvement éternel. Avec Anaxagore et Leucippe, Empédocle donna pour cause de la production et de la mort, la génération et l'altération. Dans un tel système, où le caractère théologique primitif est remplacé par le matérialisme pur, il fallait bien admettre la production des animaux par des causes accidentelles : les générations spontanées remplacèrent donc l'action d'une cause créatrice. Il sentit pourtant les rapports des plantes et des animaux, surtout dans l'œuf et la graine. Mais, quoique la théorie de la génération ait beaucoup fixé son attenion, Aristote lui reproche, ainsi qu'à Démocrite, d'avoir fort mal expliqué la stérilité des mulets[3]. Comme les pythagoriciens, Empédocle pensait que la vision s'opère, tant par la lumière qui sort des yeux que par certains écoulements éthérés qui viennent de l'esprit[4]. Suivant lui encore, la respiration s'exécute par l'entrée de l'air dans les veines qui contiennent le sang. Quand le sang se retire

---

[1] Arist., *Métaph.*, l. I, ch. III, IV ; *de Generat. et interit.*, l. I, ch. I ; et en plusieurs autres traités.

[2] Lucrèce, l. I.

[3] Arist., *de Generat. et interit.*, l. I, ch. I ; *de Generat. anim.*, l. II, ch. VI.

[4] Arist., *de Sensu et sensibili.*

l'air entre, c'est l'inspiration; quand il revient l'air sort, c'est l'expiration; c'est un peu ce qui se passe dans le mouvement de la clepsydre. Aristote lui reproche encore à ce sujet, aussi bien qu'à Démocrite, de ne dire que la manière dont s'opère la respiration, sans expliquer pourquoi elle se fait[1]. Empédocle avait aussi parlé de la chaleur corporelle, et il pensait, contrairement à son maître Parménide, que les femmes sont moins chaudes que les hommes[2]. Enfin il enseignait la métempsychose avec les pythagoriciens[3].

Héraclite, 69ᵉ olympiade, 500 av. J. C.

I. *Sources.* Un peu avant Empédocle florissait un autre philosophe, Héraclite d'Éphèse, dont la doctrine ne nous est encore connue que par les fragments que nous en a laissés Aristote. Il nous le peint comme un homme adonné à la colère, entêté dans ses opinions, sceptique[4] et très-obscur dans ses idées. Cicéron dit aussi qu'il affectait de parler obscurément. Lucrèce lui fait le même reproche, et Pline lui donne un caractère dur et mauvais[5]. Plutarque le rapproche d'Hippasus de Métaponte, disciple de Pythagore; et d'après Suidas, Hippasus fut le maître d'Héraclite, opinion confirmée par Aristote qui les nomme toujours ensemble.

Diogène le présente comme un homme austère, misanthrope, qui prétendait savoir tout, qui avait écrit

---

[1] Arist., *de Spiratione ; de Spiritu.*

[2] Arist., *de Part. anim.*, l. II, ch. II.

[3] Diogène Laërce.

[4] Arist., *Politiq.*, l. V, ch. XI ; *Ethiq. à Eudème*, l. II ; *Ethiq. à Nicom.*, l. VII, ch. III ; *Métaph.*, l. IV, ch. V ; l. XI, ch. IV.

[5] Cicéron, *de Nat. deor.*, l. I ; Lucr., *de Rerum nat.*, l. I ; Plin., *Hist. nat.*, l. VII, ch. XIX.

un livre dans un style obscur à dessein, et l'avait consacré dans le temple de Diane. Il ajoute qu'il mourut
d'hydropisie après s'être enfoncé dans du fumier pour
se guérir; mais il contredit cette histoire par d'autres
narrations sur sa mort. Diogène cite une lettre de Darius fils d'Hystaspe à Héraclite, et la réponse de celui-ci
à Darius; ces lettres, sans aucune preuve d'authenticité,
sont invraisemblables. Darius y invite Héraclite à venir à sa cour l'instruire et lui donner ses préceptes;
et Héraclite le refuse d'une manière assez malséante.
Avec des données aussi incertaines, ce que l'on peut
admettre de plus plausible se réduit à ce qui suit.

II. *Sa vie et sa doctrine.* Héraclite était d'Éphèse, à
portée par conséquent de connaître les doctrines de
Thalès et de ses disciples; aussi semble-t-il appartenir
plutôt à cette école qu'à toute autre. Il eut pourtant le
pythagoricien Hippasus pour maître; mais un homme
qui se vantait de tout savoir et d'avoir tout appris seul,
devait tenir peu de compte des opinions de ses maîtres.
Il florissait vers la 69e olympiade, 500 ans avant J. C.
Suivant toute apparence, il s'occupa d'abord des affaires
de son pays, puis il s'en dégoûta par mécontentement.
D'une famille sacerdotale [1], il fut peut-être lui-même prêtre de Diane; c'est sans doute pour cela qu'il consacra
son livre dans le temple de cette déesse. Ce livre, écrit
en prose ionienne, était un traité de la nature divisé
en trois parties, physique, politique et théologie. Plus
tard Cratès publia cet ouvrage, et il fut commenté par
plusieurs auteurs. Son système de physique, opposé en
apparence à celui d'Empédocle, s'en rapproche pourtant en plusieurs points. Il attribue l'origine des corps à

[1] Antisthène, *dans Diog. Laërce.*

la condensation et à la raréfaction du feu. Par la condensation de celui-ci vient l'air; par celle de l'air, l'eau; par celle de l'eau, la terre. Empédocle, qui l'a peut-être emprunté de lui, dit la même chose. D'après cela, puisque le feu pénètre tout, tout est constamment dans un mouvement perpétuel, ou dans un repos éternel, car il propose les deux choses. C'est pour cela encore qu'il compare le mouvement de la nature au cours d'un fleuve. Il disait aussi que tout se fait par la discorde. Empédocle y joignit la concorde.

Ce qu'on peut appeler la psychologie d'Héraclite conduit au doute; en effet, la participation de notre âme à l'âme du monde céleste nous fait connaître la vérité, car les sens nous induisent en erreur[1]. Mais la nature de l'âme est une chose si profonde qu'on n'en peut rien définir, quelque route qu'on suive pour parvenir à la connaître[2]. Doctrine qui se résout dans un scepticisme absolu qui lui a valu les justes reproches d'Aristote[3], et fait de lui le véritable père des stoïciens; Zénon fut en effet son disciple, et Cicéron disait : « Vos stoïciens qui rapportent tout à un esprit igné suivent la doctrine d'Héraclite[4]. »

Démocrite, 80e à 104e *olymp.* 459-360 *av. J. C.*

1. *Sources.* Lorsqu'on veut approfondir un peu, à l'aide d'une saine critique, la biographie de Démocrite, aussi bien que l'histoire de ses ouvrages et de ses doctrines, on est véritablement étonné de la bonne foi avec laquelle les biographes modernes, sans en ex-

---

[1] Arist., *Métaph.*, l. I, ch. III; *Auscult. phys.*, l. I, ch. II; l. VIII, ch. III; *de Cœlo*, l. III, ch. I.

[2] Diogène Laërce.

[3] Arist., *Métaph.*, l. II, ch. IV; l. IV, ch. V.

[4] Cicéron, *de Fin.*, l. II.

cepter l'infatigable et patient Mullach [1], ont arrangé tout ce qu'on trouve dans l'article qu'ils ont composé sur l'histoire de ce philosophe célèbre et peut-être fantastique.

La seule manière de parvenir à mettre en évidence la vérité toute simple nous paraît devoir toujours consister à montrer comment les faits, plus ou moins apocryphes, qui la constituent, ont été ajoutés, pour ainsi dire, chronologiquement à cette histoire.

Et d'abord aucun des historiens grecs n'a même prononcé le nom de Démocrite. Cela est certain, aussi bien pour Hérodote que pour Thucydide et Xénophon. Platon et Socrate n'en ont également fait nulle mention.

Il n'en est pas de même dans les œuvres que nous possédons sous le nom d'Aristote. Mullach, qui les a compulsées avec beaucoup de soin, a trouvé Démocrite en soixante-dix-huit endroits différents. Nous avons nous-mêmes compulsé et vérifié presque tous les passages d'Aristote qui parlent de Démocrite. Envisagés sous le rapport biographique, nous n'y avons cependant trouvé que les faits suivants : Démocrite était d'Abdère [2] ; et Aristote le présente toujours comme disciple d'Anaxagore et de Leucippe [3] ; l'Abdéritain était postérieur à Anaximènes et à Anaxagore [4] ; le pre-

____

[1] Il vient de faire paraître *Democriti, Abderitæ, operum fragmenta collegit, recensuit, vertit, explicuit, ac de philosophi vita, scripsis et placitis commentatus est* Frid. Guill. August. Mullachius, phil., doctor artium L. L. M. in gymnasio regio gallico superioris ordinis præceptor. Berolini, sumptibus Guill. Besseri. 1843.

[2] Arist., *Meteor.*, l. II, ch. VII; *de Cœlo*, l. III, ch. IV; *de Respiratione*.

[3] Arist., *Métaph.*, l. I, ch. IV; l. IV ch. V; *de Gener. et interit.*, l. I, ch. I; *de Cœlo*, l. II, ch. XIII; l. III, ch. IV; *Meteor.*, l. I, ch. VI; *de Anim.*, l. I, ch. II.

[4] Arist., *Meteor.*, l. II, ch. VII.

mier il a porté sa pensée sur l'ensemble des choses; il avait une grande force de raison, était observateur, puisque les causes de la nature lui étaient familières, et que le premier enfin il a essayé de définir les choses par la substance [1]. Partout ailleurs Aristote expose, accepte ou réfute la doctrine de Démocrite.

Théophraste, disciple d'Aristote, a exposé et réfuté le sentiment de Démocrite qui donne une figure aux saveurs; il a aussi rejeté sa théorie sur la génération [2]. Dans les fragments de l'ouvrage de Théophraste sur les sens, se trouvent encore des citations de Démocrite; mais nulle part, à notre connaissance, Théophraste ne fait connaître quelque circonstance de la vie de Démocrite.

Cicéron (106 av. J. C.), qui venait après tous les faussaires de la Grèce et de la bibliothèque d'Alexandrie, redit, avec eux, que Pythagore, Platon et Démocrite ont parcouru les terres les plus éloignées [3]. Dans le premier livre de la Nature des dieux, dans ses Questions académiques, il expose la doctrine de l'Abdéritain, et il ajoute qu'Épicure l'a copié [4].

Nous apprenons de Diodore de Sicile que Démocrite vécut quatre-vingt-dix-neuf ans; qu'il séjourna cinq ans en Égypte, pour y apprendre des prêtres la géométrie et l'astronomie [5]; de Pomponius Méla, qu'il était d'Abdère et physicien; de Vitruve, qu'il avait écrit sur la nature des choses [6]; de Strabon, qu'il avait voyagé

---

[1] Arist., *de Generat. et interit.*, l. I, ch. I; *de Part. anim.*, l. I, ch. I.

[2] Théophrast., *de Causis plant.*, l. VI, ch. I, II, VI, IX.

[3] Cicéron, *de Fin. bon. et mal.*, l. V, ch. XIX.

[4] Cic., Q. *ac.*, l. II, ch. XXIII.

[5] Bib., *Hist.*, l. XIV, ch. II; l. I, ch. XCVIII.

[6] Pomp. Mela et Vitr., l. IX, ch. III-VII; *dans Mullachius*, p. 130.

dans une grande partie de l'Asie, mais on n'est pas sûr qu'il veuille parler de l'Abdéritain[1], ne le nommant pas, contre sa coutume, à l'occasion de la ville d'Abdère; de Valérius Maximus, qui vivait après Séjan, que Démocrite séjourna à Athènes plusieurs années.

Celse, médecin, qui a écrit sous Auguste et sous Tibère, compte, dans son introduction, au nombre des médecins célèbres Hippocrate, Pythagore, Empédocle et Démocrite, en ajoutant que ce dernier avait été son maître, ce qui prouverait que ce n'est pas l'Abdéritain, qui vivait près de quatre cents ans auparavant.

Pline a ramassé tout ce que l'on racontait d'incroyable et de merveilleux sur Démocrite. Selon lui, Pythagore et Démocrite écrivirent sur les plantes, après avoir parcouru la Perse, l'Arabie, l'Éthiopie et l'Égypte, dont ils racontaient des choses étonnantes; ailleurs, il dit que Pythagore, Empédocle, Platon et Démocrite ont été s'instruire auprès des mages; que le dernier publia les ouvrages trouvés dans le tombeau de Dardanus de Phénicie; mais, dans un autre endroit, il le blâme assez crûment de prouver, par son exemple et sa loquacité immodérée, combien la vanité grecque était portée au mensonge; du reste, il le présente partout comme un grand magicien. C'est aussi Pline qui met sur le compte de Démocrite l'histoire des oliviers, absolument dans les mêmes termes qu'Aristote l'avait racontée de Thalès[2].

Nous arrivons à l'époque où commencèrent à paraître ces écrivains grecs et latins qui, dans des compilations plus ou moins heureuses, réunirent, au milieu de quelques vérités, les histoires les plus contradictoires et les

[1] Strab., l. XV.
[2] Plin., *Hist. nat.*, l. XXV, ch. II; l. XVIII, ch. XXVIII; l. XXIII, ch. XVII; l. XXX, ch. I; l. XVIII, ch. VIII.

plus singulières, ouvrages qui portèrent trop sans doute à négliger les originaux.

Le premier en ligne, sous tous les rapports, est Plutarque; mais touchant Démocrite, pas plus que touchant la plupart des autres philosophes, il ne nous apprend que des opinions philosophiques, sans presque aucune circonstance de sa vie.

Il en est autrement de Diogène Laërce, il a cité un grand nombre d'auteurs dans sa Vie de Démocrite. — Le plus ancien est Antisthène, qui vivait, croit-on, un peu avant Aristote ou de son temps. Cet Antisthène, dans ses *Successions des philosophes* ; Démétrius, dans son livre des *Auteurs de même nom*, disent que Démocrite alla trouver en Égypte les prêtres de ce pays ; qu'il apprit d'eux la géométrie ; qu'il se rendit en Perse auprès des philosophes chaldéens, et pénétra jusqu'à la mer Rouge. D'autres, ajoute Diogène, assurent qu'il passa dans les Indes, qu'il conversa avec les gymnosophistes, et fit un voyage en Éthiopie. Hérodote, autre sans doute que le père de l'histoire, dit que Xerxès, ayant reçu l'hospitalité chez le père de Démocrite, lui laissa des mages et des philosophes chaldéens, desquels Démocrite apprit la théologie et l'astrologie dès son bas âge.

La plupart des auteurs, dit Diogène, racontent qu'en partageant le bien de son père avec ses frères, il prit pour lui l'argent dans l'intention de voyager, et Démétrius ajoute que sa portion se montait à près de cent talents, et qu'il dépensa toute la somme. — Démétrius d'Athènes raconte qu'il vint en cette ville, et qu'il dit lui-même : « Je suis venu à Athènes, et en suis sorti inconnu. » En opposition à ce récit, Démétrius de Phalère, dans son Apologie de Socrate, nie que Démocrite soit jamais venu à Athènes. Ainsi donc, dès ce temps, le doute et l'incertitude régnaient sur ce prétendu séjour à Athènes. — Démétrius raconte qu'après avoir fini ses voyages et dépensé tout son bien, il vécut si pauvre que son frère Damaste fut obligé de le nourir. — Une loi de sa patrie interdisait la sépulture à ceux qui avaient dépensé leur patrimoine ; Démocrite, au rapport d'Antisthène, pour éviter ce déshonneur, lut en public son ouvrage *Du grand monde*, qui lui valut cinq cents talents. Selon Hermippe, Démocrite, cassé de vieillesse, prolongea sa vie de quelques jours par l'odeur de pains chauds. — Thrasylle a composé un ouvrage intitulé : *Des choses qu'il faut savoir avant de lire Démocrite ;* le même auteur a dressé un catalogue de ses ouvrages, qu'il partage en quatre classes. — Suivant Apollodore, Démocrite naquit dans la 80ᵉ olympiade, et il dit lui-même quelque part, qu'il était de quarante ans plus jeune qu'Anaxagore. Tels sont les faits les plus importants relatés par Diogène Laërce.

Aulu-Gelle cite le poëte comique Labérius racontant dans sa comédie du Cordier, que Démocrite s'ôta la vue pour être moins distrait dans ses méditations [1]. Il paraît que ce Labérius avait conclu ce trait d'un tour oratoire un peu exagéré de Cicéron.

Enfin Élien, Clément d'Alexandrie, et Eusèbe après lui, ont parlé de ses voyages [2]. Clément d'Alexandrie dit même qu'il passa quatre-vingts ans à voyager ; mais il paraît qu'ayant mal lu les lettres numérales, il a pris cinq pour quatre-vingts.

Enfin, Mullach vient de publier un ouvrage sur Démocrite, où il a recueilli tout ce qu'on en a dit, et tous les fragments qui lui sont attribués.

De l'analyse que nous venons de faire résultent au sujet

---

[1] Aulu-Gelle, *Nuits att.*, l. X, ch. XVII.

[2] Élien, *Var. hist.*, l. IV, ch. XX ; Clém. d'Al., Str., l. I, § XV.

de Démocrite trois principales questions, qu'il faut essayer de discuter : la première concerne ses voyages ; la seconde, la liste de ses ouvrages et leur authenticité, et la troisième, l'authenticité des fragments qui nous restent sous son nom.

Tout ce qu'on a dit de ses voyages étant au fond la même chose que ce qui a été mis sur le compte de Thalès et de Pythagore, nous pourrions, *à priori*, les regarder comme aussi fabuleux que ceux de ces philosophes, et par les mêmes raisons ; néanmoins quelques nouvelles assertions à leur sujet méritent d'être discutées.

Le premier auteur qui ait parlé des voyages de Démocrite est Antisthène : il dit qu'il alla trouver les prêtres d'Égypte pour apprendre d'eux la géométrie ; qu'il se rendit en Perse auprès des philosophes chaldéens, et pénétra jusqu'à la mer Rouge. Antisthène vivait, croit-on, un peu avant Aristote, et c'est là ce qui a porté Mullach à lui accorder une assez grande autorité. Or, cependant, Meiners, après plusieurs auteurs anciens, traite Antisthène de menteur, dont Aristote lui-même avait, à tort, cru les inventions sur les sciences des Égyptiens et des Perses ; inventions que cet auteur avait écrites sans même avoir jamais été chez ces peuples. Ce caractère d'Antisthène, joint à la manie déjà en vogue parmi les Grecs de supposer des ouvrages, jette d'abord quelques doutes légitimes sur son autorité. Un homme assez hardi pour inventer des livres sur les sciences de peuples qu'il ne connaissait pas, était bien capable, pour donner plus de poids à ses assertions, d'assurer, contre sa conscience, qu'un homme tel que Démocrite, qui passait pour le plus savant des Grecs de son temps, avait été puiser sa science chez des peuples dont Antisthène s'aventurait à faire de si pompeux éloges. La phrase même de Diogène Laërce prouve l'ignorance d'Antisthène. D'abord, Démocrite va en Égypte pour apprendre la géométrie : or, la géométrie et les mathématiques avaient déjà fait, dans l'école de Thalès et dans celle de Pythagore, plus de progrès qu'elles n'en firent jamais chez les anciens Égyptiens ; ce fait est aujourd'hui démontré par les beaux travaux de l'archéologie sur l'Égypte, et surtout par ceux de M. Letronne. Ce que nous avons dit de Pythagore prouve que Démocrite, qui n'a rien ajouté sous ce rapport, n'avait pas besoin d'aller apprendre des Égyptiens ce qu'eux-mêmes apprirent des Grecs. En second lieu, Antisthène dit que Démocrite se rendit en Perse auprès des philosophes chaldéens. Les philosophes chaldéens en Perse insinuent une grande ignorance des pays et des choses. Mais ceci nous donne une preuve de plus que les Grecs appliquaient le nom de Chaldéens à tous les hommes qui se mêlaient d'astrologie, de magie, d'incantations, de sortiléges, etc. La descente des Perses et des Mèdes en Grèce dut faire connaître quelques-uns des mages et peut-être des véritables Chaldéens, et favoriser la circulation de ce nom dans le langage des Grecs. Dès lors il suffit qu'un philosophe grec passât pour magicien, pour être aussitôt qualifié du nom de Chaldéen ; et en amplifiant, suivant la loquacité grecque, cet homme dut bientôt avoir parcouru toute la Perse et la Chaldée. Nous rangerions donc volontiers l'assertion d'Anthistène, le menteur, avec ses contes sur les sciences des Perses et des Égyptiens, et avec l'assertion de Diogène racontant que Xerxès laissa des mages et des philosophes chaldéens, pour enseigner à Démocrite enfant l'astrologie et la théologie ; l'une ne nous paraît pas mieux fondée que l'autre. En outre, le livre de la Succession des philosophes, du même Antisthène, est-il bien de lui ? On n'en a aucune preuve ; Diogène Laërce seul le cite, sans dire quand cet auteur a vécu, et il vivait probablement plus de cinq cents ans avant lui.

Démétrius, nous ne savons lequel, mais certainement de l'époque des historiens de l'expédition d'Alexandre, dit absolument la même chose qu'Antisthène, et est cité avec lui par Diogène ; mais plus tard il nous fournit la réfutation de cette histoire. Il dit en effet que Démocrite avait cent talents pour faire ses voyages en Perse, en Chaldée, en Égypte et à la mer Rouge, et qu'il dépensa tout ; ce qu'on croit à peine, s'il est vrai que le talent attique valût 4,839 francs 50 centimes, ce qui aurait donné à Démocrite une fortune de 483,950 francs ; chose incroyable et inadmissible, puisque son père avait quatre enfants, et que Démocrite prit la plus petite portion de l'héritage, et tout en argent monnayé, au rapport de Diogène. Ensuite la dépense de cette somme, pour un voyageur à pied, son transport, et mille autres difficultés, ne sont guère explicables. Valère-Maxime dit, d'ailleurs, que Démocrite donna son patrimoine à sa patrie, et ne retint pour lui que peu de chose, afin d'être plus libre de vaquer à la philosophie [1]. Sans aucun doute Valère avait lu ce fait dans quelque auteur grec, et c'est la réfutation formelle des assertions de Démétrius. Il faut donc convenir que Démocrite n'alla certainement point en Perse, encore moins dans l'Inde, deux pays où aucun Grec ne pénétra avant Alexandre [2]. Si ces voyages avaient eu lieu, ils auraient certainement fait

---

[1] Val. Max., l. VIII, ch. VII.

[2] Xénophon est le premier Grec connu qui ait abordé la Perse un peu avant Alexandre ; mais sa Cyropédie, regardée comme un roman, prouve qu'il connaissait assez peu ce pays.

du bruit en Grèce. Or, comment se fait-il qu'Aristote, qui parle si souvent de Démocrite, qui parle même des Chaldéens et des Égyptiens, pour leur science, qui succédait presque immédiatement au philosophe d'Abdère, n'ait pas dit un seul mot, n'ait pas laissé percer une seule allusion qui aient trait à ces voyages?

Cependant, quand une fois l'histoire fut fabriquée, il se trouva des copistes pour la répéter, et y ajouter de nouvelles circonstances. Dans l'ordre des temps, Cicéron est le premier après Antisthène et Démétrius, qui ait dit en général que Démocrite avait parcouru les terres les plus éloignées; il ne faisait que répéter ce qu'il avait lu dans les auteurs grecs, où il puisa tout ce qu'il a écrit des philosophes. Le témoignage de Diodore de Sicile a paru plus important à Mullach, qui pense que cet historien avait appris des prêtres égyptiens, que Démocrite avait passé cinq ans en Égypte. Cette interprétation nous semble très-probable, et prouve de plus en plus combien les prêtres égyptiens, après avoir tout reçu des Grecs sous les Ptolomées, s'efforcèrent, dans leur orgueil national bien connu, d'humilier les Grecs, leurs maîtres, en leur persuadant qu'ils avaient tout reçu de l'Égypte. Le crédule, mais véridique Diodore, accepta une assertion qui devait, au dire des prêtres égyptiens, dater de près de quatre cents ans. Le silence de Strabon, contre sa coutume de nommer tous les grands hommes de chaque ville; son silence, dis-je, sur Démocrite à l'occasion d'Abdère, le fait certain qu'il y a eu plusieurs Démocrite, font soupçonner que le Démocrite qu'il dit avoir parcouru une partie de l'Asie n'est pas l'Abdéritain. Le témoignage du médecin Celse, citant parmi les grands médecins, quatre cents ans après l'Abdéritain, un Démocrite qui a été son maître, porterait à croire que ce pourrait bien être là celui de Strabon. Il venait, en effet, à une époque où les voyages étaient plus faciles, et où c'était assez la coutume des médecins de voyager, comme nous le verrons à l'époque de Galien. Diogène, qui ne discutait jamais ses sources, aura facilement mis tout cela sur le compte de l'Abdéritain.

Quoi qu'il en soit, nous arrivons au témoignage peu acceptable de Pline; nous savons sur quelles autorités il se fonde; il ne lui faut souvent qu'un mot mal lu ou mal écrit pour broder toute une histoire; il prenait partout sans aucun choix, et toutes les merveilles qu'il raconte de Démocrite et de ses voyages se réfutent d'elles-mêmes.

Quand saint Clément d'Alexandrie, et Eusèbe après lui, disent que Démocrite a passé quatre-vingts ans à voyager, il est facile de voir qu'ils avaient mal lu ou puisé à de mauvaises sources; leur témoignage, d'ailleurs, n'a, en ces sortes de choses, d'autre autorité que celle des faussaires grecs, et des fabricateurs de la bibliothèque d'Alexandrie.

Élien, qui, d'après Suidas, cite Théophraste pour avoir loué Démocrite à cause de ses voyages, ne nous apprend rien de nouveau; car la louange de Théophraste peut tout aussi bien porter sur des voyages dans l'Asie Mineure, la Grèce et la grande Grèce, que sur des voyages à l'étranger. Or, quelques auteurs ont pensé que Démocrite avait voyagé dans la grande Grèce, parce que, d'après Diogène, il avait été disciple des pythagoriciens. Il est inutile de parler de la lettre de Julien l'Apostat, rapportant que Xerxès avait appelé Démocrite pour ressusciter sa femme et le consoler [1].

---

[1] Jul., *Epist.* XXXVII.

La seconde question sur les ouvrages du philosophe d'Abdère, se lie à la précédente par plusieurs points, puisqu'on lui attribue des ouvrages relatifs à ses pérégrinations.

Près d'un siècle après la mort de Démocrite, Callimaque, bibliothécaire d'Alexandrie, s'occupa le premier de rassembler ses écrits; et qui peut dire combien de livres apocryphes purent y être mêlés à une époque où tant de monde s'ingéniait à fabriquer et à supposer des livres pour en recevoir de riches récompenses de la munificence des Ptolomées? Ce fut cependant d'après ce recueil, et d'après tout ce qui avait pu y être ajouté par Hégésianax et d'autres, que Thrasylle, sous le règne de Tibère, deux cents ans après Callimaque et quatre cents après Démocrite, composa la table des écrits de celui-ci, telle que nous l'a conservée Diogène Laërce dans la vie de Démocrite. Thrasylle les divisa en tétralogie, à l'imitation de ceux de Platon. Mais nous, pour en mieux apprécier la valeur et l'authenticité, nous les ramènerons aux trois grandes catégories des sciences instrumentales, d'observation et terminales.

II. *Écrits attribués à Démocrite*. I. *Sur les sciences instrumentales*. 1° *Grammaire*. Cette partie renferme ses traités sur les mots et les noms.

2° *Esthétique*. Ses traités des lettres qui sonnent bien ou mal; de la beauté des vers, de la poésie; d'Homère, ou de la justesse des vers et des dialectes; des rhythmes et de l'harmonie, du chant; de la peinture.

3° *Mathématiques*. Ses traités de la différence des opinions, ou du contact du cercle et de la sphère; des nombres ou arithmétique; de la géométrie; des lignes irrationnelles et solides; des explications; actinogra-

phie, description des rayons, ou des projections opti-
tiques et géométriques, et de la propagation des lignes
physiques.

Démocrite n'avait donc embrassé que deux termes
des sciences instrumentales, la grammaire et les mathématiques, puis un peu l'esthétique ; mais ni la logique,
ni la dialectique ne furent pour rien dans ses
instruments. Aristote introduira véritablement ce rayon
nécessaire, en développant et formulant tous les autres.
Dès lors, la méthode ne put être pour Démocrite que
mathématique ; or, comme cet instrument, même en
ce qu'il a d'idéal, est uniquement applicable à la matière, nous verrons le matérialisme en découler comme
une conséquence nécessaire.

II. *Sciences d'observation* ou *d'application de l'instrument*. 1° *Physique générale* ou *métaphysique*. Démocrite
embrassa probablement les lois physiques générales du
monde dans ses traités de la grande description du
monde, ouvrage que Théophraste attribue à Leucippe [1] ;
la petite description du monde ; sur la nature du monde
ou des choses. Il décrivit ce monde dans sa cosmographie, et appliqua l'instrument à l'étude du ciel dans la
description du pôle. Description du ciel, des planètes,
des causes célestes. De ces divers traités, résultèrent : la
grande année ou table astronomique, instrument pour
remarquer le lever et le coucher des astres ; examen
du mouvement de la clepsydre, comparé au mouvement des astres.

2° *Physique spéciale*. Des causes de l'air ou météorologie ; des causes terrestres ; des causes du feu et des
choses qui sont dans le feu ; des causes mêlées ; de
l'aimant ; doutes physiques ; problèmes physiques.

---

[1] Diog. Laër., *Vie de Dém.*

Il entre ensuite dans l'étude des êtres naturels, et, d'abord, de la terre, leur séjour, dans son traité de la description de la terre; des causes des semences, des plantes et des fruits; des causes des animaux. Enfin, il arrive à l'homme, dans son traité sur la nature de l'homme ou de la chair; des causes de la voix, de l'esprit, des sens. — Il faut rattacher à ces traités ceux que Diogène Laërce et Thrasylle donnent comme douteux, ce sont : de l'âme; des choses liquides; des couleurs; des différentes rides; des changements des rides; des préservatifs, ou des remèdes contre ces accidents; de la vision, ou de la Providence; trois traités des maladies pestilentielles; un livre des choses ambiguës. — Dans les ouvrages suivants, que ces auteurs rangent parmi ses livres certains, après avoir étudié l'homme dans l'état normal, il l'étudie dans l'état d'anomalie : des pronostics, de la diète, ou la science de la médecine; des causes opportunes et inopportunes, probablement des accidents dans les maladies.

III. *Sciences terminales.* L'étude de l'homme individuel devait conduire, comme toujours, notre philosophe à étudier l'homme social ; c'est une nécessité à laquelle nous ne verrons aucun esprit logique échapper, pas plus qu'il ne peut se soustraire ensuite aux questions de la moralité humaine, et de la Divinité, qui en sont les conséquences rigoureuses. Nous placerons donc ici ses traités sur l'agriculture, comme ayant trait à l'œconomique; le traité de la tactique et de la science des armes, qui se rapporte à l'homme politique. A l'homme moral se rattacheront : Pythagore et son institut; le caractère du sage; des enfers, qui n'était peut-être qu'un traité sur les léthargies; des commentaires moraux; la triple génération, ou la génération produisant trois choses, qui comprennent toutes les choses humaines; de l'humanité ou de la vertu, qui conduit à la corne d'abondance, ou de la tranquillité de l'âme, qui était pour Démocrite le souverain bien de l'homme, et le dernier terme où il devait tendre.

Ainsi, dans cette direction toute mathématique, la science est constituée sans Dieu, et l'homme est à lui-même sa propre fin. Dès lors, Démocrite ne pouvant échapper cependant à l'idée de la Divinité, ne dut l'envisager que pour la faire entrer dans son cadre matérialiste, et c'est ce qu'il fit en essayant, comme Empédocle, d'expliquer Jupiter et les autres dieux allégoriquement.

Diogène et Thrasylle, à ces ouvrages, en joignent d'autres, qu'ils regardent comme douteux, et attribués à Démocrite seulement par quelques auteurs qu'ils ne nomment pas. Ce sont: des écrits sacrés qui sont à Méroé; de l'histoire; discours chaldaïque et discours phrygien; de la fièvre; de la toux; des causes légales; le livre de l'anneau, ou des problèmes. Puis ils ajoutent que les autres ouvrages qu'on lui attribue, ou sont pris de ses livres, ou ne sont pas de lui. Voilà ce que comprennent ses œuvres prétendues. Ils avaient dit précédemment que le traité qui portait le titre, Du bon état de l'âme, ne se trouvait plus.

Le traité sur les écrits sacrés de Babylone ne se trouve pas dans Diogène; celui du périple de l'Océan ne se trouve que dans l'édition Aldobrandine, et pas dans les autres. Le premier, des écrits sacrés de Babylone, ne se lit que dans Clément d'Alexandrie, sur l'autorité d'auteurs qu'il ne nomme pas.

Voilà donc tout autant d'écrits dont on doutait dès le temps de Thrasylle, qui ne les avait probablement pas trouvés dans Callimaque, ou bien il les y avait déjà lus sous la rubrique de suspects. Or, ce sont justement les livres que l'on regarde comme le résultat de ses voyages; des écrits sacrés qui sont à Méroé; discours chaldaïque; discours phrygien; ceux, des écrits sacrés de Babylone et du périple de l'Océan, ne s'y trouvent même pas. Une coïncidence aussi inattendue et aussi singulière ne trahit-elle pas les faussaires? ne montre-t-elle pas que ces ouvrages ont été inventés pour appuyer les voyages? et puis il ne nous en reste absolument rien, pas même une ligne. Clément d'Alexandrie, qui a parlé des écritures sacrées des Égyptiens, n'a cité de Démocrite que le titre des écrits sacrés de Babylone. Ces livres n'existaient donc plus de son temps; la preuve, c'est qu'il ne les nomme que sur des on-dit. Si l'on considère qu'il ne nous reste nulle part aucun fragment de ces ouvrages; qu'Aristote, qui a donné des extraits de tous les livres de physique et de physiologie, aussi bien que Théophraste, que Cicéron, qui a parlé des écrits moraux, n'ont absolument rien dit de ceux qui auraient été le fruit des voyages de Démocrite; on sera très-porté à croire que ces derniers n'ont peut-être jamais existé que dans leurs titres, mais très-certainement qu'ils n'ont été écrits, s'ils l'ont jamais été, qu'après Aristote et Théophraste. S'ils avaient existé, Aristote, qui montre partout une si grande confiance en Démocrite, n'aurait assurément pas manqué de les citer; il en a eu assez d'occasions, puisqu'il a parlé des sciences de l'Égypte et de Babylone, et de quelques animaux de ces pays. De là résulte donc une nouvelle preuve de la fausseté des voyages de Démocrite, puisque c'est dans ces prétendus écrits qu'il est supposé en avoir parlé lui-même.

La troisième et dernière question se lie aux précédentes, et concerne les fragments qui nous restent de Démocrite. Stobée, postérieur à Démocrite de près de huit ou neuf cents ans, a fourni à Mullach la plupart des fragments moraux, et rien des autres ; quelques-uns même de ces fragments moraux sont extraits de Plutarque, de Clément d'Alexandrie, d'Antonin, de Maxime, d'Eustathe, sur l'Odyssée, de Diogène Laërce, puis d'un certain Démocrate, dont on possédait quatre-vingt-six sentences dorées. Plusieurs de ces sentences, reproduites par Stobée et Antonin, ont été mises sur le compte de Démocrite, par l'impéritie des éditeurs, dit Lucas Holstenius, approuvé en cela par Mullach[1] ; nouvelle cause d'erreur par conséquent.

Les fragments de physique et de physiologie sont tirés : cinq de Sextus Empiricus, trois de Plutarque, un de Diogène Laërce, deux de Simplicius, deux de Stobée, vingt-quatre de Théophraste, et deux seulement d'Aristote, duquel il est étonnant que M. Mullach n'en ait pas tiré un bien plus grand nombre, puisqu'il dit lui-même qu'il est parlé soixante-dix-huit fois de Démocrite dans Aristote, et, à notre connaissance, on aurait pu extraire du Stagirite au moins trente fragments plus authentiques qu'aucun autre.

Les fragments sur les animaux sont tous extraits d'Élien.

Les fragments d'astronomie sont tirés des éléments d'astronomie de Gémini, dans l'Uranologie de Pétau, Paris, 1630.

Les fragments d'agriculture sont de Cassian Bassus.

Enfin, les fragments divers sont de Plutarque, Dion

---

[1] Democriti, p. 162.

Chrysostome, Philodème, Clément d'Alexandrie et Diogène Laërce. Les fragments de ces deux derniers méritent une attention particulière.

Clément d'Alexandrie, dans le premier livre des Stromates, fait ainsi parler Démocrite : « J'ai parcouru plus de pays qu'aucun homme de notre âge ; pénétrant dans les lieux les plus éloignés, j'ai vu la plupart des genres du ciel et de la terre ; j'ai entendu un grand nombre d'hommes érudits, et personne ne m'a encore surpassé dans la composition des lignes en y joignant la démonstration, pas même ceux des Égyptiens qu'on nomme harpedonaptes ; chez eux, enfin, j'ai voyagé pendant quatre-vingts ans (Mullach corrige pendant cinq ans). » Nous ne savons ni de quel ouvrage ce passage est extrait, ni sur quelle autorité il est cité ; Clément d'Alexandrie dit simplement que Démocrite a écrit cela de lui-même. Du reste, tout ce que nous avons exposé jusqu'ici s'appliquant directement à ce passage, nous pensons qu'il est inutile de nous étendre davantage sur sa fausseté et sa supposition.

Le fragment de Diogène est ainsi conçu : « Je vins à Athènes, et personne ne me connut. » Il est cité sur l'autorité d'un Démétrius, et, quelques lignes plus bas, Diogène le réfute par Démétrius de Phalère, qui, dans l'Apologie de Socrate, nie que Démocrite soit jamais venu à Athènes. Tout cela était donc encore un coup dans la plus grande incertitude dès ce temps, c'est-à-dire, environ deux siècles après Démocrite.

Cependant Théophraste a loué l'Abdéritain pour ses voyages, à moins que la citation d'Élien ne soit apocryphe. Sans nous arrêter davantage sur ce point, nous croyons que Démocrite n'est point sorti de la Grèce. Né à Abdère, en Thrace, il put voyager en Ionie et dans l'Asie Mineure; cela lui était facile; ses relations avec les philosophes d'Ionie permettent de le penser; il put venir à Athènes entendre Anaxagore, dont il fut le disciple, au rapport d'Aristote et de beaucoup d'anciens. Il passa probablement en Italie; ses relations avec les pythagoriciens, son écrit sur Pythagore et son institut, outre le témoignage de plusieurs anciens, permettent de le croire très-légitimement. Quant aux autres voyages, ils nous paraissent impossibles, surtout quand on joint à toutes les raisons que nous avons déjà données, celle de ses nombreux ouvrages. En effet, s'il passa une partie de sa vie à voyager, il est difficile qu'il ait pu écrire soixante et quelques traités divers. Il faut donc de deux choses l'une : ou rejeter les voyages et conserver les écrits, ou bien rejeter ceux-ci si l'on veut admettre les voyages. Mais cela est plus difficile, car la grave autorité d'Aristote se réunit à toutes les autres pour nous apprendre que Démocrite avait le premier embrassé tout le cadre des choses, qu'il était observateur de la nature, et qu'il commença le premier à définir [1], ce qui ne s'accorde guère avec de si nombreux et si longs voyages, pas plus qu'avec l'histoire de Labérius, qui le fait vivre au milieu des tombeaux et s'arracher les yeux, sans doute pour mieux observer ! Toutes ces fables et bien d'autres se confirment dans une incroyable absurdité, et se détruisent par leurs contradictions.

Ce qui nous reste de plus probable au milieu de ce chaos sera donc tiré, d'une part, d'Aristote, et des conclusions légitimes de la doctrine comme de l'Abdéritain.

III. *Vie de Démocrite.* Précédant presque immédia-

---

[1] Arist., *de Gener. et interit,* l. I, ch. I; *de Part. anim.,* l. I, ch. I.

tement Aristote, Démocrite, le véritable chef de la fameuse école d'Épicure, chercha à formuler le cercle des connaissances humaines dans la direction purement mathématique. Par lui nous est expliquée la marche anormale de l'esprit humain, dans l'acquisition de la connaissance à son époque.

Il naquit à Abdère, ville de Thrace, d'une famille illustre et opulente, vers la 80ᵉ olympiade, 459 ans avant Jésus-Christ, et mourut vers la quatrième année de la 104ᵉ olympiade, 360 avant Jésus-Christ. Il vécut, par conséquent, environ quatre-vingt-dix ans ou plus. Contemporain de Socrate et de Platon, et disciple d'Archélaüs, d'Anaxagore et de Leucippe, dont il développa la doctrine, il vint à une époque où le génie de la Grèce était dans le travail de l'enfantement de la science ; elle commençait à vouloir se rendre compte des choses, et à formuler ses connaissances.

De cet effort même devaient naître des anomalies, les erreurs d'une mauvaise direction, et la destruction des préceptes de la morale sociale. On voulut tout expliquer par les causes secondes, et l'athéisme dut nécessairement venir saper les lois du devoir. Socrate lutta contre cette tendance ; il combattit la trop grande ardeur pour la science, dans le but de ramener l'homme à la fin de sa nature, la pratique de ses devoirs. Platon, son disciple, accepta le but, mais voulut y joindre la connaissance qui devait y conduire. Remontant à la cause première, il descendit par l'intuition jusqu'aux causes secondes, et formula son admirable synthèse philosophique, le cercle des connaissances divines et humaines conçu *à priori*. D'autres, prenant une voie tout opposée, nièrent le but de l'homme, rejetèrent les devoirs et en même temps Dieu, la cause première, pour tout expliquer par la matière et ses lois. C'étaient des mathématiciens sortis de l'école d'Ionie et de celle de Pythagore; de ce nombre fut Démocrite, qui tenant des deux directions, les réunit dans leurs dernières conséquences; aussi fut-il de tous celui qui poussa le plus loin dans cette voie.

Jeune encore il perdit ses parents, et peu de temps après il quitta Abdère, sa patrie, salua en passant les principales villes de la Grèce, aborda en Italie, où il demeura quelque temps à l'école des pythagoriciens, et commença à s'y acquérir un nom dans la science. Repassant ensuite dans la Grèce, il navigua vers l'Asie Mineure, en parcourut les principales villes, qui brillaient alors par les beaux-arts et les sciences. De là il revint peut-être à Athènes, où il put séjourner quelque temps. De retour ensuite à Abdère, il consacra le reste de sa vie à recueillir les fruits de ses voyages, à étudier de plus en plus la nature, et à composer ses nombreux écrits. Telles sont les principales circonstances admissibles ou probables de la vie de Démocrite; on y a adapté un grand nombre de fables dont nous ne devons point nous occuper. Cependant il paraît qu'il étudia l'anatomie des animaux avec quelque soin. Homme grave et sérieux, il plaça son souverain bonheur dans l'amour de la science et les jouissances intellectuelles; il fut tempérant et éloigné de tous les plaisirs sensuels; il vécut dans le célibat, «afin de pouvoir plus librement consacrer sa vie à l'étude, et aussi, dit-il, pour éviter les ennuis et les peines d'une famille!» Ce jugement que nous portons résulte des fragments que nous lisons sous son nom.

Avec une vie aussi longue et aussi pleine, il n'est pas étonnant qu'il ait beaucoup écrit, qu'il ait touché aux principaux points des connaissances humaines, et formulé le premier cadre universel , comme le lui attribue Aristote. Thrasylle, philosophe et mathématicien, qui vivait sous l'empereur Tibère, nous a laissé la table de ses écrits, reproduite par Diogène Laërce. On y voit que le premier chef de l'épicuréisme idéaliste avait traité de la grammaire, de la musique, de la poétique, de la scénographie, de la peinture, de l'arithmétique, de la géométrie, de l'astronomie, de la physique, de l'optique, de la chromatologie, de la minéralogie, de la géologie, de la botanique, de la zoologie, de la physiologie, de la médecine, de la psychologie, de l'histoire, de l'agriculture et de l'art militaire, de la morale et de la théologie, le tout en soixante traités. Il embrassa donc tout le cercle de la philosophie, très-semblable en ce point à Aristote par son universalité. Il est souvent cité par le Stagirite, auquel, suivant toute apparence raisonnable, il prépara les voies, comme les premières ébauches d'encyclopédie du moyen âge les prépareront à Albert le Grand.

Platon n'a jamais cité Démocrite, et, dans la suite, Plutarque de Chéronée fut un de ses plus ardents défenseurs contre les épicuriens, qui, tirant les dernières conséquences de cette philosophie, étaient arrivés au matérialisme pratique, et ne comprenaient plus leur premier maître.

IV. *Résultat des travaux présumés de Démocrite, d'après les fragments qui nous en restent épars çà et là dans plusieurs auteurs.* Démocrite nie ce qui apparaît aux sens. Rien, dit-il, n'y apparaît que par la seule opinion; mais, en réalité, il n'existe que les atomes et le vide. Nous ne connaissons réellement rien de vrai; nous percevons seulement les changements déterminés par la position du corps et par celle des choses qui nous arrivent et s'opposent à nous [1]. Il admet pourtant deux manières de connaître, l'une par les sens, et l'autre par la pensée : la première est obscure, la seconde est vraie et repose sur la raison. Il admet encore que les semblables se connaissent par les semblables, par conséquent par la voie de comparaison.

Les choses, séparées par le mouvement de l'universalité des divers atomes, paraissent procréées fortuitement et par hasard. Toutes choses existent en puissance, mais nullement en acte [2]. Les atomes indivisibles, indestructibles, produisent, par leur figure, leur position et leur arrangement, toutes choses mathématiques, les propriétés des différents êtres.

Des sensations. Démocrite n'a point défini les sens, du moins dans les fragments qui nous restent, et il paraît qu'il ne l'avait pas plus fait ailleurs. Pour lui la sensation est un changement qui s'opère en nous lorsque nous pâtissons sous l'influence de choses semblables ou différentes. Il a ensuite essayé d'expliquer chaque sensation.

Il a vu que l'audition avait lieu par le mouvement de l'air qui pénètre tout le corps, d'où il paraît, selon lui, que, non-seulement les oreilles, mais encore tout le corps, sentent le son, ce qui est vrai, en demeurant dans l'ébranlement produit par la vibration de l'air.

La vision s'opère encore par le moyen de l'air : en sorte que, dans sa théorie, l'image coule pour ainsi dire par

[1] Arist., *Métaph.*, l. IV, ch. V.
[2] Arist., *Métaph.*, l. XII, ch. II.

l'air, pour arriver à la pupille. Telle était à peu près l'opinion des pythagoriciens et d'Empédocle.

Cherchant ensuite à s'élever de la sensation jusqu'à l'intelligence, il dit que l'intelligence est dans un état sain, et comprend, quand l'âme se trouve bien et convenablement après le mouvement de la sensation; si, au contraire, elle devient tout à fait chaude ou froide, il dit que l'esprit est troublé, et c'est l'aliénation. Voilà donc le mouvement, la loi mathématique portée jusqu'à l'âme, et en faisant un être matériel. C'était, du reste, l'opinion de Démocrite, puisque pour lui l'âme était composée des premiers atomes indivisibles, semblables aux corpuscules qui entrent par les fenêtres, portés par les rayons du soleil; et l'âme est ce qui donne le mouvement [1].

Concordant toujours avec son point de départ, les qualités sensibles dépendront d'une loi mathématique. Ainsi les saveurs sont le résultat de la figure des atomes; l'arrangement, la forme et la position de ces mêmes atomes produisent les couleurs. L'odeur est une émanation de matières plus ténues, s'écoulant de matières plus épaisses; mais il ne la définit pas en elle-même.

Génération. Il paraît qu'il avait étudié cette question assez sérieusement. Dans le peu de fragments qui nous restent à ce sujet, il y a encore des choses assez intéressantes. Il dit ici que rien ne se fait témérairement, mais que tout arrive par une raison et par nécessité. Il admettait que les genres voisins peuvent s'accoupler et produire; expliquait les monstres par l'adjonction de deux semences qui se confondent dans

____

[1] Arist., *de Anim.*, l. I, ch. II.

l'utérus ; mais il a très-mal expliqué la stérilité des mulets[1]. Il se demande pourquoi la truie et la chienne sont si fécondes, et il en donne pour raison qu'elles ont une matrice multiple, et plusieurs réceptacles de la semence. Mais il a commis l'erreur de dire que le même lièvre peut changer de sexe et devenir tantôt mâle et tantôt femelle.

Il avait mal disserté sur la naissance des dents; mais très-bien établi que tous les animaux respirent, sans toutefois expliquer pourquoi[2].

De l'homme. Bien qu'il ait fait de l'âme humaine un être matériel, cependant il distingue l'homme de l'animal par la moralité. «La noblesse des animaux est dans la beauté de leur corps; mais celle de l'homme est dans la bonté de ses mœurs.... La beauté du corps, s'il n'y a pas d'intelligence, est toujours le propre des animaux.

«L'incurie, dit-il, corrompt la bonté de la nature, la doctrine en corrige la dépravation. Les choses même faciles échappent à ceux qui sont négligents; mais les difficiles sont perçues par l'étude et la diligence. Nul art, nulle science ne s'acquiert sans étude. La doctrine est l'ornement de ceux qui jouissent de la fortune, mais elle est le refuge de ceux qui ne sont pas fortunés. La doctrine est semblable à la nature. En effet, la doctrine transforme l'homme, et, en le transformant, elle lui ajoute une autre nature. Les espérances des hommes doctes sont préférables aux richesses des ignorants. »

L'homme est donc distingué de l'animal par deux caractères, la moralité et la science ou la doctrine;

---

[1] Arist., *de Gener. anim.*, l. II, ch. V, VI; l. IV, ch. IV.

[2] Arist., *de Gener. anim.*, l. V, ch. VIII ; *de Respir.; de Spiritu.*

celle-ci doit conduire à celle-là, elle en est le moyen, selon Démocrite. Mais enfin, cette moralité, quelle est-elle? Tout à fait conforme au point de départ : les formes, l'arrangement et la place des atomes avec le mouvement nécessaire font tout dans l'Univers, où il n'y a que des apparences; les mêmes propriétés mathématiques des atomes font tout dans la sensation et dans l'intelligence qui est matérielle, et par conséquent tout l'homme est périssable; puisque tout dépend de certaines forces, il s'ensuit que la moralité humaine doit en dépendre également. Et c'est en effet la conséquence à laquelle arrive Démocrite : le souverain bonheur de l'homme est dans le repos et la tranquillité d'âme, dans l'équilibre des forces qui est le repos; c'est donc encore mathématique; toute la morale se réduit à l'obtention de ce repos, par conséquent les devoirs disparaissent, l'individu ne doit penser qu'à lui. Aussi tous les préceptes moraux de notre philosophe tendent-ils à placer l'individu dans un état de parfaite tranquillité, dans une sorte d'indifférence pour toute autre chose que pour la science qui est un moyen d'arriver au repos. Et s'il recommande d'éviter les vices et les hommes vicieux, c'est parce qu'ils sont autant de causes de trouble. C'est encore pour cela qu'il défend à son sage, et qu'il se défendit à lui-même les liens du mariage et les devoirs de la famille : « Je n'approuve pas, dit-il, la procréation des enfants; car je vois qu'il y a dans leur possession beaucoup et de grands dangers, de nombreux chagrins, une étroite félicité, et encore est-elle légère et nulle... L'éducation des enfants est une affaire glissante, car si elle réussit bien elle entraine beaucoup de soins et de chagrins avec elle; si elle réussit mal, elle enfante d'autres douleurs. Celui qui est riche me parait mieux faire s'il adopte le fils de quelqu'un de ses amis. Alors il aura un fils tel qu'il le voudra… La différence entre le père adoptif et le père naturel, c'est que le premier peut choisir, tandis que le second est forcé de prendre le fils tel qu'il naît. » De tels préceptes conduisent directement à la destruction de la famille. Les devoirs envers la société sont dans le même cas; tous ceux qu'il prescrit tendent au repos dans la cité, mais il n'a d'autre moyen, d'autre sanction, que de repousser le mal par la force et la violence; c'est ainsi qu'il regarde comme innocente et bonne la mort d'un voleur, d'un malfaiteur tué par le premier venu qui pourra en venir à bout [1].

Les devoirs envers Dieu sont nécessairement nuls; c'est pour cela qu'il rejette le culte, la prière : « Les hommes, dit-il, demandent aux dieux, par des prières, une bonne santé, ne sachant pas qu'ils ont eux-mêmes la faculté de cette chose. Mais en faisant par intempérance des choses qui lui sont contraires, ils la trahissent eux-mêmes par leurs passions. » Cependant il ne faudrait pas croire qu'il repoussât complétement l'idée de la Divinité; il dit même que les dieux procurent aux hommes toutes sortes de biens. Il pensait aussi que, par la connaissance de l'ordre du monde, nous arrivions à la connaissance des dieux. Mais que sont ces dieux? ils sont périssables et destructibles comme tout le reste; et cela doit être, puisqu'il pose en principe de toute sa doctrine qu'il n'existe que le vide et les atomes régis par les lois nécessaires et mathématiques du mouvement, de la forme, de la position et de l'arrangement.

La destruction de la famille et celle de la société sont

---

[1] *Furem et latronem quemvis occidens aliquis aut manu sua, aut jussu suffragiove, innocens habendus est.* Stob. Flor., XLIV, 19.

la conséquence nécessaire d'une pareille philosophie. Démocrite ne le vit pas, et il ne le voulait pas; mais ses successeurs, les épicuriens, furent plus logiques; et au lieu de mettre comme ce philosophe, louable dans son inconséquence, le souverain bien dans la tranquillité qui naît du combat des passions et des vices, ils arrivèrent rigoureusement à placer le souverain bien dans la satisfaction de toutes les passions et dans le matérialisme pratique le plus hideux.

En définitive, la tendance de Démocrite n'a donc pas apporté grand résultat à la science par elle-même, peu de faits et beaucoup d'essais étiologiques qui n'expliquaient rien, parce que le principe exclusif des mathématiques détruisait les réalités et le but final de la science. Parti du même point de vue primitif que Platon, Démocrite, géomètre comme lui, arrive à des conséquences tout opposées : le premier tombe dans l'idéalisme spiritualiste peut-être trop exclusif, le second engloutit tout dans la matière et ses lois mécaniques. Entre les deux viendra se placer Aristote, qui créera l'instrument logique, et à son aide constituera la science qui le conduira jusqu'à la cause première.

IV. RÉSUMÉ DE LA PREMIÈRE ÉPOQUE GRECQUE.

Lorsque, dans le but que nous nous sommes proposé de jeter un coup d'œil sur l'état des sciences en général, et par conséquent sur celui de la philosophie en Grèce avant Aristote[1], on s'efforce d'atteindre à quelque chose de positif sur ce point si intéressant de l'histoire humaine, on éprouve de grands embarras, de grandes incertitudes, à défaut de renseignements qui

---

[1] Plus de 600 ans avant l'ère chrétienne.

soient un peu satisfaisants. En effet, si nous trouvons quelque chose des opinions des anciens philosophes sur les trois branches des connaissances humaines, dans Aristote chez les Grecs, dans Cicéron chez les Latins, aussitôt qu'il doit être question de quelques détails sur leur vie, sur les sources où ils ont puisé, nous sommes obligés, suivant la marche généralement tracée, d'avoir recours à ce que l'on trouve à ce sujet dans Plutarque, et surtout dans Diogène Laërce, qui vivaient huit ou neuf cents ans après la mort de ceux dont ils nous parlent; or, ce Diogène Laërce est lui-même un auteur dont il est bien difficile d'apprécier l'autorité et la valeur comme historien.

Il était cependant impossible de passer outre sans dire quelque chose de cette période, d'autant plus que ce que nous en avons exposé semble véritablement être naturel à l'esprit humain dans son enfance, époque à laquelle, sans s'être beaucoup occupé encore des sciences instrumentales, il se jette hardiment dans les questions les plus insolubles sur l'origine des choses, sur les grands phénomènes physiques et les points les plus difficiles de la physiologie, souvent sans s'inquiéter beaucoup du résultat de la connaissance. Toutefois, en jetant, comme nous l'avons fait, un coup d'œil sur ce noyau d'hommes qui ont commencé à s'enquérir de philosophie en Grèce, nous avons vu que si les uns n'ont, pour ainsi dire, fait que lancer des hypothèses dans l'intention de comprendre et d'expliquer certains phénomènes naturels, d'autres ont dès lors touché aux sciences d'application, soit à la guérison des maladies de l'homme, soit aux principes de son gouvernement.

Examinant d'abord la partie du monde où l'on s'accorde à faire vivre ces anciens philosophes, on les voit

commencer en Ionie, c'est-à-dire, dans la Grèce asiatique, en communication nécessaire avec la Lydie d'une
part, avec la Phénicie de l'autre, et par suite avec la
Crète sur le chemin de la Judée et de l'Égypte. De l'Ionie nous voyons la philosophie s'étendre en Grèce, et
de là dans la grande Grèce, en Italie et en Sicile, pour
converger ensuite de tous ces points vers Athènes qui
devient le véritable centre du progrès.

Le premier philosophe qui ait paru dans la Grèce
asiatique est Thalès; il tirait son origine et peut-être
aussi sa science et sa doctrine de Phénicie. Il en déposa
les germes en Grèce; ils s'y unirent aux croyances primitives, et la raison partit de là pour tout expliquer. Mais
ce travail se passa tout entier dans la Grèce, presque
sans aucun autre emprunt de l'étranger.

Or, quand on envisage d'une manière un peu élevée,
à priori comme à *posteriori*, la philosophie avant Aristote, il est indubitable qu'elle a dû suivre, et qu'elle a
suivi en effet une marche aussi rationnelle, aussi nécessaire avant qu'après.

Dans un premier degré, un principe général est in-
voqué comme agissant sur la matière également éternelle et douée d'un mouvement primordial. Ce principe
est l'eau, qui devait être admis en effet pour deux motifs : l'un, parce que tous les peuples, toutes les croyances
ont accepté l'eau comme le premier élément créé, dans
lequel tout le reste était confondu et enveloppé; le second, qui est l'explication d'une observation à son début, parce que tout semble vivre de l'eau, tout semble
commencer par un liquide, la semence, qui est une
sorte d'eau; c'était l'explication de Thalès dans Aristote[1].
Venait ensuite l'étiologie grossière des premiers phé-

____
[1] Arist., *Métaph.*, l. I, ch. III.

nomènes célestes et de la nature des astres; mais, au-dessus de ce monde, Dieu qui en est l'auteur, et sous lui le monde des esprits.

Complétant et fixant la conception de son maître, Anaximandre admet encore le chaos primitif de l'eau, mais il y joint un principe infini et matériel tout à la fois : et la Divinité sortie de cet infini devient périssable par les altérations de l'accident qui produisent tout, sans détruire ni changer le fond de cette essence matérielle absolue. L'astronomie fait ses premiers pas dans l'application la plus simple à la mesure du temps.

L'observation, toujours grossière et voulant pourtant tout expliquer, remarque que l'eau s'évapore en air et que l'air se résout en eau; elle pose, sans sortir du cercle précédent, l'air comme principe infini, divin, et par suite conduit à l'étude des premiers et des plus simples phénomènes météorologiques; c'est la nouvelle face donnée par Anaximènes à la philosophie ionienne.

Suivant toujours la même marche, l'Ionien Anaxagore veut pénétrer plus avant, il veut expliquer plus que la première origine, plus que les principaux phénomènes; il veut rendre raison de la formation, du maintien et de l'engendrement de tant de substances matérielles diverses, qui ne peuvent naître d'une seule substance primitive. Alors il y a autant d'éléments primitifs que de substances diverses; ce sont des molécules organiques[1], des molécules brutes contenant chacune des parties infinies de toutes espèces de substances, en sorte que tout est dans tout. A l'origine un

---

[1] Nous verrons le grand Buffon avancer une théorie semblable, que le panthéisme allemand mettra en œuvre.

chaos primordial contient en mélange cette espèce d'infini matériel et éternel, mais à côté, et existant aussi éternellement, est l'esprit divin, infini, renfermant tout en lui-même et pénétrant tout; il sépare les éléments confondus, y met l'ordre, et produit ainsi les générations de toutes choses. Ici la science ne devait plus se borner aux phénomènes célestes, elle devait nécessairement chercher à sonder aussi les phénomènes vitaux dans la plante, l'animal et l'homme, et surtout les trois principaux, la nutrition, la reproduction et la vie. Tout doit être animé de l'esprit divin qui, d'abord distinct en apparence, anime cependant et meut tout en s'identifiant avec les éléments coordonnés par lui. C'est le panthéisme, première conséquence inévitable de la raison qui veut tout trouver en soi-même.

La direction mathématique ionienne, un instant abandonnée par Anaxagore, va être reprise et, pour ainsi dire, créée de nouveau par Pythagore. Les nombres vont devenir une réalité, et leur harmonie sera la production des êtres; Dieu sera l'unité, le nombre infini, indivisible, premier principe de tout; la dualité indéfinie sera le principe des autres êtres. De là naîtra la conception d'un ordre universel, d'une série des êtres chez lesquels tout s'opère par harmonie. La géométrie fera quelques progrès dans ses bases fondamentales.

La cosmogonie et la cosmographie recevront aussi quelques vérités conçues sans démonstration, mais nées des idées dominantes de proportions et de symétrie : ainsi la doctrine des antipodes, des distances et des mouvements des astres, de la gravitation universelle vers le centre.

L'âme humaine participera comme toutes les choses sensibles à l'unité infinie et divine; sa loi sera dans la bonne harmonie de ses puissances, qui, une fois violée, la fera descendre à des degrés inférieurs de la série des êtres, pour s'y retrouver en proportion, et de là remonter ensuite à son degré harmonique. Tel fut sans aucun doute le principe de la métempsychose, de la transmigration des âmes, qui excluait les peines éternelles comme contraires à l'harmonie infinie, parce que celle-ci n'était pas conçue dans sa vérité divine, mais qu'on la faisait seulement dépendre des proportions mathématiques idéalisées. Il en résulta cependant des principes sociaux applicables au gouvernement des hommes.

De cette théorie des nombres naît une physiologie analogue, toute fondée sur les proportions et les harmonies des choses; et par suite de la doctrine de la transmigration des âmes, une médecine qui devait être et qui fut de l'incantation, une sorte de magie. Cependant apparaissent en même temps, dans Alcméon, les premiers rudiments d'une physiologie positive, bornée toutefois aux deux seuls points des sens et du développement du produit de la génération et de sa nature.

Reprenant encore les théories ioniennes pour les amalgamer avec celles de l'école italique, Empédocle reviendra à la recherche des principes matériels et posera la fameuse théorie des quatre éléments, le feu, l'air, la terre et l'eau; il y a joint deux principes de mouvement, la discorde et la concorde. Ces deux principes semblent naître de l'harmonie mathématique de Pythagore, ils en sont comme la raison; et d'un autre côté, les quatre éléments, en s'engendrant mutuellement, se rapprochent de la théorie d'Anaxagore, qui veut que tout soit dans dans tout. Enfin, c'est le complément des théories ioniennes qui avaient posé l'eau, ou l'air, ou le feu comme seul principe; en les admettant tous et en les complétant par la terre, Empédocle, comme l'a fort bien fait sentir Aristote, accorde tous ces systèmes [1]. La théorie des sensations et celle de la génération seront encore les seules attaquées, mais non résolues, dans ce système qui se complétera enfin par le dogme pythagoricien de la transmigration des âmes.

Avant Empédocle, et se rapprochant de lui, vient Héraclite, qui fait sortir du feu l'air, l'eau et la terre, quatre éléments primitifs qu'il admet avec le philosophe d'Agrigente. Tirant les dernières conséquences de la doctrine ionienne, matérialiste au fond, il veut que nous ne puissions rien connaître par les sens, mais que notre âme arrive à la vérité par la participation à l'âme du monde céleste. Or, comme il est, selon lui, impossible de définir l'âme, le dernier terme de ce panthéisme idéaliste est, en définitive, le scepticisme des stoïciens, dont Héraclite est la source.

Enfin, Démocrite participe de l'école ionienne par sa direction mathématique, de l'école d'Anaxagore par sa physiologie, de celle d'Italie par Empédocle, dont il admet les éléments, non comme primitifs, mais comme composés d'atomes, que Leucippe avait le premier publiés en Grèce après les avoir empruntés du Phénicien Moschus; par ces atomes dont la forme, la figure, l'ordre et l'arrangement produisent tout, l'Abdéritain se rapproche des particules infinies d'Anaxagore. Mais, surpassant tous ses prédécesseurs, qu'il semble résumer, il porta le premier sa pensée sur l'ensemble des choses, et chercha à constituer les connaissances humaines dans l'athéisme, conséquence rigoureuse de la direction mathématique qu'il avait acceptée des écoles précédentes.

---

[1] Arist., *Métaph.*, l. I, ch. III, IV.

La négation de Dieu entraîna une morale d'égoïsme et la destruction des devoirs de la famille et de la société. Cependant, dans cette direction même, et par la puissance de sa raison, l'observation de la nature lui devint familière, et il fut le premier à qui une connaissance plus approfondie permit d'essayer des principes assez généraux pour s'appliquer à l'universalité des phénomènes. Il fut aussi le premier qui put commencer à définir les choses par elles-mêmes et dans leur substance. Mais, quoique plus observateur que nul avant lui, il n'envisagea encore que les questions physiologiques les plus difficiles et les plus insolubles sur les sens, la respiration et la génération. Le scepticisme découlait toujours comme naturellement de ce matérialisme, qui plaçait le souverain bien de l'âme dans le repos et le parfait équilibre des passions.

La réaction nécessaire contre une pareille tendance conduisit Socrate et son école à perfectionner l'art de définir, qui dépend de la logique, mais aussi à négliger la recherche des phénomènes naturels, pour transporter les efforts de la philosophie vers la vertu et les devoirs presque oubliés. De là naquit Platon ; épurant les doctrines pythagoriciennes, il en fit sortir la magnifique conception qui lui valut le titre de divin. Après lui, et à côté de lui, Aristote va venir enfin développer tous les germes semés et préparés dans l'attente d'un génie assez puissant pour les faire éclore. Il va agrandir l'instrument et le créer dans sa partie la plus essentielle ; embrasser et formuler tous les rayons du cercle des connaissances humaines, en laissant bien loin derrière lui toutes les ébauches incomplètes de l'enfance de la science, dont nous venons de retracer l'histoire.

Cet aperçu sur les premiers temps de la philosophie

grecque, en nous révélant son caractère d'observation,
qui se joint d'abord au caractère théologique pour s'en
séparer ensuite et se plonger dans le matérialisme, suffit
à lui seul pour nous prouver que la Grèce n'a rien de
commun avec l'Orient, si ce n'est peut-être quelques
idées importées que l'on peut facilement démêler, tant
elles sont tranchées et différentes de ce qui constitue
le génie grec. Ce fut une grande et heureuse révolution
pour le progrès, que la substitution d'une observation sérieuse et vraiment philosophique, aux
théories vagues et imaginaires d'un spiritualisme trop
idéal, comme au scepticisme destructeur, né du maté-
térialisme le plus abject. Cette glorieuse révolution va
être commencée dans l'art de guérir par Hippocrate,
et opérée par Aristote, le créateur des sciences naturelles et d'observation.

V. Hippocrate. *Première année de la 90ᵉ olympiade,
environ 416 avant J. C.*

I. *Sources.* Malgré les nombreux travaux exécutés sur
la vie et les écrits d'Hippocrate, l'obscurité et l'incertitude nous déroberont à jamais sa véritable histoire.
Pour essayer de jeter quelque lumière, s'il est possible,
sur cet homme célèbre et ses ouvrages, nous devons toujours invoquer le témoignage des écrivains qui en ont
parlé avant Galien dans les trois centres de la civilisation
occidentale, c'est-à-dire, à Athènes, à Alexandrie et à
Rome. Nous rechercherons ce que Galien en a dit lui-
même, et ce qu'en ont écrit ses successeurs.

A Athènes, les auteurs anciens qui ont parlé du médecin de Cos sont peu nombreux et ne nous apprennent
que fort peu de chose.

Le premier est Platon, dans son Protagoras; Socrate, l'un des interlocuteurs de ce dialogue, s'adressant à un nommé Hippocrate, s'exprime ainsi : « Dis-moi, ô Hippocrate, si tu voulais aller trouver ton homonyme, Hippocrate de Cos, de la famille des Asclépiades, et lui donner une somme d'argent, et si l'on te demandait à quel personnage tu portes de l'argent en le portant à Hippocrate, que répondrais-tu? — Que je le lui porte en qualité de médecin. — Dans quel but? — Pour apprendre la médecine. » On peut conclure de ce passage, qu'à l'époque où Platon écrivait, il existait à Cos un médecin de la famille des Asclépiades qui se nommait Hippocrate. C'était vers la 90ᵉ olympiade, sous l'archontat d'Astyphilus, puisque ce dialogue est supposé avoir eu lieu au temps où Protagoras vint à Athènes chez Callias.

Dans son dialogue intitulé Phèdre, Platon met encore en jeu Hippocrate, mais cette fois en faisant allusion à ses opinions. Socrate, s'adressant à son interlocuteur, lui dit : « Penses-tu qu'on puisse comprendre jusqu'à un certain point la nature de l'âme sans étudier la nature de l'ensemble des choses? — Si l'on en croit Hippocrate, le fils des Asclépiades, répond Phèdre, on ne peut même comprendre la nature du corps sans cette méthode. » On a supposé d'après ce passage que Phèdre avait en vue le livre de la Nature humaine, réuni aujourd'hui aux œuvres d'Hippocrate.

Aristote, disciple de Platon, est le second auteur ancien qui ait parlé d'Hippocrate : « On peut dire d'Hippocrate, non pas comme homme, mais comme médecin, qu'il est beaucoup plus grand qu'un autre homme d'une taille plus élevée que la sienne[1]. »

---

[1] Arist., *Politiq.*, l. VII, ch. IV.

Enfin, Ctésias, à en croire Galien, aurait aussi parlé d'Hippocrate, au sujet d'un procédé opératoire qu'il n'approuvait pas.

De ces témoignages anciens, peut-être contemporains, les seuls qui nous restent, c'est tout au plus si l'on peut conclure l'existence d'Hippocrate à l'époque de l'apogée de la Grèce. On peut aussi en inférer que sa réputation était arrivée à Athènes, dont le commerce avec l'Asie Mineure rencontrait l'île de Cos; qu'il était médecin et de la famille des Asclépiades; qu'il avait aussi laissé plusieurs écrits. Mais on ne peut rien conclure positivement pour la plupart des ouvrages qui lui sont attribués, si ce n'est peut-être pour celui de la Nature humaine. Cependant Aristote, qui attribue à Polybe un passage qui est aujourd'hui dans la deuxième partie du traité de la Nature humaine, ne le dit nullement gendre d'Hippocrate.

D'Athènes nous devons passer à Alexandrie, dans le nouveau foyer scientifique qui, bien avant d'émigrer à Rome, y fut d'abord transporté par les Ptolémées, successeurs d'Alexandre. Les seuls écrivains de cette école qui paraissent avoir fourni des renseignements au Soranus, biographe des médecins, et duquel est tirée la plus ancienne biographie que nous possédons d'Hippocrate, sont Apollodore et Ératosthène, qui vivaient, le premier deux siècles environ avant notre ère, et le second 266 ans avant J. C. Plutôt chronologistes qu'historiens critiques et savants, les renseignements qu'ils ont fournis, surtout ceux d'Ératosthène, paraissent n'avoir guère trait qu'à l'époque de la naissance d'Hippocrate.

Érotien, qui vivait sous Néron, a donné la liste des ouvrages du médecin de Cos qui passaient pour légitimes de son temps; il a même fait un dictionnaire ou glossaire des mots obscurs et surannés qui s'y trouvaient; et il cite plusieurs médecins ou grammairiens qui avaient écrit sur le même sujet avant lui.

Galien parle d'un Artémidore Capito et d'un Dioscoride, tous deux d'Alexandrie, comme ayant publié tous les écrits d'Hippocrate réunis ensemble, et cela avec l'approbation de l'empereur Adrien, sous lequel ils vivaient ; mais il ne dit rien du contenu de ces ouvrages.

C'est évidemment par Galien que le nom et les écrits d'Hippocrate ont acquis l'immense renommée dont ils sont entourés parmi les modernes. Galien, élève de l'école de Pergame, et surtout de celle d'Alexandrie, vivait du premier au second siècle de notre ère. Il fut le panégyriste le plus enthousiaste d'Hippocrate vis-à-vis des médecins de Rome, aussi bien par rivalité de doctrine que par nationalité. C'est lui qui nous apprend comment les encouragements pécuniaires que les rois Attales et Ptolémées donnèrent pour la découverte ou la copie des écrits des auteurs célèbres, furent une des causes principales des suppositions de noms et d'ouvrages qui eurent lieu à cette époque. Commentateur des œuvres du médecin de Cos, il est spécialement précieux par les détails qu'il nous donne, à cause de la judicieuse critique avec laquelle il discute l'authenticité des écrits d'Hippocrate. Il semble reconnaître qu'un bien petit nombre de ces ouvrages sont véritablement authentiques.

La médecine, chez les Romains, paraît avoir été importée comme la religion et comme la philosophie, nécessairement après celle-là, mais aussi bien avant celle-ci, et du reste par les mêmes causes. Les épidémies pestilentielles appelèrent la médecine d'abord sous forme religieuse, par l'érection successive de temples dédiés à Apollon, et surtout à Esculape ; puis elle prit le caractère d'hygiène et plus encore celui d'incantation pour les particuliers. L'abaissement de la Grèce, consommé par sa conquête et par la prise d'Athènes, entraîna les philosophes et les médecins vers Rome, d'abord peut-être esclaves, et ensuite de leur plein gré, lorsque la ville des Césars devient le centre du monde civilisé occidental.

Le nom d'Hippocrate n'a donc pu être prononcé que fort tard chez les Latins ou chez les Grecs qui publièrent leurs ouvrages à Rome ou pour Rome.

Cicéron, malgré l'immense variété de ses écrits, dans lesquels il a parlé de presque tous les grands hommes de la Grèce, paraît n'avoir rien dit du célèbre médecin de Cos; et cependant il a fait un pompeux éloge d'Asclépiade, son médecin et son ami ; plutôt, il est vrai, comme philosophe éloquent que comme médecin.

Varron, le plus savant et le plus érudit des Romains, est le premier Latin chez lequel on trouve le nom d'Hippocrate. En donnant les préceptes généraux pour le choix d'une métairie, il dit qu'Hippocrate le médecin, pendant une grande peste, sauva plusieurs villes [1]; et il ne dit rien du fameux traité des Lieux, qui venait pourtant fort à propos.

Postérieur à Varron, Celse, médecin romain, vivait sous Tibère. On a dit quelquefois qu'il n'avait fait que traduire du grec en latin les ouvrages d'Hippocrate. On lit dans la préface de son livre premier ce célèbre passage, sur lequel on a tant écrit : « Disciple de Démocrite, comme quelques-uns le rapportent, Hippocrate de Cos, le premier de

---

[1] *De Re rusticâ*, l. I, ch. IV.

tous qui soit digne de mémoire, homme remarquable par son art et son éloquence, sépara la médecine de l'étude de la philosophie; » passage qui met en doute, avec raison, les rapports de maître à disciple entre Démocrite et Hippocrate, mais qui nous apprend que celui-ci était regardé comme illustre dans la pratique et dans ses écrits, qu'il était d'autant plus digne de mémoire qu'il avait séparé la pratique médicale de la philosophie. Celse ne parle sans doute que d'après l'école d'Alexandrie dont les ouvrages étaient déjà parvenus à Rome avec l'auréole dont on avait entouré Hippocrate. Du reste, il était grand partisan d'Asclépiade, et s'il est vrai qu'il ait traduit presque mot à mot des passages entiers d'ouvrages attribués aujourd'hui à Hippocrate, cela prouve qu'ils ne lui étaient pas attribués alors.

Strabon, contemporain de Celse, et qui vivait en Grèce, à Amasie, ville du royaume de Pont, dans l'Asie Mineure, est bien loin de nous fournir des éléments aussi louangeurs. En décrivant l'île de Cos, peu éloignée d'Halicarnasse, il dit qu'il y avait dans les faubourgs de la ville un temple d'Esculape, très-célèbre et très-opulent par les dons qui y étaient faits. Il ajoute qu'Hippocrate avait, dit-on, tiré les règles de la médecine des cures ou guérisons qui y étaient exposées. Et quelques lignes plus bas, revenant aux hommes qui ont illustré cette ville, il se borne à dire : Celui-là même dont nous avons parlé [1].

Mais si Strabon, quoique sur les lieux où l'on suppose qu'a fleuri Hippocrate, n'en a dit, comme on le voit, que fort peu de chose, et ce peu même pouvant porter à croire que l'un de ses ouvrages au moins n'était que le

---

[1] Strab., l. XIV.

résumé des cures exposées dans le temple d'Esculape, il n'en est pas de même de Pline, qui connaissait nécessairement ce que l'école d'Alexandrie avait déjà fait sur la médecine, par le concours des médecins de l'Asie Mineure et des Grecs d'Égypte. Aussi parle-t-il d'Hippocrate en plusieurs endroits de son immense compilation, faite sous Vespasien, vers l'an 70 après Jésus-Christ.

En exposant l'origine de la médecine, après avoir dit quelques mots d'Esculape et des médecins grecs à la guerre de Troie, il ajoute : Qu'à la suite d'une interruption dans les progrès de l'art de guérir, interruption qui dura jusqu'à la guerre du Péloponèse, la médecine fut ressuscitée par Hippocrate, né dans l'île de Cos, consacrée à Esculape. C'était la coutume d'inscrire dans le temple les remèdes qui avaient servi à la guérison des malades ; et on disait qu'Hippocrate avait recueilli ces écrits, et que, d'après Varron, il avait établi la médecine clinique[1]. Il dit encore qu'Hippocrate, environ la guerre du Péloponèse, illustrait la médecine en même temps que Démocrite illustrait la magie[2] ; qu'Hippocrate, prince de la médecine, avait observé les signes de la mort ; qu'il brilla dans l'art de guérir ; qu'il prédit une peste venant d'Illyrie, et envoya ses disciples porter du secours aux villes, et qu'à cause de cela la Grèce lui rendit les mêmes honneurs qu'à Hercule[3] ; que nous trouvons des ouvrages qui sont certainement d'Hippocrate, le premier qui ait établi d'une manière éclatante les principes de l'art de guérir, et que ces ouvrages sont remplis de mentions des plantes ; que, très-

---

[1] Plin., *Hist. nat.*, l. XXIX, ch. I.

[2] Plin., *id.*, l. XXX, ch. I.

[3] Plin., *Hist. nat.*, l. VII, ch. XXXVII, LI.

illustre par la science de la médecine, il a consacré un livre à la louange de la tisane [1].

Tels sont les seuls passages où Pline, qui vivait à une époque où l'art de la médecine était assez avancé pour que l'on pût distinguer les trois sectes des empiriques, des méthodistes et des dogmatiques, a parlé d'Hippocrate et de ses ouvrages. On ne savait donc pas alors grand'chose de plus sur les particularités de sa vie que du temps de Platon ; cependant sa réputation commençait à s'étendre, sans doute par un retentissement de l'école d'Alexandrie, puisque Pline le qualifie des titres de prince de la médecine, de très-illustre dans l'art de guérir.

On lui attribuait la pratique de la médecine au lit du malade, et non plus dans les temples ou lieux réservés ; d'en avoir le premier recueilli et fait connaître les préceptes d'une manière éclatante ; d'avoir donné les signes de la mort, et d'avoir consacré un ouvrage à exposer les avantages de la tisane. Mais en même temps on commençait à répandre les fables que l'école d'Alexandrie avait sans doute accueillies de l'Asie Mineure, ou peut-être même inventées pour en faire un demi-dieu, un véritable descendant d'Esculape, dont plus tard on devait donner la généalogie.

Entre Pline et Galien, nous ne trouvons parmi les auteurs grecs et latins qui ont pu parler d'Hippocrate, que des compilateurs. Le premier, Plutarque de Chéronée, était plus à même qu'aucun autre de nous instruire sur le médecin de Cos. Il était Grec, profondément érudit, et fut même nommé prêtre d'Apollon par Antonin. Cependant Plutarque ne cite Hippocrate qu'en

---

[1] Plin., *id.*, l. XXVI, ch. II; l. XVII, ch. VII; le livre de la *Ptisanne* est regardé comme supposé.

dix endroits de ses nombreux ouvrages, et en faisant de simples allusions à quelques passages, mais non textuellement. Dans l'un de ces endroits, il soutient l'erreur de Platon, que la boisson passe par la trachée-artère; opinion qu'il dit appuyée par d'excellents philosophes et médecins, Hippocrate, Phlistion et Dixoppus, ses disciples. Dans un autre, il cite Hippocrate sur la question de la viabilité du fœtus de sept mois. — Dans son traité de la Santé, il en rapporte un autre passage, portant que les pesanteurs et lassitudes qui viennent d'elles-mêmes pronostiquent et signifient des maladies. Ce passage constitue en effet l'aphorisme second, section seconde, du livre connu aujourd'hui sous le titre d'Aphorismes.

Dans un quatrième endroit, il cite Hippocrate, ce grand personnage, pour avoir donné un bel exemple, en avouant qu'il s'était trompé sur les sutures du crâne, et c'est dans un traité intitulé *de Capitis vulneribus* que se trouve cet aveu.

Il transcrit encore cet autre passage, que l'embonpoint, et il entend par là la bonne disposition arrivée à son terme, est dangereux par l'impossibilité d'y tenir.

Enfin, il l'a cité pour avoir dit que la colère est la plus mauvaise et la plus dangereuse des maladies, et qu'il est avantageux de garder le silence vis-à-vis d'un homme qui parle en colère.

Dans la vie de Caton, il parle de sa réponse au roi de Perse, par laquelle il lui disait qu'il n'irait jamais guérir des barbares; mais cette lettre est apocryphe comme toutes les autres.

Rien donc de bien important ne peut être tiré de toutes ces citations; on doit même faire observer que les deux que l'on peut retrouver dans les ouvrages attribués à Hippocrate, sont donnés sans les titres sous lesquels nous les connaissons.

Aulu-Gelle est un autre compilateur de la même époque, mais postérieur à Plutarque, puisqu'il le cite. Nous ne trouvons pas grand'chose de plus dans les trois endroits de ses Nuits attiques, où il parle d'Hippocrate. Dans l'un, c'est pour revendiquer nettement en faveur de celui-ci la fameuse erreur de Platon, relevée par Érasistrate, sur le passage des boissons par la trachée; et, en effet, il rapporte le sentiment du médecin de Cos. Dans un autre, à l'occasion des cinq sens, dont deux suivant lui sont communs à l'homme et aux animaux, il termine par cette phrase : « Hippocrate, homme d'une science divine, pensait que le coït vénérien faisait partie de cette maladie atroce que l'on nommait alors *morbus comitialis ; namque ipsius verba hoc traduntur: copulatio est parva epilepsia.* » La même phrase a été mise sur le compte de Thalès, et elle se trouve dans les fragments de Démocrite, recueillis par Mullach; seulement le mot *epilepsia* est remplacé par celui d'*apoplexia*, qui paraît moins juste. Cette circonstance est donc une nouvelle preuve que tous ces axiomes ou aphorismes, qu'on a attribués à tant d'auteurs différents, sont inventés après coup.

Enfin, dans une troisième citation, Aulu-Gelle, à l'occasion de l'époque de l'accouchement, dit que la possibilité de l'accouchement à huit mois est fondée sur un passage d'Hippocrate, dans son ouvrage *de Alimentis,* où on lit ces mots : « Il est et il n'est pas d'accouchements de huit mois. » Ce que Sabinus, qui a donné de lumineux commentaires sur Hippocrate, a expliqué, en disant que les fœtus naissent vivants, mais meurent sur-le-champ.

Diogène Laërce a donné la vie d'Hippocrate, et toujours avec les mêmes vices de critique qu'il a portés partout.

La biographie d'Hippocrate et l'histoire de ses écrits ont été puisés par les modernes dans Soranus, qui avait écrit la vie des médecins. On ne sait trop ce qu'était ce Soranus, quand ni où il vivait; mais il était certainement postérieur à son héros de plus de cinq à six cents ans. C'est lui qui a recueilli toutes les fables que l'on racontait alors sur Hippocrate, et il paraît qu'il en a composé plusieurs.

Les auteurs arabes vinrent ensuite accroître la confusion.

Après avoir rapporté tout ce qui a été dit d'Hippocrate par ses contemporains, par ses successeurs d'Alexandrie et de Rome, fixons la source des principaux faits biographiques racontés du médecin de Cos, ce sera le moyen d'en bien apprécier la valeur.

C'est, à ce qu'il paraît, Celse qui le premier a rapporté qu'Hippocrate avait été disciple de Démocrite; l'histoire de la guérison de celui-ci par le médecin de Cos est de Diogène Laërce, qui la donne d'après Athénodore et une lettre apocryphe, du nombre de celles que les élèves des diverses écoles de la Grèce et d'Alexandrie amplifiaient sur un mot célèbre proposé par le maître, et sous le nom d'un ancien, à peu près comme c'est encore l'usage de proposer de pareils sujets aux élèves de rhétorique dans nos colléges. On a prouvé en effet que la plupart des discours des anciens historiens étaient de leur façon, et on a aussi prouvé qu'une foule de lettres et de petits écrits avaient été composés comme nous le disons.

L'incendie du temple de la ville natale d'Hippocrate et l'histoire de ses principes scientifiques, extraits des inscriptions de ce temple, sont d'Andréas, de Varron et de Pline.

Sa résidence à la cour de Perdiccas, roi de Macédoine, est de Soranus, fondée sur ce qu'Hippocrate est supposé avoir écrit qu'il avait observé des maladies à Pella, Olynthe, Acanthe, villes de ce royaume; mais l'authenticité de ces écrits n'est nullement démontrée, et le fût-elle, cela prouverait simplement qu'il a voyagé dans ces villes.

Son séjour en Thrace est de Tzetzès, parce que, dans ses Épidémies, Hippocrate fait mention des villes de ce pays; mais cet ouvrage est-il authentique?

D'après le livre *des Lieux*, il aurait voyagé chez les Scythes, dans le Pont, etc.

Ce que l'on raconte, qu'il délivra Athènes et plusieurs villes de la peste; que les Athéniens l'initièrent aux mystères d'Éleusis, lui donnèrent le titre de citoyen, décrétèrent que lui et ses descendants seraient pourvus par le Prytanée, est de Soranus. Galien a seulement ajouté qu'il vainquit la peste par de grands bûchers et des fumigations de plantes odorantes.

L'histoire d'Artaxercès et celle de la guérison du fils de Darius sont de Soranus, quoique Galien en fasse aussi mention, sans doute sur l'autorité de lettres apocryphes.

Son séjour chez Damascus vient des auteurs arabes. La fin de sa vie en Thessalie, des villes de laquelle sont datées, dans les livres qui lui sont attribués, plusieurs histoires de maladies, est de Soranus, aussi bien que sa mort à Larisse et son tombeau près de cette ville. Enfin, la déclaration de guerre des Athéniens aux habitants de Cos, et les secours qui leur furent portés par les Thessaliens, en considération d'Hippocrate, sont encore une histoire de Soranus.

Ainsi donc, la plupart de ces faits sont mis au jour

plus de cinq siècles après le héros auquel on les attribue. Or, quand on a étudié sérieusement cette célèbre
personnification de la médecine dans l'antiquité, de cet
art qui demande à la fois tant de science et d'expérience
autoptique, on est véritablement fort embarrassé de se
faire une idée qui satisfasse aussi bien sur l'homme connu
sous le nom d'Hippocrate que sur les œuvres qu'on lui
attribue. Il n'est donc pas étonnant que les opinions les
plus opposées aient été émises sur ce sujet depuis Galien
jusqu'à nous; les uns faisant presque d'Hippocrate un
dieu dont les œuvres méritaient d'être écrites en lettres d'or; tandis que les autres, bien loin d'avoir cette
respectueuse idée des écrits et de leur auteur, ont presque mis cette existence en doute, et, il faut en convenir, avec plus de probabilité qu'on ne l'a fait pour Homère, dont les écrits sont au moins bien suivis et font
évidemment partie d'un tout.

Sans aller aussi loin que ces derniers, les biographes
les plus récents ont cependant fait bonne justice de ces
histoires publiées sous les noms de Soranus, de Suidas
et de Tzetzès, écrites évidemment plus de cinq à six
cents ans, et même neuf cents ans, après la mort de leur
héros, et qui, sans avoir rien de commun, offrent cette
particularité d'enchérir de plus en plus sur ses hauts
faits médicaux. En effet, aucuns de ces romanciers
biographes assez communs dans l'antiquité, n'ont pris
la peine de nous indiquer les sources où ils ont puisé
tous les contes dont ils ont bercé la postérité, et qui ont
été cependant acceptés avec tant de bonne foi par l'histoire de l'esprit humain.

Nous avons rapporté scrupuleusement les témoignages
que les Grecs, contemporains d'Hippocrate suivant
l'opinion la plus commune, nous ont laissés sur son

existence et ses écrits, ou mieux peut-être sur ses opinions touchant un très-petit nombre de sujets. On a pu voir qu'ils se bornent réellement à Platon et Aristote. Et même il est tout à fait digne de remarque que le dernier n'a parlé qu'une ou deux fois d'Hippocrate, et jamais pour les choses de son art, quoiqu'il en ait eu si souvent l'occasion et qu'il ait cité Polybe, que l'on croit gendre d'Hippocrate.

Nous devons remarquer encore que ni Hérodote, ni Thucydide, ni Xénophon, n'en ont dit un mot dans leurs ouvrages, qui traitent cependant de l'histoire de la Grèce pendant le cours de la vie d'Hippocrate. Le même silence a été gardé par Aristophane dans ses comédies et par les orateurs dans leurs harangues. Mais ce qu'il y a de plus singulier, c'est que dans la belle description que Thucydide a donnée de la peste qui sévit si cruellement sur Athènes pendant la guerre du Péloponèse, il n'est nullement question d'Hippocrate que l'on prétend l'avoir arrêtée. Et comme dans les ouvrages mêmes qui sont attribués à ce médecin, il n'est fait également aucune mention de ce fléau, il faut bien croire que si Hippocrate existait à cette époque, ce qu'il est difficile de nier, c'était tout simplement un des hommes de l'école des Asclépiades qui, vivant à Cos, auprès du temple d'Esculape, commençait à sortir l'art de la médecine des mains des ministres du temple, et qui, ne se contentant plus de donner comme eux, aux malades qui venaient les consulter, les remèdes éprouvés par le témoignage des inscriptions, allait visiter les malades à leur domicile.

Ce n'est donc pas dans l'ancienne Grèce que nous avons pu espérer trouver les éléments propres à éclaircir la question, et nous avons été obligés d'interroger Rome et Alexandrie. Scrutant ces deux sources de tout

ce qui a été écrit sur Hippocrate et sur ses ouvrages,
nous avons été conduits à n'accorder à tant d'opinions
émises sur sa vie, ses voyages et ses écrits, qu'une très-
faible confiance, telle que la mérite un faisceau de
choses apocryphes, accumulées successivement par un
grand nombre de faussaires de l'Asie Mineure et surtout
d'Alexandrie, embrassant toutefois un petit nombre
d'observations utiles, recueillies par les colléges des
prêtres ou des médecins.

S'il est si difficile de démêler quelque fait de sa vie
au milieu de tant de fables, combien doit-il l'être davantage de juger de l'authenticité de ses ouvrages. Le
style en est-il véritablement un ? Est-il reconnaissable ?
Est-ce partout le même dialecte ? A-t-on même un ouvrage certain d'Hippocrate, qui puisse servir de type
pour juger les autres ? Ce sont autant de questions qu'il
serait bien difficile, pour ne pas dire impossible, de
résoudre affirmativement, et qui pourtant devraient
l'être avant de prononcer.

Quant aux matières, aux opinions, aux théories que
contiennent ces ouvrages, il est bien prouvé qu'elles n'ont
pas d'unité, qu'elles sont souvent opposées et contradictoires ; bien plus, on peut affirmer qu'elles ne signifient
pas grand'chose, malgré leur immense renommée.

Ainsi donc, par la lecture attentive des œuvres attribuées à Hippocrate, on acquiert bientôt la preuve de leur
mutilation, à des époques différentes, et de la pluralité de
leurs auteurs, dans les contradictions de doctrines qu'ils
présentent. Le papyrus était fort rare ; Hippocrate écrivait sur des tablettes enduites de cire, ou sur des peaux
d'animaux, sur lesquelles il était facile de raturer ce qui
paraissait peu clair, pour le remplacer par d'autres
idées ; c'est ainsi qu'au rapport de Galien plusieurs de

ces recueils furent interpolés par ses fils et son gendre, dans le but d'expliquer des passages obscurs. Cette mutilation fut portée à son comble, lorsque les Ptolémées, voulant former une bibliothèque plus considérable que celle des Attales à Pergame, prirent, sans examen, tous les livres que leur offrirent une foule de gens avides. C'est de la sorte qu'un certain Mnémon de Pamphilie vendit plusieurs volumes d'Hippocrate à Alexandrie, avec les corrections et les additions qu'il y avait faites. Comme on doutait déjà de l'authenticité de ces livres, les savants d'Alexandrie s'appliquèrent à les vérifier avec beaucoup de soin, et placèrent ceux qui parurent les plus authentiques sur une tablette particulière, et on les appela *les écrits de la petite tablette*. Il paraît qu'Érotien en tira un grand parti pour la vérification des écrits d'Hippocrate. Un certain Artémidore Capito, et son parent Dioscoride, qui vivaient sous le règne d'Adrien, furent ceux qui mutilèrent le plus les ouvrages du philosophe de Cos. Ils remplacèrent les vieilles expressions par de plus modernes, firent des interpolations dans le texte, et supprimèrent tout ce qui ne leur convint pas. Heureusement que Galien, qui nous donne ces renseignements, pouvait encore de son temps distinguer les vrais écrits d'Hippocrate, quelquefois même les fautes des copistes; il avait plusieurs versions, et toujours, dans ses commentaires sur Hippocrate, il préférait la plus ancienne. Tout repose donc, en dernière analyse, sur Galien, qui a, pour ainsi dire, recréé Hippocrate et habilement refondu ses œuvres en jetant les bases de la science médicale et de l'art de guérir. Dès lors ce serait fausser la vérité que de juger d'Hippocrate par l'état actuel de ses œuvres.

II. *Vie et doctrine d'Hippocrate*. Fondés sur l'analyse critique que nous venons de faire, il est donc impossible d'admettre les généalogies fabriquées, d'après lesquelles la famille d'Hippocrate était de la race des Asclépiades, et se continua, pendant trois cents ans, dans sept médecins de ce nom, qui paraissent avoir pris plus ou moins de part à la rédaction des écrits hippocratiques. Hippocrate Ier était contemporain de Thémistocle et de Miltiade, 5oo ans av. J. C. Hippocrate II, le Grand, considéré comme le fondateur de l'art de guérir, naquit dans l'île de Cos, 4i6 ans av. J. C. Suivant les apothéoses, Héraclide, son père, descendait d'Esculape, et sa mère, Praxité, d'Hercule. S'il fallait en croire les ouvrages qui lui sont attribués, il aurait voyagé en Macédoine, chez les Scythes, dont il a décrit les mœurs, et dans la plupart des villes de la Grèce, où il serait devenu célèbre par ses cures médicales. On ne sait au juste ni en quelle année, ni où il est mort.

En dehors de tant de fables, ce qu'il y a de probable se réduit à voir dans Hippocrate un prêtre du dieu de la médecine, qui vivait à Cos vers 4i6 av. J. C., et qui commença la pratique de l'art de guérir au domicile des malades.

Aristote range Hippocrate parmi les premiers physiciens de la Grèce. Suivant Galien, il changea la face de la médecine, en éclairant l'expérience par le raisonnement, et en rectifiant la théorie par la pratique. Dans la théorie, il n'admettait que les principes relatifs aux divers phénomènes que présente le corps humain considéré dans les rapports de maladie et de santé. Reconnaissant la haute importance des secours mutuels que se prêtent la philosophie et la médecine, il regardait le médecin philosophe comme un homme divin.

L'incertitude qui existait sur les écrits d'Hippocrate dès l'antiquité, n'a pas empêché de lui attribuer unanimement les traités : 1° Du pronostic ; 2° Des humeurs ; 3° Des prédictions ; 4° De la nature de l'homme, quoique plus douteux ; 5° Des airs, des lieux et des eaux ; 6° Des aliments ; 7° Du régime dans les maladies aiguës ; 8° Des lieux dans l'homme. La plupart des autres sont attribués à son fils Thessalus, ou à son gendre Polybe, et à quelques autres membres de cette famille.

Le livre De la nature de l'homme contient le plus de ses dogmes ; c'est là qu'on trouve la doctrine d'Hippocrate sur les éléments.

Il ne disséqua point de cadavre humain ; tout au plus s'il disséqua quelques animaux, à l'instar de ses prédécesseurs ; aussi son anatomie est-elle fort grossière, fort incomplète et très-souvent erronée, si ce n'est en quelques points pour l'ostéologie, dans le traité des Fractures qu'on lui attribue ; la myologie y est à peu près nulle : il comprend tous les muscles sous le nom de *sarkos* (chair). L'angiologie n'est pas plus avancée ; il ne connaît aucune différence entre les artères et les veines. Il n'a que peu de physiologie, encore est-elle hypothétique, et ne porte que sur la respiration, la digestion et la génération, comme celle de Démocrite et des autres du même temps. On ne trouve dans Hippocrate que quelques notions plus ou moins bizarres sur les sciences médicales et sur la connaissance de l'homme.

Il est plus intéressant dans son célèbre traité *de Aeribus, aquis et locis* ; il y commence assez heureusement l'histoire naturelle ou la physique médicale : après y avoir parlé de l'importance, de l'examen, de la position des lieux et des effets des diverses expositions, il traite des eaux, de leurs avantages et de leurs inconvénients.

La véritable gloire d'Hippocrate, c'est d'avoir ouvert la marche scientifique, en créant l'histoire naturelle des maladies chez l'espèce humaine. Cette partie fut poussée assez loin pour qu'Hippocrate ait pu être considéré comme le créateur de la séméiotique et du prognostic; et c'est là la base de l'art de guérir : connaître la maladie par ses caractères, ses symptômes, en suivre et en deviner la marche, afin de pouvoir, dans tous les cas prévus, appliquer les remèdes convenables. Mais ce grand pas le conduisit nécessairement à créer la diététique, ou le traitement naturel des maladies, et, par suite, la méthode d'expectation, qui consiste à laisser agir la nature, et à seconder ses efforts.

Hippocrate a donc jeté les véritables bases de la science médicale, en la faisant entrer dans la voie des sciences naturelles; par la méthode d'observation, l'histoire naturelle des maladies, il a créé la séméiotique et le prognostic, la diététique et la médecine expectante qui en découlent; mais il n'était ni anatomiste, ni physiologiste, ni thérapeutiste. Il ne disséqua jamais de cadavres humains : cela était impossible, à cause de la promptitude avec laquelle on enterrait les morts et du respect que la Grèce attachait à leurs restes. Il se contenta, à l'exemple de Démocrite, de disséquer des animaux; encore ne le faisait-il pas avec soin, car, à l'exception d'une ostéologie plus ou moins exacte, il ignorait complétement toutes les autres parties de l'anatomie. La physiologie a sa base dans l'anatomie; il lui était donc impossible de la connaître. Il accepta nettement les causes finales et l'action de la Providence sur les créatures. Pour lui, c'est Dieu qui châtie par les maladies et qui fait réussir les remèdes, qui conduit aux portes du tombeau et qui en ramène; cette croyance fut même une des grandes causes qui le conduisirent à secouer le joug de la superstition et de la jonglerie, à les bannir de la médecine, et, enfin, à préconiser la seule morale qui pouvait conduire au progrès.

SECTION II. — ARISTOTE.

I. APERÇU HISTORIQUE SUR L'ÉTAT DE LA GRÈCE, CONDUISANT
A ARISTOTE.

Le génie de la Grèce antique avait parcouru sa brillante carrière. Pendant que l'activité de son commerce peuplait de ses colonies les rivages de la mer Intérieure et ceux du Pont-Euxin; pendant que la force de ses armes et le courage de ses héros établissaient sa puissance autour de son empire; pendant que son audace et sa foi en elle-même avaient repoussé l'Asie et fait trembler le grand roi sur son trône, sa puissance intellectuelle avait aussi conquis l'une après l'autre toutes les contrées du vaste domaine de l'esprit humain. Elle avait rendu aux beaux-arts le culte le plus magnifique; les poésies homériques, gloire immortelle et ineffaçable de son invincible génie poétique, en nourrissant sa jeunesse de l'aliment des héros, préparèrent tout l'éclat de son âge viril. La voix de Pindare avait fait vibrer les cordes de l'enthousiasme et vivifié l'amour de la gloire. Eschyle, Sophocle et Euripide, créateurs de cet art de la tragédie, national pour la Grèce, vain amusement pour les modernes, l'avaient conduit jusqu'au sublime de la perfection, en faisant couler les pleurs[1] de ces fiers républicains, et façonnant leurs cœurs à la pitié et à la sensibilité, pour les amener souvent à comprendre leurs défauts et les intérêts de leur patrie. La peinture

---

[1] L'acteur Polus, qui jouait le rôle d'Électre, dans la tragédie de *Sophocle...*, remplit toute l'assemblée, non pas d'une simple émotion de douleur bien imitée, mais de cris et de pleurs véritables.— Aulu-Gell., *Noct. attic.*, ch. V.

et la sculpture avaient porté si loin ce beau idéal de la nature, que la beauté des formes humaines avait atteint la perfection quand elles pouvaient lui être comparées[1]. Les sciences philosophiques et morales, les sciences d'observation avaient suscité une foule de penseurs depuis Thalès et Pythagore qui commencèrent l'emploi des mathématiques pour exprimer les phénomènes observés, et essayèrent d'appliquer au gouvernement de l'espèce humaine les règles établies sur l'étude de la nature, jusqu'à Hippocrate que nous avons vu commencer l'étude de cette même espèce humaine à l'état de maladie, et créer, par l'observation, les premières branches de l'art de guérir, la topographie médicale, l'histoire naturelle des maladies et le traitement diététique. Dans cet intervalle brillèrent tous ces chefs de grandes écoles, qui introduisirent dans la Grèce ce zèle ardent des recherches profondes sur toutes les sciences, dont les esprits étaient dévorés à l'époque où Socrate purifiait la morale, où Platon, résumant les connaissances humaines dans sa conception idéale, s'élevait jusqu'au grand géomètre.

Mais la Grèce semble arrivée aux bornes de sa vie politique comme à celles de sa vie intellectuelle. Lorsque, rassemblant ses forces pour accomplir sa mission et léguer au monde le testament qu'elle devait à son progrès et à son enseignement, elle enfanta deux fils de son âge mûr; elle leur confia le soin de mesurer les domaines de sa double puissance, d'en tracer les limites et d'élever le double monument de sa gloire. Alexandre et Aristote, nés l'un pour compléter l'autre, quand même ils n'auraient jamais eu de communications ensemble, fu-

---

[1] Dans son *Hécube*, Euripide peint Polixène, découvrant sous le glaive • son sein et sa gorge, semblable à celle d'une belle statue. »

rent l'œuvre de l'époque, le vœu du monde, l'accomplissement du besoin scientifique et politique de leur siècle. Les conquêtes d'Alexandre étaient tracées à l'avance. Et quand la confédération hellénique, dans laquelle était entrée la Macédoine, remettait ses destinées à ses jeunes mains, elle ne faisait qu'obéir au besoin qui la pressait, de répandre sa pensée sur le monde; tout comme le grand Stagirite, en résumant les éléments de la science pour la constituer, ne fit que terminer les études de la Grèce et lui apprendre qu'elle allait bientôt enseigner le monde. Si Alexandre fut l'élève d'Aristote, si celui-ci reçut à son tour d'un pareil disciple le prix de ses leçons en nouveaux éléments d'étude, en moyens propres à lui faciliter la science, ce n'est qu'un nouvel argument pour la haute vérité établie dans notre discours préliminaire : la puissance politique et la puissance intellectuelle ont besoin l'une de l'autre, elles se prêtent un mutuel appui. Les conquêtes d'Alexandre, en préparant à la science et à la civilisation un nouvel essor, fortifient nos preuves.

Nommé généralissime de la Grèce, le fils de Philippe pacifie son pays et marche contre les Perses à la tête de 30,000 hommes d'infanterie et de 4,500 de cavalerie. Il longe les côtes de Thrace, passe le détroit avant que la pompeuse lenteur du grand roi ait pu le prévenir, soumet l'Asie Mineure, et délivre les villes grecques de la tyrannie des Perses en y rétablissant le gouvernement démocratique. Il continue ses conquêtes en Syrie, en Phénicie, en Palestine; va en Égypte, et là, préparant les bases de cette grande union des nations que son génie méditait, mais qu'il ne devait que préparer, il bâtit Alexandrie pour en faire la capitale du commerce du monde et l'entrepôt de l'Europe, de l'Afrique et de l'Asie; coup d'œil si juste qu'il fonda la richesse de cette ville pour plus de mille ans. Et, même après sa mort et l'abandon de ses vastes projets pour peupler de villes commerciales tout le périple de la Méditerranée jusqu'en Espagne, et opérer par des transmigrations réciproques la fusion des Asiatiques et des Européens, et par les alliances et les liaisons légitimes que les deux parties de la terre contractaient ainsi ensemble, les faire vivre désormais dans une paix profonde[1], Alexandrie, base et presque seul reste d'une conception si gigantesque, demeura pour en attester la possibilité, en devenant, pour plusieurs siècles, le centre de la civilisation et du commerce, et l'asile de toutes les sciences.

La bataille d'Arbelles met fin à la monarchie des Perses ; mais Alexandre voit encore à conquérir la moitié de leur empire. Il a soumis avec la rapidité d'un voyageur les contrées centrales, celles du couchant et du midi ; il lui reste encore celles de l'orient ; c'est là qu'il éprouvera le plus de difficultés. Il repousse les Scythes, passe dans l'Inde, y reçoit les leçons de la sévère philosophie des gymnosophistes bouddhistes, et y rencontre les flèches de Porus. Il va de l'Indus à l'Hyphase, de l'Hyphase à l'embouchure de l'Indus, de l'embouchure de l'Indus à Babylone, signalant partout sa marche de héros par ses admirables établissements et ses grandes vues pour le bien de l'humanité. Néarque, amiral de sa flotte, côtoie par mer les bords de son empire, pendant que lui-même les parcourt par terre ; il arrive dans la Babylonie, méditant de nouveaux agrandissements pour le commerce qu'il vient d'ouvrir par la navigation de Néarque, ou plutôt de rendre plus actif entre l'Inde, l'Afrique

---

[1] Diod., l. XVIII, ch. IV.

et l'Europe; il reçoit des ambassadeurs de la moitié des peuples connus, travaille à la civilisation des peuples conquis, et à les fondre avec les Grecs dans un seul peuple. Ivre de tant de gloire et encore affamé de si vastes projets, il défaillit, et connut qu'il allait mourir à Babylone en 324. Il succombe, à l'âge de trente-deux ans et huit mois, des suites de ses fatigues et de ses excès. Son trépas est pleuré par la famille du roi qu'il a détrôné, par tous les peuples vaincus, dont il a amélioré le sort, et chez lesquels il fonda plus de villes que les autres conquérants n'en ont détruit.

L'Alexandre des historiens profanes ne nous paraîtrait pas moins admirable sous la main de la Providence, s'il nous était permis d'écouter Daniel le prédire et tracer son histoire près de 200 ans à l'avance[1]. Présentement le grand fait qui nous importe, c'est l'univers entier mis en relation par ses conquêtes; fait immense pour l'histoire de la science. Il prépare dans Alexandrie un nouveau foyer d'énergie scientifique, d'où la lumière jaillira dans tout l'univers et pénétrera jusqu'au fond de l'Asie. Il apporte à l'activité intellectuelle dont la Grèce brûlait alors, et prépare, surtout pour la capitale des Ptolémées, une foule d'éléments nouveaux et en tous genres. Mais de toutes les sciences, celles qui devaient, ce semble, en retirer le plus d'avantages, les sciences naturelles, furent peut-être celles qui en profitèrent le moins pour le moment; Aristote en tira peu de chose, et malheureusement Pline y puisa plus tard un des nombreux moyens dont il se servit pour fausser la science et en arrêter le progrès.

N'oublions pas néanmoins que, si le disciple poussait si rapidement le monde dans une voie d'avenir, le

---

[1] Daniel, ch. VII, VIII et XI; Machab., ch. I, v. 1-16.

grand maître qui l'avait formé portait, en même temps, dans les conquêtes intellectuelles cette même universalité de pensée qui soumettait l'univers; et, chose remarquable, Alexandre ne faisait qu'accomplir dans le monde politique ce qu'Aristote avait conçu, ce qu'il opérait dans le monde scientifique. Et, bien que l'œuvre de l'un et de l'autre ait été préparée à l'avance, ils n'en sont ni moins grands, ni moins créateurs, si l'on peut ainsi dire. Il est facile de constater qu'Aristote est le père de toutes les sciences d'observation[1]. Si avant lui, en effet, nous avons vu cette observation travailler sur la nature et en considérer même avec soin les phénomènes divers, cependant il n'y avait pas proprement de science; elle n'existe que par la généralisation bien entendue des faits, pour arriver à des lois, et par là conduire à la prévision, son dernier terme. L'observation des faits, leur accumulation, quelque nombreuse qu'elle soit, ne constituent même pas une découverte scientifique, laquelle ne peut réellement appartenir, comme la science, qu'au génie qui a su en trouver et en démontrer la loi et la confirmer en l'appliquant. Des phénomènes de la vision, par exemple, profondément étudiés, est sortie la généralisation d'un certain nombre de lois sur lesquelles repose la science de l'optique. Ces lois, convenablement appliquées, amènent les découvertes dépendantes des diverses sortes de lunettes, des microscopes simples, et plus tard le perfectionnement des microscopes achromatiques, et enfin du daguerréotype, cette merveilleuse

---

[1] Qua quidem in re et Aristoteles primas sibi adeo partes vindicat, ut non immeritò affirmes, posterioribus seculis in cognoscenda corporis fabrica nihil excogitatum ferè fuisse aut inventum, cujus semen et vestigia non jam in hujus viri libris liceat deprehendere. Spix, *Cephalogen... Introduct.*, p. 8, dit. III.

invention, qui, par la délicatesse des résultats, s'approche aussi près que possible des phénomènes que la lumière opère sur l'organe de la vue. Telle est cette prévision, dernière limite d'une science constituée.

Cette vérité comprise, et l'histoire de la science connue, il n'est plus difficile de voir en Aristote le créateur des sciences positives, et d'acquérir la conviction que le véritable progrès scientifique a pris naissance et s'est développé dans la Grèce. Nous avons déjà donné les plus fortes preuves de cette vérité; mais l'opinion contraire, bien que non-réellement soutenable, est si profondément enracinée dans certains esprits, qu'il est nécessaire de porter la chose jusqu'à l'évidence. On ne conçoit pas en effet qu'un homme de profondes pensées ait pu dire : « Il nous serait facile de prouver que l'immense savoir d'Aristote n'était que le savoir d'un compilateur habile qui, pour ses immenses recherches, pouvait disposer librement des armées partout victorieuses d'Alexandre le Macédonien ; et peut-être ne serait-il pas difficile de montrer, par la comparaison même des textes, que les parties les plus importantes de l'œuvre d'Aristote se trouvent dans les livres hindous publiés plus de 1,500 ans avant l'époque où écrivait le philosophe de Stagire[1]. » Nous verrons plus tard ce qu'il faut penser de cette opinion, comme de celle qui fait tout venir de l'Inde ou de l'Égypte ; l'étude d'Aristote nous conduira à la dernière solution de ce problème.

Nous diviserons cette étude d'Aristote ou de son époque en huit chapitres.

Dans le premier nous exposerons l'analyse critique des éléments ou des sources qui peuvent nous faire connaître sa vie et l'époque où il a vécu.

---

[1] Buchez, p. 19, *Introduct. à l'étude des sc. méd.*

Le second sera le résumé historique de cette vie, tel qu'il a pu être établi d'après ces éléments, en indiquant le degré de confiance que mérite chaque partie.

Le troisième traitera des éléments de ses ouvrages, ou des ouvrages qui lui sont attribués, à tort ou à raison ; et là, nous examinerons, 1° ce qu'il a pu puiser chez les auteurs qui l'ont précédé en Grèce ; 2° s'il est vrai qu'il ait pu puiser chez les peuples étrangers, chez les Phéniciens, les Juifs, les Arabes, les Égyptiens, les Mèdes, les Persans, les Hindous.

Dans le quatrième, nous dirons l'histoire des ouvrages d'Aristote ; comment ils nous sont parvenus, directement dans la langue dans laquelle ils ont été écrits, ou indirectement par traduction, et, par suite, quels moyens nous avons de certifier qu'un ouvrage qui lui est attribué lui appartient réellement.

Le cinquième contiendra l'énumération méthodique des ouvrages attribués à Aristote, soit que nous les possédions ou non, afin de montrer par là son plan encyclopédique.

Le sixième chapitre analysera ceux de ces ouvrages qui ont trait aux sciences naturelles, surtout à la zoologie, dans l'ensemble qu'ils forment, et dans chacun en particulier.

Le septième, comme conséquence, nous montrera ce qu'Aristote a laissé dans chaque partie de la science.

Le huitième chapitre, enfin, fera voir Aristote continué et complété par Théophraste, son disciple.

II. Aristote. I. *Analyse critique des éléments ou maté-*
riaux à l'aide desquels nous connaissons l'époque où a
vécu Aristote, et les circonstances plus ou moins favo-
rables qui l'ont environné.

Diogène Laërce est le seul biographe ancien qui
nous ait laissé une vie complète d'Aristote. Il en existe
une autre anonyme en grec, et traduite par notre Ménage, mais elle mérite bien moins de confiance. Diogène Laërce vivait sous les empereurs Septime Sévère
et Caracalla. Il était de la secte d'Épicure. Dans la vie
d'Aristote, il s'appuie sur le témoignage de plusieurs
auteurs; ce sont :

Timothée d'Athènes, dans ses *Vies;* auteur dont il
paraît qu'on ne sait absolument rien.

Hermippe de Smyrne, dans son livre sur Aristote; il
a aussi écrit la vie de Théophraste et des anciens, mais
non celle de philosophes postérieurs. On croit qu'il vivait sous Ptolémée Évergète; il ne reste rien de lui.
Quoiqu'il mérite peu de confiance pour toutes les fables qu'il a débitées sur les anciens, cependant, comme
il était presque contemporain d'Aristote, on peut croire
ce qu'il en dit, car les disciples du Stagirite étaient
encore vivants et pleins de respect pour leur maître,
et ils auraient démenti Hermippe s'il s'était laissé aller
à son penchant pour les fables.

Démétrius de Magnésie, dans ses livres des Poëtes et
des Écrivains. Cet auteur vivait probablement du temps
de Cicéron, qui le cite dans ses lettres à Atticus comme
ayant reçu de lui un livre.

Aristippe, dans ses Délices des Anciens, a été aussi
de quelque utilité à Diogène Laërce.

Favorin d'Arles, sophiste qui vivait sous Adrien, enseigna avec réputation à Athènes, puis à Rome. Il a parlé d'Aristote dans ses commentaires et dans son histoire, *Omnigenera historica Sylva,* écrite en grec, et qui n'existe plus.

Eumèle, dans ses histoires, a aussi fait mention d'Aristote. On ne sait trop quel est cet Eumèle.

Apollodore, célèbre grammairien d'Athènes, qui vivait sous Ptolémée Évergète, 150 ans avant Jésus-Christ, avait parlé dans ses chroniques du Stagirite, contre lequel Théocrite de Chio fit une épigramme, et dont Timon critiqua le savoir, d'après Diogène Laërce.

Un certain Lycon a aussi fourni à celui-ci une particularité.

Or, de tous ces historiens, il ne nous reste plus sur Aristote que les citations de Diogène Laërce. Lui-même vivait vers l'an 193 de Jésus-Christ, et par conséquent près de six cents ans après les faits qu'il rapporte.

Presque tous les auteurs ont parlé de celui dont le génie a régné sur la science grecque, sur celle des Arabes et sur celle du moyen âge; et la plupart en citant des anecdotes assez peu croyables sur sa vie.

Andronicus, philosophe, est cité par Aulu-Gelle, pour deux lettres d'Alexandre et d'Aristote.

Varron, né en 116 av. J. C., et qui florissait dans le siècle de César, a critiqué le Stagirite sur l'emploi des mots barbares qui se rencontrent dans ses ouvrages.

Cicéron, qui vivait dans le même temps, l'a souvent cité dans ses Tusculanes, son Orateur, etc. Il dit positivement avoir un des livres d'Aristote, *de Naturâ Deorum.*

Fl. Josèphe, de Jérusalem, né 37 ans ap. J. C., et mort vers 96, a dit, dans sa Réponse contre Appion, qu'Aristote avait puisé chez les Juifs. Nous examinerons cette assertion, bien que nous sachions déjà que cet ouvrage est supposé.

Strabon est l'auteur le plus important à connaître, pour bien juger les faits que nous aurons à apprécier. Il florissait sous Auguste et Tibère. Après avoir étudié à l'école des péripatéticiens, il se fit stoïcien. Il avait voyagé en plusieurs pays pour observer par lui-même, et il décrit la géographie en caractérisant les lieux par les productions végétales et animales. C'est lui qui nous apprend, liv. IX, p. 334, que Nélée de la ville de Sepse, ayant acquis par droit d'héritage la bibliothèque de Théophraste et d'Aristote, la transporta dans sa patrie.

Pline de Vérone, né en 23 de Jésus-Christ, et mort en 79, à l'âge de cinquante-six ans, est également très-intéressant sur notre sujet. C'est lui qui rapporte cette célèbre anecdote apocryphe des quatre ou cinq mille hommes employés par Aristote, aux frais d'Alexandre, pour chasser dans toute l'Asie et pêcher dans toutes les mers.

Quintilien, rhéteur, né en Espagne, 42 ans après Jésus-Christ, ne pouvait manquer de faire mention de celui qui le premier avait formulé les règles de l'art poétique.

Plutarque de Chéronée, né sous Claude, vécut jusque sous Trajan. Dans la vie d'Alexandre, il cite deux lettres, l'une d'Alexandre à Aristote, dans laquelle il lui reproche d'avoir publié quelques-uns des livres acroamatiques; et l'autre d'Aristote à Alexandre, dans laquelle il s'excuse de cette publication. Dans la vie de Sylla il a aussi abrégé le passage de Strabon, cité plus haut; et il a donné une table des livres d'Aristote d'après Andronicus de Rhodes.

Alexander Aphrodicus, du temps des Antonins, fit des commentaires sur plusieurs livres d'Aristote.

Aulu-Gelle de Rome, vers 130 de Jésus-Christ, sous

Marc-Aurèle, s'amusait à Athènes, pendant les longues soirées d'hiver, à recueillir, pour ses enfants, sur les monuments et les écrivains de l'antiquité, une collection de nombreuses anecdotes qu'il a intitulée les Nuits Attiques. Il y cite plusieurs historiettes touchant Aristote. Il dit que c'est Andronicus qui a le premier publié les lettres.

Athénée de Naucrate, en Égypte, de 150 à 211 après Jésus-Christ, nous a laissé une compilation en grec sous forme de propos ou de discussions tenues à table par des convives sur les objets servis; il les a intitulés : *Déipnosophistes,* Dîners des Philosophes; Aristote y intervient.

Élien, 222 de Jésus-Christ, en a souvent parlé dans ses histoires variées.

Galien, médecin grec, de Pergame, 131 de Jésus-Christ, nous apprend aussi beaucoup de choses au sujet de celui qu'il regardait comme son maître.

Porphyre de Tyr, né en 233, dans la vie de son maître Plotin, parle d'Aristote.

Origène, saint Jérôme, saint Augustin, ont eu souvent, surtout le dernier, occasion de citer Aristote et de parler de ses écrits.

Il en est de même de Jean Philopon, grammairien d'Alexandrie, au VIIe siècle, sous Omar.

Tels sont les auteurs anciens qui peuvent nous fournir quelque chose sur Aristote; un grand nombre d'entre eux manquent de critique, et les anecdotes qu'ils racontent se réfutent d'elles-mêmes en les examinant avec soin.

Parmi les Arabes, puis au moyen âge et dans les temps modernes, on a fait de nouvelles biographies d'Aristote, toutes compilations plus ou moins habiles de la plupart des auteurs précédents.

Dans notre temps, Feller n'a fait, sur le créateur des sciences positives, que recueillir sans critique un certain nombre d'anecdotes, toutes plus apocryphes les unes que les autres, de sorte qu'après avoir lu l'auteur de la *Biographie universelle des hommes qui se sont fait un nom par leur génie, leurs talents, leurs vertus, leurs erreurs ou leurs crimes*, on est tout stupéfait de ne trouver pour Aristote une place que dans la dernière catégorie.

M. Cuvier, dans la Biographie universelle de Michaud, a donné un article Aristote, qui est malheureusement trop court, et insuffisant pour le faire connaître. Un autre article intéressant sur la philosophie d'Aristote, par S. Munk, a été publié dans la Revue européenne; il avait été destiné d'abord à l'Encyclopédie pittoresque. Sans être complet sous tous les points, cet article mérite d'être lu, et peut faire connaître au moins le philosophe. Le Dictionnaire des Sciences philosophiques vient de donner un article Aristote, dû à la plume habile de B. Saint-Hilaire. Cet article, excellent en lui-même, serait mieux placé dans un dictionnaire biographique.

II. *Biographie d'Aristote, d'après les matériaux fournis par le chapitre précédent.*

Aristote était de Stagire, aujourd'hui Stavro, petite ville maritime de la Thrace, fondée par des habitants de Chalcis, en Eubée, sur les bords du Strymon, à la pointe de cette presqu'île dont le mont Athos occupe l'extrémité méridionale. Elle avait son port naturel dans le golfe Strymonique de la mer Égée. Stragire et son petit port n'étaient pas sans importance; elle joue un rôle dans tous les grands événements qui agitèrent la Grèce depuis les guerres des Perses jusqu'à celles de

Philippe, père d'Alexandre. Au point de vue de la science, sa position n'était pas moins remarquable pour observer les poissons et les oiseaux, qui, chassés par les frimas, se rendaient de toutes les contrées de la Germanie, située au Nord, vers les plages méridionales d'un climat plus propice. Ils passaient nécessairement ainsi par la pointe septentrionale de la mer Égée, formée en grande partie par le golfe Strymonique. L'Italie même et les contrées occidentales renvoyaient, chaque année, au Strymon, ces immenses phalanges de grues et d'oies sauvages que le poëte de Mantoue faisait redouter au laboureur, et aux cris desquelles il compare les clameurs des guerriers troyens [1]; imitant en cela le chantre d'Achille, qui peint ces nuées d'oiseaux fuyant les hivers et les autans, et, avec des cris perçants, volant sur l'Océan pour aller porter chez les fabuleux Pygmées la désolation et la mort. Dès ces temps, les nombreuses légions d'oies sauvages, de grues et de cygnes s'abattaient, de la Macédoine et de la Thrace, en franchissant la mer Égée, dans les prairies d'Asia, sur les ondes du Caystre, au doux climat de l'Ionie [2]. Par conséquent, le golfe et les rivages du Strymon étaient le point central où venaient se croiser toutes ces immenses migrations qui descendaient du nord au midi, et celles qui passaient de l'occident à l'orient. Ce que nous disons des oiseaux s'applique également et à plus forte raison aux poissons, dont tout le monde sait que plusieurs espèces passent même de l'océan Atlantique, par le détroit de Gibraltar, dans la Méditerranée, remontent l'Archipel, traversent la mer de Marmara, pour

---

[1] Virg., *Georg.*, l. I, v. 120; *Enéid.*, l. X, v. 265.
[2] Homer., *Il.*, ch. III, v. 2-6; et ch. II, v. 459-463.

aller se faire pêcher dans la mer Noire. Ces migrations diverses devaient apporter au golfe Strymon, comme à tout le nord de la mer Égée, d'immenses légions de poissons.

C'était sur des bords aussi favorablement placés, qu'était bâtie Stagire, la patrie d'Aristote. Celui-ci naquit la première année de la 99ᵉ olympiade, l'an 384 avant Jésus-Christ. Il venait après Socrate, qu'il ne connut pas, puisque le maître de Platon était mort la 1ʳᵉ année de la 95ᵉ ou 97ᵉ olympiade ; après le grand siècle de Périclès, l'apogée de la Grèce, lorsque tous les beaux-arts avaient fleuri, et que toutes les sciences avaient été cultivées. Il est donc venu à l'époque la plus favorable pour généraliser les observations et les faits, en apercevoir les lois et constituer la science. Il est venu après les premiers temps de la république romaine ; il parle de la prise de Rome par les Gaulois, et de sa délivrance par Camille ; par conséquent à une époque où les communications entre la Grèce et l'Italie étaient déjà fréquentes, aussi bien que celles avec l'Asie.

Il appartenait à une famille de médecins, originaire d'Épidaure. Nicomaque, son père, descendait de Machaon, fils d'Esculape. Phaestis, sa mère, tirait son origine d'une famille illustre de Chalcis. La médecine, héréditaire chez les Asclépiades, fut pratiquée par son père, qui laissa même quelques ouvrages sur cette science et sur la physique. Nicomaque dut à l'amitié d'Amyntas II, roi de Macédoine et aïeul d'Alexandre, d'être appelé à sa cour en qualité de médecin. Toutes ces circonstances influèrent sur l'éducation de son fils. Il le destina à la même carrière, et le dirigea lui-même dans l'étude de la médecine et de la philosophie, qui en était déjà la compagne inséparable, comme le prouvent les écrits d'Hippocrate. Ce fut sans doute à cette première éducation, jointe à la position de sa ville natale, qu'il dut son goût pour les sciences naturelles. Il était à peu près du même âge que Philippe, le plus jeune des enfants d'Amyntas, et, dès lors, il faut le croire, s'établirent des relations qui déterminèrent plus tard le choix du précepteur d'Alexandre. Ayant perdu ses parents fort jeune, il fut confié, ainsi que son frère et sa sœur, aux soins de Proxène, d'Atarnée en Mysie, qui habitait Stagire. Cet ami de sa famille se chargea d'achever son éducation.

Aristote conserva pour ses parents adoptifs la plus vive reconnaissance. Dans son testament, il ordonne qu'on élève des statues à la mémoire de son bienfaiteur et à celle de sa femme, qui lui avait été une seconde mère. Il rendit au fils orphelin de Proxène ce qu'il avait reçu de son père ; il l'adopta, et lui donna sa fille Pythias en mariage. Ces détails, et bien d'autres, réfutent les reproches injustes d'ingratitude qu'on a jetés à sa mémoire, et prouvent que la reconnaissance, au contraire, a été l'une des vertus de son cœur.

La mort de son protecteur le poussa vers Athènes, où il devint disciple de Platon, à l'âge de dix-sept à dix-huit ans, suivant Hermippe. Mais comme Platon faisait alors son second voyage en Sicile, d'où il ne revint que deux ans après, il est plus probable qu'il ne reçut les leçons d'un tel maître qu'à l'âge d'environ vingt ans. Il demeura à Athènes jusqu'à trente-sept ans, suivant Apollodore.

Le génie d'Aristote lui assigna, dès le commencement, le premier rang parmi ses condisciples. On rapporte que, lorsqu'il ne se trouvait pas à la leçon, Platon avait coutume de dire : « L'esprit est absent, l'auditoire est sourd. » Il l'appelait aussi le liseur, l'entendement de son école ; raison suffisante, avec le sentiment de sa supériorité, qu'il ne sut pas toujours cacher, à ce qu'il paraît, pour le désigner aux traits de l'envie et de la calomnie. Telle est la source principale de tout ce qui s'est débité sur son caractère, son mauvais cœur et ses brouilleries avec son maître ; brouilleries qui s'expliquent encore mieux par la direction opposée de ces deux génies, et peut-être aussi par le sentiment de jalousie un peu naturel au passé qui s'en va, contre l'avenir qui surgit. Des témoignages, qui ne manquent pas de valeur, affirment qu'Aristote avait voué à son maître une admiration pleine de respect, et qu'il lui consacra un autel où une inscription, composée par le disciple reconnaissant, exaltait les vertus de cet homme, que les méchants eux-mêmes ne sauraient attaquer. Au dessus de tout, le célèbre passage de la *Morale à Nicomaque*, prouve qu'en repoussant la théorie des idées, il en chérissait l'auteur, puisque le devoir sacré de donner la préférence à la vérité l'emportait seul sur ses sentiments personnels pour un homme qui lui était cher. Tout en suivant avec zèle les leçons de Platon, Aristote se livrait avec ardeur à l'étude de la nature et des ouvrages des anciens ; il travaillait à s'approprier toute la somme des connaissances positives auxquelles l'esprit humain pouvait prétendre alors, se préparant ainsi à la grande mission qu'il devait accomplir. Il demeura à Athènes jusqu'à la mort de Platon, et y publia probablement quelques ouvrages sur la philosophie ; il s'y était fait connaître par des cours d'éloquence, dans le but de combattre le mauvais goût et les grâces efféminées qu'Isocrate introduisait dans cet art.

Cependant, la crainte d'avoir, dans le premier de ses

disciples, un rival qui, loin de propager ses doctrines, travaillerait à les combattre, et puis les affections du sang, portèrent Platon à désigner, avant de mourir, Speusippe, son neveu, pour lui succéder dans l'académie, quoique, à tous égards, Aristote eût mérité la préférence. Affecté de cette espèce d'injustice, le Stagirite se retira auprès d'Hermias, tyran d'Atarnée, son ancien condisciple et ami. Lorsque, trois ans plus tard, Hermias eut été crucifié par ordre d'Artaxercès, Aristote s'enfuit à Mitylène, après avoir épousé Pythias, la sœur, selon d'autres la nièce, d'Hermias, dont il eut une fille. On parle aussi d'une maîtresse d'Aristote, nommée Herpyllis, qu'il aurait épousée à la mort de Pythias, et dont il eut un fils naturel appelé Nicomaque, auquel il dédia un de ses ouvrages sur l'Éthique.

Peu de temps après sa fuite à Mitylène, il revint à Athènes, d'où il paraît qu'il reçut une mission politique pour Philippe, roi de Macédoine, sa patrie. Ce prince l'appela vers l'âge de quarante ans, pour le charger de l'éducation de son fils Alexandre, qui en avait alors douze ou treize. « Il sut, dit B. Saint-Hilaire, prendre sur ce fougueux caractère un ascendant qu'il ne perdit pas un instant, et lui inspirer la plus sincère et la plus noble affection. Les études auxquelles il appliqua surtout Alexandre, furent celles de la morale, de la politique, de l'éloquence et de la poésie. La musique, l'histoire naturelle, la physique, la médecine même, occupèrent beaucoup le jeune prince.

« Il paraît aussi qu'Alexandre attachait le plus grand prix aux études de métaphysique, qu'il avait commencées.

« Il est certain que la fameuse édition de l'*Iliade*, qu'Alexandre porta toujours avec lui, qu'il mettait sous son chevet, cette fameuse édition de la cassette, avait été revue pour lui par Aristote. » Celui-ci resta cinq ou six ans auprès de son élève ; il le quitta avant son passage en Asie, en lui recommandant Callisthène d'Olynthie, son parent, qui suivit Alexandre.

Revenu à Athènes la seconde année de la 111e olympiade, les Athéniens lui donnèrent le lycée, pour y ouvrir sa célèbre école péripatéticienne. Une grande affluence d'auditeurs s'y porta bientôt. L'habitude de discuter avec ses élèves en se promenant dans le lycée, fit donner à son école le nom qu'elle porte (du mot grec περιπατειν, *se promener*). Il s'y rendait deux fois le jour, et consacrait le matin à exposer à ses disciples les profondeurs de la science ; le soir, il recevait tout le monde, et raisonnait sur les connaissances qui sont d'un usage plus habituel dans le cours de la vie. C'est à cette distinction que l'on doit la division de ses ouvrages en *ésotériques* et en *acroamatiques* : les premiers contenaient une doctrine usuelle à la portée de tout le monde ; les seconds, destinés à ses disciples, avaient besoin, pour être mieux compris, du secours de ses leçons. Aristote resta treize ans à la tête de cette école, et ce fut probablement pendant ce temps qu'il composa la plus grande partie de ses nombreux ouvrages.

L'attachement que Philippe et Alexandre lui avaient témoigné remua contre lui les passions politiques des Athéniens ; la célébrité de son école et la puissance de sa science soulevèrent la haine des sophistes, qu'il avait combattus, et la jalousie des platoniciens. On suscita contre lui l'hiérophante Eurymédon, pour l'accuser d'impiété, en prenant pour prétexte son incrédulité à la divinité de Cérès, et un hymne qu'il avait composé en l'honneur de son ami Hermias, et dans lequel ils

prétendirent voir une offense envers les dieux. Forcé
par cette accusation de fuir Athènes, et voulant, disait-
il, par allusion à la mort de Socrate, épargner aux
Athéniens un second attentat contre la philosophie, il
se retira à Chalcis, en Eubée, avec la plus grande partie
de ses disciples. Il y mourut la troisième année de
la 114ᵉ olympiade, sous l'archontat de Philoclès, 322 ans
avant Jésus-Christ, à l'âge de soixante ou soixante-trois
ans suivant les uns, soixante-dix suivant les autres.
Eumèle le fait mourir de poison ; saint Grégoire de Na-
zianze, saint Justin, et d'autres écrivains, disent qu'il se
précipita dans l'Euripe; d'autres, avec plus de raison,
prétendent qu'il mourut peu de temps après sa fuite,
d'une maladie d'estomac, héréditaire dans sa famille.

Diogène Laërce nous a conservé son testament, dans
lequel son caractère se peint très-avantageusement ; il
n'y oublie personne de ceux qui lui avaient été attachés. Quant aux contes ridicules et calomniateurs dé-
bités à son sujet, ils se réfutent d'eux-mêmes ; il eût été
plus qu'inutile pour nous de les mentionner.

D'après cet exposé de la vie d'Aristote, il est donc
clair qu'il n'a point voyagé hors de la Grèce, de la Macédoine et de la Thessalie; et nous verrons en effet
que toutes ses observations directes portent sur les animaux de son pays. Ammonius est le seul de ses historiens à avoir prétendu qu'il ait suivi Alexandre jusqu'en
Égypte. On appuie cette opinion sur l'impossibilité de
lui envoyer tous les animaux dont il fait la description,
et qu'il avait dû disséquer lui-même. Dans cette manière
de voir, il serait revenu à Athènes vers 331, apportant
toutes les matières pour la composition de son immortel ouvrage de l'Histoire des animaux. Mais ce fait,
d'ailleurs réfuté par l'historiette de Pline, qui lui donne,

de la part d'Alexandre, plusieurs milliers d'hommes pour lui pêcher des poissons, et lui chasser des oiseaux et des animaux [1], tombe, comme cette dernière, devant l'examen sérieux des ouvrages d'Aristote, dont toutes les observations directes portent sur des animaux de la Grèce, surtout sur les oiseaux et les poissons, ce qui est amplement expliqué par la position du lieu de sa naissance et par l'état de sa fortune particulière.

Il paraît, en effet, qu'il était assez riche, d'abord d'après son testament, que Diogène dit avoir lu, et où il donne le détail de ce qu'il possédait par la distribution qu'il en fait. En second lieu, d'après le témoignage de Strabon, c'est lui qui le premier a commencé en Grèce à recueillir des livres pour former une bibliothèque. Quoique Strabon se trompe sous le rapport de priorité, puisque Euripide, né dès 480 av. Jésus-Christ, 96 ans avant Aristote, avait formé une bibliothèque qu'Athénée compte au nombre des plus belles de l'antiquité, et à laquelle Aristophane fait allusion au

---

[1] « Alexandre le Grand, dit Pline, enflammé du désir de connaître l'histoire naturelle des animaux, chargea ce philosophe, qui réunissait tous les genres d'instruction, de faire les recherches nécessaires ; et, pour que nulle espèce d'animaux n'échappât à sa connaissance, il mit à ses ordres plusieurs milliers d'hommes dans toute l'étendue de l'Asie et de la Grèce ; c'étaient tous ceux qui vivaient de la chasse et de la pêche, et qui, par état, s'occupaient du soin des parcs, des bestiaux, des ruches, des viviers et des volières. Les cinquante volumes admirables qu'Aristote nous a laissés sur les animaux, sont le résultat des observations qui lui ont été communiquées par tous ces hommes. » Pline, liv. VIII, ch. XVI, trad. de Guéroult.

Il est à remarquer que Pline ne parle pas de l'Afrique, où Ammonius a fait voyager Aristote, et cependant celui-ci a parlé de plusieurs animaux de ce pays ; il y a donc double contradiction entre ces deux histoires et les livres d'Aristote même.

vers 456 de sa comédie des Grenouilles, il n'en est pas moins vrai que la formation d'une bibliothèque par Aristote, démontrée d'ailleurs par son analyse des philosophes, prouve qu'il était riche. La troisième preuve de la richesse d'Aristote ressort du long séjour de son père, en qualité de médecin, à la cour du roi Amyntas, où il avait sans doute acquis, dans un temps où les médecins étaient si richement payés, une certaine fortune. Sa mère, d'une famille illustre, avait dû, d'après la coutume des Grecs à cette époque, apporter une riche dot en mariage. On conçoit bien, d'ailleurs, qu'Aristote lui-même ait reçu beaucoup d'argent de Philippe et d'Alexandre, deux princes riches et magnifiques dans leurs largesses. Athénée dit, en effet, qu'Alexandre lui donna quatre-vingts talents. Enfin, il paraît qu'il avait une famille peu nombreuse, puisqu'on ne parle dans son testament que d'une fille et d'un fils naturel, et, par conséquent, son entretien n'avait pas dû peser sur sa fortune. Il était donc dans une position de richesse favorable pour fournir par lui-même à toutes les dépenses qu'exigeaient ses recherches.

Après avoir établi la position d'Aristote et montré les circonstances au milieu desquelles il a vécu, ce qui nous importe davantage, c'est son génie, ce sont ses immenses travaux, c'est la place qu'il occupe dans l'histoire de l'esprit humain, c'est enfin l'influence qu'il a exercée sur ses contemporains et sur la postérité. Malheureusement ce grand génie n'a pas toujours été bien apprécié, grâce aux égarements de ceux-là mêmes qui se prétendirent ses disciples et ses commentateurs. Pendant une longue série de siècles, son nom a été prostitué pour servir de palladium à l'esprit humain, dans le labyrinthe des erreurs et des extravagances. Et lorsqu'enfin une nouvelle aurore se leva sur l'Europe, le génie du Stagirite eut de la peine à pénétrer à travers les nuages épais dont l'avaient enveloppé une foule d'ineptes commentateurs. Il a été méconnu encore dans les temps modernes. L'Allemagne, la première, a fourni des hommes qui ont courageusement abordé les sources, étudié Aristote dans ses propres ouvrages, sans se laisser effrayer par les difficultés que leur opposaient trop fréquemment un style peu élégant et plein d'obscurités, une universalité dont l'ordre systématique a été plus d'une fois troublé, et une terminologie toute particulière. Mais, ce qui était plus important encore, et ce qui manqua souvent, c'est que ses commentateurs modernes l'ont abordé, préparés à le comprendre et même à le deviner par une science profonde, seule capable de le bien juger.

III. *Des éléments ou matériaux des ouvrages d'Aristote.*

Les éléments dont Aristote s'est servi pour composer ses ouvrages sont de deux sortes. Il a pu puiser dans la tradition orale ou écrite, ce qui comprend les leçons de ses maîtres, les ouvrages de ses prédécesseurs et de ses contemporains, soit de ses compatriotes, soit des étrangers; et en second lieu dans ses propres observations, ce qui suppose des objets en nature, par conséquent des hommes pour les recueillir et de l'argent pour les payer : dans son testament il parle de statues d'animaux en pierres, hautes de quatre coudées et dédiées à Jupiter et à Minerve.

1° *Auteurs grecs antérieurs à Aristote.* Il est indubitable qu'Aristote a puisé chez les philosophes qui l'ont précédé; il possédait une riche bibliothèque, dans laquelle se trouvaient, à en juger d'après ses citations, les ouvrages de tous les poëtes et de tous les philosophes ses prédécesseurs. Il a exposé les opinions de Pythagore et de son école; de Leucippe, de Démocrite, de Parménide, d'Empédocle, etc. ; il cite Eschyle, descendant des Asclépiades : il est à croire qu'il a pu recevoir les traditions médicinales hippocratiques. Dans l'histoire naturelle, il a cité Alcméon de Crotone. Diogène Apolloniate est cité dans le livre *de Spiratione*, pour avoir exposé, ainsi qu'Anaxagore, comment les poissons et même les huîtres respirent.

Hérodorus Héracléote de Pont, père du rhéteur Bryson, lui a fourni, dans l'Histoire des animaux[1], une observation sur les migrations des oiseaux; on ignore ce qu'était cet auteur, il n'en est resté que ce passage.

Syennensis Cyprius, médecin de Chypre, est cité[2] pour une description très-singulière des grosses veines.

Polybe l'est textuellement[3] sur le même sujet.

Il fait mention d'Anaxagore de Clazomène dans le livre *de Spiratione*, pour la manière dont il conçoit que se fait la respiration dans les poissons.

Homère, Musæus, Simonides, Stésichore, Hérodote d'Halicarnasse sont également cités. Le dernier a pu lui fournir certains faits sur l'Égypte; mais il en fait rarement usage.

Ctésias de Cnide, médecin de Darius II Nothus, avait écrit l'histoire de Perse en vingt-trois livres, et une histoire de l'Inde. Il aurait pu fournir un certain nombre de faits sur ces deux pays et leurs productions. Mais il était si crédule et a ramassé sans critique tant d'histoires incroyables, qu'Aristote ne le cite que très-rarement et

---

[1] L. VI, c. V.

[2] L. III, p. 117.

[3] L. III, p. 122.

avec défiance; ainsi, au liv. VIII de l'Histoire des animaux, c. 28, il avertit qu'il ne faut pas avoir une grande confiance en ce qu'il dit, et qu'il n'est pas digne de foi.

Platon a cité Hippocrate dans un certain nombre d'endroits, entre autres dans le Phédon; Aristote ne l'a pas cité, et cependant Dulaurens a osé dire que presque tout ce qu'Aristote avait dit de la nature des animaux, il l'avait appris d'un seul homme, Hippocrate, quoique celui-ci ait fort peu parlé des animaux, et qu'Aristote ne le cite jamais.

Ainsi donc, Aristote n'a presque rien pris de ses prédécesseurs pour l'histoire naturelle, par une raison toute simple: il n'y avait que fort peu de chose à prendre, en fait d'observations exactes et sérieuses. Pour les choses dont il n'était pas sûr et dont il ne parlait que par tradition, il emploie la formule *on dit, on prétend.* Schneider se demande si Aristote a employé les observations qui furent rapportées par les compagnons d'Alexandre, comme Théophraste l'a fait pour les plantes; il regarde comme certain que les récits des compagnons d'Alexandre furent publiés après la mort du roi, sans qu'il puisse fixer l'époque de cette publication d'une manière positive; mais il ajoute qu'aucun passage ne peut lui prouver qu'Aristote ait rien recueilli d'une telle source.

2° *Auteurs étrangers. Phéniciens.* Si des compatriotes nous passons aux étrangers, nous ne trouvons que des assertions sans fondment. On a dit qu'il avait emprunté aux Phéniciens, un des peuples les plus civilisés de l'antiquité; mais cette nation, entièrement livrée au commerce, a peu prisé la philosophie et la science, et n'a pu par conséquent rien fournir à celui qui donna des bases solides à l'une et à l'autre.

Juifs. Dans l'ouvrage de Josèphe contre Appion[1], on cite un passage de Cléarque, disciple d'Aristote, sur les relations qui auraient existé entre le Stagirite et un juif dont il aurait beaucoup appris; Meiners a prouvé que cet ouvrage était certainement controuvé et d'un juif moins ancien. Aristote d'ailleurs n'a point voyagé en Judée et ne parle d'aucun animal de ce pays.

Arabes. Les anciens Arabes n'ont pas été pour lui une source plus féconde; rien ne le prouve, ni dans sa vie, ni dans ses écrits, ni dans l'histoire même des Arabes, qui ne paraissent guère avoir connu les sciences que postérieurement à Aristote, et par son moyen.

Égyptiens. Les Égyptiens sont le peuple chez lequel on pourrait, avec plus de probabilité, trouver quelques-uns des éléments mis en œuvre par Aristote. Il a connu les animaux de la haute Égypte d'après des voyageurs, en particulier d'après Hérodote qu'il cite à leur sujet. La même voie a pu lui faire connaître encore plusieurs animaux de l'Afrique, apportés en Égypte soit par le commerce, soit par les bateleurs, qui faisaient dès lors métier d'amuser le public des grandes villes avec leurs ménageries ambulantes. Les animaux qu'il a ainsi connus sont, entre autres, l'hippopotame, la girafe, le crocodile et diverses espèces de singes. D'ailleurs ils pouvaient aborder jusqu'à Athènes : la position commerciale de cette ville, son zèle pour les sciences et l'ornement de ses monuments, son amour des aises de la vie en facilitaient le transport.

Perses, Hindous. Quant aux Persans et aux Hindous, les classifications d'êtres naturels qu'on leur attribue, loin d'être antérieures à Aristote, paraissent plutôt faites

[1] Ch. VIII.

sur ce qu'était la science à l'époque des Grecs et des Arabes, leurs successeurs. Les compagnons d'Alexandre, ni Alexandre lui-même, n'ont rien apporté de leurs expéditions à Aristote, qui n'a décrit aucun animal de l'Inde, sauf des perroquets.

3° *Ses propres observations.* Quand on étudie ses ouvrages, on s'aperçoit bientôt qu'une grande partie de ses observations portent sur les poissons; et si l'on énumère les espèces mentionnées dans ses livres, on y trouve un très-grand nombre de poissons qui habitent les mers de la Grèce, ou que l'émigration y conduit. Les oiseaux sont le second type dont Aristote ait plus longuement traité; or, ses observations sur les oiseaux, et surtout sur leurs migrations, peuvent toutes avoir été faites dans la Grèce et la Macédoine. La Grèce est le lieu d'émigration d'une foule d'oiseaux de tous les pays du nord et de nos climats mêmes, et nous avons vu que la patrie d'Aristote était, deux fois par année, pour l'allée et le retour, le point où se croisent ces immenses légions de voyageurs aériens.

Parmi les mammifères dont il parle, il n'y a que le lion et quelques autres qui n'appartiennent plus à la Grèce; et lui-même a soin de faire la remarque qu'ils y étaient déjà rares de son temps; tous les autres sont les mêmes que l'on trouve encore aujourd'hui dans ces contrées. On peut donc assurer que les observations directes d'Aristote portaient uniquement sur des animaux de son pays, et que les sources les plus fécondes de ses ouvrages ont été ses propres observations et son génie; que le peu qu'il a puisé dans d'autres auteurs appartenait à la Grèce, et que, par conséquent, le véritable point de départ de la science européenne est la Grèce.

IV. *Histoire des ouvrages d'Aristote; comment ils nous
sont parvenus; quel degré de confiance méritent-ils ?*

Les ouvrages des philosophes grecs se distinguaient
en ésotériques et exotériques : les uns étaient sans
doute rendus publics par les auteurs eux-mêmes ou
par leurs disciples; les autres restaient dans le secret de
l'école.

Il en fut de même pour les écrits d'Aristote ; un certain nombre de ses ouvrages exotériques avaient été publiés de son vivant, soit par lui, soit par ses élèves sous
ses yeux. Ce que nous savons de leur histoire depuis
leur composition jusqu'à leur première publication à
Rome, nous est fourni par Strabon, à l'occasion de la
ville de Sepse, en Phrygie, patrie de Nélée.

Aulu-Gelle dit qu'à la mort d'Aristote, ses ouvrages
avec toute sa bibliothèque furent légués à Théophraste,
son disciple et son ami. Théophraste en mourant les
légua, avec sa bibliothèque et celle d'Aristote, à Nélée,
disciple d'Aristote et de Théophraste. Ce fait nous est
connu par le testament de Théophraste dans Diogène
Laërce.

Au rapport de Strabon, les parents de Nélée, hommes
ignorants, les reçurent en héritage et les transportèrent
dans leur patrie. Ils les enfermèrent sans beaucoup de
soin ; mais craignant qu'ils ne leur fussent enlevés pour
enrichir la bibliothèque que les Attales, rois de Pergame, formaient alors à grands frais, il les déposèrent
dans une cachette sous terre, où ils restèrent assez longtemps pour être fortement altérés en plusieurs endroits.
Cependant ils consentirent à les vendre à grand prix à
un certain Apellicon, bibliophile d'Athènes, qui recueil-
lait une bibliothèque dans cette ville.

13.

Pour réparer les altérations que ces manuscrits avaient éprouvées, Apellicon les transcrivit de nouveau, corrigea du mieux qu'il put les fautes, et remplit les lacunes par des interpolations qui ne furent pas toujours heureuses. Il paraît assez probable que ces altérations et ces interpolations n'eurent lieu que pour les livres ésotériques qui n'avaient point été publiés, et non pour les livres exotériques, qui l'avaient été du vivant même d'Aristote, publication qu'il rappelle lui-même dans sa Poétique, pour l'Éthique; que Théophraste confirme pour la Physique; et que Plutarque semble, d'après Schneider, indiquer pour tous les exotériques : par conséquent, les livres des animaux, qui font partie de ces derniers, n'auraient pas été altérés.

A la prise d'Athènes par Sylla, celui-ci acheta les œuvres d'Aristote de ceux qui s'étaient emparés de la bibliothèque d'Apellicon après sa mort, et il les transporta à Rome; suivant d'autres, Apellicon lui-même aurait vendu sa bibliothèque à Sylla, à l'époque où l'on fabriquait beaucoup de livres supposés en Grèce; et cette bibliothèque aurait été apportée à Rome.

Un grammairien nommé Tyrannion, tombé au pouvoir de Lucullus lors de la guerre de Pont, et vendu par lui à Muréna, qui l'affranchit, fut chargé de revoir les écrits d'Aristote. Tyrannion était très-instruit et jouissait de la confiance des grandes familles de Rome, dont il élevait les enfants. A l'aide de la fortune qu'il acquit, il se composa une bibliothèque très-considérable. Aristotélicien zélé, on convient généralement qu'il apporta beaucoup de soin à la révision des œuvres de son maître.

Après cette révision, les écrits d'Aristote furent placés dans la première bibliothèque publique qui fut ouverte à Rome par Asinius Pollion, sous un grand portique, à côté du temple de la Liberté.

Andronicus de Rhodes les rendit ensuite publics. Les libraires de Rome se hâtèrent d'en faire des copies avec si peu de soin que, suivant Strabon, la corruption des œuvres d'Aristote ne put qu'en être augmentée, parce que les copies ne furent pas confrontées avec l'original.

Ainsi les ouvrages d'Aristote ne furent véritablement publiés que 200 ans environ après sa mort, et pour tous autres que pour ses disciples. Dès lors, il y avait déjà trois sources de fautes, d'erreurs et de variantes dans ces écrits : 1° celles du fait d'Apellicon ; 2° celles d'Andronicus ; 3° celles des copistes de Rome. Tel était, à l'époque où Plutarque, copiste de Strabon, écrivait, l'état des ouvrages d'Aristote. Malheureusement le catalogue, ni même peut-être le titre d'aucun de ces ouvrages, ne nous est donné par Strabon. Nous ne trouvons de catalogue que dans Diogène Laërce, qui ne dit cependant rien de tout ce que nous apprend Strabon. Ce catalogue est du reste sans ordre, tout y est pêle-mêle, et Diogène ne dit nullement la source où il l'a puisé. Une chose certaine, c'est qu'il indique même, sur le sujet qui nous occupe, des ouvrages que nous n'avons plus, et qu'au contraire il en est un certain nombre que nous avons sous le nom d'Aristote et qu'il ne cite pas.

L'étude de la philosophie ne commença véritablement à Rome que quand la république eut épuisé sa force dans les discordes civiles ; et dès lors cette étude même fut toute d'emprunt. Les écrits d'Aristote arrivèrent fort à propos, car, comme ils contenaient les opinions des anciens philosophes, ils furent nécessairement accueillis. Cicéron, retiré des affaires, fut forcé d'employer l'activité de son esprit à des spéculations moins dangereuses que celles du Forum ; il est le premier qui ait étudié Aristote pour le citer dans ses écrits.

Mais c'est dans Pline que doit surtout se remarquer l'influence des écrits d'Aristote à cette époque : lui-même dit, liv. VIII, ch. xvi, qu'il donne le précis des cinquante volumes admirables qu'Aristote nous a laissés sur les animaux. Il se servit également de plusieurs autres livres d'Aristote.

Sénèque a fait ses Questions naturelles à l'imitation du philosophe de Stagire.

Cependant, les œuvres aristotéliciennes ne firent guère à Rome que montrer, à certains esprits élevés, quelque autre chose au-dessus de la gloire des armes et de la science du gouvernement.

Il n'en fut pas de même chez les Grecs de l'école d'Alexandrie, bientôt puissante dans le nouvel asile ouvert par les Ptolémées aux sciences et aux lettres. Là, Aristote fut étudié, et trouva des continuateurs que nous verrons se grouper autour de Galien.

C'est dans cette célèbre école d'Alexandrie que la science va devenir chrétienne, malgré les égarements de la raison qui en sortirent pour lutter contre l'Évangile.

Les premiers Pères de l'Église étaient Grecs. La religion chrétienne détrônait le matérialisme régnant, pour mettre à sa place les réalités spirituelles. On comprend alors comment le spiritualisme dut dominer dans la philosophie, et pourquoi Platon devint le philosophe par excellence, à l'exclusion d'Aristote, dont les écrits furent peu considérés des premiers Pères. Il put en résulter, en dehors de la foi, une réaction d'où naquirent les premières hérésies. Le besoin de les combattre appela dans l'arène Aristote avec les armes de la logique ; puis la nécessité de faire tout rentrer dans le cercle catholique conduisit à l'étude des livres sur l'histoire naturelle, afin de démontrer les perfections de Dieu par ses œuvres, ce que fit, entre autres, saint Basile dans son admirable Hexaéméron.

Parmi les Pères latins, saint Augustin a traduit l'ouvrage sur les prédicaments.

Cassiodore travailla aussi sur plusieurs livres. Mais Boëce paraît être celui qui s'en soit occupé d'une manière plus étendue; ses versions d'Aristote étaient assez connues dans les XIe et XIIe siècles. Il est néanmoins probable qu'elles se bornaient seulement aux livres de philosophie rationnelle.

Les œuvres d'Aristote avaient été traduites en syro-chaldaïque et en syriaque, quand les nestoriens et les philosophes d'Alexandrie les emportèrent en Mésopotamie et en Perse, fuyant devant les persécutions des empereurs de Constantinople. Dans les écoles qu'ils élevèrent, sous la protection des princes persans, la doctrine d'Aristote ne tarda pas à dominer, suivant toute apparence.

Les enfants d'Abbas et d'Aly, chassés par les Ommiades, se réfugièrent dans les mêmes contrées, et s'y livrèrent aux goûts de la paix. En revenant vainqueurs à Bagdad, ils y ramenèrent les sciences et Aristote; de là ses écrits se répandirent dans toutes les universités fondées par les Arabes, en Afrique et en Espagne.

Almanzor fit traduire en arabe plusieurs ouvrages des Grecs. Ses successeurs, Aroun-al-Raschid, Mahmoud, firent de même. Bientôt parut Avicennes, qui embrassa le plan d'Aristote, et détermina sa fortune parmi les Arabes. Averroès, autre philosophe arabe, écrivit ses commentaires sur ce plan, vers 1150. Le plus grand nombre de ces traductions arabes furent faites sur le texte grec, et quelques-unes sur le syriaque.

Enfin, le moyen âge reçut les écrits d'Aristote par deux voies, Rome et l'Arabie. Albert le Grand fut le premier qui embrassa l'encyclopédie aristotélicienne dans son intégrité. Plus tard, en appréciant leur influence, nous reviendrons sur cette histoire des écrits d'Aristote; mais il était nécessaire d'indiquer au moins ici comment ils nous furent transmis.

En résultat donc, les ouvrages d'Aristote ont passé des mains de Théophraste à celles de Nélée; les héritiers de Nélée, après les avoir négligés, les vendirent à Apellicon d'Athènes, qui commença les interpolations des livres esotériques. Sylla les ayant transportés à Rome, ils furent revus avec soin par Tyrannion; mais de nouvelles erreurs s'y glissèrent, par l'incurie des copistes romains. Les livres de philosophie rationnelle furent étudiés et cités par Cicéron, quelques-uns traduits par saint Augustin et Cassiodore, un plus grand nombre par Boëce; les livres exotériques, qui avaient moins souffert, furent résumés par Pline en totalité, et en partie assez minime par Sénèque. Mieux appréciés dans l'école d'Alexandrie, ces livres furent traduits en syro-chaldaïque et en syriaque, et passèrent ensuite en Perse avec les nestoriens. Revenus avec les Abassides chez les Arabes, ceux-ci les traduisirent en totalité, les transmirent au moyen âge, duquel nous les avons reçus.

Les œuvres d'Aristote, en tout ou en partie, ont été traduites dans toutes les langues, d'abord en syro-chaldaïque, en syriaque, en arabe, en latin, en castillan, en français, etc.; mais très-souvent, dans les premiers temps, les versions latines n'étaient que la traduction des versions arabes, qui elles-mêmes avaient été faites en partie sur le syriaque ou l'hébreu. La première version complète, faite immédiatement sur le grec, est due au zèle de saint Thomas d'Aquin et du pape Eugène IV; elle parut de 1260 à 1270 environ. Depuis il s'en est fait un grand nombre, dont il nous est impossible de parler.

Sa Rhétorique a été traduite en français par Cassandre ; sa Poétique, par Dacier et le Batteux ; ses Politiques, par Champagne, 1797, par Millon, 1803, et plus anciennement par L. Leroi, *Regius*, Paris, 1600, in-folio ; l'Histoire des animaux a été traduite avec le texte grec à côté et des notes, 1783, in-4° ; le traité *de Mundo*, attribué à Aristote, se trouve en grec et en français dans l'Histoire des causes premières de le Batteux, Paris, 1765, in-8° ; la première version française est due à la protection de Charles V pour les lettres.

Les œuvres d'Aristote ont eu un très-grand nombre d'éditions ; mais les plus estimées sont : 1° celle que Frédéric Sylburge a donnée à Francfort, in-4°, chez les héritiers d'André Welhel, de 1584 à 1596 ; elle contient : *Organon ; Rhetorica et Poetica ; Ethica ad Nicomachum ; Ethica magna ; Politica et Æconomica ; Animalium Historia ; de Partibus Animalium ; Physicæ-Auscultationis lib. VIII ; et alia opera ; de Cœlo lib. IV ; de Generatione et Corruptione ; de Meteoris lib. IV ; de Mundo, de Animâ, parva Naturalia, varia Opuscula, Aristotelis, Alexandrii et Cassii problemata, Aristotelis et Theophrasti metaphysica.*

2° Celle d'Isaac Casaubon, en Suisse, chez Samuel Crispin, en 1605, 1 vol. in-fol., grec-latin ; elle renferme tout ce qui nous reste d'Aristote et de Théophraste, et la Vie d'Aristote, par Diogène Laërce.

3° Celle de Paris, au Louvre, 1610, donnée par Duval, en 2 vol. in-fol., grec-latin.

4° On a imprimé, il y a quelques années, à Leipsick, l'Histoire des animaux ; le texte grec, revu avec soin ; la version latine de Scaliger, considérablement et très-heureusement amendée, avec plusieurs questions importantes sur Aristote, et 2 vol. de notes, par M. Schneider; en tout 4 vol. in-4°. C'est ce qu'il y a de mieux pour ce traité spécial; nous nous en sommes servis presque uniquement, sauf que quelquefois nous nous sommes tenus à l'édition de Casaubon.

Nous avons prouvé, dans le chapitre précédent, qu'Aristote n'avait rien puisé à l'étranger, et très-peu chez les Grecs; que ses observations avaient été la source principale de ses écrits. Nous venons de voir, dans ce chapitre, quelle confiance on peut avoir aux divers écrits d'Aristote. Nous nous sommes convaincus de l'authenticité de ses livres exotériques, en général, et, en particulier, de sa Philosophie rationnelle, sur laquelle ont travaillé saint Augustin, Cassiodore et Boëce; de sa Rhétorique, citée par Cicéron; de son Éthique, citée par lui-même et par Cicéron; de sa Métaphysique et de sa Physique, citées par Théophraste; de ses livres sur l'histoire naturelle, résumés par Pline, Sénèque, et suivis par Galien; enfin, le catalogue de Diogène Laërce peut encore nous servir à constater l'authenticité de plusieurs autres. Nous avons vu ces écrits passer en Perse et en revenir; il n'est fait mention d'aucune traduction en persan. Toutes ces circonstances nous fournissent donc une seconde preuve que l'encyclopédie aristotélicienne est uniquement due à la Grèce, et qu'il n'y a aucun emprunt fait à l'Orient.

V. *Énumération méthodique des ouvrages attribués à Aristote; conception encyclopédique de ces ouvrages.*

Après avoir analysé la manière dont les livres d'Aristote nous sont parvenus, afin de mesurer le degré de confiance que chacun d'eux mérite, nous allons maintenant jeter un coup d'œil sur leur ensemble, et montrer toute la puissance encyclopédique du péripatéticien.

Lorsqu'on examine l'ensemble de ses œuvres, on voit que son génie avait eu la force de concevoir une encyclopédie des connaissances humaines de son temps, dans l'ordre le plus naturel. La plupart de ses ouvrages portent la preuve qu'ils étaient le résumé de leçons faites à ses élèves, et répétées après un certain nombre d'années, sans doute quand il avait parcouru son plan, avec de nouveaux développements; c'est même là ce qui explique les redites et les variantes.

Le plan, la couleur générale des œuvres d'Aristote sont anti-platoniciens. Platon avait vanté la méthode géométrique, et défini Dieu : le grand géomètre. En appelant *à priori* à la conviction intérieure, qui fuit l'expérience et échappe à l'analyse, il cherchait le principe de toute connaissance dans les idées.

Aristote essaya une voie toute contraire; il s'adressa à l'expérience, et prit pour point de départ les perceptions des sens. L'observation fut peu de chose pour Platon; il créait les républiques dans les livres, tandis qu'Aristote composait des livres sur les républiques. Platon écrivait sa pensée, et basait la science sur ses conceptions; Aristote écrivait des faits, et basait les sciences sur l'observation de la nature.

C'est à tort qu'on l'a rangé parmi les athées, à cause de sa méthode, qui ne faisait réellement que remonter des œuvres à l'ouvrier. Sa voie différait de celle de son maître, mais, en dernier résultat, elle aboutissait au même but, à la cause suprême, au *premier moteur*, auquel l'analyse de la nature le conduisit directement et par degrés.

1. *Sciences instrumentales.* — *Grammaire, logique.* Ainsi donc Platon avait préconisé la méthode mathé-

matique ; Aristote choisit un autre instrument, il adopta la méthode rationnelle, et, créa la grammaire générale et la logique, sciences qui renferment les lois absolues de la pensée, qui sont comme les instruments de toutes les recherches scientifiques, à l'aide desquels on distingue le vrai du faux. Voilà pourquoi les anciens commentateurs d'Aristote donnaient à cette partie de ses œuvres le nom d'*Organon* (instrument). Cette classe renferme :

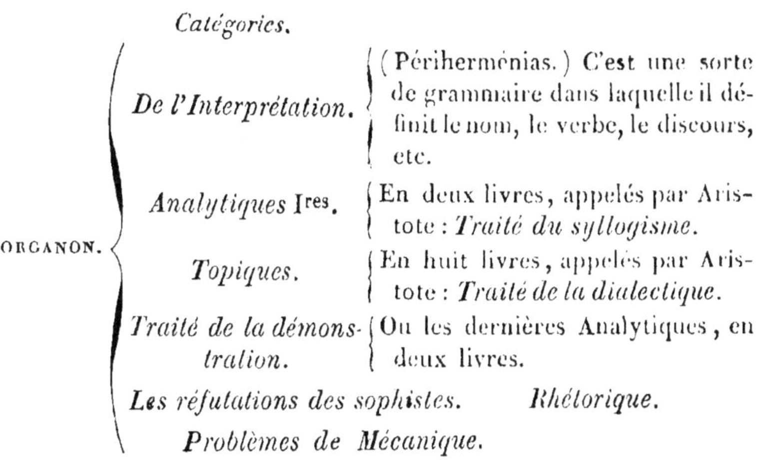

Les autres ouvrages sur le même sujet ne sont qu'une répétition ou des compléments de ceux-ci.

Aristote fut le premier à analyser la pensée humaine jusque dans ses moindres détails, à en marquer les moindres mouvements, et à en formuler les lois ; le syllogisme, dont il est le créateur, n'est que la marche naturelle de la pensée humaine analysée. Nous prouverons que l'Indien Gotama ne l'a jamais connu, qu'il n'a même jamais su ce qu'était la logique rigoureuse ; d'ailleurs, il vivait très-probablement plus de sept à huit cents ans après Aristote. Au Stagirite donc appartient toute la gloire ; et l'on peut dire que depuis lui, la logique n'a pas fait un pas dans son développement fondamental.

Dialectique. La logique est l'art de se démontrer la vérité à soi-même, mais il fallait encore trouver l'art de démontrer aux autres ses propres convictions, et Aristote créa la dialectique et la rhétorique, qui sont surtout l'objet de ses Démonstrations sophistiques, d'une partie de ses Analytiques et de sa Rhétorique, dernier sujet qu'il a traité à fond. N'eût-il pas été plus loin, il en avait fait assez pour l'immortalité. L'admirable théorie du syllogisme, qui a eu tant d'influence sur l'histoire de l'esprit humain, était achevée. Par là était fournie à toutes les sciences une méthode non moins sûre, non moins rigoureuse que la méthode mathématique, et elle avait l'immense avantage d'être basée sur le développement de la raison humaine ; ce n'était même, à proprement parler, que cette raison se révélant à elle-même sa propre puissance. — *Mathématiques.* Cependant Aristote ne négligea pas tout à fait la méthode mathématique ; il en traite quelques points dans ses Problèmes.

L'esprit humain avait produit le beau, en Grèce, quand vint Aristote ; il le suivit pas à pas, généralisa ses productions, en démontra les lois, et créa la poétique, qui a eu tant d'influence sur l'art dans la suite.

II. *Sciences d'application.* La création des instruments en appelait l'emploi, pour arriver à la science des êtres, qui est l'aliment de l'intelligence. Aristote va lui-même nous donner la raison de sa marche : « Comme dans toute doctrine la perception des principes, des causes et des éléments constitue la connaissance et la science, puisqu'en effet nous croyons savoir une chose lorsque nous en connaissons les causes premières, les premiers principes et jusqu'aux éléments, il est évident que nous devons nous efforcer de déterminer d'abord ce qui appartient aux principes de la science de la nature. Mais c'est une voie naturelle en nous de partir de ce qui nous est le plus connu et le plus clairement démontré.... C'est pourquoi il faut que nous marchions de l'universel au particulier ; car l'universel lui-même est plus connu par les sens [1]. »

Métaphysique. Aristote commence donc par traiter de la métaphysique, ou des principes, des parties, des causes, des qualités et des actions. Cet ouvrage est très-obscur : on discute son authenticité; mais il y a des raisons de croire qu'il est d'Aristote.

Il commence par énumérer brièvement et par réfuter les opinions des anciens sur les principes des choses, puis il développe son propre système sur la nature, les causes, l'espace, le vide, le temps, le mouvement. Il n'admet que deux ou trois principes des choses. Il définit la nature [2], et montre en quoi diffère l'étude du naturaliste de celle du mathématicien. Le mathématicien ne considère les choses que dans l'abstraction de leur nature, tandis que le naturaliste les considère dans leur nature et leurs formes [3]. Il attachait donc la plus haute importance à l'étude de la forme dans les corps naturels, puisqu'il en fait une des bases de la science.

En traitant des causes, il les énumère et les définit : « Mais, ajoute-t-il, il faut toujours chercher (dans la nature) la cause suprême, comme dans tout le reste [4].

[1] Aristote, *Prœm., lib. phys.*

[2] Lib II. *De Auscult. phys.*

[3] *Id., id.*

[4] Δεῖ δὲ ἀει τὸ αἴτιον ἑκάστου τὸ ἀκρότατον ζητεῖν, *id., id., cap. de causis.*

Ainsi, l'homme bâtit, parce qu'il est architecte; mais il est architecte par l'art de bâtir. C'est donc là la cause première, et il en est de même pour tout : le statuaire est la cause de la statue, l'architecte celle de la maison.... La fortune et le hasard ne désignent que des causes inconnues. »

Il expose et définit le mouvement, examine s'il réside dans le moteur ou la chose mue. Il parle de l'infini et de l'opinion des anciens, qui, tous, l'ont posé comme un principe des choses existantes. Il traite de l'espace, de la matière et de la forme du temps, toutes questions dont la solution scientifique n'est pas plus avancée aujourd'hui qu'alors. Énumérant ensuite les diverses sortes de mouvements et leurs propriétés, il démontre qu'il n'y en a point d'éternel, et que le mouvement exige nécessairement un moteur.

La métaphysique d'Aristote n'est donc point, comme on a pu le croire, ce qu'on entend aujourd'hui dans l'École; elle n'a trait qu'aux hautes questions des principes des choses dans l'ordre physique; elle s'élève jusqu'à la dernière limite du monde matériel, et est conduite, par la nécessité de ses déductions, à admettre un premier moteur distinct de la matière; mais là s'arrête, et devait nécessairement s'arrêter, cette métaphysique, uniquement basée sur l'observation. Jointe à la physique générale, dont elle n'est au fond qu'une partie, elle renferme tout ce qu'Aristote avait à dire de la nature en général.

Physique. Avant traité des grands principes de la nature et du mouvement, on voit comment, après avoir cherché à définir celui-ci *un changement,* il est conduit à étudier la naissance des choses et leur corruption, ce qui comprend la physiologie physique et générale de tous les corps naturels, *de generatione et corruptione*. Et d'abord, les éléments des corps naturels, qu'il détermine ici au nombre de quatre : la terre, l'eau, le feu et l'air, division qui a si longtemps subsisté dans nos écoles, et qui n'a disparu sans retour que devant les analyses quantitatives si remarquables de Wenzel, en 1777, les grandes découvertes de Lavoisier, et, pour ainsi dire, ces créations d'éléments dont Scheele et Prietsley enrichissaient la science à la même époque à peu près, mais surtout devant l'admirable précision du Suédois Berzélius. Alors la nature ayant déchiré son voile et laissé pénétrer dans son sanctuaire, on y a vu que les quatre corps élémentaires étaient eux-mêmes composés, et qu'il y avait dans la matière universelle un plus grand nombre d'éléments primitifs, quoique aujourd'hui même on puisse encore élever des doutes très-légitimes sur la simplicité chimique de plusieurs des cinquante-quatre corps nommés élémentaires.

Cela n'empêchait pas la doctrine d'Aristote d'être en progrès, ni sa cosmologie d'être établie sur des bases bien plus raisonnables que celle de la plupart de ses prédécesseurs, dont il a soin de réfuter les opinions. Traitant donc de l'essence et des qualités des corps naturels, en huit livres, quatre ont pour titre : *de Cœlo et Mundo*, et constituent la cosmologie, où il parle des astres, des sphères célestes, de leur mouvement autour de la terre immobile, leur centre commun, des causes de ce mouvement, etc.

Météorologie, Minéralogie. Viennent ensuite les spécialités : d'abord la matière inorganique, dans les quatre livres de météorologie, avec laquelle il place la minéralogie et la géologie pure, c'est-à-dire, des eaux, des terres et des métaux. Il traite des météores, des comètes, de la voie lactée, de la température, de la mer, des vents, et, en général, de toute la géographie physique. Pour plusieurs phénomènes météorologiques, il en avait l'étiologie tout aussi bien que les physiciens modernes; s'il parle des causes de la pluie, « L'eau et l'humidité de la terre, dit-il, se vaporisent par la chaleur du soleil ou autre chaleur, et cette vapeur se résout en eau. » Il explique assez bien, pour son temps, la formation du givre et de la rosée, et comment un vent violent empêche cette formation. Il parle ensuite de la neige, de la grêle et des vents.

Géologie.—La production de l'eau dans l'atmosphère le conduit à parler de son état à la surface et dans l'intérieur de la terre, de sa réunion dans les fleuves et les sources, de ses effets dans les cataclysmes, et des causes qui font que des fleuves coulent perpétuellement, tandis que d'autres se tarissent, se dessèchent et comblent leur lit. Partant de ces mêmes causes et de ces faits, il arrive absolument, pour la formation des terrains neptuniens, à la même théorie que l'on admet aujourd'hui en géologie positive, et qui tend à se confirmer de plus en plus : « Or, dit-il, les mêmes lieux de la terre ne sont pas toujours mis à sec ou toujours inondés; mais ils éprouvent des mutations par la naissance et le tarissement des fleuves : c'est pourquoi les parties voisines des continents, et celles qui avoisinent la mer, ont coutume de permuter. Celles-ci n'ont pas toujours été terre, et celles-là n'ont pas toujours été mer. Mais là où était la terre, là naît maintenant la mer; et là où est maintenant la mer, sera un jour la terre.... Car les terres voisines de la mer sont envahies par elle, et d'autres mises à sec; des fleuves se tarissent, et d'autres naissent. Beaucoup de lieux autrefois couverts d'eau sont réunis aux continents, et, si l'on veut y faire attention, on verra que, dans un grand nombre d'endroits, la mer a occupé la terre. La cause de tout cela doit être attribuée à de grandes pluies d'hiver, à de grands débordements, et aux mêmes causes qui comblent le lit de certains fleuves, tandis que d'autres sont perpétuels [1].»

Dans le livre second, il parle de la mer, de sa place, pourquoi elle n'augmente pas par les fleuves, de la salure de la mer; des vents, de leurs causes et de leur génération....; des tremblements de terre et de leurs causes, qu'il trouve dans les eaux souterraines et les vapeurs qui se forment dans le sein de la terre. Il finit par le tonnerre et la foudre; et il consacre le livre troisième à quelques autres phénomènes, particulièrement à l'arc-en-ciel. Dans le quatrième, il pose quelques questions qui ne tiennent pas directement à la météorologie, et dont la plupart seraient mieux placées dans la physiologie générale.

À ces écrits d'Aristote se rattachent quelques autres traités moins importants, tels que le livre *de Mundo,* dédié à Alexandre, mais dont l'authenticité est suspecte; les trente-huit sections de problèmes, qui, pour la plupart, se rapportent à la physique.

Règne organique. — Des corps inorganiques il passe aux corps organisés, et, comme il l'a fait pour le règne inorganique, il traite d'abord en général des végétaux et des animaux, puis il vient aux spécialités. Ses traités sur les végétaux sont perdus; les deux livres des plantes que nous retrouvons dans ses œuvres, et qui sont sans doute le fond de sa doctrine, appartiennent à son disciple Théophraste.

[1] *Meteorolog.,* l. **I**, ch. XIII.

Viennent ensuite les animaux, et enfin l'homme.

Traité de la vie en général. — Et d'abord un traité général sur la vie; ce sont ses trois livres *de Anima*[1]. Aristote traite dans cet ouvrage des forces vitales dans les végétaux comme dans les animaux, et nous devons remarquer, dès à présent, combien c'est à tort qu'on a jusqu'ici prétendu y trouver un traité sur l'âme, telle que nous l'entendons maintenant. Car, plus on approfondit les œuvres d'Aristote, et plus on se convainc qu'il n'avait voulu, ainsi qu'il le dit lui-même, traiter que des choses périssables, de la nature sensible, laissant comme au-dessus de nous, comme inaccessible, le monde spirituel : il arrivait bien jusqu'à sa limite, il en admettait la nécessité; mais il n'en donnait point et ne pouvait en donner la science; en un mot, la théologie était et devait être nulle pour Aristote. Cette lacune dans la science humaine avait besoin d'être comblée par une intelligence au-dessus de l'homme, créé pour apprendre et non pour inventer la vérité, qui est toujours.

Il a donc traité de la vie dans tous les êtres organisés, ce qui le conduit aux végétaux, et puis aux animaux.

Des êtres organisés. Animaux. — Il les considère physiologiquement d'abord, dans les livres *de Sensu*, *de Memoria*, *de Somno et vigilia*, *de Divinatione ex somnis*, *de Incessu animalium*, *de Causa motus communis*, *de Respiratione*, *de Spiritu*, *de Generatione animalium* ; puis anatomiquement, dans les quatre livres *de Partibus animalium*, et dans les neuf livres de l'histoire des animaux, où il les envisage aussi sous le rapport d'histoire naturelle, de classification, et même de zoonomie. Il faut encore rattacher à l'histoire naturelle les traités *de Ju-*

[1] Περὶ ψυχῆς.

ventute et senectute, de *Longitudine et brevitate vitæ*, de *Vitâ et morte*.

C'est surtout ici qu'apparaît le génie organisateur du grand Stagirite. Les sciences naturelles sont celles qui doivent le plus à Aristote. Son plan était vaste et lumineux, il a introduit dans la science des bases qui ne périront jamais.

De l'homme. — Enfin, de l'étude de la nature il passe à l'étude de l'homme, qu'il considère en corps de nation, en famille et en lui-même ; et il traite de la politique en huit livres, de l'économique et de l'éthique : *OEconomica, Ethica ad Nicomachum, magna Moralia*, et termine par l'homme prévu dans sa physionomie, *Physiognomia*.

Ainsi, après avoir créé les instruments, Aristote s'en sert pour établir les sciences. La direction morale avait été donnée à la philosophie par Socrate ; la direction religieuse, dogmatique, par Platon : Aristote descend à l'étude des êtres qui se trouvent à la surface de la terre, donne une direction d'observation, et arrive à constituer la philosophie *à posteriori*. Il part de la matière en général, la considère à l'état moléculaire, à l'état d'agrégation, d'abord inorganique ; puis, en s'élevant toujours vers le plus compliqué et le plus parfait, il arrive au monde organisé vivant, qu'il embrasse dans tout son ensemble, et termine par l'homme, le sommet de la perfection créée ; il en fait la mesure, le modèle qui doit lui servir à juger du degré de perfection de tous les autres êtres. L'homme n'est donc pas un animal, il possède en lui quelque chose de divin ; seul, entre les animaux, il marche debout ; ses membres et tout son corps ne sont que des instruments du *mens*, de l'âme, de la raison, qui est l'essence de l'homme et le véritable but de son organisation. Seul, l'homme est un être moral ; seul, il est destiné à vivre en famille, et enfin en nation, le plus haut degré de la raison et de l'intelligence, dans lequel le bien de l'individu est sacrifié au bien et à l'intérêt de la famille, l'intérêt de la famille à celui de la nation ; en deux mots, l'individu pour la famille, et la famille pour l'État. Il ne manque plus que les rapports des créatures au Créateur, et ceux des créatures entre elles, qui dépendent des premiers, ou sont perfectionnés par eux. C'est l'objet de la théologie naturelle qui prépare à la théologie positive, et, par là, serait enfin constituée la philosophie, qui est, selon Platon, l'ensemble des connaissances divines et humaines. Définition qu'Aristote a, comme nous venons de le voir, acceptée, mais qu'il n'a pu embrasser dans sa dernière partie, ce qui l'a empêché de pouvoir clore le cercle des connaissances humaines, tracé par sa puissante intelligence.

Le tableau suivant résume d'un coup d'œil cette encyclopédie.

Ier Tableau.

PLAN MÉTHODIQUE DES OEUVRES ATTRIBUÉES A ARISTOTE [1].

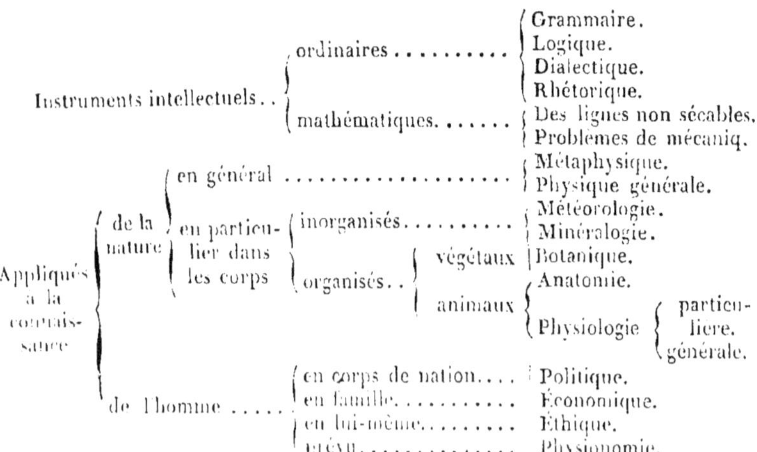

[1] Ensemble des ouvrages d'Aristote, ou qui lui sont attribués : 1° Instruments. *Les Catégories, l'Hermeneia, les premières Analyti-*

VI. *Analyse et disposition des ouvrages d'Aristote qui ont trait à l'histoire naturelle et surtout à la zoologie : 1° dans leur ensemble ; 2° dans chacun en particulier.*

Nous avons exposé au chapitre précédent le plan encyclopédique d'Aristote dans sa généralité ; il s'agit

ques, **2** livres : c'est le traité du syllogisme ; *les dernières Analytiques*, **2** livres : c'est le traité de la démonstration ; *les Topiques*, en 8 livres, traité de dialectique ; *les Réfutations des sophistes*. Tous ces traités sont compris sous le nom d'*Organon*.—*L'Art de la rhétorique*, en 3 livres, suivi de la *Rhétorique à Alexandre*, qui est apocryphe ; *le Traité de la poétique ;* ce n'est qu'un fragment. — *Problèmes*, ou *Traité de mécanique ; Traité des lignes insécables.*

2° *La Métaphysique*, en 14 livres ; on peut peut-être mettre à la suite le petit et trè-sobscur ouvrage, suivant B. Saint-Hilaire, *sur Xénophane*, *Zénon et Gorgias.*

3° Physique : 1° *La Physique*, ou les leçons de physique, en 8 livres ; 2° *le Traité du ciel*, en 4 livres ; 3° *le Traité de la génération et de la destruction*, en 2 livres ; 4° *le petit Traité du monde*, à Alexandre, apocryphe ; 5° *la Météorologie*, en 4 livres ; 6° *les Positions et les noms des vents*, fragment d'un ouvrage plus considérable sur les signes des saisons ; 7° *le Traité d'acoustique*, extrait ; 8° *le Traité des couleurs.*

4° Sciences de l'organisation. 1° *Botanique : le Traité des plantes*, en 2 livres, dont le texte grec a été refait à Constantinople, d'après le texte arabe et latin : 2° *Zoologie :* 1° *de la Sensation et des choses sensibles ;* 2° *de la Mémoire et de la réminiscence ;* 3° *du Sommeil et de la veille ;* 4° *des Rêves et de la divination par les songes*[*] ; 5° *de la Brièveté de la vie et de la longévité ;* 6° *de la Jeunesse et de la vieillesse ;* 7° *de la Vie et de la mort ;* 8° *de la Respiration.* Ces huit petits traités ont été appelés *Parva naturalia ;* on pourrait peut-être y joindre : 9° *le petit Recueil des récits surprenants ;* 10° le recueil immense de toutes sortes de faits, sous forme de questions, intitulé : *les Problèmes*, *en cinquante-sept sections.* — Viennent ensuite les grands traités :

----

[*] M. B. Saint-Hilaire, sans doute par oubli, a traduit *de la divination par le sommeil : de interpretatione per somnos*. Dict. des sciences philosophiques, art. Aristote, p. 202.

maintenant de le prouver dans les détails, en démontrant que chacun de ses grands ouvrages comportait un plan tout à fait rationnel et systématique, et que, si on ne l'aperçoit pas au premier abord, c'est qu'on avait intercalé des chapitres plus ou moins longs qui ont été déplacés ou qui n'appartiennent pas au traité qui les renferme.

Nous trouvons, d'ailleurs, des preuves non douteuses de l'existence de ce plan dans un grand nombre d'endroits où Aristote a coutume de résumer tout ce qu'il a développé avant de passer outre; ce plan paraît surtout exposé d'une manière bien évidente au premier livre de la Météorologie, chapitre premier :

« Nous avons, dit-il, parlé des premières causes de « la nature, de tout le mouvement naturel, de l'admi- « rable disposition des étoiles, et aussi des éléments « des corps, de leur nature et de leur nombre, et de

---

1° *Sur l'histoire des animaux,* en 10 livres; 2° *le Traité des parties des animaux,* en 4 livres; 3° *le Traité de la génération des animaux,* en 5 livres; 4° *le Traité de la vie,* Περὶ ψυχῆς, *de Anima,* en 3 livres.

5° *Anthropologie* ou *la Philosophie des choses humaines; la Morale,* proprement dite, en trois traités, dont les deux derniers ne sont que des rédactions différentes des élèves d'Aristote; 1° *la Morale à Nicomaque,* en 10 livres; 2° *la grande Morale,* en 2 livres; 3° *la Morale à Eudème,* en 7 livres; 4° le fragment *Sur les vertus et les vices;* 5° *la Politique,* en 8 livres; 6° *l'Économique,* en 2 livres, dont le second est apocryphe; 7° enfin le *Traité de physiognomonie.*

Il faudrait, dit M. B. Saint-Hilaire, ajouter à tous ces ouvrages : 1° les fragments épars dans les auteurs de l'antiquité, et dont quelques-uns sont assez considérables; 2° les poésies; 3° enfin, les lettres, bien qu'elles ne soient pas authentiques. Jusqu'à présent aucune édition, même la plus récente, celle de Berlin, n'a donné complète cette cinquième partie des œuvres d'Aristote; elle n'est cependant pas sans importance.

« leurs transformations mutuelles; en outre, de la nais-
« sance et de la destruction commune. Il nous reste
« encore à considérer une portion de cette science que les
« anciens appelaient météorologie, c'est-à-dire, science
« des choses qui se passent dans les régions supérieu-
« res (il y fait entrer la minéralogie, comme nous l'a-
« vons vu)..... Cette étude terminée, nous examinerons
« si nous pouvons dire quelque chose des animaux et
« des plantes, tant en général qu'en particulier, en sui-
« vant toujours la même voie et la même méthode par
« où nous avons commencé. Ces choses exposées, toute
« l'entreprise que nous nous étions proposée dès le
« commencement sera arrivée à sa fin. »

Tels sont les jalons que lui-même nous trace de son plan général, lequel nous conduit au plan des ouvrages spéciaux sur les sciences naturelles. Ces ouvrages peuvent être disposés suivant qu'ils sont sur certains corps organisés, ou sur tous les corps organisés en général ; les premiers comprennent tous les traités spéciaux sur la zoologie et la phytologie ; et la seconde catégorie comprend le traité sur la vie en général, Περὶ ψυχῆς.

Les tableaux suivants nous donneront cet ensemble d'une manière claire et nette.

2ᵉ *Tableau.*

Les ouvrages d'Aristote qui ont trait à des *corps organisés* me
semblent pouvoir être disposés suivant

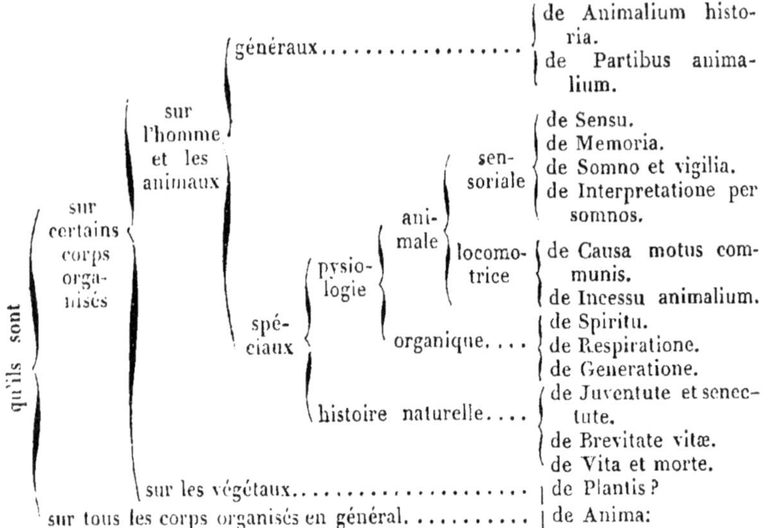

Nota. Et comme dans le plan du Traité des animaux et dans celui
de leurs parties, on trouve que chacun de ces ouvrages envisage le
sujet sous les rapports de classification, d'organisation, de physiologie, d'histoire naturelle et même de zoonomie et de zoolâtrie, on peut
conclure qu'Aristote avait conçu son sujet dans tout son ensemble.

Sur le titre de l'ouvrage suivant. Le titre ordinaire Περὶ ζῶων Isto-
rias, n'est pas exact d'après Maussard, dans ses prolégomènes *ad
Scaligeri commentarium.* — Scaliger l'a intitulé *de Animalium historia.* Schneider en a fait autant.—Aristote lui-même, en le citant, en
fait Περὶ τα ζωων ou τον ζοον Ιστοριαις.

Athénée Τον περι των ζωων historian laudavit. — Schneider dit
que le titre tel qu'il est donné par Scaliger, lui paraît meilleur,
melior ad magis, parce qu'il ne traite pas de l'histoire des animaux,
mais que leur histoire y est établie dans des lois philosophiques.

Schneider dit, Préf., p. 12, que dans ces neuf livres Aristote lui
semble avoir procédé historiquement, et que dans ses autres ouvrages il l'a fait physiologiquement.

En effet, il commença par poser toutes les connaissances recueillies sur les animaux connus alors, et les décrivit en ordres, classes,
genres, etc., *genera et species*, et ensuite les ordonna : il distingue
leurs mœurs, leurs actions.

3e *Tableau*. — Aristote.

HISTOIRE DE SES OUVRAGES.

I. TRAITÉ DES ANIMAUX.

Lib. I.

Prolégomènes. .
- de distinction. . . . .
  - des parties simples ou composées.
  - des parties des membres.
- de classification, d'après les considérations diverses de. . . . .
  - mœurs.
  - séjour.
  - nourriture.
  - génération.
  - locomotion.

ANATOMIE. .

Lib. I. Organes de l'homme comme mesure. . . . .
- *a)* parties externes. . . . . .
- *b)* parties internes. . . . .

Lib. II. Organes des animaux.

L. II. Animaux sanguins.
- parties composantes
  - *a)* externes dans les. . .
    - quadrup. vivipares.
    - quadrupedes ovipares..
    - oiseaux.
    - poissons.
    - serpents.
  - *b)* internes dans les. . .
    - quadruped. vivipares..
    - quadrupedes ovipares..
    - oiseaux, etc.

L. III [1]. . . . . . .parties similaires (anatomie générale). .
- veines.
- Lait. Caseum. Sperme. .
- mollusques.

PHYSIOLOGIE.

Du S. N. ou de la vie animale.

L. IV. Animaux exsangues, sous le rapport des parties
- *a)* externes. . . . .
- *b)* internes dans les
  - crustacés.
  - testacés.
  - insectes.
  - non classés.

L. IV.   Des sens et des sensations en général. . . . . .
                                       en particulier. . . .

L. IV.   De la voix. . . . .

L. IV.   Du sommeil et de la veille. . . . . . .

De la vie organique de la génération.

L. V et VI. Dans les animaux. B. de l'accouplement. . .
                              A. distinction de sexes.
(Ce chapitre est, dans tous les auteurs, le dernier du livre precedent).   C. du produit de l'accouplement.
- crustacés.
- mollusques.
- insectes.
- quadr. ovipares.
- serpents.
- oiseaux.
- poissons.
- cétacés, - amph.
- quadr. vivipares.

L. VII.   Dans l'homme. . . . .

HISTOIRE NATURELLE.
L. VIII.   Des actes physiques. . . . .
L. IX.   Des actes moraux. . . . .

[1] Il me semble qu'il y a ici une faute contre l'ordre, et que cette étude devait précéder celle des parties composées, comme cela a lieu dans le Traité des parties des animaux.

4e *Tableau.* — Aristote.

HISTOIRE DE SES OUVRAGES.—II. DE PARTIBUS ANIMALIUM.

Lib. I.

Prolégomènes..........
- principes .... — Ch. I. Mode d'envisager la science, l'enseignement. — Ch. II. Des principes de la distinction des corps naturels.
- sujet........... — Les corps naturels mortels, périssables.

ANATOMIE

Lib. II.

générale.............
- GÉNÉRALITÉS SUR LES LIQUIDES ET LES SOLIDES.
- Spécialités .... — sur la fibre. / sur la lymphe et la graisse. / sur la moelle. / sur le cerveau. / sur la chair. / sur les vaisseaux. / sur les os et les cartilages.

des organes des sens et des parties qui s'ajoutent à la peau.
- Des organes des sens.... — *des oreilles.* / *des yeux.* / *des poils.* / *des narines.* / *de la langue.*
- Des dents, etc.........

particulière

Lib. III.
- Au col............... — de la bouche. / de l'œsophage. / de la trachée-artère.
- Dans la poitrine .... — du cœur. / des veines. / du poumon.
- Des viscères en général.

des organes de la vie organique ou des viscères.
- Des viscères en particulier — de la vessie. / les reins. / de la rate.
- De leurs enveloppes et cloisons .... — diaphragme.

Lib. IV.
- Dans l'abdomen : des intestins et de l'estomac dans les mammifères........ — enveloppes des intestins et de l'estomac.

Tout ce qui est au-dessous depuis les serpents, appartient encore au IVe livre.
- Dans les serpents et ovipares .... — de l'épiploon ? fiel ou non.
- .... — de lactibus ?

DESCRIPTIONS DES PARTIES NATURELLES DANS LES ANIMAUX...............................
- exsangues — mollusques. / insectes. / testacés. / crustacés.

Si l'on voulait continuer à placer ce livre dans ce cadre, il est évident qu'il faudrait commencer par lui ; mais ne serait-ce pas tout simplement une répétition de ce qu'il a fait dans la partie anatomique de son Traité des animaux ?

- sanguins .
  - vivipares comparés avec l'homme.
  - oiseaux.
  - poissons.
  - ambigus. — cétacés. / phoques. / chauves-souris. / autruches

5ᵉ *Tableau.*

II. Analyse des ouvrages d'Aristote qui ont trait à la zoologie.

III. De la Génération.

Anima est quasi principium omnium animalium.

Fonctions de la génération.

Lib. I.

généralités....

de principes ?.....
- universalis generationis partitio.
- principium generat : esse mas et femina
- genitalia membra.
- de differentiis instrumentorum generationis :

différentielles organiques — mâles...
- quod animalium membra ad coitum accommodentur.
- cur nonnulla animalia membris generationis careant.
- quo modo serpentes coïunt.

femelles.
- de situ uterorum aut vulvarum.
- vivipares.
- ovovivipares.
- mollusques } utrum intus animalia habean meatus excrementorum, quo sanguinis careant ac membrorum genitalium.
- insectes. }

Anatomie des organes de la génération dans les animaux..........

Étiologie ....
- quod animalia emittant semen.
- réfutation de l'opinion d'Empédocl à ce sujet.
- des menstrues.
- réfutation de l'opinion de ceux qui pensent que la femelle a une semence.

Lib. II..

Sur la semence et l'action de la semence ....
- quelle est la cause et le principe connu de la génération.
- de la nature de la semence.
- si ce sont les mâles qui fournissent l semence à la femelle.

Lib. III.

Produit de la génération ou développement dans les animaux

vivipares.........
- quelles sont les causes de la génératior
- comm. le fœtus s'anime-il dans l'utéru
- .....{ des causes de la stérilité. des mulets.

ovipares....
- de l'œuf en général.
- dans les oiseaux.
- poissons. } réfutation por les poissons car
- Poiss. cartilagineux. }
- mollusques } tilagineux.
- insectes, abeilles.
- testacés.

Lib. IV.

Questions insolubles ayant trait à la génération ; elles seraient aussi bien dans l'Étiologie, et par conséquent pourraient être contenues dans ce traité à l'article étiologie.
- de la génération en général.
- ? distinguer les sexes.
- cause de la ressemblance.
- cause de la monstruosité.
- cause de la superfétation.
- les animaux vivipares parfaits ?
- sur les moles.
- de la durée de la gestation.

Lib. V..

Questions diverses qui n'ont aucun trait à la génération, et qui par conséquent ne devraient pas être ici.
- de la différence des yeux.
- du sens de l'ouïe, etc.
- de la division des poils.
- ? les hommes blanchissent.
- ? quelques-uns changent de poils ?
- de la couleur des animaux
- de la voix des animaux.
- des dents.

Cet exposé nous prouve le plan général des œuvres d'Aristote en histoire naturelle; nous allons en donner les détails, en commençant par le traité *de Anima*.

De Anima. περὶ ψυχῆς. Ici se présentent d'assez graves questions. Jusqu'à présent, en effet, cet ouvrage a été regardé comme un traité psychologique sur l'intelligence, sur le principe immatériel, en un mot, sur l'âme humaine, *de anima, de l'âme*. De là, la négation de l'être spirituel dans l'homme, et par suite, en poussant à l'extrême les idées d'Aristote, la négation de tout être spirituel, puisque l'homme est le *plus divin* de tous les êtres qu'il considère. Mais en l'approfondissant, on se convainc bientôt que le titre seul, mal entendu et mal traduit, a conduit à la fausse interprétation de tout l'ouvrage, en faisant d'Aristote le père du matérialisme le plus grossier, tandis que ce n'est de fait qu'un traité de haute physiologie. D'autres ont prétendu que, par le mot *anima*, il entendait le monde entier, et, par conséquent, allait à établir positivement le panthéisme matérialiste.

Cependant, que penser de ces opinions? Lorsque nous cherchons à définir l'animal, et que nous prenons ce terme en lui-même, dans son étymologie, nous voyons bientôt que le mot *animal* veut dire *vivant*. Ce mot, au singulier, nous fait comprendre une véritable abstraction, d'autant plus exacte et plus vraie, que nos connaissances sur les êtres de la nature sont plus développées. Mais, sous le nom pluriel *les animaux*, nous comprenons une des plus grandes séries des êtres qui sont à la surface de la terre. Cette série pourtant est bien moins étendue pour nous qu'elle ne l'était pour Aristote, qui y comprenait tous les êtres organisés (ψυχία, psuchia), par opposition aux êtres inorganisés (αψυχία, apsuchia). Le mot *animal* vient du mot latin *anima*, qui lui-même vient du grec *anemos* (ανεμος , qui veut dire *vent*, *souffle*; d'où le souffle, la respiration, étant un des signes de la vie qui apparaît le premier et disparaît le dernier dans les animaux surtout élevés, et étant par là même propre à caractériser les êtres vivants, on a pu appliquer ce mot aux ψυχια (psuchia) des Grecs, qui pourtant n'avaient point confondu tous les ψυχια (psuchia) dans une même catégorie, mais les avaient distingués en ζωα vivants, et φυτα végétants. Les Latins, en recevant ces deux divisions, les nommèrent *animalia* et *vegetalia*. Plus tard, quand on revint dans la science au point où l'avait laissée Aristote, on sentit le besoin de revenir sur le partage des êtres en trois règnes, minéral, végétal et animal, et de le ramener à celui d'Aristote en deux règnes, organique et inorganique; ou bien en ψυχια, êtres qui peuvent vivre, donner la vie, se nourrir, se rafraîchir; et en αψυχια, êtres qui sont privés de toutes ces fonctions.

Cependant le mot *anima*, dont nous avons vu l'origine et la signification primitive, qui veut simplement dire vie, étant par les langues chrétiennes contracté dans le mot *âme*, s'était élevé jusqu'à signifier l'être que nous ne pouvons juger que par ses actes, l'être immortel, l'être émané du souffle de Dieu. Ainsi agrandi, ce mot ne traduisait plus le ψυχη (psuché, qui ne pouvait signifier pour Aristote que souffle, respiration, rafraîchissement, vie et tous les phénomènes qui en dépendent, comme nous allons nous en convaincre par le contenu de ce traité. Il ne faut donc plus traduire περι ψυχης par *de Anima*, de l'âme, mais bien par *de Vita*, de la vie.

Liv. I. Après avoir consacré son premier livre aux opinions des anciens sur la vie, Aristote la définit dans le second, *Liv. II et III* : « L'être animé est séparé de l'être inanimé par la vie; or, comme ce qu'on appelle vie se fait par différents actes, quand même il n'y en aurait qu'un, nous disons que l'être qui en est capable vit. Ces actes sont l'intelligence, le sentiment, la locomotion et la station : en outre, le mouvement propre à la nutrition et à la croissance ou à la décroissance. C'est pourquoi toutes les plantes paraissent vivre, puisqu'en effet elles paraissent avoir en elles-mêmes cette puissance, ce principe par où elles éprouvent à des lieux divers l'accroissement et le décroissement...., et elles vivent tant qu'elles peuvent recevoir l'aliment. Or, cette puissance vitale peut être distinguée et séparée des autres, tandis que les autres puissances vitales, dans les êtres mortels eux-mêmes, ne peuvent être séparées de celle-ci; ce qui, néanmoins, se voit dans les plantes, car il n'y a en elles, comme il est évident, aucune autre puissance, aucune autre fonction vitale que celle-là. La vie donc, à cause de ce principe, appartient à tous les êtres vivants. Mais l'animal est animal, d'abord à cause du sentiment : car, ces êtres mêmes qui ne jouissent point du mouvement, qui ne changent point de place, mais qui ont le sentiment, non-seulement nous disons qu'ils vivent, mais, de plus, nous avons coutume de les appeler animaux. De tous les sens, le tact, d'abord, réside dans tous les animaux. Et comme la puissance végétative peut être séparée de toute espèce de tact et de tout sentiment, le tact aussi peut être séparé de tous les autres sens. Nous appelons végétative cette partie de la vie dont les plantes participent; mais tous les animaux paraissent posséder la puissance de sentir par le tact. Plus tard nous exposerons pour quelle fin ces deux fonctions s'exécutent; qu'il nous suffise maintenant de dire que la vie consiste dans la possession de l'un des principes dont nous venons de parler, et qu'elle est définie par ces principes, le végétatif, le sensitif, l'intellectif, et aussi par le mouvement..... Certains animaux semblent posséder toutes ces puissances, d'autres quelques-unes, et d'autres une seulement; ces puissances sont la nutritive, la sensitive, l'appétitive, la locomotive et l'intellective. Les plantes n'ont que la nutritive; d'autres êtres ont de plus la sensitive. Dès que la sensitive y est, l'appétitive s'y trouve aussi; car l'appétit est le désir, la colère et la volonté. Mais tous les animaux ont au moins un des sens, le tact. Or celui qui a un sens a aussi le plaisir et la douleur, et la perception de ce qui est agréable et de ce qui est pénible.... Qu'il nous suffise donc de dire que ceux des animaux qui ont le tact, ont aussi la puissance appétitive. [Pour l'imagination cela n'est pas évident..... Plusieurs ont en outre la locomotive; et d'autres, comme l'homme, possèdent la ratiocinative et l'intellect; et s'il est encore quelque chose de tel ou même de plus élevé....... C'est pourquoi il faut chercher en tous quelle est la vie de chacun, ou quelle est la vie de la plante, quelle est celle de la bête, et enfin quelle est celle de l'homme. Dans la suite, il faudra considérer pour quelle fin cela est ainsi, car la puissance sensitive n'est point sans la végétative; mais la végétative est séparée de la sensitive dans les plantes; de même, sans le tact, nul autre des sens n'existe: car plusieurs animaux n'ont ni la vue, ni l'ouïe, ni l'odorat; et encore, parmi les êtres qui sentent, quelques-uns jouissent de la puissance locomotive, d'autres n'en jouissent pas. Les derniers et les moins nombreux ont la raison et l'esprit (*mens*); mais ceux des êtres mortels qui ont la raison, ont tout le reste; ceux, au con-

traire, qui n'ont que l'une quelconque des autres puissances, n'ont pas tous la raison; quelques-uns manquent
d'imagination, d'autres vivent d'elle seule. *Quant à l'intellect contemplatif*, c'est une autre question.» Aristote
fait de l'intellect contemplatif l'instrument de la science,
la véritable puissance du *mens;* il ne l'accorde qu'à
l'homme, et voilà pourquoi il dit que c'est une autre
question.

« La vie est la cause et le principe du corps vivant...
Elle est la cause d'où découle le mouvement. C'est
aussi pour elle que tout le reste se fait; car tous les
corps naturels, tant des animaux que des plantes, sont
les instruments de la vie. » Il consacre le reste du traité
à considérer les sens, le mode de leur action et les
choses sensibles. Il parle ensuite du tact, de sa place
et de son instrument. Il ne reconnaît que cinq sens,
et distingue nettement l'intellect du sens, qui en diffère
tellement, que l'intellect existe par la puissance et l'acte
sans matière. Il admet donc l'immatérialité du principe pensant.

De cet exposé précis, résulte donc : que, par le
mot *anima*, Aristote n'entendait pas le monde entier,
comme l'ont voulu certains analystes : *anima non omnis
natura est,* l'âme, et mieux la vie, n'est pas toute la nature; et il a distingué les êtres qui l'avaient de ceux qui
ne l'avaient pas, par les deux grandes divisions des
ψυχία et des αψυχία. Ainsi le panthéisme est détruit.
Mais il ajoute :

L'âme n'est pas le corps, *anima non corpus;* l'âme est
une, sentant, etc. *Anima est actus,* l'âme est l'acte, et il
entend par *âme,* la vie, ce que l'on a nommé le principe vital; et enfin, il distingue nettement l'intellect du
sens; l'intellect, le *mens,* existe par la puissance et

l'acte sans matière. Par là, le matérialisme est renversé.

Cependant, il faut en convenir, et c'est une des raisons qui ont contribué à la fausse interprétation de ce traité et au jugement de sa portée scientifique, Aristote a confondu quelques idées propres à l'intellect (*mens*), avec ce qui ne convient qu'au principe vital, *anima*.

Concluons donc que ce traité n'est qu'une grande et belle physiologie générale, et qu'encore une fois Aristote est amené, par la logique et la force de la raison, jusqu'à la reconnaissance du principe immortel qui réside dans l'homme; mais qu'il s'arrête là, parce qu'il n'est plus dans les choses périssables, et qu'ici commençait le domaine de la théologie dont il s'était interdit de parler, et dès lors cette physiologie générale le conduit naturellement à l'histoire des animaux.

II. *De l'histoire des animaux.* Ce nouveau traité, divisé en neuf livres, est celui sur lequel Buffon a le plus appuyé.

Il commence, dans son livre premier, par des prolégomènes et des définitions générales sur la subdivision et la classification des animaux. Il distingue les parties des animaux en simples et composées : les parties simples sont celles qui peuvent être divisées en parties similaires, comme la chair, les os; les parties composées ne peuvent être subdivisées en parties similaires, comme la main. Les parties composées sont formées des parties simples. Suit la comparaison des animaux sous le rapport des parties composées.

Les parties simples se subdivisent en molles, humides, sèches et solides.

Les parties réunies composent les animaux, qu'il

subdivise à leur tour en plusieurs classes, d'après la manière de vivre, qui comprend le séjour, la fixité ou la mobilité, le mode de locomotion, la nourriture et l'éducabilité; d'après leurs actions, leur caractère moral, et enfin leurs parties; ce qui le conduit à l'étude des parties communes aux animaux, et susceptibles de différences ou de ressemblances. A cette occasion, il étudie les organes avec lesquels l'animal prend sa nourriture, ceux dans lesquels elle se rassemble, et ceux qui servent à la décharge du superflu : la bouche, l'estomac et les intestins; puis les organes de la génération et le sens du toucher. Nouvelle subdivision des animaux d'après le mode de génération : tout animal naît sous forme d'animal vivant, d'œuf ou de ver.

Une autre subdivision repose sur le mode de locomotion des pieds, dont il donne la proportion et le nombre, deux-quatre, ou plus de quatre.

Arrivant enfin à la séparation des animaux en différents genres, que nous nommons classes, il admet les animaux qui ont du sang et les animaux qui n'ont pas de sang.

Ce premier chapitre se termine par l'exposition de son plan : il traitera de ce qui est commun aux animaux, et de ce qui les différencie.

Mais avant de pénétrer plus loin, il cherche un terme de comparaison, et prend l'homme comme mesure, parce que c'est celui que nous connaissons le mieux. « Il faut donc commencer par les parties de l'homme..., parce que, entre tous les animaux, l'homme nous est nécessairement plus connu [1], et, en lui comparant tous

---

[1] *De Anim.*, l. I, ch. VI.

les autres animaux, vous découvrirez facilement qu'il les surpasse tous [1]. »

Dans une première étude des parties organiques extérieures, il donne une excellente description topographique externe de l'homme en nommant chaque partie. Les parties internes lui sont moins familières que les externes; il faut, dit-il, pour les reconnaître, les comparer avec celles des animaux dont la nature se rapproche le plus de celle de l'homme.

Organisation des animaux. A. Parties composées. Cette mesure déterminée, le second livre entre en matière par l'étude des parties composées externes dans les animaux à sang; chez les quadrupèdes vivipares d'abord, puis dans les quadrupèdes ovipares qui ont du sang, comme les crocodiles et les caméléons; dans les oiseaux, qu'il divise d'après la conformation des pieds et le nombre des doigts; dans les poissons et les serpents, ce qui renferme la grande division des vertébrés ou ostéozoaires. Il ne fait pas l'anatomie complète de chaque espèce tout de suite, mais il considère chaque organe dans toutes les espèces, l'une après l'autre; de là il passe à un autre organe, et ainsi de suite. Exposant d'abord l'anatomie physiologique externe, dans les genres dont nous venons de parler, il termine par l'anatomie interne dans ces mêmes genres. Avant cette dernière partie sont intercalés deux alinéas, qui certainement n'appartiennent pas à ce chapitre.

La même observation s'applique à ce qu'il dit, au chapitre premier du troisième livre, des organes de la génération dans les animaux qui ont du sang; organes mâles d'abord, organes femelles ensuite. Des lettres intercalées

____

[1] *Id., id.,* ch. XII.

dans le texte indiquaient très-probablement des dessins qu'il avait faits sur les parties qu'il décrit. Mais Scaliger propose, et Schneider, dans sa nouvelle édition du traité des animaux, accepte de reporter ce chapitre à la fin du livre second, et sans doute avec raison. En effet, il est terminé par cette phrase : *Hactenus de partibus animalium quæ dissimilibus inter se particulis constant, tam interioribus quam exterioribus.* Dans cette manière de voir, le livre second se compléterait par le chapitre premier du troisième livre, et ainsi l'étude des parties composées serait bien terminée par celle des organes de la génération.

B. *Parties similaires.* Le livre troisième commencerait également bien, par le chapitre second, l'étude des parties similaires en parlant du sang et des vaisseaux qui le contiennent. À ce sujet, Aristote s'étend très-longuement sur les opinions de ses prédécesseurs, et les réfute. Il passe ensuite à la partie tendineuse et aponévrotique des muscles, qu'il appelle nerfs, les faisant naître du cœur assez malencontreusement. La sérosité, les fibres et la chair sont assez bien analysées. Il a vu que les os qui se fléchissent ou sont articulés entre eux, sont liés par des muscles, et qu'autour de tous les os, il y a une multitude de muscles ; dans la tête, pourtant, suivant sa remarque, il n'y en a aucun ; mais les sutures des os la composent et la solidifient. Le nerf (tendon), dit-il, est scissile dans sa longueur, mais non en travers. La fibre, selon lui, tient le milieu entre la veine et le nerf (tendon). Il analyse le sang.

Des os, du squelette et des cartilages qu'il regarde comme de la même nature, il passe à la peau, aux poils, aux cornes et aux plumes, toutes choses qu'il se garde bien de confondre avec les os, mais entre les-

quelles il trouve des analogies et des ressemblances. Il
parle des membranes qui entourent le cerveau et le
cœur, et de celles qui entourent les os; par conséquent il connaissait le périoste, aussi bien que les membranes des viscères. Toutes ces membranes existent,
dit-il, dans tous les animaux, même les plus petits,
bien qu'elles y soient moins apparentes à cause de leur
ténuité. Une nouvelle dissertation sur la chair, lui en
fait retrouver les éléments dans le sang, qu'il analyse
ici plus en détail, reconnaissant très-bien le principe
du coagulum et la partie toujours fluide. La moelle est
étudiée, le lait et la liqueur spermatique sont analysés,
et tout cela d'une manière assez convenable.

Cette partie contient, comme on le voit, tout ce qui
n'est pas viscère; très-probablement elle n'est pas à sa
place, puisque dans ses prolégomènes il range les parties simples avant les parties composées; c'est bien, du
reste, ce que nous comprendrions aujourd'hui sous le
titre d'anatomie générale.

Le livre quatrième commence par une phrase de
liaison avec les précédents. « J'ai parlé, dit l'auteur,
des animaux qui ont du sang, des parties qui sont
communes ou propres à chaque genre, des parties similaires, des parties composées, des parties internes
et des parties externes. » Cependant, comme dans les
premiers chapitres il traite des généralités, il nous
semble que ces chapitres devraient être reportés au livre
premier, après les généralités sur les animaux qui ont
du sang.

Dans le chapitre premier il subdivise les animaux
exsangues en mollusques, crustacés, testacés et insectes.

Dans le second, il étudie les parties externes et les

parties internes des mollusques, et donne les subdivisions génériques de ces animaux. Les deux dents, les yeux, le cerveau contenu dans un cartilage interne, et le rudiment de la langue chez les sèches, les poulpes et les calmars, ne lui ont pas échappé. Dans cette division est rangé l'argonaute, auquel il attribue sa coquille; question longtemps débattue par les naturalistes modernes, qui ont cru que cette coquille n'appartenait pas à l'animal; mais il paraît constaté aujourd'hui qu'Aristote ne s'était pas trompé.

Le chapitre troisième est consacré aux crustacés étudiés dans leurs subdivisions, leurs formes extérieures et leurs parties intérieures. Ici se trouve intercalé un alinéa qui appartient aux animaux exsangues en général, et qui occupe différentes places suivant les éditions; il semble donc qu'il devrait être reporté au chapitre premier.

Le chapitre quatrième traite des testacés, dans lesquels il comprend les oursins, les univalves, et les bivalves.

Les chapitres cinquième et sixième comprennent les oursins, les théties, peut-être les ascidies, et enfin les insectes, dont il continue l'histoire au septième chapitre, en y comprenant les animaux trop peu connus pour être classés.

Là finissent les généralités de classification et d'anatomie que nous reporterions au livre premier.

Nous ne laisserions pas non plus, au quatrième livre, son chapitre huitième, qui renferme des généralités sur les sensations dans tous les animaux. Il est évident, du moins, que cette partie doit être séparée de la précédente, puisqu'il n'y est plus question d'anatomie différentielle, mais de physiologie, ou mieux d'histoire naturelle dans tous les animaux; c'est pour cela qu'elle ferait pour nous partie du livre second, aussi bien que la première partie du chapitre neuvième, dont la fin, qui traite de la voix, rentrerait, selon nous, dans le livre troisième de l'histoire naturelle.

Le chapitre dixième, du sommeil et de la veille dans les animaux, resterait au livre quatre.

Les deux ou trois derniers alinéas, qui terminent le livre quatre, doivent être reportés au commencement du livre cinquième.

Ce dernier livre traite de la génération, et d'abord des actes et des rapports des sexes, du produit de la génération, et de l'analyse du sperme. Mais, chose bien remarquable, pour étudier cette fonction, il suit un ordre inverse à celui qu'il a tenu jusqu'ici, commençant par les animaux inférieurs pour venir ensuite aux supérieurs. Il va même plus loin, et pose avant tout des généralités de comparaison sur la reproduction dans les végétaux et les animaux.

Dans ce livre, encore, se rencontrent des alinéas intercalés, et une transposition relative aux oiseaux et aux quadrupèdes ovipares, qui ne sont pas à leur place, étant avant les testacés; mais, en revanche, les insectes, les entomozoa sont après les crustacés et les mollusques, et leur sont par conséquent supérieurs, puisque l'ordre est inverse.

Les livres sixième et septième sont la continuation du précédent. Le septième est tout entier consacré à la génération dans l'espèce humaine, et aux changements qui arrivent sous ce rapport chez l'homme, depuis la naissance jusqu'à la vieillesse. Ce livre n'a pas toujours occupé la même place; tous les manuscrits grecs, et les traducteurs antérieurs à Gaza, le mettent le dernier.

Harpocration a cité un texte comme tiré du neuvième livre, et qui est présentement du septième d'Aristote. C'est Gaza qui a donné aux livres l'ordre actuel, et il a été généralement suivi.

Le livre huitième, consacré à ce que nous nommons l'histoire naturelle des animaux, renferme toutes les particularités de mœurs et d'habitudes, et mérite, par conséquent, de former un livre tout à fait à part. Il commence par quelques généralités, entre autres sur la gradation des êtres. « Le passage des êtres non animés à ceux qui le sont, se fait peu à peu dans la nature; la continuité des gradations contient les limites qui séparent les deux classes, et soustrait à l'œil le point qui les divise. Après les êtres inanimés viennent les plantes, dont les unes semblent participer plus à la vie que les autres. Des plantes aux animaux, le passage n'est pas subit; on trouve, dans la mer, des corps dont on doute si ce sont des animaux ou des végétaux. Cette dégradation a également lieu pour les fonctions vitales, pour la faculté de se reproduire et de se nourrir. »

A des considérations sur les divers genres d'animaux, sous les points de vue de séjour, de nourriture, de reproduction, etc., succèdent de très-longs détails sur les migrations des oiseaux et des poissons, citant, parmi ces derniers, ceux qui se pêchent dans le fleuve du Strymon. Il parle ensuite de la retraite des animaux pendant l'hiver, et des changements de peau, des circonstances de séjour qui leur sont favorables ou défavorables par rapport à la température, et enfin de leurs maladies particulières, chez les cochons, les chiens, les bœufs, les chevaux, les ânes, les éléphants.

Ce livre est complété par l'exposé des différences que

les animaux présentent suivant les pays qu'ils habitent, et suivant qu'ils sont ou non dans le temps de la
gestation.

Il est continué par le livre neuvième, intitulé : *Du
caractère moral des animaux*. Quoique très-décousu,
ce livre peut en effet rentrer dans celui qui est consacré à l'histoire naturelle; il contient sans doute de
doubles emplois, des transpositions et des interpolations; on peut même ajouter qu'il n'est nullement
terminé, comme l'ont déjà fait observer beaucoup de
critiques.

Quoi qu'il en soit, Aristote y traite des différences
entre les mâles et les femelles; des animaux qui sont
ennemis ou amis; de ceux qui vivent en troupe; des
cerfs et des biches; des différences que présentent les
animaux dans la manière de se conduire à l'égard de
leurs petits; des remèdes qu'ils apportent à leurs maladies. Il expose certaines particularités offertes par plusieurs oiseaux, et donne entre autres l'histoire de la
perdrix, du coucou, et d'un grand nombre d'espèces
d'oiseaux, mais sans ordre bien évident. Suivent des particularités sur la manière de vivre des poissons; des particularités chez les mollusques, les insectes, et spécialement chez les abeilles, dont il fait une longue histoire;
enfin chez les guêpes. Des différences sous le rapport
du courage, de la férocité dans le lion, le thos, le bo-
nase, l'éléphant et le dauphin. Il passe ensuite, presque
sans transition, aux changements de couleur déterminés chez les oiseaux par la saison, l'âge et la castration.

La fin de ce livre est singulière et tout à fait tron-
quée. C'est d'abord un paragraphe sur la rumination,
qui n'est lié ni à ce qui précède, ni à ce qui suit; puis

un alinéa encore plus singulier sur une particularité pathologique, qui ne tient absolument à rien; ce qui prouve toujours que la disposition des livres sur les animaux a été rétablie, après altération, par des mains tout à fait ignorantes.

L'analyse que nous venons de faire nous permet d'examiner l'ordre dans lequel doivent être rangés ces neuf livres. L'ouvrage d'Aristote était partagé en livres, mais nullement en chapitres et en sections, qui n'ont été imaginés que par les traducteurs. Nous savons, d'après Diogène Laërce, qu'il ne contenait que neuf livres; ainsi, le dixième, qu'on y a joint dans plusieurs éditions, ne doit pas y être placé. C'est une dissertation sur les causes qui peuvent rendre l'homme ou la femme impuissants, et, par conséquent, sur un point ayant trait à la génération. Gesner, Scaliger et Casaubon pensent qu'il doit être joint à celui de la génération de l'homme. Plusieurs autres, et Camus surtout, ne veulent pas qu'il fasse partie du traité des animaux; Camus même ne l'attribue pas à Aristote: il n'y reconnaît ni sa manière, ni son style, ni ses opinions; les anciens manuscrits ne le contiennent pas, et Pline n'en a rien extrait.

Les neuf autres livres doivent être rangés dans l'ordre où ils sont, du moins pour la plupart, en acceptant la réforme établie par Gaza, pour le livre qui traite de la génération dans l'homme. Il se pourrait aussi que le livre III, consacré aux parties similaires, dût être avant les parties composées.

Quant à la circonscription des livres, on doit accepter la rectification de Scaliger pour le chapitre I du troisième livre, qui doit être porté à la fin du second.

Il nous semble qu'on doit en faire autant pour le dixième chapitre du quatrième livre, qui doit commencer le cinquième, entièrement consacré à l'histoire de la génération. Il faudrait en faire de même pour les deux alinéas placés dans le livre second, à la fin de l'examen des parties externes des animaux qui ont du sang, et avant l'examen des parties internes; ces deux alinéas doivent être retirés de cette place.

III. Des parties des animaux et de leurs causes. Quatre livres. Le traité des parties des animaux et de leurs causes est le second ouvrage qui nous reste d'Aristote sur les animaux; il roule plus spécialement sur l'anatomie et sur la physiologie, comme l'indique son titre.

Le premier livre renferme des généralités intéressantes sur la science, sur l'époque d'Aristote et sur sa marche méthodique.

Il y a, dit-il au premier chapitre, deux modes d'envisager et d'enseigner les choses : la science et la pratique, *scientia et peritia.* Les sciences naturelles peuvent être entendues de deux manières : connaître la nature de chaque être en particulier, ou la nature des êtres en général. Il étudie ensuite les causes diverses de la formation des parties de l'animal. Les membres, dit-il, ne naissent point sans un ordre déterminé.

Il distingue son époque et sa morale de celle de Socrate. Du temps de Socrate, dit-il, l'usage de définir existait; mais la recherche des choses naturelles manquait.

Le chapitre second est dirigé contre ceux qui divisent un genre en deux différences; qui placent, par exemple, les oiseaux d'après le séjour, les uns avec

les mammifères, et les autres avec les poissons; il en
est de même pour les multipèdes, les uns terrestres et
les autres aquatiques.

Dans le chapitre troisième, il réfute ceux qui veulent établir des différences par privation seulement,
et traite de la vraie manière de diviser, ou des principes de classification. Il faut donc, conclut-il, diviser par les choses qui existent dans la substance
même, et non par celles qui lui sont accidentelles;
il faut encore diviser par les opposés. Les êtres animés doivent être divisés par les qualités communes
du corps et de la vie, et puis aussi par leurs différences. Par là, il établit les deux grands principes de
toute vraie classification, les ressemblances qui rapprochent les êtres, et les différences qui les font distinguer
entre eux.

Préparé par le précédent, le quatrième chapitre
traite du genre et de l'espèce; et le cinquième des
substances naturelles en partie périssables, en partie
impérissables; il détermine le sujet de son étude les
êtres périssables et mortels; étude qui a ses attraits;
car, dit-il, la nature, auteur de tout, procure d'admirables jouissances aux hommes qui savent comprendre
les causes, et qui sont vraiment philosophes.

Ce premier livre ne contient donc que des prolégomènes, où il expose les principes généraux et détermine
l'objet de ses investigations.

Le second est consacré à l'anatomie générale. Rappelant d'abord ce qu'il a exposé dans le traité des
animaux, il examine, dans le chapitre premier, la composition des êtres.

Dans le chapitre second et dans le troisième, il étudie les parties simples similaires, qu'il divise en hu-

mides et en solides ou sèches. Les humides comprennent : *sanguis, sanies, adeps, serum, medulla, genitura, lac, caro.*

Les sèches comprennent : *os, spina, nervus, venæ.*

Le chapitre quatrième est une nouvelle étude sur la fibre et les animaux qui en manquent. Il confond avec la fibre, telle que nous l'entendons, la fibrine du sang, et dit que celui des biches et des daims en est privé.

Dans les chapitres suivants, il étudie toutes les autres parties similaires, et examine dans quels animaux elles se trouvent.

Au chapitre sept, il parle du cerveau et de sa nature, de la moelle qui est jointe au cerveau. Il y a, dans ce chapitre, quelques points importants ; mais il est évident que les articles des fluxions de la tête et de la cause du sommeil, qui s'y trouvent, sont des hors-d'œuvre.

En traitant, dans le huitième chapitre, de la chair et de ce qui en tient lieu, il définit l'animal, l'être qui jouit des sens : *animal definimus quod sensum obtinet.*

Dans l'étude des veines, des os et des cartilages, que comprend le neuvième chapitre, on rencontre une comparaison très-ingénieuse des vaisseaux avec les os, la démonstration que tous les os forment un système continu, dont toutes les parties se touchent et s'enchaînent ; en outre, des observations piquantes sur plusieurs points d'ostéologie. Cette partie se termine par les ongles, les cornes, les becs des oiseaux, qui se rapprochent, dit-il, des os.

Depuis le chapitre neuvième jusqu'au dix-septième, il traite de l'appareil digestif et des organes des sens. Ces derniers sont étudiés dans un ordre assez rationnel, en commençant par l'ouïe; et d'abord de la position des oreilles dans les quadrupèdes, puis des méats auditifs dans les oiseaux. Il a très-exactement observé que les phoques n'ont pas de conque externe.

De l'ouïe, il passe aux yeux, et consacre tout un chapitre aux paupières. Dans l'homme, les oiseaux et les quadrupèdes, elles sont, dit-il, composées de peau; les poissons, les insectes, les crustacés n'en ont point. A l'occasion des cils, il parle aussi des poils et des cheveux, et, après avoir remarqué que les quadrupèdes sont plus poilus en dessus qu'en dessous, il ajoute : *Homo contra parte magis supina quam prona : homo maxime animalium piloso capite est.*

Il se demande en terminant : Pourquoi la nature a donné des cils et des sourcils aux animaux? et il y répond.

Il décrit ensuite la disposition des narines et des lèvres dans les animaux, et quels sont leurs usages. C'est dans le même chapitre qu'il décrit si bien la trompe de l'éléphant, la regardant comme le nez de cet animal; qu'il parle de la langue, servant à un double usage, à goûter et à produire la parole. Pour ces deux usages, il renvoie à son traité des animaux, et continue à étudier la langue, sa position et ses différences chez les animaux divers; elle est un instrument de tact et de goût, et plus large dans les oiseaux parleurs que dans les autres. Il avait aussi très-bien connu cet organe dans les crocodiles et les serpents, etc.

Le livre troisième commence par l'examen des phanères, ce qui fait assez suite aux organes des sens. En donnant la structure des dents, il les divise en aiguës pour couper, maxillaires pour moudre, et en canines. Le bec des oiseaux leur tient lieu de lèvres et de dents.

Au chapitre deuxième, les cornes, leur structure et leurs différences; les animaux qui en manquent, sont tout autant de questions parfaitement à leur place; c'est par là qu'il termine l'anatomie externe dont il a traité jusqu'ici. Il va maintenant parler des parties internes, depuis le chapitre troisième jusqu'au quatorzième.

Il commence par le cou pour finir par l'abdomen. Son chapitre sur le cou, le gosier, la trachée-artère (*de collo, gula, arteria*), etc., est intéressant. En pénétrant de plus en plus dans l'intérieur, il parle des viscères, et d'abord de ceux de la poitrine, *du cœur*, dont il dit plusieurs choses assez bien traitées.

Puis des veines et de leurs dispositions dans les animaux qui ont du sang; chapitre peu important et incomplet.

Plus long et meilleur, celui sur les poumons et leur forme achève ce qu'il avait à dire sur les organes de l'appareil circulatoire.

Suit un chapitre sur la forme des viscères, leur place dans le corps des animaux, et leur fonction. La vessie est considérée, sous ces trois mêmes points de vue, aussi bien que les reins. Pour ceux-ci, il examine, dans un chapitre plein de curieux détails, à quels animaux ils ont été donnés, et prononce qu'aucun animal ayant des ailes, des écailles ou un test, excepté la tortue, n'a de reins.

Les enveloppes des viscères viennent très-naturellement après eux. Quelques mots sur le diaphragme d'abord, portent à croire qu'il le confondait avec les membranes. Ces membranes sont étudiées en elles-mêmes et dans leurs fonctions. Il dit que tous les viscères sont contenus dans des membranes, dont les plus fortes sont celles du cerveau.

La structure, la position et les fonctions des viscères connues, il emploie un chapitre à montrer que tous ces organes ne se trouvent pas dans tous les animaux, et un autre à faire voir la différence qui existe entre les viscères et la chair.

L'anatomie des parties intérieures est terminée par un chapitre consacré aux intestins et à l'estomac. Ce chapitre, assez étendu, contient d'excellentes choses, entre autres la description de l'estomac des ruminants.

Il est encore question des viscères dans les premiers chapitres du quatrième livre, puis il reprend la matière du traité des animaux, et parle des parties externes et des parties internes, dans les insectes, les testacés, les crustacés et les mollusques; ensuite de ces mêmes parties dans les animaux à sang : les animaux vivipares, ovipares, les oiseaux et les poissons. Viennent ensuite les *incertæ sedis*, les animaux ambigus, comme les veaux marins et les vespertilions, qui participent, les premiers des aquatiques et des terrestres, les seconds des quadrupèdes et des oiseaux ; enfin l'autruche, qui est en partie quadrupède, en partie oiseau.

Il termine en annonçant son traité de la génération. L'ordre et la méthode ont été beaucoup moins dérangés dans l'ouvrage que nous venons d'analyser. L'on voit, en effet, comme tout y est suivi et enchaîné dans un plan qui embrasse l'intégrité du sujet.

IV. De la génération. Cinq livres. Le traité de la génération, qui comprend cinq livres, n'est pas aussi bien suivi; ce n'est, d'ailleurs, que le développement des mêmes questions déjà exposées dans le traité des animaux. Il commence toujours par des généralités, et lie cette importante question aux lois de composition et de décomposition dans l'univers. Il expose le principe, la source de la génération, qu'il place dans les deux sexes; étudie les diverses parties des organes reproducteurs, puis leurs différences dans le mâle et la femelle. Les mêmes organes, considérés dans les animaux vivipares, ovovivipares, dans les mollusques et les insectes, il arrive au mode d'action de la semence, et à l'évolution du fœtus, dont il décrit les enveloppes dans les animaux vivipares. Le développement, chez les ovipares, le conduit à l'examen de l'œuf, dans les oiseaux et les poissons, remarquant que, parmi ces derniers, les poissons cartilagineux sont vivipares; enfin, il termine par la génération dans les mollusques, les insectes, les abeilles et les testacés. Le livre quatrième est consacré à des questions insolubles sur la génération; et, dans le cinquième, il répète ses considérations sur les yeux, les poils, la voix et les dents, toutes choses qui sont évidemment déplacées.

Il y a beaucoup d'articles intercalés dans cet ouvrage, et il est bien moins intéressant que les précédents.

VIII. *Exposé méthodique des principes et des faits importants qu'Aristote a introduits dans la science des corps organisés en général et en particulier.*

Nous venons de voir comment les livres laissés par Aristote, ou du moins sous son nom, constituent, pour les parties qui nous regardent, un ensemble aussi évident que celui dont nous avons exposé l'enchaînement dans son encyclopédie scientifique.

Nous avons pu aussi nous convaincre que chacun de

ses grands ouvrages sur les animaux, quand il est interprété convenablement, qu'on le débarrasse de tout
ce que la maladresse y a sans aucun doute intercalé,
laisse aisément apercevoir une conception aussi logique,
aussi méthodique que leur ensemble.

Il nous reste à examiner quels sont les principes que
la science a acceptés des mains de son fondateur, soit
qu'ils aient été le résultat d'un assez petit nombre de
faits observés par lui, et auxquels son génie a suppléé,
soit qu'il les ait puisés dans la tradition, ce que nous ne
pensons pas.

Nous n'avons pas ici la prétention de recueillir tous
les faits d'observation contenus dans les écrits d'Aristote, mais seulement les principaux, ceux qui ont porté
coup, et d'où sont sortis les principes. Et afin de mettre
plus d'ordre dans cette analyse, nous parlerons successivement des principes de zooclassie, d'anatomie, de
physiologie, d'histoire naturelle ou d'éthique, de zoonomie et de zooiatrie.

I. Zooclassie. — La zooclassie, comme l'indique son
nom, est la partie de la zoologie qui traite des principes de la classification des animaux et de leur dénomination rationnelle. On entrevoit facilement de quelle
importance elle deviendra ; mais pour apprécier ses
avantages, il faut s'en faire une idée juste, car faute de
ne l'avoir pas comprise, on l'a ridiculisée. La classification, logiquement établie sur la vraie connaissance
de la nature, est le plus haut perfectionnement auquel
la science puisse atteindre ; alors, en effet, elle n'est
autre chose que la lecture des lois du créateur, consta-
tées par l'observation positive de faits assez nombreux ;
et plus elle s'approche du plan naturel des êtres, tel
qu'il a dû nécessairement être conçu par la souveraine

intelligence, et plus l'on comprend qu'elle est parfaite, puisqu'elle est arrivée à la plus haute conception de la nature créée. Mais c'est là le grand travail de la science, celui qui ne peut arriver à sa perfection que le dernier. Ce qui n'empêche pas celle-là de faire, sous ce rapport, plus ou moins de progrès, suivant sa direction.

Acceptant, comme son maître Platon, que l'ordre est la raison de tout, Aristote pouvait moins qu'un autre négliger cette partie importante en elle-même, mais qui le devient d'autant plus qu'il y a un plus grand nombre d'êtres connus. Il a d'abord traité des principes qui doivent servir à établir la classification ; dans son ouvrage des parties des animaux, il consacre à cette question trois chapitres. Les mêmes genres ou classes ne doivent pas être divisés d'après la considération du séjour ; il ne veut pas non plus qu'on établisse de caractères négatifs, la privation ne pouvant être une différence. Mais il faut, dit-il, que dans chaque objet il y ait une différence quelconque et par opposition. Il a ensuite traité des genres et des espèces.

Il montre dans son Traité des animaux, comment ils doivent être subdivisés en plusieurs classes, d'après les considérations du séjour, en aquatiques, terrestres et amphibies ; d'après les considérations de la mobilité ou de l'immobilité, du mode de locomotion, de la nourriture, de l'éducabilité ; d'après le caractère moral : sauvages, susceptibles d'apprivoisement ou domestiques ; d'après leur manière de vivre, leurs actions, leurs mœurs ou habitudes, leurs parties, qu'elles soient les mêmes ou analogues.

Aristote était entré dans la vraie voie, il avait jeté les bases de la méthode naturelle en l'établissant sur des résultats comparatifs et sur les caractères de premier ordre. Considérant d'abord tous les êtres sous le rapport de leurs éléments, il trouve qu'ils diffèrent entre eux par la vie définie dans sa plus grande généralité, pour lui servir de caractère distinctif entre les deux grands règnes organique et inorganique, ψυχία et ἀψυχία. Le progrès des sciences a fait revenir à cette division, momentanément remplacée par celle des trois règnes.

Mais les êtres vivants ou organisés se distinguent à leur tour en deux grands sous-règnes, par les caractères de plus haute importance. Bien qu'Aristote n'ait pas discuté à fond ces caractères, il se fonde néanmoins sur les actes de la vie, distinguée nettement en vie végétative et en vie animale. Il définit d'une manière précise l'animalité par la sensibilité et la locomotilité, de sorte que, pour lui, l'animal est l'être qui sent et qui se meut. *Animatum ab animato differt motu et sensu.* Sa conception a pénétré plus avant : elle lui a montré une échelle de gradation dans les êtres entre lesquels les passages sont si imperceptibles, de ceux qui sont animés à ceux qui ne le sont pas, que dans leur série on n'aperçoit pas du premier coup auxquels des deux appartiennent les confins et les moyens termes. D'abord, dit-il, après le genre des êtres inanimés, vient le genre des plantes, dont les unes diffèrent des autres parce qu'elles paraissent participer davantage à la vie. Mais tout le genre des plantes, par rapport aux autres corps privés de vie, est comme un animal, tandis que par rapport à l'animal, il est inanimé. Le passage des végétaux aux animaux est continu, comme nous l'avons dit. Bien des êtres, en effet, dont on douterait s'ils sont animaux ou plantes, vivent dans la mer ; attachés au sol, si on les arrache, la plupart

périssent, comme les pinnes fixées... Tout le genre des
testacés est semblable aux plantes, si on le compare
avec les animaux qui marchent. Dans quelques-uns, les
fonctions des sens ne se manifestent par aucun indice;
dans d'autres, elles apparaissent légèrement et d'une
manière fort obscure. La substance des corps chez plusieurs est charnue, comme dans les théties et le genre
acalèphe ; mais l'éponge est entièrement semblable
aux plantes. Toujours donc, avec la plus petite différence, les uns paraissent posséder un peu plus de vie
et de mouvement que les autres. Il en est absolument
de même pour toutes les fonctions vitales [1].

Aristote avait donc compris qu'il y a dans la nature
un ensemble, et que chaque groupe forme une véritable série dont les degrés passent imperceptiblement de
l'un à l'autre, depuis le plus imparfait jusqu'à celui
dans lequel la vie est arrivée à sa plus haute perfection.
Fondé sur ce principe, il cherche à reconnaître cette
série dans le règne animal, qu'il divise d'abord en animaux raisonnables et animaux sans raison; par cette
distinction claire et précise, l'espèce humaine, sommet
du développement animal, est mise en dehors de la série des animaux, dont elle est la mesure. Appliquant à
la classification les principes par lui établis, il distingue
les genres des quadrupèdes vivipares, des quadrupèdes
ovipares, ensuite des oiseaux, des poissons et des serpents.

Sa définition de l'animal, *un être qui sent et qui se
meut*, était bien jugée: il aurait dû s'y tenir ; mais lorsqu'il prétendit différencier les animaux par le sang, il
se trompa en établissant ses deux grandes divisions

[1] *Des Animaux*, l. VIII, ch. I.

d'animaux *à sang* et d'animaux *exsangues*. Cette dernière classe est ensuite sous-divisée avec moins de bonheur que la première; il y trouve : 1° les mollusques, 2° les crustacés, 3° les testacés, parmi lesquels sont rangés les échinites et les théties, et 4° les insectes.

Pour établir ses subdivisions et distinguer ses sous-genres ou espèces les uns des autres, il se sert, dans les quadrupèdes, de la considération des membres, du nombre, de la division ou de la réunion des doigts, de la présence ou de l'absence des cornes, et de leur relation avec la forme des pieds. De là des multidigités, des bifides ou bisulques, et des solipèdes ou solidongulés. Il s'appuie aussi sur la forme des dents, différente dans les lions, les chiens, etc., et dans les animaux à cornes; sur l'absence des premières dents de la mâchoire supérieure dans ces derniers, en ayant bien soin d'observer que tous les animaux qui manquent de ces dents n'ont pas pour cela des cornes, par exemple, les chameaux.

Les oiseaux sont également différenciés par la conformation des pieds : un grand nombre ont les doigts divisés; d'autres sont palmipèdes; ceux de haut vol ont quatre doigts, trois en avant, un en arrière. Un petit nombre en a deux en avant et deux en arrière. Les oiseaux n'ont ni écailles, ni poils, mais des plumes; ils n'ont ni dents, ni lèvres, mais un bec.

Les poissons sont divisés en cartilagineux qui produisent des petits vivants, et en squammeux qui tous font des œufs. Il place la grenouille parmi les cartilagineux, remarquant toutefois qu'elle ne produit pas de petits vivants.

Il divise les serpents, en y comprenant les congres et les anguilles, d'après le lieu de leur habitation, en aquatiques et en terrestres.

Dans les animaux exsangues, il suit à peu près la même marche; le nombre, la présence ou l'absence des pieds, la conformation de la coquille; dans les insectes, le nombre, la forme solide ou membraneuse des ailes, et leur absence, lui fournissent des caractères.

D'après ces principes, Aristote propose de ranger la série des êtres, telle que nous la résumons dans le tableau suivant.

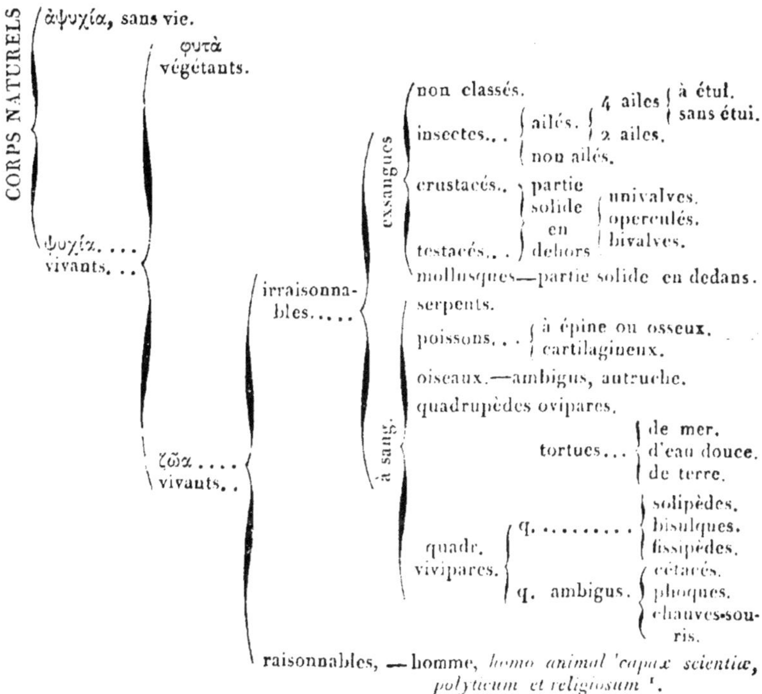

Aristote avait donc posé les bases de la zooclassie, et ébauché l'application des principes; il ne s'agissait plus que d'exprimer ces ébauches dans un langage approprié.

[1] *Polit.*, l. I, c. II; *de Mor.*, l. IX, c. IX; *de part. Anim.*, l. II, c. II; l. IV, c. X.

II. Nomenclature. — La nomenclature est une conséquence de la classification; la classification, bien comprise, est la science systématisée, et la nomenclature en est la traduction dans un langage convenable. Ainsi entendue, elle doit être nécessairement rationnelle, comme la classification; elle doit être scientifique; car elle n'est que le résumé des principes et des faits, ou mieux, la science même, saisie et comprise par l'intelligence, au moyen du langage et de la logique, ses deux instruments les plus essentiels.

Cette partie ne paraît pas avoir été le sujet des réflexions d'Aristote. Du reste, il en avait peu besoin, elle n'était pas encore nécessaire. On en trouve cependant çà et là quelques indices dans ses ouvrages; ainsi il emploie des dénominations par privation et par opposition, *psychion*, *apsychion;* mais il n'a point de nomenclature binaire linnéenne. Le nom d'un animal est toujours substantif, comme l'a voulu Buffon; ces noms sont pour nous insignifiants; leur origine est souvent inconnue; ils sont généralement courts, quelquefois composés de deux mots, comme *chœropithecos* (singe-porc), *rhinobatos* (raie à nez), *leiobatos* (raie lisse), *malacocraneos* (crâne mou), *dasypodos* (pieds velus), *hippomyrmex* (cheval-fourmi), *pinnophylax* (sentinelle, coquille).

III. Anatomie. — La méthode fournit l'ordre dans lequel les animaux doivent être étudiés. Une fois cet ordre trouvé, vient l'anatomie, qui a pour objet l'étude de la structure organique dans l'homme et dans les animaux; elle se divise en générale et en spéciale. Cette étude, pour être convenablement faite, a besoin, en plusieurs cas, de certains procédés. Nous ne trouvons peut-être qu'un passage dans Aristote qui ait quelque rapport avec un procédé anatomique; c'est celui où il recommande, pour mieux voir le système vasculaire, d'étouffer l'animal. Quant à l'anatomie proprement dite, Aristote s'en est beaucoup occupé.

1° *Générale.* Un animal, dit-il, n'est pas formé d'un élément unique, d'air, par exemple, ou de feu seul, mais de plusieurs parties, composées de plusieurs éléments joints et réunis.

Il comprend ce que nous nommons aujourd'hui anatomie générale, sous le nom d'anatomie des parties similaires; il 'en traite assez longuement dans deux ouvrages, dans le Traité des Animaux et dans celui des Parties des Animaux. Malheureusement il y confond des tissus, des systèmes, et même des produits. Cependant, d'après leur état de cohésion, il a très-bien distingué les parties en liquides et en solides : les liquides comprennent le sang, la sanie, la graisse, la sérosité, la moelle, la semence et le lait; les solides renferment les os, les épines (ou arêtes des poissons), les nerfs (ou tendons), les vaisseaux, le tissu cellulaire, qu'il nomme la fibre, et avec laquelle il confond la fibrine du sang, qu'il connaissait très-bien, et qu'il pensait manquer dans celui des biches et des daims.

A. *Parties liquides.* — La première et la plus importante partie liquide est le sang; c'est, suivant Aristote, une partie similaire et commune; il est mêlé d'eau et de terre; *sanguis ex sanie fit per concoctionem; sanguis ex uno originem ducit; sanguis concrescit extra corpus; sensu caret.* Il le définit un fluide rouge, y distinguant la lymphe et la fibre, et le supposant toujours chaud; par conséquent, la distinction des animaux à sang chaud et à sang froid n'est pas de lui. Il a vu que le liquide provenu des aliments se rend continuellement au cœur, et donne lieu à la formation du sang. La fibrine du sang, qu'il a confondue avec la fibre musculaire, est, suivant lui, beaucoup plus abondante en certains animaux qu'en d'autres; c'est elle qui donne lieu au coagulum; pour lui encore, c'est du sang que vient la chaleur animale, et ce fluide n'existe que dans les vaisseaux.

La sérosité, la sanie, la lymphe, sont des substances qu'il dit entrer dans la composition du sang.

La graisse solide, qu'il nomme *axonge*, est parfaitement distinguée de la graisse molle; il dit qu'elle vient du sang, *ex sanguine adeps*.

Pour la moelle, il prend son point de départ dans la moelle des os, mais en y confondant aussi la moelle épinière. A son occasion il remarque que tous les liquides du corps sont contenus dans des vases; comme le sang est contenu dans les veines, la moelle l'est dans les os; elle est sanguinolente dans les jeunes sujets, blanche dans les vieux.

Le sperme, ou produit de la génération mâle, ou la semence, est un composé d'esprit (pneuma, qu'il définit un air chaud) et d'eau. C'est un excrément.

Le lait enfin est, comme le sang, un composé de parties terreuses et de parties aqueuses; il contient de la lymphe, du caséum et de la graisse.

Telles sont les parties liquides pour Aristote; plus tard on les distinguera en organiques et en produits.

B. *Parties solides.* — Dans les parties solides, la fibre et les muscles étaient peu connus d'Aristote; mais il avait aperçu l'ensemble du système fibreux, qu'il a appelé *nerfs*, et avec lesquels, quoique la base soit le système fibreux proprement dit, les nerfs véritables sont en partie confondus. La contractilité de la fibre musculaire lui était connue.

Les ligaments (*nervi*, νεῦρον) sont le plus souvent confondus avec les nerfs.

Mais les vaisseaux (*vasa*, φλέβαι), dans leur ensemble, ont été comparés d'une manière intéressante avec le système osseux.

Il comprend le système musculaire sous le nom de chair (*caro*, σὰρξ); il le considère comme un tout, placé entre la peau et les os, formant une enveloppe à ceux-ci, et s'y attachant par toutes ses fibres pour leur servir de connexion et de lien. La chair est divisible dans tous les sens, et non pas seulement sécable en long, comme les veines et les nerfs (tendons). Plus humide dans la femelle que dans le mâle, elle est comme une éponge, et n'existe que là où il y a vie; c'est une partie commune et similaire, elle est le principe et le corps des animaux. Dans les crustacés et les testacés, elle est autrement placée qu'entre les os et la peau.

Sa comparaison du squelette avec le système vasculaire repose sur ce que la colonne vertébrale est, comme l'aorte pour les vaisseaux, le point de départ, le centre des os. Il a bien compris dans le système osseux les épines, ou os des poissons, et les cartilages. Il dit que la nature de l'os est terreuse; c'est une partie similaire sèche et solide; tous ne contiennent pas de moelle.

C. *Produits.* — Enfin, comme complément de l'anatomie générale, il faut parler des produits, parmi lesquels devraient être ramenées plusieurs substances dont Aristote a traité ailleurs; en sorte qu'il ne regarde guère comme produits que la sueur et les larmes qui, dit-il, sont une espèce de sueur.

2° *Anatomie descriptive ou spéciale.* L'anatomie descriptive ou spéciale, chez l'homme comme type, ou chez les animaux, doit encore plus à Aristote que l'anatomie générale. C'est lui qui, le premier, a montré que, pour l'homme, être dépourvu de vêtements propres, de partie offensive et défensive, était une preuve de supériorité. Le premier aussi, en analysant la main de l'homme, il remarque qu'elle était faite pour être l'instrument de son intelligence. C'est encore lui qui a distingué le premier les membres des parties ; les membres sont externes, les parties sont internes.

Peau. — *Appareil sensorial.* Dans l'étude de la peau, il a reconnu que les poils, les ongles, les cornes, le bec et les plumes des oiseaux, étaient en rapport entre eux et avec la peau, dont ils paraissaient des dépendances, et dont ils subissaient les modifications. Les écailles des quadrupèdes ovipares et celles des poissons, qu'il distingue fort bien par des noms différents, appelant les premières *pholides* ou *squarres*, les secondes *lépides* ou *squammes*, sont considérées comme les analogues des poils et des plumes, et des dépendances de la peau ; l'écaille est dans le poisson ce qu'est la plume dans l'oiseau [1]. Ainsi, quoiqu'il n'ait pu pénétrer plus avant, il avait ouvert la voie et posé la première démonstration de l'enveloppe extérieure de l'animal. Il étudie donc les poils dans les différentes modifications qu'ils peuvent éprouver suivant l'âge, le temps ou les sexes.

Organes des sens spéciaux. — *Du toucher.* Le rapport et la distinction des sens spéciaux se trouvent dans Aristote. « L'homme a les sens et leurs instruments, les yeux, les narines, la langue, dans la partie anté-

---

[1] *Hist. des Animax.* l. I, ch. I, etc.

rieure; mais la nature a placé l'ouïe et son instrument, les oreilles, au côté et au niveau des yeux. De tous les animaux, l'homme a le tact le plus exquis, ensuite le goût : pour les autres sens, il est surpassé par la plupart des animaux. » Il a parfaitement établi que, de tous les sens, le tact seul est commun à tous les êtres sensibles : « C'est pourquoi, dit-il, le membre dans lequel il existe n'a point de nom. Ce membre est le même pour plusieurs animaux, différent pour d'autres; mais le sens réside toujours dans des parties de substance homogène et molle. » Le tact, élevé à sa plus haute perfection, réside dans l'homme, qui seul a reçu pour cela l'usage de deux mains. Aristote a très-bien décrit toutes les jointures et toutes les flexions qui rendent la main un instrument intellectuel si parfait. Il a vu dans l'éléphant la main remplacée par la trompe, dont l'extrémité est cartilagineuse, ce qui l'empêche de se plier, et ne lui permet que de se recourber.

Du goût. — Le toucher général se spécialise dans le goût, pour juger d'une qualité chimique de la matière, et Aristote a bien senti que les animaux sont doués de langue pour percevoir les saveurs; son opinion est que tous les animaux qui ont une bouche possèdent le sens du goût. La langue des poissons est osseuse, incertaine et obscure; mais pourtant ils jouissent du goût. Parmi les animaux sans vertèbres (*exsangues*), les mollusques, les crustacés et les insectes en jouissent certainement; dans les testacés, ceux-là seuls qui ont une bouche ont aussi le sens du goût.

De l'odorat. — Les narines sont l'instrument de l'odorat; certains animaux ont des narines; d'autres, comme les oiseaux, ont des méats olfactifs. Les poissons jouissent de l'olfaction, quoique chez eux, ce qui occupe la place des narines n'aille certainement pas jusqu'au cerveau, mais se continue et se porte en partie aux branchies. L'olfaction a lieu chez les mollusques, les crustacés, les insectes; dans les testacés, ceux qui sont immobiles, comme les théties et les balanes, ne paraissent pas du tout avoir d'odorat.

De la vision. — L'homme, tous les animaux qui marchent sur le sol, et même tous ceux qui ont du sang, qui sont vivipares, ont l'organe de la vue. Les yeux vont se terminer au cerveau, et chacun d'eux est posé sur une petite veine (le nerf optique). Il décrit les sourcils, les paupières, la sclérotique, qu'il appelle *blanc,* et la pupille, qu'il regarde à tort comme l'instrument de la vision. Relativement aux autres animaux, il avait observé qu'en proportion de sa grandeur, les yeux de l'homme étaient séparés par le plus petit intervalle, et que dans l'homme seul, les yeux étaient affectés de diverses couleurs, suivant les individus. De leur forme, de leur grandeur, de leur couleur, comme aussi de la forme de la conque auditive, Aristote a tiré des caractères physionomiques propres à faire juger le moral de l'individu.

Tous les quadrupèdes ont des yeux; et les taupes mêmes avaient déjà frappé son attention; il a parfaitement démontré l'existence de leurs yeux au-dessous de la peau; ayant, dit-il, toutes les mêmes parties que les autres animaux, la partie noire, la pupille et le cercle même, mais seulement dans des proportions plus petites. Les mollusques, les crustacés, les insectes, ont tous des yeux; assertion vraie, si nous nous rappelons qu'Aristote rangeait seulement dans la classe des mollusques les premiers genres que nous y mettons encore aujourd'hui, tandis qu'il plaçait les autres parmi les testacés, avec les échinodermes et les théties; en effet, il accorde le tact, le goût à la plupart des testacés, mais pour la vue et l'ouïe, il n'y a, dit-il, rien de certain. Il ajoute cependant que, d'après leurs actes, les solens paraissent y voir.

De l'audition. — L'oreille est l'instrument de l'ouïe. Chez l'homme, les oreilles sont placées dans la même circonférence que les yeux, et non au-dessous, comme dans certains quadrupèdes. Il rejette le sentiment d'Alcméon, qui pensait que les chèvres respirent par les oreilles. Toute l'oreille extérieure est composée de cartilage et de chair; une partie manque de nom, l'autre s'appelle lobe. L'oreille interne s'ouvre, non au cerveau, mais dans le palais; une veine (le nerf acoustique) lui vient du cerveau. Plusieurs animaux ont des oreilles (externes), d'autres n'ont que les orifices, comme les oiseaux et les animaux couverts d'une peau squarreuse. Tous ceux qui ont des oreilles (externes), les ont mobiles, excepté l'homme. Tous les vivipares ont des oreilles (conques auditives), excepté les cétacés et les cartilagineux; les premiers ont le méat de l'oreille, et quoique les poissons n'en aient aucune apparence, tous cependant entendent, car le son, même très-petit hors de l'eau, est grave et très-grand sous l'eau; or, c'est au moyen du bruit qu'on donne la chasse à plusieurs cétacés, comme les dauphins, et que l'on pêche plusieurs poissons.

Cette analyse nous montre trois points importants introduits dans la science par Aristote : d'abord, il avait reconnu que les sens spéciaux sont en rapport avec le cerveau; en second lieu, il en avait vu et souvent même deviné les appareils d'après l'observation des actes dans la série animale; troisièmement, il avait senti le caractère d'élévation des sens les uns au-dessus des autres, et avait remarqué leur dégradation plus ou moins prompte, et enfin leur disparition dans la série.

APPAREIL LOCOMOTEUR. — A. *Partie passive, ou ostéologie.* Les généralités de l'ostéologie lui étaient très-bien connues; les spécialités, au contraire, lui ont assez souvent échappé. Il définit parfaitement le squelette, le système osseux, un tout continu, ayant une partie médiane, d'où dépendent toutes les autres. Cette partie médiane est la colonne vertébrale, le principe des os; elle est composée de vertèbres perforées, et s'étend de la tête au fémur. L'épine dorsale porte la tête, les appendices costaux, et les membres qui en sont des dépendances. Tous les os, sauf ceux de la tête, sont réunis par des ligaments; aux articulations, ils sont revêtus de cartilages. Sous les noms d'os, d'épine et de cartilage, il reconnaît trois sortes de squelettes. L'épine était le squelette des poissons et des serpents. Sa définition du système osseux en excluait les dents; de plus, il a fait la remarque spéciale qu'elles ne sont point de la même nature que les autres os. Enfin, il avait noté que la partie passive de la locomotion est en dedans chez les mollusques [1], en dehors, chez les testacés et les crustacés.

B. *Partie active, ou myologie.* Moins heureux dans l'appareil de la locomotion active, la chair, pour lui, n'était qu'une masse, et le mot de muscle ne se trouve pas dans ses écrits, quoiqu'il soit dans Hippocrate. Toute la partie extérieure de l'espèce humaine était parfaitement décrite; il en était de même pour les animaux; c'était, du reste, sur les caractères extérieurs que repo-

---

[1] Il ne faut pas oublier que, sous ce nom, Aristote comprenait seulement les poulpes, les calmars et les sèches.

sait la zooclassie d'Aristote. Les viscères sont aussi parfaitement décrits; mais tout ce qui se nomme *endères*, ce qui est entre la peau extérieure et la peau intérieure, ne s'y trouve pas et ne devait pas s'y trouver. Le défaut de sujets pour la dissection, le respect outré et superstitieux du paganisme grec pour les cadavres, s'opposera longtemps aux progrès de cette partie de la science. Le christianisme seul, en apportant plus de lumières au monde, lèvera cet obstacle; heureux si ce respect si convenable pour la dépouille mortelle de notre semblable, de celui qui, il n'y a que quelques instants, vivait au milieu de nous, n'y avait pas perdu tout ce qu'il avait de grand et de beau, par la familière impudence d'une jeunesse trop souvent dégradée à force d'infamie et d'incrédulité systématique et matérialiste.

Appareil digestif.—Si les causes assignées ont retardé pour Aristote, et longtemps après lui, l'anatomie endérique profonde, elles ne l'empêchèrent pas de connaître mieux l'appareil digestif, qu'il était plus facile d'étudier. Ayant distingué les dents par leurs usages, il mentionne dans certains pachidermes, le cochon et l'éléphant, les dents exertes (défenses); dans les carnassiers, les dents en scie; dans les herbivores, comme le cheval et le bœuf, des dents unies, qui ressembleront à des meules à moudre le grain dans l'éléphant. Il avait aussi constaté que la plupart des animaux avaient les dents antérieures (incisives) aiguës, et que certains autres en étaient dépourvus à la mâchoire supérieure.

La différence de l'estomac dans l'homme, les carnassiers et les ruminants, chez lesquels il a reconnu quatre cavités stomacales, est parfaitement démontrée, aussi bien que le rapport des estomacs, de leur grandeur, et des circonvolutions intestinales, plus ou moins considérables dans ces divers animaux, avec la présence ou l'absence des dents incisives. Il a connu le foie, la rate, et aussi le fiel, quoique d'une manière moins nette; il en est de même du cœcum, du mésentère et de l'épiploon.

Appareil de la respiration. — Il a décrit la trachée-artère, et accepté qu'avec la langue et les lèvres, elle était l'instrument des sons et de la parole, qui n'appartient qu'à l'homme. La voix peut différer dans les animaux, mais l'éducation forme la parole. S'il a très-bien constaté la nécessité de la communication des narines avec le poumon pour la respiration, il n'a pas moins bien vu que le poumon est, de tous les organes, celui qui contient le plus de sang, non en lui, mais dans ses vaisseaux; qu'il n'est ni semblable, ni semblablement placé dans tous les animaux; que celui des ovipares est bien plus lâche que celui des vivipares; que les poissons ont des branchies à la place de poumons; qu'elles ont été données aux poissons pour respirer; que jamais un animal n'a à la fois des poumons et des branchies; que les poissons (cétacés) qui ont un évent n'ont pas de branchies, mais des poumons.

Appareil de la circulation. — Aristote a encore parfaitement connu la position du cœur, même dans l'homme, quoiqu'il se trompe en ne lui assignant que trois cavités. Il en décrit assez bien la forme générale; il le regarde comme une partie, et en fait l'origine, le principe des vaisseaux. Dès lors, on avait rencontré l'os de la cloison du cœur dans le cheval et le bœuf et suivi les gros vaisseaux dans leur trajet. Mais pour expliquer comment Aristote n'a décrit que la partie veineuse du système vasculaire, il faut se rappeler son procédé anatomique, qui consistait à étouffer l'animal. Malgré cela, il est facile de se convaincre qu'il a réellement connu, non pas physiologiquement, mais anatomiquement, les deux ordres de vaisseaux.

Toutes les veines naissent du cœur, dit-il; il y en a deux dans la poitrine; elles sont couchées le long de l'épine, mais plus en avant; une plus antérieure, plus sur la droite et plus considérable; l'autre, derrière celle-ci, plus sur la gauche et plus petite.

La première, dont le cœur semble n'être qu'une partie dans laquelle le sang se rassemble, s'élève du cœur au poumon, et à l'endroit où naît la seconde, elle se divise en deux branches : l'une de ces branches se ramifie et se distribue au poumon; l'autre suit l'épine du dos et remonte jusqu'à la nuque du col. Il est évident qu'ici il décrit le système vasculaire rentrant au cœur, savoir, les veines pulmonaires et la veine-cave, celle-ci recevant ses parties brachio-céphaliques; dès lors, on comprend pourquoi il n'a admis que trois cavités au cœur, les deux ventricules et la partie auriculaire, dont il n'a pas connu la cloison.

« Dans la partie inférieure, la grande veine traverse le diaphragme et donne un vaisseau court [1], mais gros, qui entre dans le foie, et d'où sortent un grand nombre de rameaux déliés qui s'y perdent. Après quoi, la grosse veine donne deux branches principales, dont l'une se termine au diaphragme, et l'autre remonte et va au bras droit. » Il a donné plusieurs autres détails exacts.

Appareil dépuratif. — Ses livres renferment des particularités assez nombreuses sur cet appareil. Le rein

---

[1] C'est évidemment la veine hépatique plutôt que la veine-porte qui a une tout autre disposition, et alors on conçoit comment a pu être employé le mot de *portes* pour les grandes ouvertures qui des veines hépatiques se montrent dans la veine-cave.

droit, dit-il, est au-dessus du gauche; tous deux sont en communication avec la vessie par deux canaux remarquables. Cependant, il ignorait que le rein servît à la sécrétion de l'urine; il a même confondu les uretères avec les veines, et prétendu qu'ils contenaient du sang. Tout aussi peu heureux sur la sécrétion de la bile, il connut en compensation la formation des calculs dans la vessie.

Appareil de la génération. — C'est surtout dans l'homme qu'il avait étudié et assez bien connu l'appareil générateur. Toujours guidé par des principes, le rapport final des organes mâles avec les organes femelles a sérieusement fixé son attention. Il connaissait l'os de la verge des chiens. Il a décrit les mamelles, et assez bien remarqué leur position dans les différents genres, pour en tirer des caractères de plus ou moins grande élévation des animaux dans la série. Nous l'avons vu analyser la semence, et ses études sur l'œuf sont pleines d'intérêt.

Appareil excitateur ou animal, ou système nerveux. — L'appareil excitateur ou nerveux lui était très-peu connu. « Le cerveau dans tous les animaux, dit-il, occupe la première place. Ce n'est point un prolongement de la moelle vertébrale, mais une partie *sui generis.* Chez l'homme, il est enveloppé de deux membranes, dans l'une desquelles il y a un grand nombre de vaisseaux très-fins, provenant d'un plus gros de chaque côté. Quant à lui, il n'en contient pas, ou il en manque. Toujours biparti, on trouve dans son intérieur une petite cavité. Existant dans tous les animaux à sang et dans les mollusques (*malakia*)[1], il est plus considérable dans l'espèce humaine que dans tous les

[1] Les poulpes, les calmars et les sèches.

animaux, et plus dans l'homme que dans la femme. Froid de sa nature aussi bien qu'au tact, il n'a aucune sensibilité; il exerce avec le cœur la principauté de la vie, et a été donné aux animaux pour le salut de leur nature. Il est la première cause du sommeil.» On voit qu'ici la science d'Aristote n'allait pas bien loin; il savait cependant que le cerveau envoie des nerfs aux sens spéciaux.

Tel est en résumé l'état de la science anatomique dans Aristote. Il faut toutefois se garder d'oublier que, dans l'étude des diverses parties, il considère toujours chaque organe chez tous les animaux à sang d'abord, et ensuite chez les exsangues, ce qui conduisait à l'anatomie comparée.

IV. PHYSIOLOGIE. — A. *Générale*. La physiologie avait été étudiée avant lui; c'est sur cette branche que les philosophes anciens s'étaient le plus exercés, à vide, on peut le dire, tant qu'il n'y a pas eu d'anatomie ni d'histoire naturelle. Du reste, par physiologie, Aristote entendait autre chose que nous; pour lui, elle embrassait toute la nature; c'étaient les hautes questions métaphysiques du temps, de l'espace, etc. *Physiologia circa magnitudines, motum et tempus versatur. Physiologia est de infinito determinatio.*

Aristote admettait le principe vital, qu'il distingue du *mens*, de l'intelligence, qui serait pour lui quelque chose d'immortel. Il a consacré, comme nous l'avons vu, tout un long traité à exposer le grand phénomène de la vie, de son principe et les différents actes par lesquels il se manifeste. Dans sa pensée, le principe vital était la cause de la vie; il lui donne le nom d'*anima* ou de *psyché*. Cette vie existe aussi bien chez les végétaux que chez les animaux; c'est elle qui donne la forme aux corps vivants. La matière qui les constitue a la puissance de vivre ; mais, pour que cette puissance se convertisse en acte, il faut la forme, et, par conséquent, l'*anima*, la vie. L'*anima* est au corps vivant ce que le pilote est au vaisseau. Elle se divise en végétative, sensitive et appétitive. Dans les animaux, le cœur et le cerveau en sont les chefs. Le mouvement et la sensation sont le propre d'un être animal ; mais il peut y avoir plusieurs principes de vie, comme dans les insectes. L'*anima*, la vie, est une partie irraisonnable, commune et végétative, cause de la nutrition et de l'accroissement. Le principe vital était donc posé dans sa grande généralité, mais en théorie purement spéculative.

B. *Physiologie spéciale.* On conçoit du reste que les sciences physiques fussent trop peu avancées pour fournir des éléments aux explications des phénomènes. L'analyse même des fonctions, la description des actes étaient encore trop incomplètes pour permettre d'apprécier les circonstances qui pouvaient les modifier en plus ou en moins, et, par conséquent, il était impossible d'arriver à l'étiologie. Le temps des expériences n'était pas encore venu. L'observation devait auparavant demander à la liberté des faits naturels tout ce qu'ils pouvaient enseigner ; c'est par là, en effet, qu'Aristote a pu chercher la solution des problèmes divers, et d'abord dans les sensations.

Sensations. La sensation consiste dans un mouvement, dans un changement que l'animal éprouve[1]. Il attachait une telle importance à la sensation qu'il définit par elle l'animal : l'animal n'est tel que parce qu'il sent ; il ne peut être privé de la faculté

---

[1] *De Anim.*, l. II, ch. V.

de sentir. L'âme est affectée par le ministère des sens. Le sens général est celui du contact ou du toucher. Tout animal a au moins le sens du tact. Le sens du goût est également commun à tous les animaux; mais tout animal parfait a les cinq sens. Il n'admettait que cinq sens, et tous les efforts tentés depuis lui, pour en imaginer un plus grand nombre, n'ont abouti qu'à prouver que seul il avait trouvé le vrai.

De la locomotion et de la mécanique animale. Pour la locomotion, il a bien compris la chair dans les parties similaires, ou dans l'animal général, mais sans en connaître la propriété caractéristique, *la contractilité ;* il n'a même pas connu la disposition fasciculée en muscles. Cela ne l'a pas empêché d'établir plusieurs principes de mécanique animale.

Ainsi la marche ne peut se faire sans flexions. L'homme, dont la station est verticale et bipède, a nécessairement les parties supérieures du corps plus légères, et les inférieures plus pesantes comme plus élargies; c'est la définition de la pyramide. Un animal qui doit voler ne peut atteindre une grosseur un peu considérable.

Mais toujours logique dans sa marche, il commence par renvoyer à ce qu'il a dit du mouvement en général; distingue ensuite le mouvement communiqué appartenant aux corps inanimés qui le tiennent de l'impulsion, du mouvement spontané des animaux. Dans le mouvement spontané, il sépare les mouvements volontaires de ceux qui ne le sont pas, comme ceux du cœur et du pénis, dans lesquels la volonté n'entre pour rien.

Ces distinctions faites, il établit qu'aucun mouvement ne peut avoir lieu, même dans le vol et dans la natation, si l'air et l'eau ne résistent efficacement. Tout mouvement animal a pour résultat général de pousser et de tirer; s'il n'y avait pas toujours un point d'appui, il n'y aurait jamais d'action. La marche ne peut se faire sans flexions. Quand un membre quelconque travaille à un mouvement, il faut qu'un autre se repose.

La direction des mouvements ne peut avoir lieu que dans six sens différents, en haut ou en bas, en avant ou en arrière, à droite ou à gauche. Le mode ou procédé de locomotion est différent, suivant que l'animal a deux pieds, qu'il en a quatre ou plus, ou qu'ils sont nuls; mais le mouvement commence toujours par la droite, qu'il s'opère par des membres ou par le tronc, et par la partie antérieure, d'où la partie droite antérieure est la plus noble, le commencement en tout étant plus noble que la fin. Ce qui explique aussi pourquoi les testacés univalves sont toujours contournés à droite.

Il étudie ensuite chaque espèce de locomotion dans les différents animaux. Il ne lui avait point échappé que les flexions des membres postérieurs et celles des antérieurs sont correspondantes les unes aux autres chez les animaux, tandis que chez l'homme elles sont opposées; que dans l'homme seul, la flexion avait une grande étendue; que les bras de l'homme peuvent exercer leur flexion des deux côtés, tant du gauche que du droit et en dedans. Il avait compris que la perfection de la main consiste surtout dans la multidigitation et les brisures des doigts, et que plus les animaux ont de doigts, plus ils peuvent s'en servir comme de mains; la main de l'homme seule le met au-dessus des animaux. Telle est la raison qui le faisait commencer l'anatomie par la main, signe de la perfection de l'homme, qui était son terme de comparaison.

Cependant, tout ce qui regarde les muscles étant en arrière, vu que les parties endères n'avaient pas été étudiées, l'étiologie physiologique du mouvement lui était inconnue. Il a néanmoins très-bien comparé la locomotion des poissons avec celle des oiseaux, et a fait remarquer la forme du corps des derniers, taillé pour fendre l'air, ainsi que l'usage de leur queue dans la direction des mouvements.

Digestion. La digestion est cette fonction par laquelle le bol alimentaire est successivement réduit à l'état propre à être absorbé, par la combinaison d'un mouvement mécanique et d'une action chimique; mais Aristote n'a noté ni l'une ni l'autre de ces deux opérations. Ainsi, il n'a nullement senti la nécessité du mouvement gastrique et intestinal pour la digestion, non plus que l'importance des fluides gastriques; on conçoit d'ailleurs que cela lui fut impossible à cause du peu de progrès, de l'absence même complète de la chimie, qui seule pouvait ici éclairer la physiologie. Le mot même de digestion n'a pu être conçu par lui; c'est ce qu'il nomme *concoctio*, qu'il définit *commutatio*, *alteratio*. Il a bien senti que le foie et la rate servent à la digestion, mais il ne sait pas comment. Il dit qu'elle se fait dans l'estomac; qu'elle ne peut se faire sans chaleur et sans principe vital (*anima*). Par ce dernier trait, il était sur la voie de l'influence du système nerveux sur la digestion, s'il avait mieux connu ce système.

Respiration. Comme dans la digestion, il y a deux choses dans la respiration : un phénomène de mouvement et un phénomène chimique. Aristote a analysé le phénomène mécanique de la respiration. Dans l'inspiration, dit-il, la poitrine est soulevée, élargie en haut et déprimée en bas. Il a distingué l'*inspiration* de l'*expi-*

ration, en disant que l'une était l'introduction du froid, et l'autre l'émission de la chaleur. Sa pensée était que la respiration prend son origine dans les poumons. C'est lui qui a introduit l'opinion que cette fonction servait à rafraichir le sang, et cela, contradictoirement à ce qu'enseignaient Diogène et Anaxagore; d'où il est conséquemment conduit à nier contre eux et contre Démocrite, que tous les animaux respirent. Cette erreur nous fait assez voir qu'il ignorait le phénomène chimique de la respiration, et nous ne devons pas nous en étonner.

Circulation. La circulation est le mouvement continuel du sang dans les vaisseaux, partant d'un point et y revenant par une autre voie.

Aristote, n'ayant pas connu l'appareil circulatoire, ne pouvait analyser ni expliquer le phénomène de la circulation. Mais comme il avait entrevu la structure du cœur, il a remarqué plusieurs de ses particularités. Le cœur est comme un animal dans un autre animal; son mouvement est continuel. Il est le premier produit, le premier vivant; c'est lui qui meurt le dernier. Le cœur est l'origine et la source du sang : *Sanguis per totum corpus derivatur et pulchra ibi analogia de hortis rigandis et fabrica.* Le sang ne peut être sans vaisseaux; aussi n'est-il jamais autre part que dans les vaisseaux, si ce n'est dans le cœur. Le sang bat dans les vaisseaux par tout le corps à la fois. Le liquide qui provient des aliments se rendant continuellement au cœur, la chaleur en fait soulever les parois, c'est ce qui produit le battement; il est continuel, parce qu'il afflue sans cesse de ce liquide qui forme le sang [1].

Nutrition. Toutes les fonctions précédentes préparent celle de la nutrition, qui est le phénomène au moyen du-

[1] *De resp.,* cap. XX.

quel un organisme entretient, par un mouvement moléculaire, dans un état convenable et calculé, tous les tissus entrant dans la composition des organes qui le constituent, à l'aide des matériaux fournis médiatement par le milieu ambiant, et immédiatement par le sang.

Il est clair que ce phénomène rentre dans la catégorie de ceux que, de nos jours, on nomme chimiques. Aristote ne pouvait donc l'apprécier que dans ce qu'il avait de moins important, les circonstances extérieures, et surtout l'aliment. Par la digestion, les aliments broyés et insalivés dans la bouche, se changent en chyme sous l'influence du mouvement de l'estomac et des sucs gastriques, en chyle dans les intestins, sous l'influence de la bile et du suc pancréatique; puis, la substance nutritive est mue dans le reste de l'intestin, pour y être absorbée par les vaisseaux capillaires, être ensuite jetée dans le torrent de la circulation, et de là, aller porter la nourriture à toutes les parties de l'organisme, dans lesquelles s'opère la nutrition intime. Aristote, qui ne pouvait connaître tous ces phénomènes chimiques et mécaniques, avait dit que l'aliment se distribue des vaisseaux dans les chairs. Il était donc, sous ce rapport, où nous en sommes; car c'est comme si nous disions que la nutrition se fait au moyen des matériaux portés aux diverses parties par le sang. Mais pourquoi le sang fournit-il aux os du phosphate, aux muscles de la fibrine, ailleurs autre chose? Nous n'en savons pas plus que lui là-dessus. Cependant, il avait attaqué ces questions, et voici la solution qu'il en donne: « L'accroissement, suite de la nutrition, est toujours l'effet de la convenance de la nourriture avec le corps de l'animal [1].

---

[1] *Hist. anim.*, lib. VIII, c. I.

« La nature, comme un bon économe qui nourrit les valets des restes de ce qui a servi aux maîtres, ou de substances de qualité inférieure, et les bêtes de celle de troisième qualité, nourrit les chairs et les organes de sensations des aliments les plus purs; leur excédant nourrit les os, les nerfs et les poils, et après eux, les ongles, et c'est le principe vital (νοῦς) qui fait tout cela. Dans l'accroissement, Aristote discute longtemps pour décider si c'est la matière qui croît et s'augmente, ou si c'est la forme. Il cherche, dans son traité de la génération des animaux, quelles parties doivent croître les premières.

Dépuration urinaire et sécrétion. Cependant, la vie organique ne consiste pas seulement à introduire de nouveaux éléments dans les tissus; il faut de plus en expulser ce qui serait nuisible ou superflu. On entend, par dépuration urinaire et par sécrétion en général, l'ordre de fonctions par lesquelles des matériaux de l'organisation lui sont enlevés sous forme de combinaisons nouvelles, soit pour un usage particulier, soit pour la débarrasser d'éléments chimiques trop abondants et superflus.

D'où l'on voit que ces fonctions encore ne pouvaient être connues d'Aristote. Quoiqu'il ait parlé du foie et de sa vésicule, il a considéré la bile comme un excrément du foie. Et malgré la connaissance du rein, des uretères et de la vessie, ainsi que de leurs connexions, il ne paraît pas avoir saisi leurs usages. Il a cependant regardé l'urine comme un excrément liquide.

Génération. La génération, comme fait, comme résultat, est le prolongement, l'extension de l'individu créé, dans le temps et dans l'espace, après une séparation plus ou moins manifeste, et sous une forme d'abord plus ou moins différente de cet individu. Mais comme, dans un très-grand nombre d'animaux, cette séparation de ce qui doit prolonger l'individu ne peut avoir lieu d'une manière utile que par l'action préalable d'une matière différente, produite par un autre individu dont la réunion au premier constitue l'espèce, on voit comment, dans la génération, se trouvent comprises plusieurs choses.

Aristote n'a étudié la génération que dans les animaux dont l'espèce est formée de deux sexes, l'un femelle et l'autre mâle.

L'esprit vital (*psyche*) est le principe de la génération. Il existe en puissance dans la semence, mais non en acte. La femelle est passive, et le mâle actif. La femelle donne la matière; le mâle, la forme et le principe du mouvement.

Il a comparé la génération des animaux et des plantes, mais en commettant la grave erreur d'admettre des générations spontanées. Il a étudié le lait dans les mammifères, et l'a assez bien analysé; il l'a aussi considéré par rapport au jeune animal, et les mamelles dans leur rapport avec la viviparité ou l'oviparité, et il a reconnu que les cétacés étaient mammifères.

Produit de la génération ou œuf, et développement. Deux choses sont à étudier dans cette fonction, le produit et son développement.

L'œuf est le germe de l'animal, pourvu de certaine quantité d'éléments de nutrition préparés d'avance, le tout contenu dans des enveloppes de nature diverse. Le développement est l'ordre et la proportion suivant lesquels les parties du jeune animal paraissent et s'accroissent depuis l'état de gemmule jusqu'à l'état adulte.

Comme structure, comme organisation de l'œuf, Aristote a très-bien distingué le test (testa), les enveloppes, les chalazes, l'albumen, le vitellus. Il a bien vu que le vitellus est la nourriture du jeune animal; que c'est pour lui ce qu'est en partie le lait pour le fœtus. Le développement des parties se fait suivant un ordre déterminé. Suivant ce développement dans l'œuf de la poule, Aristote s'est convaincu que le cœur se formait le premier dans le poulet.

Excitabilité nerveuse. Mais il ne s'était pas douté de l'excitabilité nerveuse, bien qu'il eût défini l'animal par le sentiment et la locomotion. L'excitabilité nerveuse est la faculté qu'a l'animal de sentir la transmission de l'action médiate ou immédiate d'un corps extérieur sur telle ou telle partie du sien, d'en mesurer l'effet immédiat ou prolongé, d'en prévoir le résultat suivant son avantage ou son désavantage, et de transmettre à son appareil de mouvement l'excitation qui doit le mettre en action.

Quoique cet ensemble de fonctions se trouve compris sous les deux faits corrélatifs de *sentir* et de se *mouvoir*, cependant, comme Aristote, dans le peu qu'il a connu de la structure des organes des sens et de ceux de la locomotion, n'y a jamais compris les nerfs proprement dits; comme ce qu'il a dit de la moelle épinière et du cerveau, qu'il a même séparés, ne l'a conduit à rien concevoir de leurs fonctions, l'irritabilité et l'excitabilité ne sont pas même en germe dans les écrits d'Aristote; on y trouve seulement la sensibilité admise en principe, sans les parties sensibles, qui en sont le siége.

Il en est tout autrement de l'intelligence, c'est-à-dire des actes intermédiaires à ceux de la sensibilité et de l'excitabilité. Il s'était élevé jusqu'à la puissance intellectuelle, et à l'action du principe immatériel, de l'agent immortel, du *mens* (νοῦς). *Mens animi instrumentum ut manus in corpore. Mens in animâ ut visus in corpore. Mens videt, mens audit. Mens instrumentum scientiæ.* L'intelligence est l'instrument de l'âme comme la main est dans le corps; l'intelligence est dans l'âme comme la vue dans le corps; l'intelligence voit, l'intelligence entend. L'intelligence est l'instrument de la science; et c'est là la plus haute prérogative de l'espèce humaine, celle qui la sépare à jamais de tous les animaux.

Chaleur animale. Un dernier phénomène résulte de tout le mouvement vital; c'est la chaleur animale. Elle consiste en une température propre aux animaux et supérieure à celle du milieu ambiant. L'excès de température des animaux sur celle du milieu ambiant, ayant sa source, suivant les uns, exclusivement dans le poumon, par la combustion opérée dans l'acte respiratoire; exclusivement, suivant les autres, dans toutes les parties où se font des transformations chimiques, on comprend encore pourquoi ce phénomène n'a pu être mesuré, apprécié par Aristote, que d'une manière fort grossière, et comparativement avec l'état des corps environnants. Le cœur, dit-il, est la source de la chaleur dans les animaux; la chaleur tire son origine de l'aliment : aujourd'hui, nous disons de la nutrition; il n'était donc pas loin de nous. La chaleur, dit-il encore, est plus forte au cœur et aux parties environnantes. Les animaux qui ont des poumons sont les plus chauds. La chaleur des animaux commence avec leur vie. La quantité de chaleur se déduit de celle du sang que renferme le poumon.

Ce résumé succinct nous prouve donc qu'Aristote avait jeté non-seulement les bases de l'anatomie, mais encore celles de la physiologie. Et dans l'une et l'autre, il a tracé la route à suivre. Bien plus, quoiqu'il ne se soit nullement inquiété de définir l'anatomie et la physiologie comparées, il les avait comprises dans leur principe; et quand Vicq d'Azir vint en donner la seule véritable définition, il ne faisait que trouver dans la maturité de la science ce qu'Aristote avait conçu autrefois et exécuté, autant que les moyens qu'il avait en son pouvoir le lui avaient permis. Suivant Vicq d'Azir, en effet, l'anatomie comparée consiste en ce que, une mesure étant choisie, calculée et étudiée convenablement, tous les animaux lui sont comparés pour en déduire le point de perfection de leur organisation, plus ou moins rapprochée de celle de la mesure. Aristote en avait donc rencontré le principe en prenant pour terme de comparaison l'homme, le seul qui puisse être pris, parce qu'il est le seul qui soit un peu connu par lui-même, et qu'en science positive il faut procéder du plus connu au moins connu, et non du plus simple au plus complexe.

V. Zooéthique ou Histoire naturelle. Qu'a-t-il fait en histoire naturelle? L'histoire naturelle est cette partie de la science qui considère les animaux dans leurs mœurs, leurs habitudes et leurs actes, et qui peut même s'étendre jusqu'à les considérer dans leurs rapports avec le lieu de leur habitation. Sur ce point, Aristote a peut-être rassemblé plus de faits que sur aucun autre; il peut encore ici être considéré comme créateur; seulement, ces faits sont épars, quoique portant sur l'ensemble. Le premier, il a décrit les mœurs des mammifères dans l'état libre et dans l'état de domesticité. Observant soigneusement la patrie des animaux, il précède notre grand Buffon dans la géographie zoologique. Par lui, nous savons que le lion fut autrefois européen. Il a remarqué que les individus d'un pays sont plus grands, plus forts que ceux d'un autre ; que ceux des pays montueux sont plus robustes et plus sauvages que ceux des plaines. Il a envisagé les animaux sous le point de vue du séjour et de l'habitation fixe, constante ou variable. Les mœurs et les migrations des oiseaux et des poissons l'ont principalement occupé, et ses considérations là-dessus demeurent encore à la science. C'est lui qui a constaté le premier que les peuples septentrionaux, à grande stature, aux cheveux blonds et lisses, au teint blanc, étaient placés à une extrémité, et les noirs à l'autre, et que les habitants des régions intermédiaires forment la nuance mitoyenne, thèse qui sera magnifiquement développée par Buffon, si digne de glorifier Aristote et son école, devenue chrétienne, s'il ne lui avait préféré Pline, le compilateur matérialiste, dont l'éloquence bilieuse l'a séduit. Pourtant il doit infiniment plus à Aristote qu'il ne se l'avoue à lui-même. C'était la science humaine tout entière que le Stagirite cherchait à constituer ; aussi en a-t-il touché toutes les bases ; et le progrès des siècles, en y arrivant, le rencontre toujours. Mais continuons à le suivre. C'est encore Aristote qui, le premier, a distingué les animaux en aquatiques, terrestres et aériens.

Puis venant aux spécialités, il s'occupa beaucoup du mode de locomotion dans les animaux divers, ensuite de la nourriture, du mode de la chercher et de la prendre, du mode de la digérer ou de la manger, distinguant les non ruminants des ruminants.

Il a étudié les rapports des sexes avant l'époque des amours, à cette époque : le rut et ses signes, l'époque de l'année pendant laquelle ils se manifestent ; il a surtout beaucoup insisté sur le mode d'accouplement et toutes ses circonstances ; sur les rapports du mâle et de la femelle avec le produit ou les petits ; sur les rapports avec les individus de même espèce, solitaires ou sociaux, avec les animaux de différentes espèces, avec les végétaux, et enfin, avec la nature du sol. D'où l'on voit qu'il avait embrassé tout l'ensemble de cette partie de la science.

Quand on a puisé dans les branches précédentes les connaissances qu'elles peuvent fournir, il reste encore à en faire l'application.

VI. Zoonomie. On entend par zoonomie, les lois, les règles, les préceptes à suivre : 1° pour placer les animaux dans les circonstances les plus favorables pour les multiplier, les faire vivre longtemps, et les modifier dans telle ou telle direction d'utilité à l'espèce humaine; 2° pour atteindre et saisir les animaux; 3° pour les détruire quand ils sont nuisibles, ou en diminuer le nombre; 4° pour les apprivoiser, les adoucir par des procédés convenables, en un mot, les rendre domestiques.

Aristote n'a certainement pas fait un traité sur cette matière intéressante; mais il a émis les préceptes qui doivent lui servir de base ; c'est ce qu'il nomme discipline.

Où existent, dit-il, des individus privés d'une espèce, il existe des individus sauvages. Il n'y a pas d'animal sauvage qui ne fût susceptible d'être apprivoisé, si on lui fournissait abondamment de la nourriture. Il a parlé aussi de la castration comme d'un moyen propre à adoucir le naturel des animaux, et à les engraisser, mais sans étiologie. Il expose de même la manière de gouverner les éléphants.

Nous n'avons pas besoin de faire remarquer que si Aristote n'a en effet parlé du sujet qui nous occupe que transitoirement pour les animaux, il n'en est pas de même à l'égard de l'espèce humaine, à laquelle il avait consacré trois grands ouvrages sur les règles de conduite que l'homme doit observer par rapport à soi-même, comme être moral; par rapport à sa famille, comme chef; et enfin, par rapport à la société d'hommes dont il fait partie. C'est le sujet de ses livres moraux et de sa politique; mais ce n'est pas ici le lieu d'en faire sentir l'importance.

VII. Zooiatrie. Enfin, le cercle zoologique se termine par la zooiatrie, qui est l'art de rétablir, à l'aide de procédés très-divers, sur l'homme et les animaux, telle ou telle fonction dérangée par suite de l'altération plus ou moins évidente de l'organe ou de l'appareil qui les exécute.

Quoique Aristote soit né d'une famille de médecins, que son père même l'ait été longtemps, probablement en partie sous ses yeux, et que peut-être, il l'ait été lui-même, puisqu'on lui attribue des livres de médecine, cependant, ces livres n'étant pas parvenus jusqu'à nous, nous ne pouvons rien dire sur ce qu'il aurait pu laisser ou transmettre sous ce rapport au faisceau des connaissances humaines.

Nous ne voyons pas non plus qu'il se soit spécialement occupé de la médecine des animaux; quand il en traite, ce n'est que par occasion. *Medici*, dit-il, *non ex libris fiunt*; les livres ne font pas les médecins. Les médecins attentifs agissent d'après la nature ou sur la nature. Par *medicamentum*, il entend exclusivement les purgatifs; d'où il dit : *Medicamentum concoctionis immune esse debet. Medicamenta per contraria fiunt.*

En finissant ce chapitre, dans lequel nous espérons avoir convaincu le lecteur sincère qu'Aristote avait jeté les bases de toutes les parties de la science, nous croyons utile de constater que le nombre des animaux connus d'Aristote s'élève à soixante pour les mammifères, cent cinquante pour les oiseaux, six pour les reptiles, quatre pour les amphibiens, et cent vingt-six pour les poissons ; et dans tous, il y a absence complète des animaux de l'Inde, si ce n'est peut-être l'éléphant et les perroquets. Il parle des chameaux à double bosse de la Bactriane, et de ceux à une seule, de l'Arabie ; mais les guerres des Perses amenèrent nécessairement les premiers en Grèce, et le commerce avait pu y conduire les seconds. Il parle ensuite de quelques animaux de l'Égypte, dont on peut dire la même chose ; il en cite quelques-uns d'Éthiopie, sur autorité étrangère. Quant aux animaux sans vertèbres (exsangues) dont il a parlé, ils paraissent tous appartenir à la Grèce et aux rivages de la Méditerranée. En comparant le nombre des animaux étudiés ou cités par Aristote, avec ceux dont font mention les poëmes homériques, on se convainc encore de plus en plus qu'ils appartenaient presque tous à la Grèce. Ainsi, nous arrivons à la confirmation de la thèse qu'Aristote n'est point sorti de la Grèce, et qu'il doit à ses propres observations tout ce qu'il a fait en science naturelle. Ses erreurs mêmes en sont une nouvelle preuve ; ainsi, dans le phénomène de la respiration, il a rejeté la vérité soutenue par ses prédécesseurs, parce que son observation personnelle ne l'avait pas conduit au même point qu'eux. Les compilateurs ou les plagiaires ne font pas ainsi. Si enfin, l'on compare l'état déjà si avancé où sont parvenues les sciences chez Aristote, avec le peu de développement qu'elles ont acquis dans l'Inde et à la Chine, même aux temps modernes, on aura la preuve la plus convaincante et la plus solidement établie, que l'Inde et la Chine n'ont absolument rien fourni à la Grèce [1].

VIII. *Aristote continué et complété par Théophraste.*

Aristote avait non-seulement embrassé la zoologie dans toute son étendue, mais la phytologie était aussi entrée dans son plan. Il avait, nous l'avons dit, dans ses traités généraux de physiologie, étendu ses vues et ses considérations sur les deux parties du règne organique, parallèlement et dans leurs rapports communs. Nous l'avons même vu, dans les spécialités de physiologie animale, les ramener à la physiologie végétale, comme terme de comparaison et comme point de départ; c'est ce qu'il a spécialement exécuté pour la génération. Il ne s'était pas borné là; il avait embrassé les détails et toutes les spécialités de la botanique dans des traités particuliers; nous l'apprenons du catalogue de ses écrits, conservé par Diogène Laërce, et lui-même renvoie souvent à ses livres sur les plantes. Mais tous ces traités ont été perdus, et les livres de botanique qui accompagnent ses écrits sont de Théophraste, son disciple et son ami, qui peut être considéré comme Aristote prolongé; il a en effet comblé toutes les lacunes du plan de son maître, et embrassé sa doctrine dans toute son étendue, en sorte qu'on peut dire d'Aristote et de Théophraste qu'ils sont un même génie.

Théophraste, né à Éresos, ville maritime de l'île de

---

[1] Nous avons longuement exposé cette thèse, plus importante qu'on ne le croit de prime abord, dans l'Essai sur l'origine des peuples (*Prodrome d'ethnographie*), qui n'est, dans notre plan, que le premier volume du présent ouvrage, dont il était primitivement le chapitre préliminaire.

Lesbos, en 371 avant J. C., fut d'abord disciple de Platon avec Aristote, se fit ensuite le disciple de ce dernier, duquel il reçut le nom de Théophraste au lieu de celui de Tyrtame qu'il portait, à cause de sa brillante élocution et de son style platonicien. Après la mort d'Aristote, qui lui laissa son école et ses livres, il fut chassé d'Athènes par une loi de ses ennemis, interdisant tout enseignement public ou particulier aux philosophes. Cette loi ayant été rapportée un an après, et son auteur condamné à une amende de cinq talents, les philosophes rentrèrent dans Athènes, et Théophraste put rouvrir l'école péripatéticienne. Il mourut à un âge extrêmement avancé, puisqu'il composa ses *Caractères* à quatre-vingt-dix-neuf ans.

Ses travaux dans les sciences furent aussi vastes que ceux d'Aristote, dont il épousa toutes les idées et des observations duquel il hérita. Il enseigna sans doute plusieurs fois dans l'Académie toutes les parties du cercle des connaissances humaines, tel qu'Aristote l'avait tracé. Nous trouvons dans ses écrits même largeur de vue, même connaissance approfondie des lois de l'organisation qui lui étaient accessibles. Il avait composé une histoire des animaux dont nous ne connaissons que des fragments, plusieurs ouvrages de minéralogie, dont on ne possède plus que le traité des pierres. Le plus important de tous ces ouvrages est l'histoire des plantes; le second est le traité des causes de la végétation. De ses écrits sur les mœurs, il ne nous reste que son livre des Caractères; c'est une analyse fine des travers de l'esprit humain, et une école morale de la plus grande adresse; sur lui s'est formé notre admirable la Bruyère, qui a surpassé de beaucoup son maître.

En botanique, Théophraste paraît avoir le premier

établi les règles de l'expérience ; beaucoup de modernes lui ont fait des emprunts pour fonder leur classification, et ont imité la marche qu'il avait adoptée pour s'assurer des lois de l'organisation des plantes soumises à son examen. Théophraste adopte toutes les idées de son maître sur le rapport direct des caractères généraux et essentiels de l'organisme végétal avec le système qui régit la vie dans les animaux ; il voit les plantes, comme les animaux, soumises aux mêmes lois d'organisation, de nutrition, de reproduction et de développement. C'est toujours le principe vital qui détermine, dans les plantes comme dans les animaux, tous les phénomènes de leur vie. Pour maintenir l'action de ce principe, il faut que l'humide radical soit dans une juste proportion avec la chaleur. La reproduction a lieu par l'action des deux sexes. Théophraste a donné au système antique des sexes dans les végétaux, tout le développement dont il était susceptible de son temps. Le nombre des végétaux qu'il a connus s'élève à cinq cents espèces ou variétés. Il ne les a point tous décrits ; mais ceux dont il parle en détail sont vus dans leur génération, leur grandeur, leur consistance et leurs propriétés ; ce qui renferme les germes des diverses branches de la botanique, la physiologie botanique, la botanique descriptive et médicale. Comme il avait aussi considéré les plantes sous le rapport de leur lieu natal, il avait conçu la géographie botanique. Il les a en outre étudiées sous le rapport de leurs affinités et groupées en deux classes.

Première classe. Les plantes à fibres ligneuses, solides, et dont la durée vitale s'étend le plus souvent au delà d'un siècle.

Deuxième classe. Les plantes d'une texture lâche, d'une consistance peu solide, qui vivent à peine deux ans, qui périssent le plus souvent dans la première année, et même au bout de quelques jours.

On voit que cette division n'est autre chose que les arbres et les herbes de notre célèbre Tournefort, le restaurateur de la botanique.

Théophraste sous-divise la seconde classe des végétaux herbacés en plantes potagères, céréales, succulentes ou oléagineuses. Division peu heureuse, sans doute, mais elle ouvrait la voie.

Il ne nous reste que neuf livres et un petit fragment du dixième, de l'histoire des plantes; nous possédons les six premiers du traité des causes, qui en avait huit. Les écrits de Théophraste subirent le même sort que ceux de son maître, et furent ensevelis dans l'oubli par les héritiers de Nélée, jusqu'à ce qu'Apellicon vînt les en tirer.

IX. *Résumé et conclusion.*

Aristote, comme point de départ, traçant le cercle des connaissances humaines dont nous devons étudier, dans cette histoire, le développement successif, a dû fixer notre attention et nous arrêter plus longtemps. Mais afin de bien asseoir notre jugement sur cette importante époque, il est nécessaire de résumer, dans un coup d'œil rapide et d'ensemble, tout ce que nous avons exposé dans les divers chapitres, et d'en montrer l'enchaînement logique.

I. Après avoir scruté les sources sur l'état des sciences, spécialement des sciences naturelles dans les siècles qui ont précédé Aristote, de Thalès à Hippocrate, nous avons analysé et estimé le degré de confiance que méritent les écrivains qui nous ont laissé quelques éléments sur la biographie d'Aristote, depuis Hermippe jusqu'à Athénée.

II. Fondés sur cette analyse critique, nous avons accepté de ces éléments tout ce qui paraît plus probable, comme ayant été rapporté par les plus contemporains et les plus rapprochés du sujet.

III. L'analyse des sources où il aurait pu puiser nous a convaincus qu'il n'avait trouvé, chez ses prédécesseurs grecs ou barbares, et même chez Hippocrate, que fort peu de choses à recueillir, à part des opinions étiologiques sur les problèmes plus ou moins insolubles de la physiologie en général, sans aucune observation à l'appui.

Force nous a été d'admettre, comme seuls vrais et seuls positifs, les faits suivants :

1° Qu'il n'a jamais voyagé hors de la Grèce continentale ;

2° Qu'il est né sur les bords de la mer, et a constamment vécu dans des lieux qui en étaient baignés, ou n'en étaient que fort peu distants, et surtout pendant la plus importante partie de sa vie, dans un port de mer où le commerce florissant amenait les productions du monde connu, alors fort limité.

3° Qu'il avait une fortune probablement considérable, qu'elle lui soit venue de son père, des libéralités de Philippe ou de celles d'Alexandre dont il est certain qu'il a fait l'éducation. On conçoit qu'à l'aide de cette fortune il ait pu se former une bibliothèque nombreuse ou au moins choisie, et même se procurer les animaux, sujets de ses recherches, sans être obligé d'avoir recours aux ridicules exagérations de Pline et d'Athénée.

4° Ses ouvrages reposent exclusivement sur l'observation directe des animaux de la Grèce, des versants de la Méditerranée et de la mer Rouge, en particulier sur les oiseaux et les poissons, comme les plus nombreux dans les pays qu'il a habités ; les premiers, à cause de leur passage des contrées septentrionales européennes dans l'Asie Mineure ; les seconds, par la nature même du sol de la Grèce, déchiré de golfes, de baies, parsemé d'îles de toutes grandeurs, circonstances qui introduisaient, en très-grandes proportions, ces animaux dans le régime alimentaire des Grecs.

Notre opinion est encore prouvée par le petit nombre d'animaux dont il a parlé, nombre qui ne s'élève pas, en totalité, à 500, dont 62 mammifères, 159 oiseaux, 6 reptiles, 4 amphibiens, 126 poissons, 71 insectes, 14 crustacés, 25 testacés et mollusques, 10 zoophytes, parmi lesquels prédominent les oiseaux et les poissons, tandis qu'il y a absence complète d'animaux de l'Inde, sauf ce qu'il a pris dans Ctésias, son prédécesseur de cinquante ans, qu'il ne cite qu'avec réserve et défiance. Dans tous les cas, il mourut avant que les récits plus ou moins mensongers de l'expédition d'Alexandre fussent parvenus en Grèce et pussent être employés par les historiens naturalistes.

IV. Nous avons, du reste, et au-dessus de tout, la raison et la vraie source des ouvrages d'Aristote dans son génie, puis dans l'époque à laquelle il vécut. Parvenue à son apogée sous tous les rapports, la Grèce avait produit les chefs-d'œuvre de la littérature et des arts ; la direction morale d'abord, métaphysique ou spiritualiste ensuite, avait été donnée à la philosophie. Socrate avait enfanté Platon. Le besoin de la philosophie appelait Aristote ; il fut naturellement conduit à mesurer, à comparer, à chercher les règles de tout ce qui avait été fait de beau et de bon ; de là ses efforts

encyclopédiques et préalablement ses travaux de prédi-
lection en logique et en dialectique, c'est-à-dire, sur les
instruments intellectuels, à l'aide desquels on peut analyser les phénomènes, découvrir leur origine, remonter
à leur cause, et, par suite, démontrer ce qu'on croit
la vérité et combattre ce que l'on regarde comme l'erreur. Mais, bien qu'il envisageât d'une manière nouvelle
l'ensemble de la philosophie *à posteriori*, son but évident n'était pas moins que celui de Socrate et de Platon la connaissance de l'homme dans tout ce qui le
constitue un être supérieur aux animaux, un être qui a
quelque chose de divin, un être social et prévoyant,
ainsi qu'il le définit, afin de lui dicter les règles de sa
conduite morale et politique.

Dès lors, l'ensemble des ouvrages d'Aristote a été nécessairement conçu dans un plan que son génie suivrait
presque malgré lui, mais qui a pu être dissimulé, soit
avec intention par lui-même, soit par l'altération de ses
ouvrages. Pour parvenir à découvrir ce plan dans l'ensemble de ses écrits, parmi lesquels on doit comprendre
ceux de Théophraste, son disciple immédiat, nous
avons consacré quelques pages à montrer par l'histoire
de leur transmission combien ils ont été altérés, aussi
bien en eux-mêmes, dans la matière que chacun traite,
que dans l'ordre particulier et général suivant lequel
ils ont été disposés.

V. Ces preuves données préalablement, et ne pouvant, d'un autre côté, douter d'un ordre primitif, pour
un esprit aussi nécessairement méthodique, nous avons
proposé d'abord le plan général de l'encyclopédie aristotélicienne, c'est-à-dire, celui suivant lequel tous ses
ouvrages ont été au moins conçus, sinon exécutés; c'est
le sujet d'un premier tableau.

Une attention plus spéciale aux ouvrages qui traitent des corps naturels et surtout des corps organisés, nous a permis d'en exposer le plan rationnel, complété par les ouvrages de Théophraste qui viennent remplir les lacunes laissées par son maître sur les minéraux, les végétaux, et sur la physionomie.

Afin de prouver jusqu'à l'évidence que dans tous ses ouvrages Aristote a suivi un plan éminemment logique, mais gâté, caché, dissimulé par la manière dont ils ont été réunis; qu'en outre ces écrits peuvent être distingués en ceux qu'il avait terminés et en ceux qui n'étaient qu'ébauchés ou qui n'étaient même que des premiers jets, refondus plus tard dans les autres, nous avons pris pour exemple le traité des animaux, celui des parties des animaux, et celui de la génération.

VI. Certains alors de l'authenticité spontanée des œuvres d'Aristote, et de leur origine autochthone de la Grèce, nous avons cherché les principes et les faits principaux introduits par lui dans la science dont ils font encore le noyau dans chacune des parties qui la constituent, savoir : en zooclassie, en zootomie, en zoobie, en zooéthique, en zoonomie, en zooiatrie.

Et nous avons pu nous convaincre que, dans chacune d'elles, Aristote avait laissé des traces ineffaçables.

VII. Enfin, nous avions précédemment jeté un coup d'œil d'avenir sur l'influence que les travaux d'Aristote ont exercée sur la marche et les progrès de l'esprit humain, en nous arrêtant :

Chez les Romains, depuis Varron jusqu'à Pline.

Chez les Grecs d'Alexandrie ou païens, entre les mains desquels ils se sont accrus sous plusieurs rapports, dans l'instrument et dans son application à la médecine par Galien.

Chez les Grecs du christianisme, ou Pères de l'Église, qui abandonnent d'abord pour ceux de Platon les écrits d'Aristote, lesquels seront pourtant repris et développés dans la direction dialectique.

Chez les Arabes, qui les reçoivent de leur contact avec les nestoriens, hérétiques chassés de Constantinople et émigrés en Perse, d'où la conquête rapportera la science à Bagdad et dans tout l'empire musulman, et là apparaissent Avicenne et Averrhoès; revêtus de leurs commentaires, les écrits d'Aristote parviennent aux scolastiques européens, par suite du contact des Arabes avec l'Europe, sur le littoral de la Méditerranée. Cette dernière époque, si brillante, est résumée dans Albert le Grand et saint Thomas.

Qu'il nous soit donc permis de conclure de cet ensemble, et de toutes les preuves spéciales et directes que nous en avons données à l'occasion, qu'Aristote n'a rien emprunté, ni à la Chine, ni à l'Inde, ni à la Perse, ni à l'Égypte, ni à l'Arabie, ni même à la Judée; que, par conséquent, la science européenne est véritablement née et s'est formulée pour la première fois dans la Grèce; accordant toutefois que les premiers germes aient dû venir de la Chaldée, de l'Asie occidentale et de l'Égypte. Mais accuser Aristote de n'être qu'un compilateur et le plagiaire de l'Orient, ce n'est ni connaître l'Orient, ni Aristote, ni ce que c'est que la science; d'où il suit enfin, comme preuve irréfragable et désormais démontrée, que l'Occident n'a rien emprunté à l'Orient, et que tout le mouvement progressif de l'esprit humain s'est exécuté autour du périple de la Méditerranée. C'est là, par conséquent, que nous devons le suivre et que nous le suivrons en effet.

PÉRIODE III.

ÉPOQUE ROMAINE. — PLINE.

—

I. PRÉLIMINAIRES HISTORIQUES SUR ROME.

Le grand travail de la Grèce est achevé. Elle avait puisé dans les pays de son origine, les montagnes du Caucase, la Chaldée, l'Asie Mineure et l'Égypte, les premiers éléments communs à tous ces peuples; mais il n'y avait point encore, à proprement parler, de science de démonstration; la Grèce la crée. Le génie oriental contemple l'univers entier dans la grande et unique cause de tout être; pour lui, la souveraine loi scientifique est en Dieu, dans sa puissance et sa providence. Cette haute vérité, sans laquelle il ne peut y avoir de science, fut aussi, nous l'avons prouvé, presque exclusivement le principe scientifique de la première époque grecque; cela suffisait au sentiment qui est toujours dominé par la foi; mais l'énergique activité du génie grec voulut, en pénétrant plus avant, constater les lois secondaires établies pour perpétuer le dessein primitif, et par là conduire infailliblement au grand but que la cause créatrice et organisatrice s'était proposé. Elle dut donc descendre dans l'intimité de la matière, et se livrer à une observation plus minutieuse de ses phénomènes; elle le fit, et c'est là son caractère scientifique représenté dans Aristote. Nous l'avons vue étudier les éléments du monde, chercher les lois de leurs combinaisons pour la formation des êtres, passer du monde en général au monde terrestre, d'abord inorganique, puis organique, et s'élever enfin, de cause en cause, jusqu'au *grand géomètre* [1], à la cause suprême de tout.

Ainsi, la science orientale descend de Dieu au monde, du Créateur aux créatures; la science grecque remonte des créatures au Créateur, du monde à Dieu. Mais entre deux caractères si tranchés, s'en trouve un mitoyen, participant de l'un et de l'autre : c'est celui de la première époque scientifique de la Grèce. Pour un œil attentif, il résulte de la fusion du génie de Platon avec le génie d'Aristote. Platon est le dernier et le plus grand représentant du génie scientifique oriental, transplanté, par les traditions primitives, sur le sol de la Grèce, tandis qu'Aristote est la personnification du génie scientifique autochthone de l'Hellénie. Voilà, peut-être, pourquoi Platon, bien que créateur, semble emprunter pourtant ses inspirations à un autre monde, tandis qu'Aristote les puise sur son sol natal et dans son propre génie. La science orientale était, pour ainsi dire, divine; la science grecque, résumée en Aristote, bien qu'elle fût un résultat et un agrandissement de la première, prend un caractère plus humain, en s'identifiant avec l'esprit de l'homme qui la crée, la conquiert et ne la perdra plus désormais, mais qui va travailler à en développer toutes les parties, à l'agrandir de plus en plus, en la ramenant nécessairement à son caractère primitif, plus nettement posé, plus clairement démontré, et plus scientifiquement accepté sous l'empire du christianisme.

En même temps que la puissance intellectuelle de la Grèce créait la science, nous avons vu sa puissance politi-

---

[1] Platon.

que, développant sa force dans le même sens, entraîner le monde sur la voie du progrès, vers la fusion générale des peuples. L'époque à laquelle nous arrivons va continuer le même résultat, mais en nous offrant un phénomène bien différent. Le caractère religieux va s'effacer de plus en plus : la puissance politique, purement matérielle, agira seule ; son but ne sera plus, comme dans Alexandre, le bien-être des nations et le progrès du monde ; si ce progrès arrive, ce sera par la volonté d'une cause supérieure à la cause immédiatement agissante. En effet, le but de la puissance romaine sera de tout asservir à son joug, pour la gloire et le bonheur de Rome, et Rome aux caprices et au bien-être matériel de la faction dominante ; la faction dominante elle-même, à l'ambition, à l'orgueil et au bon plaisir de son chef. De là, l'histoire des révolutions romaines, qui viennent s'éteindre dans la création de l'empire. La puissance intellectuelle, absorbée par cet esprit de domination poussé à l'excès, deviendra nulle. Et lorsque, plus tard, Rome sera vaincue par la Grèce intellectuelle, elle ne sera plus capable d'embrasser la science ; son éducation première l'empêchera de pouvoir comprendre autre chose que l'art plus ou moins immédiatement appliqué au bien-être matériel.

Le développement de la puissance romaine se partage en trois périodes bien remarquables : la première, quoique mêlée de fables, montre pourtant déjà ce caractère d'envahissement propre à l'ambition romaine ; elle regarde tous les autres peuples comme la matière de ses conquêtes, destinée à fournir des sujets au peuple qui se nomme roi, qui n'a pas assez de son sol, et auquel tous les prétextes sont bons quand il s'agit d'envahir celui des autres. C'est l'époque des rois ; la ville se fonde, et commence à prendre sur les nations qui l'entourent cet ascendant belliqueux qui lui soumettra le monde.

La seconde période commence par l'expulsion des rois, et finit par l'extinction de la tyrannie républicaine dans l'anarchie sanglante des factions. C'est la plus brillante comme la plus agitée; c'est la lutte continuelle de la démocratie contre l'aristocratie; la guerre au dehors peut seule calmer la guerre au dedans. Et telle sera aussi la politique de l'aristocratie, personnifiée dans le sénat, cet Alexandre immortel dans ses vues d'agrandissement et de conquêtes, qui se perpétuent d'âge en âge, et ne peuvent périr, comme celles du Macédonien, par la mort d'un seul. Les armes soumettront d'abord, et la politique incorporera ensuite les cités vaincues à la ville habitée par les rois, et par cette politique, résumée en quatre mots, *parcere subjectis et debellare superbos*, Rome soumettra l'univers.

Après avoir suspendu à son capitole les drapeaux de la Sicile, de la Macédoine et de la Grèce; après avoir placé parmi ses trophées les images humiliées de l'Asie, de l'Afrique et de l'Espagne, elle soumet enfin les Gaules au joug universel. Mais alors les factions intestinales des Marius et des Sylla, des César, des Antoine et des Pompée, avaient éteint dans le sang des citoyens cette longue ardeur du peuple contre les grands; et tous confondus, se courbent de fatigue sous le pied des empereurs, qui commencent et finissent la troisième et dernière période du monde romain.

Mais pourtant, qu'était devenue cette antique sévérité romaine tant vantée? A quoi avaient abouti ces immenses conquêtes des enfants de Romulus? A ramasser dans leur ville le luxe de l'univers, la débauche de tous les peuples et le mépris de l'humanité. On avait vu les Lucullus, les

Crassus, moins conquérants que déprédateurs, engloutir en de scandaleuses profusions les tributs des provinces dépouillées. On avait vu l'édile Scaurus, le gendre de Sylla, faire élever, pour quelques jours seulement, un théâtre estimé plus de dix-neuf millions. Cependant, tant de prodigalités, celles même des affranchis de Néron, qui faisaient dorer l'extérieur de leurs palais, enduire les murs de leurs étuves de pâtes parfumées, et verser les plus précieuses essences dans leurs bains [1]; ces prodigalités, dis-je, bien que révoltantes et insensées, avaient cependant un objet, celui de procurer de nouvelles sensations à des hommes opulents qui les avaient toutes épuisées. Mais bientôt, las d'imaginer des raffinements, le luxe n'eut plus de prétexte à ses excès; l'absence des besoins ne laissa plus que celui de venir promptement à bout de ses richesses, dans l'impuissance d'en jouir. Lorsque les simples particuliers ne se couchaient plus que sur des lits d'argent revêtus de pourpre tyrienne [2], que Lollia Paulina paraissait à un souper de fiançailles très-ordinaires, couverte de perles et de pierreries, évaluées à neuf cent mille francs [3], il fallait bien que les grands et ceux qui visaient à l'être s'efforçassent de surpasser tant de folies, sous peine d'être confondus avec la classe plébéienne. Dans cette lutte, l'empire se précipita loin de la raison, de la nature et de la vertu.

Il faut lire dans Pline lui-même l'effrayante dégradation de la corruption romaine, représentée dans le tragédien Ésopus, qui se fait servir un plat de vingt-deux mille cinq cents francs, composé uniquement d'oiseaux

[1] Plin., l. XIV et XXXIII.
[2] Plin., l. IX, ch. XXXIX.
[3] Id., id. XXXVIII.

qui chantent ou qui parlent, et dans son digne fils Clodius, qui faisait infuser des perles dans sa boisson ; dans les dames romaines, dont la chaussure était ornée de perles, afin de ne plus marcher sur la terre ; dans les courtisanes, qui faisaient ferrer leurs mules avec de l'or, et les guerriers, qui portaient des chaussures garnies de clous d'or. Les camps s'ouvraient à la corruption, et les légions, au lieu de défendre la patrie, allaient à la chasse et à la pêche, pour satisfaire la sensualité de leurs chefs sibarites. Le mépris de l'humanité était poussé si loin, qu'on ne pouvait plus rassasier la soif de ce peuple pour les spectacles, que par l'effusion du sang ; douze cents hommes étaient blessés ou tués dans un seul spectacle, et le gladiateur, en tombant, arrachait à la multitude ce cri d'une joie féroce : *Il en tient* (hoc habet)! Sur les théâtres, l'illusion de la scène était remplacée par l'affreuse réalité ; les victimes condamnées à mort remplissaient les rôles tragiques : ainsi, Scévola brûlait véritablement sa main sur un brasier allumé ; Hercule paraissait avec une tunique ardente ; Prométhée était déchiré par un vautour, et Orphée par les Bacchantes [1]. Il serait trop hideux et d'ailleurs inutile à notre sujet, de suivre ce tableau jusque dans le cynisme de la turpitude où les mœurs étaient venues s'avilir.

C'est ainsi que le caractère d'égoïsme des Romains vint aboutir à l'anéantissement de l'intelligence et à l'abrutissement du genre humain. Ce peuple, le plus favorablement placé, sur le globe et dans le temps, pour cultiver avec un immense succès les lettres et les sciences, et leur faire faire les plus grands progrès, fut nul pour

---

[1] Tertul., *Apolog.*

les sciences; et pourtant il venait après les Étrusques
et les Grecs, il avait le monde entier avec toutes ses
productions pour observer. Il fut nul pour une grande
partie des lettres; Virgile et Horace suffisent bien, il
est vrai, pour la gloire de Rome, mais ils ne lui appartiennent même pas : le premier était de Mantoue et d'o-
rigine gauloise; le second était fils d'un affranchi de Ve-
nouse; tous les deux, d'ailleurs, furent l'œuvre d'Auguste
et de Mécène, qui surent distinguer de bonne heure le
premier dans la foule des palefreniers, encourager son
mérite, et le combler de faveurs quand ils l'eurent fait
grandir; par lui, le second se fraya une voie au trône
de César, et mérita la faveur de Mécène.

Mais les tragiques et les comiques romains ne furent
que les plats imitateurs de la Grèce, et souvent, au lieu
de l'imiter, ils la dégradèrent. Rome fut même obligée
d'emprunter une langue étrangère pour écrire son histoire; ses premiers historiens furent des Grecs, et il n'y
a point d'écrivain ni d'historien romain antérieur à Caton, qui traita de l'agricultture, et vivait de 205 à 148
av. J. C. [1]

La législation, l'éloquence de la tribune et du barreau,
furent les seules connaissances qui fleurirent à Rome; et
cela même tenait au caractère de sa constitution. De la
longue lutte des plébéiens pour arriver au pouvoir et à la
possession, contre les patriciens qui s'efforçaient de retenir l'un et l'autre, naquirent une foule de lois pour
fonder les droits des uns et des autres. La conquête et
l'incorporation de tant de peuples divers enfanta de
nouveaux droits, de nouvelles obligations, et par suite,

---

[1] Denys d'Halicar., I liv.; Cic. Brutus, ch. XVI ; Plin., l. XIV,
ch. IV; Tit. Liv., l. VIII, etc.

de nouvelles lois, qui durent se compliquer encore de celles que possédaient déjà ces divers peuples ; de là, la nécessité de leur étude et les progrès réels que fit la législation chez les Romains. L'éloquence du barreau en fut une dépendance; celle de la tribune naquit des orages de la démagogie.

Si, plus tard, Rome eut des historiens, ils s'étaient formés à l'école des Grecs, sauf peut-être César et Tacite, qui furent en histoire les vrais représentants du génie latin.

Les sciences philosophiques furent inconnues à Rome ; le peu qu'elle en reçut de la Grèce fut conforme à sa tendance prédominante; elle fut plus épicurienne encore que stoïcienne. Les sophistes grecs, devenus les esclaves des Romains, ne servirent plus qu'à l'ornement de la villa, et furent un meuble de mode pour les loisirs de la dame romaine, pendant le déjeuner de laquelle on annonçait le philosophe de la maison, dont la barbe, le manteau et la contenance stoïque contrastaient avec la coquetterie de la matrone, qui s'informait à la fois des livres nouveaux, des anecdotes scandaleuses et des modes qu'on avait remarquées à la dernière entrée triomphale et aux représentations du cirque; puis elle congédiait le triste successeur des Zénon et des Ariston, qui parfois était chargé d'instruire les enfants de ceux qui lui faisaient manger un pain de honte et d'avilissement [1].

Cependant, la science grecque pénétra peu à peu dans Rome; nous avons même vu Sylla y apporter Aristote, qui méritait, sans doute, d'être publié par des

---

[1] Wieland, *sur les épîtres d'Horace*, part. II, p. 71, 161 ; Sueton. *in lib.*, ch. XLVI ; Lucien, *de Mercede conductis.*

mains moins sanglantes et plus pures. Tous les enfants des grandes familles furent élevés par des maîtres grecs, et dans les derniers temps, ce fut l'usage d'aller achever ses études à Athènes. Mais déjà, la science grecque s'était ouvert un passage dans Rome, par le midi des Gaules. Les écoles de Marseille et d'Autun furent longtemps le rendez-vous des jeunes Romains.

Quand Cyrus eut soumis, avec l'Asie Mineure, les côtes de l'Ionie, les Phocéens, pour fuir sa domination, voguèrent sur la grande mer, et vinrent sur les rivages des Gaules, bâtir la célèbre Massilie, dont Aristote, Isocrate, Thucydide, parlent dans leurs écrits[1]. La cité grecque se distingua par le commerce, les lois et les lettres. Son port Lacydon, plus opulent que le Pirée, voyait sans cesse arriver et partir les flottes d'Europe, d'Afrique et d'Asie; ses savants, parmi lesquels on remarquait Pithéas et Eutimènes, attiraient une jeunesse nombreuse dans ses écoles florissantes, que Cicéron préférait à celles de Rome et d'Athènes[2].

A Augustodunum, cette ville longtemps le centre et l'âme des Gaules, entre le temple d'Apollon et le Capitole, étaient les écoles mœn.ennes, fameuses dans toute l'Europe, et dont Sacrovir fit autrefois armer les élèves pour marcher à la défense de la liberté gauloise contre la tyrannie romaine.

Par la fréquentation de ces écoles, et surtout par la fusion des Gaules avec Rome, dont elles embrassèrent les lois et les mœurs, la science gauloise et la science grecque venaient s'amalgamer dans Rome et y apporter tous les éléments qui préparent les grands progrès. Et

---

[1] Arist., *Républ.*; Isoc., *in Archid.*; Thucyd., l. I, 55 13.
[2] Strab., l. IV, p. 124; Plin., *Hist.*, l. II, ch. LXXVII.

cependant Rome n'en fit aucun; elle reçut, lut avec avidité, copia, compila, mais tout pour le plaisir et la volupté, pour se donner un agréable passe-temps et un air de vanité à la mode. Telle est l'époque caractérisée et résumée dans Pline l'Ancien, le compilateur matérialiste et athée.

Nous avons vu, par l'histoire d'Aristote, comment, avec les ouvrages de ce célèbre philosophe, continués par son disciple immédiat, Théophraste, les sciences qui nous occupent se portèrent dans deux directions : la première, plus naturelle, se dirigea par l'influence des lieutenants d'Alexandre, en Égypte, à Alexandrie, où nous l'estimerons et la jugerons sous la formule de Galien; l'autre vint, presque forcée, pour ainsi dire, par droit de conquête, chez les Romains, où se développe alors, plutôt par imitation que de toute autre manière, la grande époque littéraire des Latins, qui commence sous Jules César, se continue sous Vespasien jusqu'à Pline, que nous allons considérer comme le terme, l'apogée des sciences naturelles chez les Romains.

Dès lors, notre plan à son égard sera celui que nous avons adopté pour Aristote. Nous jetterons un premier coup d'œil sur les sources de sa biographie; nous donnerons ensuite cette biographie; nous analyserons les éléments, les moyens, les sources où il a puisé les matériaux de ses ouvrages, chez ses prédécesseurs, Grecs, Latins, et d'autre nation; chez ses contemporains; dans ses propres observations; nous ferons l'histoire de ses ouvrages, et de la manière dont ils nous sont parvenus; nous en donnerons le plan, l'esprit, la marche, pour montrer combien ils diffèrent de ceux d'Aristote; nous y chercherons les principes et les faits importants qu'il a légués à la science; et enfin, la direction, l'impulsion qui en est résultée, et qui aurait perdu la science, si la marche d'Aristote n'avait prévalu.

II. *Éléments de la biographie de Pline.*

Les éléments de la vie de Pline sont assez nombreux, mais surtout ils sont certains et authentiques. Les plus importants, en effet, nous ont été transmis par son neveu, le fils de sa sœur, Pline le Jeune, qui vivait avec son oncle, par lequel il fut élevé et adopté, et qui l'accompagnait avec sa mère. Il nous donne des détails importants dans deux de ses lettres : dans l'une, écrite à Marcus, qui recherchait partout les livres de Pline, il énumère les écrits de son oncle, expose l'ordre dans lequel ils ont été produits, et le régime de vie qui avait pu permettre à l'auteur de produire autant d'ouvrages au milieu de ses nombreuses occupations administratives et militaires. Dans la seconde lettre [1], écrite à Tacite, le célèbre historien, qui le lui avait demandé, pour en faire mention dans ses histoires, Pline le Jeune donne la relation circonstanciée de la mort de son oncle, étouffé par une pluie de cendre, vomie dans une éruption du Vésuve.

2° Tacite a, en effet, parlé de Pline [2], nullement cependant à l'occasion de sa mort, mais seulement au sujet d'un fait d'Agrippine, qu'il dit avoir été rapporté par C. Pline, auteur des guerres de Germanie.

3° Vient ensuite Suétonius Tranquillus, qui vivait sous Trajan et Adrien, ou mieux, l'auteur d'une vie de Pline attribuée à Suétone, mais indubitablement à tort, car elle est faite avec trop peu de soin, trop peu d'habi-

---

[1] Liv. VI, lett. 26.

[2] *Annales*, l. I.

leté; le style n'est certainement pas celui de Suétone;
il est, suivant Vossius, d'un auteur beaucoup plus ré-
cent. Mais une preuve que cet auteur anonyme ne peut
être Suétone, c'est qu'ami de Pline le Jeune, comme le
témoignent plusieurs passages des lettres de celui-ci,
Suétone ne pouvait ignorer que Pline l'Ancien était né
à Vérone, ce que nie cet auteur; aussi confond-il les
deux Pline en un seul.

4° Aulu-Gelle a aussi parlé de Pline. Symmaque, Au-
sone et plusieurs autres en ont également fait mention ; le
premier dans ses lettres, le second dans ses poésies.

5° Parmi les Pères, Eusèbe, dans sa chronique, saint
Jérôme dans plusieurs de ses lettres, saint Augustin,
chap. IX de la Cité de Dieu, le vénérable Bède, et plus
tard, Alcuin et plusieurs autres, ont parlé de Pline, de
ses ouvrages et de ses opinions.

6° Enfin, il faut compter parmi les meilleurs éléments
de la biographie de Pline, un certain nombre de passages de sa grande compilation sur l'histoire naturelle,
dans lesquels il cite quelques particularités de sa vie, ou
quelques-uns de ses ouvrages.

Depuis lors, on a trouvé quelques inscriptions dans
lesquelles le nom de Pline était gravé, mais qui n'ont
fourni aucun document important.

7° Pendant tout le moyen âge, on n'a cessé de s'occuper de Pline; et un assez grand nombre d'auteurs plus
ou moins modernes ont traité de sa vie et de ses écrits,
mais sans aucuns matériaux nouveaux. Celui qui l'a fait
de la manière la plus complète, la plus utile, du moins
sous le rapport de l'érudition, est certainement le
comte de Latour Rezonici, dans son ouvrage en 2 vol.
in-fol., intitulé : *Disquisitiones Plinianæ*, Paris, 1763.

Dans la réalité, les éléments certains sont les moins

nombreux, mais ils le sont assez pour nous éclairer et nous permettre surtout de juger les écrits de Pline avec une vérité pleine et entière, et contrairement aux préjugés qui ont prévalu et prévalent encore dans certains esprits, sur l'autorité du temps et de quelques grands noms, qui ont, comme Buffon, payé le tribut à leur siècle en faisant de Pline le plus grand naturaliste qui ait paru.

III. *Biographie de Pline.*

Nous ne retrouvons plus ici le génie d'Aristote; Pline en est à une énorme distance, expliquée par la différence du caractère de la science chez les Grecs et chez les Romains. La médecine et l'agriculture seules eurent, comme art plus encore que comme science, du prix pour les Romains : la médecine, parce qu'elle corrigeait les abus de la volupté et des plaisirs, et en procurait de nouveaux en en prolongeant la jouissance; l'agriculture parce qu'elle fournit, chez les Romains, de nouveaux moyens à la médecine, et qu'elle était, au temps de Pline, une source de jouissances pour les riches habitants des villas.

Cependant, à mesure que les conquêtes des Romains s'étendaient, ils les faisaient valoir, et en rapportaient dans leur patrie, pour les triomphes, les animaux, les arbres, et tout ce que le pays pouvait offrir de curieux. Les animaux surtout, pour les jeux publics et l'amusement du peuple, arrivaient à Rome de tous les pays, et c'est même là l'origine de la disparition de certaines espèces que les Romains désiraient toujours voir dans leurs cirques.

C'est à une époque si favorable sous ce rapport, que Caius Plinius Secundus naquit à Vérone, suivant les uns et le plus généralement, d'après son propre témoignage, puisque, dans sa dédicace, il se dit le concitoyen de Catulle, qui était certainement de cette ville. D'autres le font naître à Côme, entre autres, saint Jérôme, qui a copié l'auteur anonyme sous le nom de Suétone. Le Père Hardouin, qui n'a été suivi en cela par personne, le fait naître à Rome.

Il naquit l'an 28 de J. C., ou 23, suivant Rezonici, la 7ᵉ année du règne de Tibère, et vécut sous Caius Caligula, Claude, Néron et Vespasien. Ses parents étaient riches et dans une assez haute position sociale ; mais on en ignore réellement le nom et l'origine. On suppose cependant que sa famille était de Côme, à cause des inscriptions tumulaires trouvées aux environs de cette ville, et portant le nom de Pline.

Il vint à Rome vers l'âge de douze ans, pour s'y livrer à l'étude, comme tous les jeunes Romains d'alors. Il y suivit les leçons d'Appion, qu'il dit lui-même enseigner des choses absurdes et artificielles.

Lorsque Caligula mourut, il avait dix-sept ans ; et vers dix-neuf ans, sous Claude, il entra dans la carrière militaire, et plus spécialement navale, suivant les conjectures de Rezonici. A vingt-deux ans, il fit un voyage en Afrique. Il cite en effet, comme l'ayant vue lui-même, une fille de ce pays changée en garçon le jour de ses noces. Vers le même temps, il aurait visité l'Égypte et parcouru les rivages de la Grèce, se serait rendu à Olympie et à Athènes, où il aurait vu les chefs-d'œuvre de Phidias. Après ses voyages maritimes et ses premières armes en Afrique, il servit en Germanie, et ce fut pendant qu'il y commandait une aile de l'armée sous Pomponius, dont il a écrit l'histoire, qu'il composa son livre *De jaculatione equestri*. C'est à cette époque qu'il parcourut la Germanie inférieure jusqu'aux sources du Danube.

On pense aussi qu'il accompagna Claude en Angleterre, et qu'il revint triompher avec lui à Rome, après une absence de six mois.

Revenu à Rome, il paraît qu'il consacra une partie du règne de Néron à écrire sur l'histoire, et qu'il passa à Côme, où il possédait de grands biens, un temps assez considérable; qu'ensuite, effrayé par le caractère féroce de ce prince, il abandonna, dans les dernières années de son règne, ses grandes études, pour se consacrer à l'éducation du fils de sa sœur, qu'il avait adopté.

Cependant, Néron le chargea de l'administration de la province d'Espagne. Il remplissait cette fonction à la mort de ce prince, et demeura en Espagne jusqu'à la seconde année du règne de Vespasien.

A son retour, il parcourut tout le midi de la Gaule et s'arrêta surtout à Narbonne. Vespasien et Tite l'honorèrent de leur confiance et de leur amitié, et ils lui commirent le soin de plusieurs affaires importantes. Après la mort de Vespasien, Tite avait chargé Pline du commandement d'une escadre romaine, et il était au cap de Misène lorsque le Vésuve manifesta les premiers signes de cette fameuse éruption dont les cendres volèrent jusque dans l'Afrique, la Syrie et l'Égypte, et qui engloutit les villes d'Herculanum et de Pompéia. Pline voulut s'approcher de cette montagne pour observer de plus près ce terrible phénomène, il y trouva la mort, à l'âge de cinquante-six ans, l'an 79 de J. C. Pline le Jeune, son neveu, qui raconte cet événement dans sa lettre à Tacite, pense qu'il fut suffoqué par les vapeurs sulfureuses, et il ajoute qu'on retrouva son corps entier, sans blessures, avec ses vêtements.

Au milieu d'une vie si active et occupée de tant d'affaires politiques, Pline trouva du temps pour l'étude, et composa une foule d'ouvrages; ce qui vous étonnerait surtout, ajoute Pline le Jeune, qui nous en donne le détail [1], si vous saviez qu'il s'est quelquefois chargé de causes, qu'il est mort dans sa cinquante-sixième année, qu'une grande partie de son temps lui était enlevée par les hautes fonctions que lui confiait l'amitié des princes.

Il paraît, par les biens qu'il possédait à Côme, que sa fortune était assez considérable, et qu'elle lui permit d'avoir une nombreuse bibliothèque, des secrétaires, des copistes, des lecteurs, etc. Les postes importants qu'il occupa durent encore augmenter ses moyens matériels. Conduit par ses emplois dans presque toutes les parties de l'empire, il voyagea beaucoup depuis l'Angleterre jusqu'en Grèce. Il resta assez peu de temps à Rome, si ce n'est vers la fin de ses jours.

Sa nature d'esprit le portait à acquérir toutes sortes de connaissances techniques, de détails, de nombre. Son heureuse constitution lui permettait de travailler assidûment à toute heure, et aussi bien la nuit que le jour, pendant le repas comme dans le bain. Dans ses voyages, il avait toujours à ses côtés son livre, ses tablettes et son copiste, car il ne lisait rien dont il ne fît des extraits. En sortant du bain, pendant qu'il s'essuyait, il dictait ou se faisait lire quelque chose. Un de ses amis ayant, un jour à sa table, fait répéter au lecteur un mot mal prononcé, Pline lui demanda s'il avait compris? « Oui, répond cet ami. — Pourquoi donc l'avez-vous interrompu? vous nous avez fait perdre plus

[1] Plin., *Épist.*, l. III, epis. V.

de dix vers. » Il se faisait porter en litière dans les rues, afin de pouvoir travailler en chemin, et il lui arriva de réprimander son neveu, parce qu'il perdait du temps en marchant à pied.

Faut-il s'étonner qu'avec de telles dispositions il ait pu trouver le temps de lire plus de deux mille volumes, d'en couper et d'en tailler tout ce qui lui parut propre à entrer dans ses compilations? Dès lors aussi on conçoit très-bien la nature du grand ouvrage qu'il nous a laissé, et dont, sans doute, celui qu'il rappelle lui-même sous le titre d'*electiones commentarii*, dont Lartius Licinus lui offrit 4oo,ooo écus, lors de son voyage en Espagne, n'était que les éléments.

On a pensé que Pline ne savait pas la langue grecque, et on l'a accusé d'ignorer la botanique ; ce qu'il y a de certain, d'après les détails où nous sommes entrés sur l'emploi de son temps, c'est qu'il ne lui en resta plus pour l'observation , base nécessaire des sciences naturelles. Ses livres, d'ailleurs, prouvent suffisamment qu'il avait peu observé par lui-même, si ce n'est des monstruosités, *portentosa.* Il en cite quelques-unes qu'il dit avoir vues; mais il en raconte un bien plus grand nombre sur la foi de ses lectures , telles que des hommes sans tête, sans bouche, à queue et à nageoires, sortis de l'imagination grecque. Nous ne devons donc pas nous attendre à retrouver ici Aristote.

IV. *Éléments des ouvrages de Pline, ou histoire critique des matériaux qu'il a eus à sa disposition.*

Pline lui-même nous apprend dans sa préface qu'il a extrait vingt mille choses dignes d'attention, de la lecture de deux mille volumes, de cent auteurs excellents, et qu'il les a consignées dans trente-six livres, en y ajoutant plusieurs choses que ses prédécesseurs avaient ignorées et qui ont été découvertes de son temps, et cependant il est convaincu qu'il en a encore oublié beaucoup. Il dit qu'il a eu soin de citer les auteurs dans lesquels il a puisé; en effet, dans le premier livre de son ouvrage, qui n'est qu'une table des matières, il énumère à la fin de chaque grand chapitre les auteurs qui lui en ont fourni les matériaux; ce qui montre assez la marche qu'il avait suivie.

Il faut remarquer qu'il n'a jamais nommé, et par conséquent qu'il n'a jamais connu Strabon et Élien, ce qui tient sans doute à la rareté des exemplaires à cette époque.

Parmi les auteurs de différentes nations qu'il a lus, les Grecs sont en plus grand nombre; il a cité aussi les Carthaginois d'après des traductions, les Latins en assez grand nombre, mais beaucoup moins que de Grecs.

Il a cité des auteurs sur toutes sortes de sujets, depuis les philosophes les plus excentriques, jusqu'à ceux qui se sont occupés de l'art culinaire, et surtout les géographes, les historiens, les médecins et les naturalistes. Mais il ne lisait que pour satisfaire une passion de curiosité et de gloriole de tout connaître, en passant sur toutes les règles de la critique, pour avoir, sans doute, un plus grand nombre de faits étonnants et merveilleux à raconter.

Pour estimer le degré de confiance que les nombreux faits de détails apportés par Pline méritent, en même temps que pour juger les avantages que la science en a retirés, il est important de considérer le sujet un peu au long, et pour cela, de traiter successivement des diverses sources où il a pu puiser.

Dans l'intervalle considérable qui sépare l'époque à laquelle cessa l'effet du génie d'Aristote, continué dans Théophraste, de celle de Pline, c'est-à-dire, dans un espace de près de 4oo ans, les éléments, les matériaux de la partie de l'encyclopédie des connaissances humaines qui constitue les sciences naturelles, et avant tout la zoologie, s'étaient considérablement accrus, par une suite d'événements divers que nous devons apprécier.

1° *Par les conquêtes d'Alexandre.* Nous avons déjà parlé de ce grand mouvement qui précipita la Grèce sur l'Asie; mouvement qui eut des conséquences remarquables pour les progrès de la civilisation et du commerce, mais dont on a peut-être exagéré l'influence sur celui des sciences. Nous pensons avoir mis hors de doute qu'il ne fournit certainement aucun élément aux travaux d'Aristote; il nous reste à voir ceux qu'il aura pu introduire depuis.

Un assez grand nombre d'auteurs anciens ont écrit l'histoire de l'expédition d'Alexandre, et plusieurs d'entre eux avaient été ses compagnons.

Néarque fut chargé, par Alexandre, de descendre avec une flotte de deux cents vaisseaux, accompagnée par terre de 1,2oo hommes et de 2oo éléphants, l'Indus, jusqu'à la mer, puis de remonter à travers le golfe Persique jusque dans l'Euphrate. Il avait écrit un périple ou journal de navigation qui se trouve dans diverses éditions d'Arrien, et dans le premier volume des *Geographi minores* de Hudson. Ce journal contenait des détails curieux sur les peuples et les localités. Pline paraît n'en avoir eu qu'un extrait fait par le roi Juba; aussi les citations qu'il en tire sont-elles confuses et présentent-elles des contradictions avec l'analyse authentique de Néarque dans Arrien.

Onésicrite, lieutenant de Néarque, avait aussi laissé un journal rempli de détails de géographie physique et d'histoire naturelle, dont Strabon a suspecté la valeur.

Mégasthènes a également écrit sur l'Inde. Il fut envoyé par Séleucus Nicator, roi de Syrie, comme ambassadeur, à Palibothra, capitale des Prasii, située sur les bords du Gange, vers un roi nommé Sandracottus. Il y séjourna plusieurs années et y fit plusieurs observations curieuses. A son retour, il publia une histoire de l'Inde, dans laquelle ont puisé largement et en copiant, Diodore de Sicile, Strabon et Arrien. Malheureusement il méla avec le vrai beaucoup de choses merveilleuses et extraordinaires qui ont fait rejeter ce qui pouvait être exact.

Agatharchides, géographe et historien cité avec éloge par Strabon, Josèphe et Photius, vivait 148 ans avant Jésus-Christ; il a décrit plusieurs animaux, entre autres le rhinocéros, mais très-inexactement.

Ptolémée Lagus, le premier roi grec d'Égypte, écrivit, lorsqu'il était déjà roi, les gestes d'Alexandre; son ouvrage ne nous est pas parvenu; il est cité par Q. Curce et Arrien. Ce fut lui qui posséda le plus la confiance d'Alexandre; il connut par conséquent dans quel but il avait fondé Alexandrie, et il dit que c'était pour faciliter le commerce avec l'Inde.

D'après Vossius, Archélaüs a décrit la route suivie par Alexandre, et Stratiès peut être compté au nombre de ses compagnons; il a écrit trois livres des actes journaliers de ce prince; il y parlait des fleuves, des lacs, des fontaines; il donnait aussi des détails sur la mort d'Alexandre.

Charès de Mitylène, souvent cité par Plutarque, dans

sa vie d'Alexandre, paraît aussi avoir été compagnon de ce prince.

Clitarque, compagnon d'Alexandre et historien de son expédition, est cité par beaucoup d'auteurs anciens.

Clitus fut compagnon et historien d'Alexandre, d'après Valère Maxime et Athénée.

Anaximènes de Lampsaque, fils d'Aristoclès et disciple de Diogène le cynique, a écrit douze livres sur l'histoire de la Grèce, dans lesquels se trouvent la vie de Philippe et celle d'Alexandre.

Hécatée d'Abdère a publié une histoire des Juifs en un livre, dans laquelle il rapporte beaucoup de choses douteuses; une histoire d'Égypte et une histoire des nations hyperboréennes, qui renferment un grand nombre de fables.

Aristobule, compagnon d'Alexandre, écrivit, après la mort de ce prince, une histoire de ce qu'il avait fait. Plutarque le cite pour nous avoir appris qu'Alexandre, à son départ de Grèce, n'avait que 70 talents, ou 326,812 livres dans sa caisse; il a fait un traité *de lapidibus*; ses ouvrages ne nous sont pas restés.

Cratérus fut chargé par Alexandre d'explorer les différentes régions par où ils passaient.

C'est dans tous ces auteurs que les anciens qui nous ont dit quelque chose de l'Inde ont puisé. Avant cette époque, l'Inde était à peu près inconnue aux Grecs; et, comme nous venons de le voir, presque tous ces auteurs ne s'occupèrent que de la géographie des pays parcourus par Alexandre; ils y mêlèrent quelques détails sur les productions animales et végétales, mais sans ensemble, sans observation scientifique; tous les animaux et tous les végétaux qu'ils ont mentionnés étaient inconnus à la Grèce, ils les citaient comme des merveilles extraordinaires, en y mêlant les contes indiens sur les pygmées, les astomes, les hommes sans tête, les animaux moitié homme, moitié serpent, etc. Tout ces recueils n'étaient donc pas propres à faire faire à la science beaucoup de progrès.

Cependant plusieurs de ces historiens, plus consciencieux que les autres, écrivirent sur les mœurs, la religion et les gymnosophistes de l'Inde, des détails qui nous ont été conservés, surtout par Arrien, et qui ne durent pas être entièrement nuls pour l'école d'Alexandrie.

Cette source fut d'un grand secours pour Pline, dont le but était de réunir *des portentosa*, des choses merveilleuses.

Il faut aussi ranger dans cette catégorie le trop crédule Ctésias, dont Aristote avait suspecté la bonne foi, mais que Pline copie tout au long; il avait séjourné en Perse et écrit sur l'Inde.

2° La seconde source où Pline a puisé, est dans la continuation de l'école d'Aristote. Nous avons vu en effet qu'Aristote avait mentionné dans son testament ses disciples favoris, ceux sans doute auxquels il avait confié sa doctrine tout entière.

Théophraste, qui succéda à Aristote, fut invité par Ptolémée à venir à sa cour; il paraît avoir eu pour disciple ou auditeur Érasistrate, qui fut en effet un des maîtres les plus distingués de l'école d'Alexandrie.

Callisthènes, beau-frère d'Aristote, qui le plaça auprès d'Alexandre pendant sa célèbre expédition, écrivit une histoire des gestes de ce prince. C'est lui qu'Alexandre fit mourir comme coupable de conspiration contre sa vie; Simplicius, de l'école d'Alexandrie, a dit que Callisthènes avait fait passer à Aristote les observations astronomiques des Chaldéens, qui embrassaient une suite de 1903 années.

Aristoxène de Tarente s'attendait à prendre la direction de l'école d'Aristote après sa mort. Mais celui-ci lui préféra Théophraste; aussi, de dépit jeta-t-il sur son maître toutes les critiques qu'il lui fut possible, d'après Aulu-Gelle, ce qui est nié par d'autres anciens.

Il a fait un livre sur les éléments de la musique, *de Elementis harmonicis*. On a dit qu'il avait laissé 453 volumes sur toutes sortes de sujets, mais, entre autres, *de Vitis illustrium virorum*.

Héraclide de Pont était riche; il fut successivement disciple de Speusippe, des pythagoriciens et enfin d'Aristote. Diogène Laërce cite de lui de nombreux ouvrages, dont peu intéressent notre plan, et nous savons qu'il avait la manie de supposer des livres.

Dicœarque de Messène, cité par saint Jérôme, a écrit plusieurs ouvrages; *de Dimensionibus montium Peloponnesi*; *de Populis et civitatibus Grœciœ*; nous ne possédons aujourd'hui qu'un épitome de cet ouvrage; il était dédié à Théophraste; *de Vitis*, cité par Diogène Laërce dans la vie de Platon. D'après Cicéron, ce Dicœarque aurait nié l'existence de l'âme, ce qui n'est guère en harmonie avec les principes de l'école d'Aristote.

Cléarque de Cilicie, cité par le prétendu Joseph contre Appion, comme un des plus forts péripatéticiens, est aussi cité par plusieurs autres anciens. Il a écrit un certain nombre de livres : *de Arenosis solitudinariis*; *de Gryphis*; *de Salacitate perdiccum*; *de Aquatilibus*; *de Sceletis*; quelque chose des muscles; *de Ovo?* d'après une citation de Suidas.

Phanias ou Phœnias d'Érèse a écrit plusieurs ouvrages d'après Athénée, un entre autres, *de Plantis*; on cite une lettre de Théophraste à ce Phanias, dans laquelle il dit quelque chose sur les jules, les scolopendres et les aselles, genres d'animaux articulés.

Callimaque de Cyrène, poëte et grammairien du temps de Ptolémée Philadelphe, a pris dans les auteurs anciens, particulièrement dans Aristote, ce qu'il a pu trouver d'extraordinaire, de fabuleux, sur la nature des animaux, et cela, sous des noms étrangers, sans critique, sans autorité.

Straton de Lampsaque, disciple et successeur de Théophraste, a écrit un grand nombre de livres, dont il ne reste plus que des citations. Selon lui, le siége de l'âme est dans le cerveau; l'âme agit par les organes des sens; le temps est la mesure du mouvement et du repos; tout corps a de la pesanteur et tend sans cesse vers le centre.

Cette succession des disciples d'Aristote apportait à Pline d'assez nombreux éléments qui venaient s'ajouter à ceux que fournissait le maître.

3° La troisième source offerte à Pline résulte des conquêtes mêmes des Romains, qui portèrent successivement leurs armes dans toute l'Italie, dans la Sicile, en Afrique, pour soumettre Carthage, la rivale de Rome; puis dans la Macédoine, la Grèce, la Syrie, l'Espagne, les Gaules, l'Égypte, réduite en province romaine sous Auguste. Ces conquêtes produisirent à elles seules une immense collection d'éléments en tous genres, par le transport et le séjour des savants romains dans les provinces conquises, pour y exercer des emplois ou y exécuter divers travaux, soit pour l'ornement des villes ou pour la sûreté de la conquête. On leur facilitait les moyens d'observation, et c'est ainsi que les Gallus, les Titus, les Tubéro et les Pison, rapportèrent de leurs diverses expéditions des matériaux qui serviront à Pline. César, dont la plume était aussi active que l'épée, fit connaître le nord de la Gaule et l'Angleterre; c'est lui qui, le premier, a fait mention de l'élan, probablement du renne et de l'aurochs, qui habitaient alors les forêts de la Gaule.

4° Les conquêtes produisirent dans les triomphes et les jeux du cirque une foule d'animaux étrangers. Ce serait ici le cas d'énumérer les animaux que les Romains ont amenés vivants à Rome, depuis Marcus Fulvius, qui commença par une chasse de panthères et de lions, 176 ans avant J. C., jusqu'à Pline.

L'ordre des primates ou des singes renferme des animaux sans doute trop petits, trop peu féroces, trop craintifs, pour avoir jamais été introduits dans les jeux du cirque.

L'ordre des féræ ou carnassiers est celui qui a le plus fourni de sujets à la curiosité des Romains.

1° *Ours.* Sous le consulat de Pison et de Messala, Domitius Ahénobarbus, édile curule, fit combattre dans le cirque cent ours de Numidie contre un égal nombre de chasseurs éthiopiens.

2° *Lions.* Depuis 190 avant J. C., sous Sylla, jusqu'à 90 après, quinze cents lions parurent dans le cirque.

3° *Panthères.* De 160 avant J. C., jusqu'à Claude, cinquante ans après, on trouve deux mille trois cents panthères.

Auguste fit combattre, depuis son usurpation, trois mille cinq cents bêtes féroces; Titus, à la dédicace de ses Thermes, en fit combattre ou en exposa un nombre bien plus considérable encore. On a vu dans les cirques jusqu'à dix mille animaux à la fois.

L'ordre des rongeurs est tout à fait dans le cas des primates, et ne fournit point d'animaux aux jeux romains.

Mais l'ordre des pachydermes offrant de très-grands

animaux, courageux dans la défense, on conçoit qu'il en ait fourni un grand nombre.

Les éléphants parurent en Italie pour la première fois pendant la guerre de Pyrrhus, l'an de Rome 472. Sept ans après, on en vit dans un triomphe. L'an 502 de Rome, la victoire de Métellus sur les Carthaginois amena à Rome cent quarante éléphants, qui furent produits dans le cirque. Sous Pompée, César, et en plusieurs autres circonstances, on vit vingt éléphants à la fois dans le cirque.

Le rhinocéros parut pour la première fois dans les jeux de Pompée; mais on l'a revu à plusieurs reprises depuis dans le cirque. L'hippopotame y a été également souvent produit, aussi bien que les sangliers, etc.

L'ordre des ruminants a fourni des buffles, des girafes, des chameaux en assez grand nombre.

Les autres classes d'animaux ont moins contribué à ces jeux, mais les autruches et les crocodiles ont été souvent apportés à Rome.

En un mot, une foule d'animaux paraissaient si souvent et en si grand nombre dans les jeux romains, que ce fait seul suffit pour expliquer la diminution, l'extinction même de certaines races dans les contrées où elles furent communes autrefois.

5° Outre les animaux, les végétaux, les objets d'art, les productions en tous genres des pays conquis arrivaient à la capitale pour y figurer dans la pompe triomphale. La civilisation et le commerce introduisirent dans la ville une foule de substances que le luxe réclamait. Le séjour des Romains dans tant de pays divers les obligea, pour se soustraire aux influences climatériques, à prendre les habitudes des indigènes, et ils les apportaient à Rome; de là, des changements d'usages dans les mœurs et les habitudes, dans les vêtements et la

nourriture, dans les arts scientifiques et ceux d'imagination. qui firent affluer à Rome toutes les productions
naturelles du monde connu : les pelleteries du Nord,
les matières colorantes et odorantes, les matériaux des
beaux-arts et les substances médicamenteuses.

Il faut encore ranger dans cette catégorie les ambassades des Indiens à l'empereur Auguste, à Claude, à
Trajan, qui apportèrent à Rome des productions de
l'Inde.

6° Aux moyens d'observation directe vinrent se joindre les travaux mêmes des Romains; ils ne furent pas
nombreux sans doute; ils ne portèrent que sur deux
parties. Nous avons déjà vu que les progrès des sciences
chez les Romains avaient été presque nuls : tout, chez
eux, était dominé par l'intérêt matériel ; la religion ne
faisait invoquer que les dieux dont on pensait avoir besoin pour ses nécessités temporelles; l'agriculture n'invoquait que ses dieux. La science fut entachée du même
vice; bien qu'ils eussent hérité des Étrusques, chez qui les
sciences avaient fait certains progrès, cependant ces fiers
conquérants n'en tirèrent aucun parti. Mais il n'en fut pas
de même de l'agriculture et de la médecine, surtout dans
ce qui concerne le nombre, la découverte et l'empirisme
des remèdes. Ce fut au commencement de la corruption
romaine qu'on vit paraître les premiers écrivains.

Attale III, dit Philométor, le dernier des rois de Pergame, fut un très-grand protecteur de la médecine et
des sciences naturelles; il cultiva la botanique et les
plantes vénéneuses; il fit un traité de *Re rusticâ*, loué
par Varron, Columelle et Pline.

Caton le censeur, dit Pline, fut le premier et longtemps
le seul maître de tous les beaux-arts; il n'omit même
pas la médecine des animaux. Il traita de l'agriculture

et de la médecine d'incantation, caractère qui lui fit repousser la médecine grecque, beaucoup trop rationnelle pour lui.

Varron, le plus érudit et peut-être le plus crédule des Romains, a aussi, à l'exemple de Caton, composé un traité de *Re rusticâ,* où il parait avoir emprunté au traité d'agriculture du Carthaginois Magon, si estimé par le sénat, qu'il fut, par son ordre, traduit en latin.

Lucrèce, dans son poëme *de Rerum naturâ,* composé dans les instants lucides que lui laissaient de fréquents accès de folie, a parlé des êtres de la nature, en prenant pour base la philosophie d'Épicure, qu'il a poussée jusque dans ses dernières conséquences et jusqu'à l'absurde et à la destruction de la science.

Virgile, heureusement, vint combattre cette malheureuse tendance, et ramena pour quelque temps les beaux jours de l'agriculture par ses admirables Géorgiques, ouvrage qui répondit tellement aux vues de Mécène et d'Auguste, qu'il fut consacré par un monument avec cette inscription : *Rediit cultus agris.*

C'était alors le grand siècle de Rome : Horace et Ovide vinrent aussi apporter le tribut de leur génie.

Columelle les résuma tous, et fut contemporain de Pline; les écrits de Caton, de Varron et de Virgile furent repris par lui, et il y ajouta ses propres observations. Natif de Cadix, il avait pu étudier à Carthage, ou au moins connaître les travaux de ce peupl. sur l'agriculture, et il parait qu'ils étaient cons.dérables. Il a laissé douze livres sur l'agriculture et un traité sur les arbres.

7° Les progrès de la médecine, sous le double point de vue de l'étude et de la connaissance de l'organisation, c'est-à-dire, des progrès de l'anatomie, et puis de l'étude des phénomènes naturels des organes en santé et en maladie, et aussi par la connaissance de nouvelles substances médicamenteuses et d'opinions populaires, apportaient à Pline des éléments dont il n'a point su tirer parti; car il n'a fait que donner les noms des plantes et des remèdes, et dire simplement à quoi ils servaient, sans les décrire, et sans même discuter la valeur de ces indications.

8° Enfin, il a trouvé des éléments nombreux dans la publication d'ouvrages d'histoire et de géographie, dans lesquels les productions de la nature sont souvent indiquées par quelques particularités. Il avait à sa disposition tous ces matériaux nouveaux, outre ceux qui avaient été laissés par Aristote, et le nombre d'ouvrages, d'après son aveu, montait à deux mille volumes, dont, malheureusement, il nous est à peine parvenu cinquante; et ce ne sont pas, en général, ceux qui sont les plus importants pour notre sujet.

En résumé donc, le résultat des conquêtes d'Alexandre; les nombreux écrits de ses compagnons; le développement de la science dans la continuation de l'école d'Aristote; les conquêtes des Romains, qui leur firent connaître tout le monde ancien, et qui apportèrent à Rome les productions de tous les pays, avec un nombre immense d'animaux de tous genres, pour les jeux du cirque; les progrès et l'extension du commerce chez les Grecs et les Romains; les progrès de l'agriculture et de la médecine; et enfin, la publication d'un grand nombre d'ouvrages de géographie et d'histoire des peuples conquis, avec la désignation des productions naturelles des divers pays : tels étaient les nombreux éléments que Pline eut à sa disposition. Il était donc placé dans toutes les circonstances les plus favorables pour faire marcher la science, et si l'on se rappelle ses voyages à lui-même dans les diverses contrées de l'empire, sa bibliothèque et ses richesses, on concevra qu'avec de pareils moyens, un second Aristote aurait quadruplé les observations du premier, et doublé le développement de la science. Mais Pline n'était pas et ne devait pas être naturaliste.

En effet, un homme qui peut écrire sur un grand nombre de sujets étrangers les uns aux autres, est rarement une spécialité, à moins qu'il n'ait un grand génie et qu'il ne consacre sa vie entière à l'étude. Pline, outre ses histoires de la nature, écrivit, sur l'histoire et d'autres sujets, un grand nombre de livres qui ne nous sont pas parvenus. Cependant, les idées philosophiques n'entraient pas dans sa tête. Il se vante lui-même d'avoir trouvé fort creuses les discussions d'Appion, grammairien philosophe, qu'il avait entendu dans sa jeunesse, et, bien plus, il professe hautement le matérialisme. Sa position dans l'ordre civil et politique n'était d'ailleurs guère compatible avec la science, qui aime la solitude et le recueillement; en outre, il n'était pas doué du génie d'observation, sans lequel il est impossible de rien faire dans les sciences naturelles; quoiqu'il se soit trouvé dans la position la plus convenable pour cela, tant à Rome que dans les provinces, il n'a jamais observé que deux ou trois faits extraordinaires. Enfin, il était Romain; or, les Romains ont-ils jamais pu s'élever à la hauteur de la science, à l'idée du beau dans l'histoire de la création et dans celle de l'homme? L'estimaient-ils assez? Tout pour eux se réduisait à la domination et à la jouissance animale. Pline ne devait donc pas être homme de science. Mais, avec ses richesses, sa nombreuse bibliothèque et le goût de la lecture, il pouvait être compilateur, et il n'a été que cela, abstraction faite de son grand talent comme écrivain.

Dans Aristote, nous avons trouvé facilement le plan et la méthode, et il nous a suffi de le vouloir pour mettre en tableaux méthodiques toutes ses œuvres ; mais Pline n'a fait qu'une vaste compilation sans plan, sans aucune conception philosophique, et où il entasse plus d'assertions que de faits et d'observations. Cette compilation est tellement indigeste, qu'il est impossible d'y trouver une méthode et de la faire connaître autrement qu'en résumant ses chapitres dans l'ordre tout à fait arbitraire et irrationnel qu'il a suivi.

V. *Analyse des ouvrages de Pline, dans ce qui a trait à l'homme et aux animaux.*

De tous les nombreux ouvrages de Pline, il ne nous reste que ses trente-sept livres intitulés Histoire naturelle. Nous savons par son neveu qu'il écrivit un livre sur l'art de combattre, pour les chevaliers ; deux de la vie de son ami Pomponius Secundus ; vingt livres des guerres de Germanie ; trente et un sur l'histoire, depuis la fin d'Aufidius Bassus.

Son ouvrage sur l'histoire naturelle est un répertoire sans ordre. Lorsqu'il pensa à en recueillir les éléments, à mesure qu'il trouvait dans ses lectures une histoire ou un fait propre à son but, il le notait et le numérotait. C'est l'assemblage de toutes ces notes qui devait d'abord, à ce qu'il paraît, être publié sous le titre modeste de dictionnaire, où les matières auraient été rangées par ordre alphabétique, qui a formé ses trente-sept livres. Dans ce premier état, un riche particulier lui en avait offert une somme assez considérable. Mais il se détermina ensuite à en changer la forme et le nom, sans pouvoir cependant parvenir à le construire sur un plan raisonnable, et à en faire disparaître entièrement cet ordre alphabétique, non plus que les coutures et la confusion.

Liv. I. Il avait lui-même parfaitement senti ces graves défauts, et voilà pourquoi il consacre son livre premier à donner une table des matières, pour éviter au lecteur la peine de tout parcourir, et lui indiquer seulement ce qu'il peut désirer ; cette table montre en même temps que le but unique de Pline était de plaire à son lecteur et de l'intéresser.

Liv. II. Dans le livre second, qui est proprement le premier, Pline traite du monde et des éléments. Il commence par accuser la faiblesse humaine de chercher l'effigie et la forme de Dieu. « Qui que soit Dieu, si toutefois il est autre que le monde, et dans quelque lieu qu'il soit, il est tout sens, tout œil, tout ouïe, tout âme, tout esprit, tout lui-même.... mortel, secourir les mortels, c'est là Dieu, c'est la voie qui mène à la gloire éternelle.... La puissance de la nature est ce que nous appelons Dieu : *Naturæ potentia esse quod Deum vocamus.* » C'est de Lucrèce que date cette divinisation indéfinie de la nature, et Pline l'a transportée aux sciences naturelles à la place de l'intelligence divine ; c'est le panthéisme matérialiste.

Dieu nié, tout croule. Cependant, l'imposante logique des faits et des phénomènes de la nature demande un gouvernement providentiel. La terre est pour Pline la Providence ; il en peint les bienfaits ; elle est pour les hommes ce qu'est le ciel pour Dieu. Et dans une fausse peinture d'une imagination égarée, incapable de saisir l'harmonie des êtres et de tous leurs phénomènes, il se déchaine contre les pluies, les vents, la mer, etc., pour montrer uniquement la bonté de la terre.

Une partie de ce livre est consacrée à la géologie et à la physique. Il a été, dit-il, composé de quatre cent dix-sept extraits, tant histoires que faits et observations tirés des auteurs nationaux et étrangers dont suivent les noms.

Liv. III à VI. Les quatre livres suivants sont consacrés à la géographie du monde connu des anciens. Il y mêle les sites, les nations, les mers, les villes, les ports, les monts, les fleuves, les mesures de distance, l'homme, les peuples qui sont ou qui furent ; le tout ensemble et pêle-mêle, preuve assez forte qu'il n'avait pas de plan, et l'on voit d'ailleurs que ce sont des choses taillées et coupées pour les placer là. Après avoir parcouru les diverses contrées de l'Europe, dans un ordre que l'on pourrait soupçonner être celui de ses voyages, il finit par donner la mesure totale de toute cette partie du monde. Ce n'est partout qu'une froide nomenclature de noms de villes, de pays et de fleuves, sans méthode, sans description, sans observation de mœurs, de climats, de productions, etc., si ce ne sont quelques faits rares ou bien quelque événement, comme une victoire ou une défaite, qui serait arrivé là aux Romains. D'autres fois aussi, lorsqu'il a lu une histoire, ainsi qu'il s'exprime, il la rapporte. Il passe ensuite à l'Asie et à l'Afrique, en reproduisant toujours le même désordre. « Tels sont le monde, et, en lui, les terres, les nations, les mers remarquables et les villes. » C'est la seule transition qui joigne les six premiers livres au septième, où il va nous parler de l'homme.

Liv. VII. Il commence par une peinture que l'on pourrait trouver admirable, s'il était possible de se dépouiller de tout jugement, de toute idée élevée, et de ne retenir que l'imagination chagrine et athée qui a dicté ce morceau presque sublime, à force d'exagération exclusive [1]. Dans cette peinture, d'une éloquence aussi

[1] « Le premier rang, à bon droit, est attribué à l'homme, pour qui la nature paraît avoir engendré tout le reste ; elle fut si cruelle dans le prix qu'elle attacha à de si grands bienfaits, qu'il n'est pas possible de juger si elle fut pour l'homme meilleure mère que trop cruelle marâtre. Avant tout, seul de tous les animaux, elle voile sa nudité de dépouilles étrangères ; aux autres elle a varié les téguments ; ce sont des tests, des coquilles, des cuirs, des épines, du duvet, de la soie, des poils, de la plume, des pennes, des écailles, des toisons ; les troncs mêmes et les arbres elle les a protégés d'une double écorce contre les froids et la chaleur. L'homme seul, elle le rejette nu sur la terre nue, aux vagissements et aux pleurs ; nul autre de tant d'animaux n'est voué aux larmes, et cela dès le premier instant de sa vie ; le sourire, grands dieux ! le sourire, même précoce, même le plus hâtif, n'effleure jamais ses lèvres avant le quarantième jour. Dès ce premier essai de la lumière, des liens que ne reçoit même pas l'animal qui naît parmi nous, des nœuds enlacent tous ses membres. Le voilà donc cet heureux nouveau-né étendu pieds et mains liés ; animal de pleurs, il doit commander aux autres, et il augure de sa vie par des supplices : pourtant il n'est coupable que d'un crime, il est né ! Oh ! démence de ceux qui, par de tels commencements se croient nés pour l'orgueil ! Le premier espoir de force, le premier présent du temps le rend semblable au quadrupède. Quand la marche de l'homme lui sera-t-elle accordée ? quand la parole ? quand sa bouche sera-t-elle assez ferme pour la nourriture ? Combien de temps palpitera son vertex, indice entre tous les animaux de sa souveraine faiblesse ? Voici les maladies et tant de remèdes inventés contre les maux, et vaincus à leur tour par les nouveautés. Le reste des animaux sentent leur nature, les uns triomphent du danger, les autres s'élancent d'un vol rapide, les autres nagent : l'homme ne sait rien sans enseignement, ni parler, ni marcher, ni manger, en un mot, rien autre chose, par sa nature, que pleurer. Aussi un grand nombre d'hommes ont pensé qu'il valait mieux ne jamais naître, ou périr aussitôt. A lui seul des animaux le deuil a été réservé, à lui seul la luxure, et même par d'innombrables moyens et par chacun de ses membres ; à lui seul l'ambition, à

désespérante qu'elle est fausse, sont rassemblées toutes les misères du premier des animaux, car l'homme n'est que cela pour Pline. La nature, cet artisan inconnu qui a tout organisé, a traité l'homme en marâtre. Sans Dieu, l'homme n'a de rapport qu'avec ses semblables, animaux aussi misérables que lui, et avec les autres animaux plus heureux que son espèce ; sa naissance est le plus grand des malheurs, sa mort, le plus grand des biens, et son existence, la plus lamentable des infortunes ; c'est logique!

Auprès de cet immense mépris déversé sur l'homme, qu'on se rappelle la doctrine d'Aristote. Les mêmes raisons qui servent au matérialiste romain à rabaisser l'homme, démontraient pour le philosophe grec sa haute supériorité. Seul d'entre tous les animaux, dit Aristote, l'homme manque de vêtement propre, de défense, de nourriture spéciale ; mais, dans l'état social pour lequel il est ainsi destiné par sa nature, sa raison, son intelligence se développeront par la doctrine, et surpasseront de beaucoup tous les instincts bornés des animaux, qu'il saura dompter à son service, aussi bien qu'il saura se rendre maître des éléments et des circonstances, et les varier, pour ainsi dire, à son gré. C'est donc la fai-

lui seul l'avarice, à lui seul une immense cupidité de la vie, à lui seul la superstition, à lui seul l'inquiétude de sa sépulture, et même de l'avenir après lui. Nul n'a une vie si fragile, nul une plus grande passion pour toutes choses, nul une frayeur plus désordonnée, nul une rage plus violente. Enfin, tous les autres animaux dans leur genre, vivent dans la probité ; nous les voyons se rassembler et combattre contre des genres dissemblables. La cruauté des lions n'élève point de combats entre eux, la morsure des serpents n'attaque point les serpents, les bêtes même de la mer et les poissons ne sévissent que contre des genres différents. Mais, grands dieux! pour l'homme, ses plus grands maux lui viennent de l'homme. »

blesse même de l'homme animal qui prouve sa supériorité et sa puissance; grande vérité que Pline n'a pu comprendre, car l'homme pour lui n'est qu'un corps.

Ce livre, véritablement remarquable par le grand nombre d'assertions, de faits, d'histoires et même de belles pages déclamatoires, renferme tout ce qui est extraordinaire, aussi bien au physique qu'au moral. Et d'abord dans les fonctions de la génération, partie évidemment copiée d'Aristote. L'organisation normale de l'homme n'y est nullement appréciée en elle-même, ni par comparaison avec celle des animaux. C'est l'histoire naturelle de l'homme dans son état anormal, extraordinaire, dans ses excès, dans ses particularités les plus hétérogènes, aussi bien au physique qu'au moral, mais jamais dans ses facultés intellectuelles.

Il prend l'homme à sa naissance, le suit à travers toutes les circonstances les plus singulières qui peuvent le montrer sous un jour plus frappant. Après l'avoir envisagé au point de vue du temps de sa vie, il considère sa mort, sa sépulture, et même ce qu'il deviendra après cette vie. Il cite des exemples d'hommes d'une grande taille, d'une force remarquable, d'une grande vitesse, d'une vue perçante, et d'une oreille délicate; il cite ensuite des individus remarquables par leur mémoire, leur clémence, leur force et leur grandeur d'âme; il nomme ceux qui ont été les plus sages, les plus vertueux, qui ont excellé dans les arts divers, qui ont été les plus heureux; et enfin, il parle de la mort, des mânes et de l'âme, dont il nie l'immortalité [1], conséquence nécessaire de la négation de Dieu. Les quatre derniers chapitres énumèrent les hommes qui ont inventé quelque chose, ce qui est évidemment un hors-d'œuvre. Ce livre est composé de sept cent

---

[1] Ch. LVI.

quarante-sept choses, histoires et observations, tirées tant des auteurs latins que des étrangers. Voilà l'homme pour Pline. Mais tout ce qui constitue véritablement la science de l'espèce humaine dans son organisation et ses actes, y est complétement nul; Pline ne paraît même pas en avoir soupçonné l'existence.

Liv. VIII. Le livre huitième contient les animaux terrestres. Il commence par l'éléphant, parce qu'il est le plus grand et que ses sens sont les plus rapprochés des sens humains. En effet, les éléphants, dit-il, comprennent la langue de leur pays; ils obéissent aux ordres et aux devoirs que leur apprirent le souvenir de l'amour et la volupté de la gloire; mais plus encore (ce qui est rare dans l'homme), ils sont probes, prudents, pleins d'équité et de religion; ils vénèrent les astres, le soleil et la lune. Il rapporte plusieurs exemples tendant à prouver leurs qualités morales; il parle de leurs dents qui fournissent l'ivoire, et dit ensuite, quand on a vu ces animaux en Italie pour la première fois, et qui a donné des combats d'éléphants dans le cirque. Leurs combats avec les dragons lui servent de transition pour parler de ces animaux, qu'il ne décrit point, et ensuite des serpents énormes qui naissent dans l'Inde, et qui dévorent des cerfs et des taureaux entiers. A cette occasion, il cite le serpent du fleuve Bagrade, assiégé avec des béliers, comme une forteresse, par Régulus pendant la guerre Punique.

Viennent ensuite les animaux de la Scythie; les bisons, qu'il regarde comme des bœufs sauvages, et qu'il ne décrit pas.

Les animaux du Nord; l'élan, l'achlin, le bonassus, qui est probablement l'aurochs, et le tarandus, qui est le renne.

Il parle des lions, de leurs ongles rétractiles et qui s'étendent pour saisir une proie; observation qu'il avait dû faire mille fois dans le cirque. Il les considère sous le point de vue de la génération, en y mêlant des fables, et sous celui de leurs qualités morales. Il nous apprend qu'il n'y a de lions en Europe qu'entre le fleuve Achéloüs et Nestus, mais qu'ils sont bien plus forts que ceux d'Afrique et de Syrie. Il dit qui le premier a donné à Rome une léontomachie.

Des panthères, des tigres, puis des chameaux, et de la girafe, qui a été vue pour la première fois à Rome à l'occasion des jeux du dictateur César.

Le chama n'a été vu qu'une fois à Rome. Il a, dit-il, la figure d'un loup, les pieds postérieurs semblables aux pieds et aux jambes humaines, les antérieurs aux mains.

Le rhinocéros qui a été vu aux jeux du grand Pompée.

Les lynx et les sphinx au poil roux et avec deux mamelles sur la poitrine; c'est le singe papion ou babouin proprement dit, «l'Inde engendre un grand nombre d'autres monstres semblables.» Et suivent plusieurs animaux singuliers qui n'ont jamais existé que dans les livres de Pline et de Ctésias : tels que chevaux ailés, armés de cornes; la leucrocotte, qui a quelque chose de plusieurs animaux et qui imite la voix humaine; la fameuse mantichore, qui a un triple rang de dents, la face et les oreilles d'un homme, les yeux glauques, une couleur de sang, le corps d'un lion et la queue d'un scorpion.

Des serpents basilics et des loups; c'est l'histoire des loups garous.

De l'ichneumon, du crocodile, de l'hippopotame, du scinque, comme habitant tous le Nil.

Il énumère ici plusieurs remèdes trouvés par l'instinct des animaux, les pronostics de dangers qu'ils signalent, et il cite plusieurs nations qui ont été détruites ou chassées de leur pays par la trop grande multiplication de certains animaux.

Il raconte sur les hyènes une foule de merveilles : les mâles et les femelles permutent de sexe alternativement; ces animaux imitent la voix humaine pour appeler les bergers par leur nom et les dévorer, etc.

Il réunit les castors, les loutres, les phoques, les crapauds, et arrive aux cerfs, dont il parle très-longuement, surtout pour leur manière de traverser les fleuves, à la file, en s'appuyant la tête, celui de derrière, sur la croupe du précédent, et le premier allant prendre rang à la queue à mesure qu'il se fatigue.

Du caméléon et des autres animaux qui changent de couleur; du porc-épic, des ours, des rats du Pont et des Alpes, des hérissons, du *léontophonon*, dont la chair et les cendres même sont mortelles pour les autres animaux, et spécialement son urine pour les lions; et, à cette occasion, il dit que l'urine du lynx produit, croit-on, le succin, en se glaçant et en se desséchant.

Il vient aux blaireaux, aux écureuils, puis aux vipères et aux lézards; passe aux chiens, dont il se contente d'analyser les qualités morales en citant une foule d'anecdotes. Il parle de la rage, dont l'unique remède, découvert par un oracle, est la racine de rose champêtre, appelée *cynorrhodos*, et, suivant Columelle, la castration après le quarantième jour de la naissance. Nous avons appris, dit-il, qu'un chien avait parlé et qu'un serpent avait aboyé, quand Tarquin fut chassé de l'empire.

Il commence à parler des chevaux par l'histoire du Bucéphale d'Alexandre le Grand, et par celle du cheval du dictateur César, qui, tous deux, ne souffrirent jamais d'autres cavaliers. Il s'étend longuement sur les chevaux, rapporte un grand nombre d'exemples d'attachement des chevaux pour leurs maîtres, et des maîtres pour leurs chevaux. Il finit par leur génération, et dit qu'il est certain qu'en Lusitanie, sur les bords du Tage, des juments conçoivent par le souffle du vent, et donnent un produit qui ne vit pas plus de trois ans. Après les ânes, très-précieux pour la génération des mulets, il est question des bœufs et de leur génération, et du bœuf Apis. Les troupeaux viennent ensuite ; et il dit, entre autres choses singulières, qu'en liant le testicule droit du bélier, il engendrera des femelles, et qu'en liant le gauche ce seront des mâles. Malgré la réfutation d'Aristote, il enseigne que les chèvres respirent par les oreilles, et non par le nez, et qu'elles ont toujours la fièvre. Il arrive sans plus d'ordre aux pourceaux, aux singes et aux lièvres, qui sont blancs dans les Alpes, parce qu'ils mangent de la neige.

Il finit par dire les animaux qui ne sont ni doux ni féroces ; quels animaux ne se trouvent pas en certains lieux ; où, et quels animaux nuisent seulement aux indigènes ; où, et quels animaux nuisent seulement aux étrangers.

Ce livre est composé de trois cent quatre-vingt-sept choses, histoires et observations tirées des auteurs romains et étrangers, dont les noms suivent.

Nous avons analysé les deux livres précédents en suivant l'auteur pas à pas ; car ces livres sont un fait de la plus haute importance pour notre thèse ; seuls, ils la prouvent contre tous les préjugés possibles. Il semble en effet que la zoologie n'ait été pour Pline que la génération et quelques traits saillants du caractère moral de chaque animal. L'anatomie n'y est pas soupçonnée ; la physiologie, par conséquent, y est nulle ; l'anatomie extérieure, si admirable dans Aristote, n'a pas même mérité l'attention de Pline ; la description la plus simple manque même souvent, et, quand elle y est, elle n'est presque jamais complète. La zooclassie, qu'Aristote avait plus d'une fois si heureusement devinée, n'est rien pour lui; il n'en a soupçonné ni l'importance ni l'utilité. Il serait inutile d'y chercher la philosophie de la science; toutes les lois de la nature créée etant méconnues, l'harmonie des êtres, leurs rapports, leurs dépendances, leur supériorité ou leur dégradation, et, par conséquent, la série animale ou la méthode naturelle, qui n'est autre chose que la science, sont nulles dans Pline. Ne reconnaissant ni Créateur ni Providence, autre que la terre, dont toute la prévoyance se borne à fournir de l'herbe au bœuf et du blé à l'homme, il ne peut y avoir ni lois ni généralité dans les phénomènes; dès lors, plus de bornes aux formes les plus bizarres, aux monstruosités les plus incroyables, aux fantômes de l'imagination la plus exaltée. Ce sont, dit-il, *des caprices de la nature qui se donne en spectacle à elle-même; et qui pourrait jamais raconter tout ce qu'elle peut?* Telle est la source de ce ramas sans critique d'histoires apocryphes, de ce pêle-mêle désordonné qui passe d'un animal à l'autre, sans méthode et sans règle. Tous les êtres, indépendants les uns des autres, pouvant apparaître et disparaître suivant le caprice de la nature, il est indifférent d'en parler dans un ordre qui ne peut exister, et, par la destruction de la science, il n'y a réellement plus, pour l'auteur, d'autre règle que l'intérêt et le plaisir de son lecteur. Telle est aussi la seule fin vers laquelle Pline a été conduit, et il a rempli son but avec un talent rare et une sagacité admirable.

Liv. IX. Des animaux aquatiques. Il confond sous ce titre tous les animaux qui vivent dans l'eau; et il en parle, dit-il, avant les oiseaux, parce qu'ils sont plus grands que ceux-ci, qui sont les plus petits des animaux. Les cétacés, les poissons, les mollusques, les crustacés, les testacés, si bien distingués par Aristote, ne sont pour Pline que la grande classe des poissons. Acceptant l'opinion vulgaire, que tout ce qui naît dans les autres éléments, se forme aussi dans la mer, il rapporte en conséquence tous les contes de poissons qui ont des têtes de cheval, d'âne, de taureau; les histoires des tritons qui chantent, des néréides à l'effigie humaine, de l'homme marin. Ensuite il revient aux faits scientifiques, dont ce livre est beaucoup plus riche que les précédents; aussi est-il remarquable, qu'à part les erreurs de classification et les contes dont nous venons de parler, c'est uniquement le fond d'Aristote resserré. On y reconnaît la marche du créateur de l'ichthyologie; d'abord des généralités, comme Aristote; puis des espèces et des genres établis sur une anatomie extérieure exacte, ce qui n'appartient qu'à Aristote. Une seconde preuve, c'est qu'il ne parle guère que des poissons des mers intérieures, parce que c'étaient surtout ceux-là qu'Aristote avait plus étudiés. Enfin, il cite Aristote beaucoup plus fréquemment. Les poissons vivant plus loin des hommes que les animaux terrestres, ils sont moins connus, moins d'auteurs en avaient parlé, et il y avait aussi beaucoup moins de fables sur leur compte.

Ce qu'il soutient contre une opinion contradictoire d'Aristote [1], qui refuse la respiration aux poissons, parce qu'ils n'ont pas de poumons, est fort juste. D'autres organes, dit-il, y font l'office de poumons, comme d'autres humeurs y remplissent celui du sang. Il revient aussi sur la classification, et distingue assez bien les animaux

---

[1] Aristote avait fort bien dit que les poissons respirent, et l'opinion combattue par Pline n'est sans doute qu'une contradiction interpolée, telle qu'il s'en trouve plusieurs dans les œuvres d'Aristote.

aquatiques, d'après la considération des téguments, des poils, du cuir, des écailles, des coquilles, des croûtes, des piquants.

Il ne compte que soixante-quatorze espèces de poissons proprement dits, et il énumère les plus grands, sans autre considération.

Il parle, d'après Aristote, des poissons qui ont des cartilages au lieu d'os, et il les appelle *cartilagineux*.

A l'article des mollusques : Je vais, dit-il parler de quelques poissons qui n'ont pas de sang. Ils forment trois classes : mollusques, crustacés, testacés. Il y a, en général, d'assez bonnes choses dans tout ce qu'il dit des mollusques, mais jamais d'après lui-même. Sur les crustacés, il n'y que peu de détails; il y range les oursins.

Pour les testacés, ce qu'il expose touchant les perles, les unios, les pourpres, leur pêche, et l'emploi de leur substance colorante, est très-intéressant.

La dernière question roule sur la génération des poissons; mais là il est souvent hors de la vérité.

Il finit son livre par citer ceux qui, les premiers, ont formé des viviers de divers poissons.

Malgré les améliorations de ce livre, il n'y a pourtant ni ordre ni principes; il passe d'un sujet à l'autre, toujours avec le même vice de méthode et la même propension à chercher le merveilleux au lieu du vrai.

Liv. X. Des oiseaux. Nous avons vu qu'il avait placé les poissons avant les oiseaux, parce qu'ils étaient plus gros; la même raison le fera commencer ici par l'autruche. C'est, dit-il, le plus grand des oiseaux, et presque du genre des bêtes. Il parle ensuite en général des oiseaux de l'Éthiopie, de l'Inde et de l'Arabie, et rapporte au long les fables débitées sur le fameux phénix.

Viennent les aigles et les vautours, sur lesquels il

donne d'assez bons détails, spécialement sur les premiers.

A tous les oiseaux dont parle Aristote, il en a joint quelques autres, et puis des histoires. Il a, sur un grand nombre, d'excellents détails. On y trouve quelques essais généraux de classification fondée sur la considération des pieds et leur comparaison avec le bec; sur la considération des ailes en rapport avec ces mêmes parties, et de toutes ces parties en rapport avec la nourriture. La migration des grues et des autres oiseaux y est aussi assez bien traitée, sauf les contes.

Comme à son ordinaire, il finit son traité des oiseaux par leur génération. Il parle ensuite de la génération dans l'homme et dans les autres animaux; c'est encore un résumé d'Aristote, mais qui n'est pas plus à sa place que le résumé des sens spéciaux par lequel il termine; peut-être les manuscrits ont-ils été transposés.

Liv. XI. Il ne reste plus que les insectes, les *ento-mozoa* d'Aristote; c'est par eux qu'il commence le onzième livre, dont le début est magnifique; puis il examine si les insectes respirent et s'ils ont du sang? Il le croit; mais ce n'est pas pour quelque raison scientifique; c'est uniquement parce qu'il ne croit rien d'impossible à la nature. Il résume encore Aristote sur l'anatomie et les sens spéciaux des insectes. Il consacre aux abeilles vingt chapitres très-intéressants surtout comme littérature; il croit bonnement qu'on peut réparer leur perte par les entrailles d'une génisse en putréfaction, comme le dit Virgile dans l'épisode d'Aristée.

A l'occasion des vers à soie, il tombe dans son défaut favori contre l'espèce humaine qui se fait de la soie un objet de luxe. Il place les araignées dans le même genre, parce qu'elles filent une toile. Après les scorpions, les scarabées, les sauterelles, les fourmis, il vient aux chrysalides qu'il dit sortir d'un ver né de la rosée épaissie, et qui s'accroît, se forme ensuite une croûte, d'où le papillon s'envole après l'avoir brisée. Il finit par les insectes parasites et parenchymateux, qu'il pense naître spontanément, sans génération.

Au chapitre quarante-quatrième, il commence l'anatomie générale de tous les animaux, à laquelle il consacre tout le reste de son livre, aussi bien qu'à l'anatomie extérieure; et il finit par quelques considérations sur la physionomie. Comme il n'a fait que résumer Aristote, nous n'entrons dans aucun détail.

Liv. XII à XXII. Les neufs livres suivants sont consacrés aux plantes, qu'il divise en arbres et en végétaux; puis en quatre grandes sections assez peu rationnelles: plantes étrangères, arbres fruitiers, arbres sauvages, arbres cultivés. Il traite de leur culture, de leurs fruits, et des usages auxquels la médecine les emploie, des maladies qui les attaquent et des remèdes qui les guérissent. Il consacre un livre entier à la culture des plantes potagères, et au lin, à l'occasion duquel il fait une assez jolie échappée sur l'audace de l'homme, qui, ne sachant comment se procurer la mort, la cherche par des moyens infinis, et jusque dans la culture de cette mauvaise plante qui servira à l'emporter sur les mers. Le vingtième livre traite des remèdes que fournissent les plantes des jardins. Les deux derniers, de la nature des fleurs, et de celles qui servent à faire des couronnes. Il termine par les remèdes qu'on tire des fleurs, et par les plantes qui servent à la teinture; tout cela sous le titre d'*auctoritas*, pratique ou empirisme.

Liv. XXIII à XXXII. Tous ces livres sont consacrés à la médecine proprement dite, partagée, pour Pline, en deux grandes branches : 1° remèdes que fournit le règne végétal; 2° remèdes que fournit le règne animal. Ce n'est donc, à proprement parler, qu'une espèce de matière médicale, un recueil, sans beaucoup d'ordre, de recettes plus ou moins fondées; un ramas d'emplâtres sans science aucune, l'empirisme pur, *auctoritas*.

C'est de Pline que datent ces singuliers remèdes perpétués par l'ignorance. Ainsi, sous le titre de remèdes tirés de l'homme, il recommande la salive, le cérumen des oreilles, les premiers cheveux et la première dent qui tombe aux enfants, pourvu qu'elle ne touche pas la terre. Dans l'adulte, les excréments, l'urine, les menstrues, et les mêmes produits des animaux, sont, à son avis, d'excellents remèdes; et malheureusement son opinion n'est pas encore entièrement détruite aujourd'hui, pour tous les cerveaux de commères qui se rencontrent dans nos campagnes, et qui ont acquis ces prétendues recettes par tradition. La magie et la nécromancie tiennent aussi une large place dans l'empirisme de Pline.

Liv. XXXIII à XXXVII. Les cinq derniers livres sont consacrés au règne minéral et aux médicaments qu'on en tire. Il y traite aussi de la peinture et des couleurs, et, enfin, des pierres précieuses, par lesquelles il finit, en les rangeant par ordre alphabétique, comme était primitivement tout son ouvrage, et comme il a laissé encore son vingt-septième livre, *reliqua herbarum genera,* où il met ensemble toutes les herbes dont il ne fait pas grand cas, par ordre alphabétique, avec l'indication de leurs usages pour la médecine.

VI. *Histoire des ouvrages de Pline; comment ils nous sont parvenus.*

Les manuscrits de l'ouvrage de Pline sont, en général, remplis de fautes, et offrent un si grand nombre de différences, que, malgré le nombre immense d'éditions, de traductions et de commentaires qui en ont été donnés dans toutes les langues et chez toutes les nations de l'Europe, on peut assurer que nous sommes encore bien loin d'avoir sur ce sujet quelque chose d'un peu satisfaisant. Le titre de son ouvrage n'est pas le même dans tous les manuscrits ; Pline le Jeune l'intitule : *Naturæ historiarum libri*; lui-même, *Historiæ naturalis libri*; d'autres, *Naturalis historia*; on l'a même intitulé : *de Natura rerum et historia mundi*.

Il est dédié à Vespasien sur certains manuscrits, et c'est le cas le plus ordinaire; à Titus, son fils, sur d'autres. Ces manuscrits sont extrèmement nombreux, et, en général, peu anciens; on en cite cependant un du septième siècle, et une traduction arabe.

L'immense abondance de recettes empiriques contenues dans les livres de Pline, où l'on crut trouver des remèdes à toutes les maladies, fut la principale cause de la multiplication des manuscrits de ses ouvrages avant l'imprimerie, et de leurs éditions immédiatement après l'invention de cet art.

Les mêmes causes les firent traduire par les Italiens Cristoforo, Landino, Antonio Bruccioni, Ludovico Domenichi; par le Français Pinet, et l'Espagnol Huerta, avant 1763. Depuis, et même avant, il y a eu plusieurs autres traductions. Poinsinet de Sivry en publia une avec le texte latin, et des notes assez estimées, en 12 vol. in-4°, de 1771 à 1781. Il s'est fait dernièrement plusieurs éditions du texte, entre autres une en France avec des notes en latin, qui sont, pour le fond, de M. Cuvier. Une autre en 5 vol., grand in-8°, également avec des notes excellentes, a été publiée à Leipsick ;

c'est l'édition dont nous nous sommes spécialement servis.

Les livres de Pline n'ont jamais cessé d'être lus depuis leur publication à Rome par l'auteur. Dès le même siècle, ou au commencement du suivant, il avait, à Rome même, un copiste et un imitateur servile, Solin, qui, pour cela, a été surnommé le singe de Pline, qu'il copie, du reste, jusque dans ses erreurs. Les Pères de l'Église, comme le témoignent Eusèbe, dans sa chronique; saint Jérôme, dans plusieurs de ses lettres; saint Augustin, dans le chapitre IX de la Cité de Dieu, et plusieurs autres, lisaient Pline. Grégoire de Tours, saint Isidore d'Espagne, le vénérable Bède, le savant Alcuin, étudiaient ses livres. Nous le suivrons donc ainsi jusqu'au huitième siècle. Depuis cette époque, il a malheureusement fait l'une des bases de l'étude des sciences naturelles dans le moyen âge; et c'est lui qui a répandu cet empirisme en médecine, ces erreurs grossières en histoire naturelle, et ces espèces de superstitions qui ont pris une si forte racine dans le peuple, et qui sont passées dans la plupart des nombreux recueils de médicaments, de recettes et d'emplâtres qui ont infecté l'art admirable de la médecine, et lutté contre la science jusque dans les derniers temps. Il n'est pas jusqu'au pieux, au savant et saint évêque de Genève, qui n'y ait puisé comme tous les autres. Mais la belle âme de François de Sales a fait comme l'abeille qui extrait des fleurs amères un doux miel : elle a exprimé des fables de Pline ces admirables comparaisons pleines de vérité et d'une douce onction, qui remplissent ses livres, et en particulier son introduction à la vie dévote.

Nous ne devrons donc pas nous étonner de voir, jusque dans ses dernières ramifications, la science pres-

que étouffée sous le pesant fardeau de revéries dont
Pline l'avait affublée.

VII. *Résumé et résultats favorables ou défavorables des
ouvrages de Pline sur les progrès ultérieurs de la
science.*

D'après les éléments positifs de sa biographie et de
ses ouvrages, nous avons vu que Pline l'Ancien, né de
parents riches, se livra à l'étude dès son adolescence ; que
dès sa jeunesse il fut absorbé par les emplois militaires,
et, pendant toute sa vie, par les affaires administratives, ce qui, en lui enlevant le temps nécessaire à la
culture sérieuse de la science, n'empêcha pas son ardente activité de se livrer à la lecture d'un grand
nombre d'ouvrages. Ses richesses personnelles et ses
emplois lui permirent de se former une bibliothèque
très-nombreuse, et de s'entourer de lecteurs et de copistes toujours à sa disposition. Bien qu'il ait voyagé
dans tout l'empire, qu'il soit venu à l'époque la plus
favorable pour l'observation, puisque les conquêtes des
Romains, les triomphes, les jeux du cirque, le commerce, le luxe et les mœurs des étrangers introduites à
Rome, y faisaient affluer, de toutes les parties du monde
alors connu, les productions naturelles, un nombre
immense d'animaux de toute espèce, rares et curieux, de
végétaux et de produits artificiels, il n'a pourtant point
observé, si ce n'est quelques faits rares et en très-petit
nombre. Il avait le goût de la lecture, mais il n'était
pas observateur. Il dit lui-même que ses livres sont le
résultat de ses lectures, et, à la fin de chacun d'eux, il
cite le nombre de faits, d'histoires et d'observations
qu'il a tirés des auteurs nationaux ou étrangers.

Ce travail lui était rendu facile par le grand nombre d'ouvrages sur l'histoire naturelle, la géographie, l'agriculture et la médecine, publiés par les Grecs et les Romains. Aussi, malgré la brièveté de sa vie, son ardeur infatigable pour le travail, et surtout pour le genre de travail exigé pour la compilation, qui peut mettre à profit tous les moments, quelque courts qu'ils soient, la force de sa volonté, l'impétueux besoin de savoir, dont il était possédé, aidés sans doute par une santé robuste, lui ont permis de composer un assez grand nombre d'ouvrages de nature très-diverse, et surtout de poursuivre, partout où il se trouvait et à toute heure, le recueil immense de notes, d'extraits, qu'il avait nécessairement commencé jeune, par ordre alphabétique, et dont il a fait ensuite son grand ouvrage, le seul qui nous soit parvenu.

Malgré le nombre immense de manuscrits et d'éditions de cet ouvrage, ce n'est que dans l'édition terminée en 1836, par M. Jules Silig, d'après un manuscrit découvert à Bamberg par M. Louis Jan, que se trouve la fin du trente-septième livre, qui était, jusque-là, resté tronqué dans toutes les éditions.

En analysant cet ouvrage en général, et successivement dans chacune de ses parties qui ont trait à l'homme et aux animaux, il nous a été facile de montrer que, entrepris sans aucun plan, sans autre but que d'enregistrer des dates, des faits numériques et des assertions, il n'avait été exécuté, sous sa forme actuelle, que fort tard dans la vie de Pline.

On peut, suivant nous, le définir un recueil d'assertions, de faits, d'anecdotes prises de toutes mains, sans choix, sans critique, souvent cependant très-curieux, très-intéressants sous beaucoup de rapports entre eux, intercalés dans un extrait des principaux ouvrages d'Aristote et de Théophraste, défigurés par suite d'un but et d'un plan tout différent de celui de ces véritables philosophes, historiens de la nature.

Le but de Pline, dans son ouvrage, n'est, effectivement, en aucune manière, ni scientifique, ni intellectuel, ni philosophique ; il voulait faire un simple recueil de tout ce qu'il savait avoir été dit de matériel, d'affirmatif, vrai ou faux, sur l'homme et sur tout ce qui peut l'intéresser immédiatement dans la nature. C'est, pour ainsi dire, le bilan, l'inventaire, le catalogue historique de ce que l'homme avait fait alors des corps naturels. Il en a abrégé l'énoncé le plus qu'il lui a été possible, par la nécessité d'être court dans l'analyse de tant de faits, et il y a intercalé, d'une manière plus ou moins forcée, des déclamations souvent fort éloquentes, mais malheureusement fort peu philosophiques, quoiqu'elles aient été longtemps, on ne sait trop pourquoi, considérées comme telles.

C'est ainsi qu'il a été conduit à parler d'abord du monde et des éléments, puis des astres, du ciel et des phénomènes qu'ils présentent, ou de la météorologie ; enfin de la terre et de ses particularités, soit en elle-même, soit dans les animaux, les végétaux et les minéraux qui sont à sa surface, en tant que tous ces corps naturels pourraient fournir à l'homme l'occasion de s'élever à sentir, non pas la contemplation de ces harmonies divines de Platon, non pas ces considérations véritablement philosophiques d'Aristote, mais des applications plus ou moins immédiates à l'homme corporel, à l'homme individuel, isolé, personnel, en santé et surtout en maladie.

Mais cette prétendue histoire naturelle, cette préten-

due histoire du monde, ne renferme aucune considération morale, aucune considération politique ou économique, aucun principe scientifique de quelque nature
que ce soit, et par conséquent, aucun indice de prévision, mais bien le panthéisme le plus évident, et le matérialisme le plus grossier. Dès lors, pour rentrer dans la
vérité des choses et des expressions, l'absence la plus
complète de toute véritable philosophie est remplacée
par une verve d'acrimonie, bien naturelle, sans doute, à
l'époque où il a vécu, au cœur d'un homme individuelle-
ment, sinon socialement, vertueux, s'il est permis, faute
d'autre expression, d'employer celle-ci pour un athée.

Comment donc Buffon a-t-il pu consacrer au jugement
de Pline une de ces pages éloquentes et plus immorta-
lisantes cent fois que toutes ces médailles, tous ces
bustes, toutes ces statues, tous ces monuments, que, par
une indifférence coupable, nous laissons l'adulation
ignorante prodiguer avec tant d'effronterie à tant de
médiocrités? C'est que Buffon lui-même, à l'époque où
il écrivait le premier volume de son célèbre ouvrage,
entrait dans une atmosphère philosophique analogue à
celle de Pline, et dont, plus tard, il eut tant de peine à
se défendre d'être le complice. Aussi, en a-t-il été bien
cruellement puni, et avec ses propres armes, quand je
ne sais quel écrivain ignorant l'a descendu au rang de
l'éloquent compilateur latin, en le proclamant le Pline
français; et chaque jour nous entendons répéter encore
cette humiliation, en signe d'expiation, sans doute, des
contre-vérités renfermées dans ce beau paragraphe, que
nous avons besoin de citer textuellement, avant d'oser
le réfuter.

« Pline, dit Buffon, a travaillé sur un plan bien plus
« grand qu'Aristote, et peut-être trop vaste; il a voulu

« tout embrasser, et il semble avoir *mesuré la nature et*
« *l'avoir trouvée trop petite encore pour l'étendue de son*
« *esprit.* Son Histoire naturelle comprend, indépendam-
« ment de l'histoire des animaux, des plantes et des
« minéraux, l'histoire du ciel et de la terre, la médecine,
« le commerce, la navigation, l'histoire des arts libéraux
« et mécaniques, l'origine des usages, enfin, toutes les
« sciences naturelles et tous les arts humains ; et ce
« qu'il y a d'étonnant, c'est que dans chaque partie,
« Pline est également grand. L'élévation des idées, la
« noblesse du style, relèvent encore sa profonde érudi-
« tion. Non-seulement il savait tout ce qu'on pouvait
« savoir de son temps, mais il avait cette facilité de
« penser en grand qui multiplie la science ; il avait cette
« finesse de réflexion de laquelle dépendent l'élégance
« et le goût, et il communique à ses lecteurs *une cer-*
« *taine liberté d'esprit, une hardiesse de penser qui est le*
« *germe de la philosophie.* Son ouvrage, tout aussi varié
« que la nature, l'a peinte toujours en beau : c'est, si l'on
« veut, une compilation de tout ce qui avait été écrit
« avant lui, une copie de tout ce qui avait été fait d'ex-
« cellent et d'utile à savoir ; mais cette copie a de si
« grands traits, cette compilation contient des choses
« rassemblées d'une manière si neuve, qu'elle est pré-
« férable à la plupart des ouvrages originaux qui traitent
« des mêmes matières [1]. »

Pline paraît, en effet, avoir eu l'intention que lui
prête si généreusement Buffon, puisque, dans les premières pages de son livre VIII, sur les animaux terrestres, il réclame l'indulgence du lecteur pour un travail

---

[1] Buffon, *Hist. nat.*, t. I, premier disc. de la manière d'étudier et
de traiter l'hist. naturelle.

qui, dit-il, l'a mis à portée d'embrasser d'un coup d'œil l'ensemble des œuvres de la nature; et qu'il se vante, dans la préface du même livre, d'avoir moins pensé au nombre des faits qu'à leur choix. Combien il a été loin de remplir son intention, si c'était là réellement son plan, ce qui paraît fort difficile à admettre. Suivant nous, en effet, jamais il n'a eu la force de mesurer la nature, et encore moins d'en sentir l'harmonie, celui qui ne croyait pas à une intelligence créatrice. Aussi Pline dit-il quelque part que la nature semble s'être jouée d'elle-même en créant certains animaux; qu'elle se donne en spectacle à elle-même en mettant aux prises des forces égales [1].

Buffon, en écrivant cette phrase éloquente, jugeait, appréciait ce que lui semblait avoir été Pline, par ce qu'il était lui-même *majestati naturæ par ingenium*, comme le porte le piédestal de sa statue.

Non, des dates, des nombres, des noms, des anecdotes, fussent-elles toutes hors de doute, ce qui est loin d'être vrai, ne sont pas l'histoire des sciences naturelles, et enfin, non, cette liberté de penser, cette hardiesse à proclamer hautement des opinions qui sapent par la base toute idée sociale, en niant l'immortalité de l'âme et la divinité, ne sont pas le germe de la philosophie; elles sont au contraire son poison le plus délétère et son tombeau.

Tout ce que l'on peut accorder à Pline, outre ce qui tient à la force, à l'énergie du style et même de la pensée, dans certains passages, au grand nombre de faits historiques, curieux et même utiles, qu'il a recueillis et qu'il nous a transmis; outre plusieurs faits d'histoire naturelle même que nous lui devons; tout ce qu'on peut lui

____
[1] I, p. 273.

accorder, c'est de reconnaître qu'il a, le premier, donné aux sciences naturelles la direction d'utilité, d'application immédiate, direction qui devait conduire à leur encouragement, et, par conséquent, à leur progrès dans un autre sens que le sens philosophique et religieux. Cette direction pratique et expérimentale, touchant le plus grand nombre des esprits, a souvent, en effet, plus d'influence déterminante que des raisons moins matérielles et plus dignes de la haute destinée de l'homme. Nous verrions bientôt ces doctrines amener aujourd'hui parmi nous les mêmes résultats qui ont tué jadis la science et la société chez les Romains, si notre religion n'était là, encore plus que la publicité typographique, pour en prévenir les conséquences extrêmes.

Ainsi, pour terminer, nous dirons qu'entre les mains de Pline, si l'on veut continuer à le considérer comme un historien de la nature, quoiqu'il ne l'ait jamais observée, et qu'il l'ait fort mal comprise, la zoologie ou la science des animaux, conçue dans son ensemble, a perdu son caractère scientifique, pour prendre essentiellement la direction matérielle d'utilité immédiate et d'empirisme, qui devra cependant contribuer, en un certain sens, à ses progrès ultérieurs.

La zooclassie n'a pas même été sentie, quoique le nombre des espèces ait été un peu augmenté, surtout dans la classe des mammifères.

La zootomie a été défigurée et gâtée en comparaison de ce qu'elle était dans Aristote.

La zoobie, quoique, en général, presque complétement négligée, a été rectifiée convenablement dans un fort petit nombre de points.

La zooéthique s'est nécessairement enrichie d'un certain nombre de faits, aussi bien pour les espèces anciennement connues que pour les nouvelles, en même temps que quelques autres faits ont été rectifiés.

La zoonomie a profité des observations empiriques des agriculteurs pour le gouvernement des animaux domestiques, mais sans principes à l'appui, et, par conséquent, sans résultats scientifiques.

La zooiatrie, enfin, de l'état d'observation où nous l'avions laissée sous Hippocrate, et que Pline a cependant si bien formulée, en disant : *Morbis quoque quasdam leges natura posuit*, a passé à l'état de l'empirisme le plus grossier ; empirisme qui s'est étendu d'une manière aussi absurde que dégoûtante, au point d'employer comme remèdes tous les corps de la nature et leurs produits.

Quant à l'homme, il a encore été moins compris, plus dégradé par Pline que les animaux, quoiqu'il ait commencé par admettre, avec Aristote, que ceux-ci ont été formés pour lui par la nature, ainsi que tout ce qui existe. L'homme n'est plus, en effet, comme pour Platon et Aristote, cet être divin, susceptible de remonter à sa source par ses vertus et son dévouement pour ses semblables, mais un être malheureux, si maltraité par la nature, qu'on douterait si elle ne l'a pas traité plutôt en cruelle marâtre qu'en mère ; elle a répandu des poisons dans tous ses organes, et à lui seul elle n'a pas voulu inculquer, comme à tous les animaux, la connaissance des choses qui lui sont nécessaires. Aussi Pline, en consacrant, comme nous l'avons vu, tout un livre de son ouvrage à l'histoire de l'homme, ne l'a presque envisagé que matériellement ou qu'historiquement, sans jamais s'élever à aucune considération politique, morale ou religieuse.

En somme, compensant et balançant le bien et le mal de l'ouvrage de Pline, de la direction et du plan sous lequel il a été conçu, aussi bien que du mode d'exécution, qui se réduit à une compilation sans principes, on ne peut nier que son influence n'ait été plutôt fâcheuse qu'avantageuse, quoique sans lui, un grand nombre de faits historiques plus encore que naturels, eussent été complétement perdus pour nous ou du moins pour notre curiosité, car dans ce qu'il rapporte même des produits des arts, il n'y en a jamais assez pour que l'homme ait pu s'en servir pour retrouver ces arts quand ils ont été perdus. Sans lui encore, la langue latine nous serait incomplétement connue; une foule de choses en effet ne sont nommées en latin que dans son ouvrage.

Mais l'exagération de l'empirisme, l'abus de la compilation, le but matériel mis au-dessus de l'intellectuel, auraient eu un effet très-désastreux sur les progrès ultérieurs de la science, si l'impulsion donnée par Aristote ne s'était pas continuée et même accrue dans la direction grecque de l'école d'Alexandrie, dont nous allons maintenant nous occuper.

PÉRIODE IV.

ÉPOQUE GRECQUE

DANS L'ÉCOLE D'ALEXANDRIE, FORMULÉE DANS GALIEN.

I. *Préliminaires.*

Le point de vue philosophique de la science développé par Aristote, l'a conduit à créer le cercle des connaissances humaines, et à ouvrir la voie à tous les progrès de l'esprit humain dans les sciences d'observation. En partant d'Aristote (322 av. J. C.), nous avons suivi la marche de la zoologie dans la direction romaine, et nous l'avons vue se formuler et se résoudre dans l'ouvrage de Pline, dont l'histoire nous amène à l'an 79 après J. C., ce qui comprend un espace d'environ quatre cents ans.

Pour Pline, la philosophie est méprisable; aussi son œuvre a eu pour résultat de pousser la science dans une direction tout à fait matérielle, vers l'utilité de l'individualisme. La science n'a fait de progrès que dans cette voie; elle n'a acquis qu'un certain nombre de faits, et, dans l'application immédiate, elle a gagné quelque chose pour la pratique, les arts, l'agriculture et la médecine empirique.

Nous allons maintenant suivre sa marche dans la direction grecque, qui est venue se formuler dans la personne et les écrits de Galien, philosophe, anatomiste et médecin, représentant la célèbre école d'Alexandrie, avec laquelle Platon, Aristote, et Hippocrate surtout, reprirent leur influence.

Après la mort d'Alexandre, arrivée en 324 avant J. C., ses lieutenants se partagèrent son empire avec l'épée, et formèrent plusieurs royaumes dans la partie du périple de la Méditerranée sur laquelle ne dominaient pas les Romains. Celui de Macédoine, y compris indirectement la Grèce, fut envahi par Cassandre; celui de Bithynie, par Nicomède; celui de Pergame, par Eumènes et ensuite par Attale; celui de Syrie, par Séleucus Nicanor et puis Antiochus; celui d'Égypte, par Ptolémée Lagus, le confident d'Alexandre. Tous ces princes semblaient avoir hérité du goût d'Alexandre pour les sciences.

La mort d'Aristote, arrivée en 322, et celle de Théophraste, en 290 avant J. C., avaient, d'autre part, répandu leurs disciples dans toutes ces parties de l'empire des Grecs, à la cour de tous ces princes ; c'est ainsi qu'Hérophile de Chalcédoine brilla à celle de Cassandre, roi de Macédoine, et Érasistrate à celle de Séleucus. L'on vit en même temps naître à Alexandrie, sous le premier des Ptolémées, la première grande bibliothèque publique, disposée pour recueillir les savants, et pour leur fournir les circonstances les plus favorables à l'étude ; et bientôt après, celle des rois de Pergame.

Mais comme Alexandrie, par son heureuse position, était devenue le centre de la civilisation, elle dut l'emporter bientôt sur toutes les autres contrées, et devenir la nouvelle Athènes ; ce qu'elle fut, en effet, pendant toute la durée des règnes des Ptolémées jusqu'à celui de Cléopâtre, c'est-à-dire, pendant deux cent quatre ans, de 321 à 117 avant J. C.

Quoique ce royaume fût alors tombé au pouvoir des Romains, l'impulsion donnée se continua, et Alexandrie fut toujours, avec Athènes, qui avait considérablement déchu, la ville la plus scientifique du monde ancien. Elle conserva sa prépondérance jusqu'à Galien, sous l'empire d'Antonin et de Marc-Aurèle, de 131 de J. C. à 210. De sorte que les écrits de Galien peuvent être considérés comme le résumé des progrès que la science des animaux et celle de l'homme avaient faits dans la ligne grecque, depuis Aristote jusque-là, de la même manière que ceux de Pline nous ont montré ces progrès dans la ligne romaine.

Nous avons donc à envisager Galien comme le nœud de cette époque de la science, et toujours en l'étudiant suivant la méthode employée pour Aristote et pour Pline.

II. *Éléments de la biographie de Galien.*

Les éléments de la biographie de Galien ne reposent

que sur ses propres écrits, parmi lesquels il a même
consacré deux livres à déterminer ses œuvres, et les circonstances qui ont donné lieu à leur composition, ainsi
qu'à indiquer la manière de les lire. Un grand nombre
de ses écrits contiennent des détails biographiques, dus,
sans doute, à ceux de ses disciples qui les ont rédigés.
Lui-même, dans un grand nombre de cas, a cru devoir
donner des détails sur sa vie; il avait écrit deux livres
qui traitaient uniquement de ce point : l'un, adressé à
Épigènes, *de Præcognitione*; l'autre, qui a péri, est
mentionné au chapitre 13 *de ses propres livres.*

Aucun autre ne nous a donné de détails sur la vie de
ce grand médecin, si ce n'est Athénée, son contemporain, et encore, n'est-ce pas lui-même qui cite les œuvres de Galien, mais l'auteur, très-ancien sans doute,
d'une espèce de conspectus, assez intéressant d'ailleurs,
placé en tête des ouvrages d'Athénée, sous le titre de
Præmium. Athénée n'en parle que dans son Dîner des philosophes; il y introduit Galien pour disserter d'une manière assez remarquable sur le pain. Eusèbe n'en a dit
que fort peu de chose; il vivait d'ailleurs dans un temps
déjà éloigné.

Suidas, dans son Lexicon, a parlé de Galien et du
nombre de ses ouvrages, qu'il porte à cinq cents, sans
dire où il avait puisé cette donnée exagérée, et il vivait
plus de huit cents ans après Galien.

Dans les temps modernes, une foule d'auteurs ont
donné des biographies de Galien plus ou moins estimées et plus ou moins dignes de l'être; entre autres,
Conrad Gesner, le Père Labbe, René Chartier, éditeur
des œuvres complètes de Galien, tous les biographes généraux, plusieurs auteurs allemands, mais surtout le
professeur Charles Gottlob Kühn, qui a donné la plus

importante de toutes les éditions des œuvres de Galien,
précédée de sa vie.

III. *Biographie de Galien.*

Pergame était la capitale du royaume de Pont, dé-
membrement du grand empire d'Alexandre. Les Eumènes et les Attales y avaient rassemblé une bibliothèque
qui pouvait le disputer à celle des Ptolémées, dont ils
s'étaient faits les émules pour la protection des sciences;
elle contenait deux cent cinquante mille volumes, qu'Antoine, d'un trait de plume, livra plus tard à son amante
Cléopâtre. Cette ville possédait un temple dédié à Esculape, qui jouissait d'une très-haute réputation; elle
était, par conséquent, favorable à la science. C'est là
que naquit Galien, vers l'an 131 après J. C., ce qu'on
ne peut déterminer que d'après ce qu'il dit lui-même,
qu'il avait trente-huit ans quand il vint à Rome, après
la mort de Lucius Vérus, arrivée l'an 169.

Sa famille était dans une assez grande aisance, et distinguée; son père, nommé Nicon, était très-savant non-
seulement en géométrie et en architecture, mais encore
en astronomie, dans toutes les sciences mathématiques
et les lettres. Il était donc en état de commencer
l'éducation de son fils sur un plan vaste, et quand
elle sera arrivée à un certain degré de développement, Galien lui-même la dirigera suivant ses goûts.
Au rapport de Galien, son père n'épargna rien pour
l'instruire et lui donner les meilleurs maîtres, ce qui
l'enflamma dès sa jeunesse d'un grand amour pour la
philosophie, à laquelle il fut appliqué de bonne heure.
Dès l'âge de dix-sept ans, à l'aide d'une instruction si
large, il commença l'étude de la médecine dans sa pa-

trie, où il eut pour maîtres plusieurs médecins de différentes sectes ; mais il ne se contenta pas de leurs leçons : ses richesses, dont il jouit de bonne heure, ayant perdu son père à dix-neuf ans, lui permirent de voyager et d'étudier sous tous les célèbres médecins du périple de la Méditerranée. Car il est remarquable que la protection et la faveur des princes attiraient les hommes célèbres de l'art dans toutes les villes un peu considérables. La marche des sciences d'application dut aussi en accroître le nombre ; ces sciences s'individualisent à mesure que la civilisation fait des progrès, et, à cette époque, les sciences naturelles et l'astronomie étaient descendues de leur haute position philosophique, et devenues astrologie et médecine. Galien cite donc dix ou douze médecins sous lesquels il a étudié dans les différentes villes, depuis Pergame jusqu'à Alexandrie, le long des rivages de la mer ; et il dit en avoir quitté un, parce qu'il n'attachait pas assez d'importance à la logique ; expression qui nous donne la mesure de son esprit, comme le mépris de Pline pour la philosophie nous l'a fait juger et connaître.

Tous ces médecins, si répandus dans le versant de la Méditerranée, étaient, pour la plupart, élèves de Quintus, très-célèbre parce qu'il était fort savant en anatomie. De là cette belle et excellente direction imprimée à la médecine, qui devait lui faire faire de si grands progrès, et qui consiste dans la connaissance des rouages de la machine à laquelle on doit remédier. Galien formula cette direction, et pour cela même, comme aussi pour s'être élevé à la conception du cercle encyclopédique médical, que nous verrons qu'il a tracé, il mérite de donner son nom à cette époque.

Voyageant donc en s'essayant ainsi successivement

sous chacun de ses maîtres, il fut conduit jusqu'à
Alexandrie, où il trouva cette direction vraiment philosophique du progrès; en effet c'était encore dans cette
ville seulement qu'on disséquait le corps de l'homme. Il
y resta cinq ans, et y termina ses études médicales et philosophiques. Toujours dans le même but d'observer par
lui-même et de se fortifier dans son art par l'étude de tout
ce qui y tenait, il visita, en s'en retournant dans sa patrie, la Palestine et la Syrie, pour y voir le baume renom-
mé, les bitumes et les autres productions; l'île de Chypre, pour observer ses métaux; Lemnos, pour examiner
et connaître par lui-même la célèbre terre de Lemnos.
Plus tard, en se rendant de l'Asie à Rome, il parcourut
à pied la Thrace et la Macédoine, et, en revenant de
Rome, il repassa par Lemnos et côtoya tous les rivages
de la Lycie pour examiner le jayet, qui y fut découvert
pour la première fois sur les bords du fleuve Gagates,
ce qui lui fit donner le nom de gagates par les anciens.

Ces observations, cette étude des remèdes dans les
pays mêmes qui les fournissaient, le conduisirent à ma-
nier assez bien la pharmacie pour être jugé capable de
composer pour les empereurs Marc-Aurèle, Antonin et
Sévère, la fameuse thériaque, remède alors impérial, et
dont les grands seuls pouvaient, à cause de son prix, se
permettre l'usage.

A l'âge de vingt-huit ans, Galien retourna d'Alexandrie
à Pergame, où il commença à pratiquer l'art de guérir
par la chirurgie, spécialement en soignant les plaies des
tendons, sur les gladiateurs que lui avait confiés le grand
prêtre. Il est probable que déjà Galien avait la connaissance de cette manière de guérir de telles plaies, par la
position du membre, sans le secours des emplâtres. Il
remplit, avec le plus grand succès, cette charge pendant

cinq ou six ans, et alla ensuite à Rome, où il s'acquit une grande réputation, par l'heureux succès de sa science. Sa haute supériorité, jointe à la confiance qu'il avait en son savoir, lui attira la jalousie de ses confrères, peut-être parfois molestés de sa critique, ce qui l'obligea d'abandonner Rome à trente-sept ans, non pas même sans quelque crainte pour sa vie.

Il retourna à Pergame, mais il n'y demeura pas long-temps ; car, après l'expédition de Lucius Vérus contre les Parthes, pendant que ce prince et Marc-Aurèle fai-saient à Aquilée tous les préparatifs nécessaires pour la guerre de Germanie, il fut appelé pour donner ses soins aux pestiférés de cette ville, et pour soigner Lucius, qu'il eut la douleur de voir mourir entre ses mains. Malgré ce mauvais succès, il revint à Rome avec Marc-Aurèle, et jouit toujours de la confiance de ce prince. Quand cet empereur partit pour la guerre de Germanie, Galien refusa de le suivre, craignant de s'exposer aux périls d'une telle expédition, et il allégua un songe, dans lequel il avait reçu un avertissement d'Esculape, lui con-seillant de demeurer à Rome. L'empereur lui confia son fils Commode à traiter, et il se retira avec lui à la cam-pagne, toujours dans la crainte des jaloux.

On ne sait plus au juste le temps qu'il demeura à Rome, mais il y séjourna assez longtemps, puisqu'il paraît que, pendant cette période de sa vie, il y ensei-gna la médecine, et composa la plupart de ses ouvrages, qui furent brûlés, sous le règne de Commode, avec le temple de la Paix, dans lequel il les avait déposés ; ce qui l'obligea à les refaire de nouveau. Il vécut sous Com-mode, Pertinax et Sévère, et mourut à l'âge de soixante-dix-ans. Il s'était vanté de n'être jamais malade, et d'a-voir un régime propre à conserver sa santé ; assertion, du reste, assez probable pour un homme qui, comme lui, toujours occupé de l'amour de la science, dut mener une vie sobre et paisible. On ignore au juste le lieu où il est mort.

On voit, par ses écrits, que Galien avait beaucoup de confiance en lui-même, et qu'il se montrait très-difficile à croire ce qu'on lui disait, quand il n'avait pas vu. Nous savons, d'ailleurs, qu'il était très-superstitieux; cela tenait, sans doute, à cette sorte de divination du génie, qui lui faisait prendre les résultats de ses raisonnements pressés et rapides, pour des avis du dieu Esculape, dans les miracles duquel il avait grande confiance. Il était d'un esprit actif, laborieux, mais d'une critique acerbe, et peu facile pour ses confrères dans la consultation. Il est dans la nature des choses que le génie qui a approfondi la science et en a acquis la démonstration, se voyant quelquefois obsédé par une ignorance incapable de s'élever à sa hauteur, et qui pourtant veut le dominer, tombe sur elle de tout le poids de l'indignation de sa puissance, ne pouvant vaincre autrement son présomptueux et importun aveuglement. Faut-il s'étonner alors que cette démonstration que Galien s'était faite de la science, lui donnât cette confiance en lui-même et en ses propres forces, qui le rendait un peu méprisant pour les médecins romains, tous empiriques et gens d'emplâtres ?

IV. *Éléments de ses ouvrages.*

C'est ainsi que les circonstances dans lesquelles il est né, s'est développé, a étudié et pratiqué, ont conduit Galien à la médecine par la vraie voie, la voie philosophique. Ces mêmes circonstances vont nous donner la clef de ses ouvrages; mais, avant d'en venir à leur examen, il convient de jeter un coup d'œil sur les moyens qu'il eut à sa disposition. Ils sont de trois sortes : les écrits de ses prédécesseurs, les leçons de ses contemporains, et ses propres observations.

Nous ne reviendrons pas sur Hippocrate, Platon et Aristote, bien que le premier ait servi de base à plusieurs des travaux de Galien, que le second lui ait fourni un enseignement philosophique, et qu'Aristote enfin lui ait donné le plan véritable de ses travaux. Mais, depuis, la science avait, dans sa direction pratique, agrandi le nombre des matériaux et des éléments nécessaires au complément et au progrès du cercle médical, par l'anatomie qui, sortie des mains d'Aristote, devint plus spéciale et plus profonde sous le scalpel d'Hérophile, d'Érasistrate, de Rufus et de Marinus, de Quintus, Lycus, Satyrus et Numisianus, qui furent tous médecins anatomistes.

Galien a donc puisé :

1° Dans les écrits de ses prédécesseurs chez les Grecs :

Hérophile, savant médecin de l'école d'Aristote, naquit en Chalcédoine, petite ville de Bithynie, dans l'Asie Mineure. Il eut pour maître Praxagoras, successeur d'Hippocrate, et de Cos comme lui. Cette île paraît avoir été alors encore le centre de la médecine. Dans un âge déjà avancé, Hérophile vint habiter Alexandrie, attiré par la protection de Ptolémée-Soter; il y exerça pendant quelques années l'art de guérir et l'enseignement. Son école y fut bientôt très-fréquentée, et il jeta sans doute les bases de la science médicale à Alexandrie. Il créa l'étude spéciale de l'anatomie, qui se perpétua jusqu'au temps de Galien dans cette école, où l'on affluait de toutes parts dans le dessein de connaître cette science.

Les titres des ouvrages d'Hérophile sont : 1° *Des Causes.* C'était, à ce qu'il paraît, un ouvrage d'anatomie, de
physiologie, de pathologie et de thérapeutique.

2° *Anatomie,* qui paraît être le principal ouvrage
d'Hérophile. Galien en a cité le second et le troisième
livre, en a extrait de longs passages, et s'en est sans
doute beaucoup servi dans ses livres de l'administration
anatomique.

3° *Recherches sur le pouls.* Galien en cite le livre
premier et troisième ; il l'avait combattu dans un traité
sur le même sujet et qui n'existe plus.

4° *Des Cures ;* 5° *des Yeux ;* 6° *Diététique ;* 7° *Explication des vieux mots d'Hippocrate,* encore cité par Galien ; 8° *Commentaire sur les aphorismes d'Hippocrate,*
ouvrage que l'on dit toujours exister en manuscrit dans
la bibliothèque ambrosienne de Milan.

Hérophile et Érasistrate, son contemporain, se firent
une guerre scientifique, continuée par leurs disciples, et qui dura jusque vers le temps de Galien. C'est
par ce dernier lui-même que nous connaissons un peu
Hérophile ; il ne le cite pourtant qu'avec réserve dans
les faits anatomiques qu'il a lui-même observés, et il le
critique avec un peu d'amertume dans ses opinions
médicales. Cependant Hérophile avait touché à tous les
points de la science médicale ; il s'était surtout appliqué à en établir les fondements sur l'anatomie et la
séméiotique ; il passe chez les anciens pour avoir jeté
les bases de l'anatomie, et Galien le loue comme suffisamment instruit dans toutes les parties qui tiennent à
l'art, mais particulièrement pour être parvenu à la connaissance la plus exquise de la dissection [1]. Aussi sage

---

[1] Gal., *de Uteri dissect.,* ch. IV.

observateur qu'Aristote, Galien le loue encore d'avoir composé ses livres avec autant de soin et de succès que le Stagirite, quoiqu'il en eût moins écrit[1]. Il disséqua certainement des cadavres humains, et non plus, dit Galien, simplement des animaux, comme ses prédécesseurs[2]. On a même été jusqu'à dire qu'il avait disséqué vivants des criminels que les rois d'Égypte lui remettaient entre les mains. Cette accusation paraît produite pour la première fois par Celse, dans son livre premier de la Médecine, et elle a été répétée par Tertullien, dans le chapitre dixième de son livre de l'Ame. Malgré ces témoignages, trop postérieurs à l'époque où vivait l'accusé pour être admis sans doute aucun, il est difficile de prononcer sur ce fait.

Quoi qu'il en soit, il n'en est pas moins certain qu'Hérophile avait tracé la voie à Galien; les fragments qui nous restent de lui en sont la preuve. En anatomie, il commença par exposer la méthode de dissection et les instruments dont on devait se servir[3]; il avait aussi traité des vivisections. Il avait étudié la peau, et, parmi les organes des sens, il avait composé un livre sur l'œil, sa structure et ses maladies. Nous ne connaissons rien de lui sur les muscles; mais il a été cité sur les os particulièrement pour l'os hyoïde, et le tibia. Nous ne connaissons rien non plus de ce qu'il avait pu écrire sur le système de la digestion, si ce n'est qu'il donna le nom au duodenum. Mais, dans le système vasculaire, il avait distingué les artères des veines, et même défini la différence d'épaisseur qui existe entre la tunique artérielle et la tunique veineuse, celle-là étant, dit-il,

---

[1] *De Usu part.*, l. I, ch. VIII.

[2] *De Uteri dissect.*, ch. V.

[3] Gal., *Administ. anat.*, l. III, ch. II.

six fois plus épaisse que celle-ci. Il connut et nomma la
veine artérielle, distingua les oreillettes du cœur, et
poursuivit le système vasculaire jusque dans les vaisseaux lactés [1]. Le système des sécrétions fut étudié par
Hérophile dans les glandes salivaires, le pancréas et le
foie, dont il décrit les formes et la position, et qu'il
compare dans l'homme et les animaux [2].

Sur l'appareil de la génération, il établit les vaisseaux
sanguins qui se rendent aux testicules, qui y apportent
selon lui la semence, laquelle, des testicules, est portée
aux épididymes, de ceux-ci dans le canal séminifère, puis
dans les vésicules séminales. Il avait rapproché et décrit
ensemble les organes de la génération mâles et femelles,
nommé les ovaires testicules femelles, décrit leur place,
leur structure, et les artères et les veines qui s'y rendent. Il paraît avoir connu les trompes ; il a exposé
la place, la forme de l'utérus, et le système vasculaire
qui s'y rend ; enfin, il avait étudié ces organes, non-
seulement dans les animaux, mais encore dans l'espèce
humaine [3].

Dans le système nerveux, Hérophile avait distingué le
cerveau du cervelet, étudié les ventricules, qu'il regardait, plus spécialement le quatrième, comme le siége de
l'âme. Le cerveau et la moelle étaient les centres d'où par-
taient les nerfs du sentiment et de la volonté. Il avait
étudié les membranes du cerveau, et le système vasculaire, dont la réunion dans un certain point du vertex,
a reçu le nom de pressoir d'Hérophile. Le nom d'arach-

---

[1] Gal., *de Anat. admin.*, l. VII, ch. II; *de Usu part.*, l. IV,
ch. XIX.

[2] Gal., *de Venar. dissect.*, ch. I; *de Semine*, ch. V.

[3] Gal., *de Semine*, l. I, ch. XVI, XV, etc.; *de Uteri dissect.*,
ch. V.

noïde est de lui; mais il l'appliquait à l'une des membranes de l'œil [1].

Tels sont les débris qui nous restent de l'anatomie d'Hérophile. En physiologie, il plaçait, comme nous l'avons dit, le siége de l'âme dans le quatrième ventricule surtout; elle dirigeait les fonctions du corps pendant la veille. Les songes viennent de Dieu ou sont naturels; les nerfs sont les conducteurs de la faculté sensitive et volontaire; le mouvement des corps appartient aux nerfs, aux artères et aux muscles. La vie animale est gouvernée par quatre puissances : la puissance nutritive, qui a sa racine dans le foie; la puissance de chaleur, qui a sa source dans le cœur; la puissance pensante, dont le siége est dans le cerveau; la puissance sentante, qui a pour cause les nerfs. Ses idées sur la respiration sont fausses, et il ignorait la circulation. Il eut quelques vues un peu plus justes, mais incomplètes, sur la génération.

Il définit la médecine l'art conservateur de la santé [2]; définition incomplète, puisqu'elle ne comprend que l'hygiène; mais il en donna une autre plus large : la médecine est la science des salubres, des insalubres et des neutres; ce qui comprend la constitution normale du corps humain, les *salubres;* ses lésions ou dérangements, les *insalubres;* les secours curateurs, les *neutres.* Sa définition du pouls a été reçue : Le pouls, dit-il, est le mouvement naturel des artères et du cœur [3]. Il paraît avoir embrassé, dans sa médecine, la pathologie et la thérapeutique générales et spéciales, la diététique, la

---

[1] Gal., *de Anat. admin.*, l. IX, ch. III; *de Usu part.*, l. IX, ch. VI; l. VIII, ch. XI, etc.

[2] Gal., *Definit. med.*, IX.

[3] Gal., *de Puls. differ.*, l. I, ch. II.

séméiotique, la matière médicale, la chirurgie et l'art
des accouchements; par conséquent, le cercle médical était à peu près tracé, et Galien n'eut plus
qu'à le compléter et à le formuler. C'est d'Hérophile
qu'il faut dater en médecine la secte des humoristes.
En effet, la maladie était pour lui l'altération des humeurs, ou bien, suivant Galien, il établit que les commencements et les éléments, tant des choses qui con-
sistent dans la nature que des causes des maladies,
étaient contenus dans les humeurs [1].

Érasistrate, de Cos, était, croit-on, petit-fils d'Aristote et disciple de Chrysippe ; il fut aussi professeur à
Alexandrie, où il disséqua, comme Hérophile, des cadavres humains. Nous n'avons que les titres de plusieurs
de ses ouvrages, qui nous ont été conservés par Galien.
D'après celui-ci, Érasistrate avait observé les vaisseaux
lactés du mésentère, l'usage des nerfs avec Hérophile.
C'est à lui qu'est due la première distinction des nerfs en
sensoriaux et en locomoteurs. Il a connu les ventricules
du cerveau et les valvules du cœur. Il fit aussi avancer
la thérapeutique.

Rufus d'Éphèse, sous Trajan, 112 ans après J. C., a
écrit sur les noms des parties un livre que nous possédons, et que cite Galien. Il a décrit ou découvert les
trompes utérines, dites de Fallope, dans son traité *de
Utero*.

Marinus, sous Néron, premier siècle de J. C. Il fut le
professeur de Quintus, qui le fut lui-même de la plupart
des médecins sous lesquels étudia Galien. Marinus avait
composé vingt livres de commentaires anatomiques,
trois livres sur les choses ignorées de Lycus, un livre sur

[1] Cels., l. I, p. 4 ; Gal., *Introd.*, ch. IX ; *Defin. med.*, ch. CLI.

les muscles. Galien le place au rang des meilleurs anatomistes, et lui attribue d'avoir senti l'usage des glandes.

Tels sont les auteurs grecs où Galien a principalement puisé, et qu'il cite assez fréquemment. Mais il est très-remarquable qu'il n'a rien pris chez les Romains, et quoiqu'il ait longtemps travaillé et même enseigné à Rome, il n'a jamais cité ni Pline, ni Celse. Le premier devait même, ce semble, inspirer de l'antipathie à l'esprit si éminemment philosophique de Galien; et le second, bien que décoré du titre d'Hippocrate des Latins, était, sans doute, trop entaché du caractère empirique de la médecine romaine pour mériter, malgré ce qu'il aurait pu recueillir de bon dans ses ouvrages, la confiance de l'ennemi déclaré de l'empirisme, ennemi qui avait plus d'une fois encouru la haine de ses fanatiques sectateurs. C'est donc uniquement chez les Grecs que Galien a trouvé des éléments, puisque les Romains n'avaient rien fait pour la science.

2° Les leçons de ses maîtres sont la seconde source où Galien a puisé. Parmi eux, Quintus et Pélops seuls s'étaient spécialement occupés d'anatomie. Mais c'est dans l'école d'Alexandrie qu'il a trouvé le plus de secours et le plus grand nombre de matériaux en tout genre; c'est là qu'il s'est formé.

Cette école est un des phénomènes les plus remarquables dans l'histoire des progrès des sciences. Créée par Ptolémée Lagus, dans la direction d'Alexandre, elle a été près de mille ans le centre des sciences et de toutes les connaissances humaines. L'Orient et l'Occident unis s'étaient rencontrés dans ce lieu, que le doigt d'Alexandre leur avait marqué. La science des mages, des gymnosophistes de l'Inde, et des sages de la Chaldée, vint s'ajouter aux sciences sacrées des prêtres de l'Égypte et aux théories philosophiques de la Grèce. De là naquit un nouvel élan pour l'ensemble des connaissances humaines, dont presque toutes les parties furent remaniées et reçurent quelque agrandissement. Les idées philosophiques s'y développèrent, et préparèrent, pour ainsi dire, soit en les réveillant, soit en les fatiguant, les esprits à la doctrine chrétienne, qui allait venir niveler toutes les doctrines, en chassant l'erreur et élevant l'esprit humain au-dessus de lui-même. Cependant, l'Inde et la Perse y apportèrent peu de chose, si ce n'est la connaissance de peuples éloignés, qui, ayant travaillé en dehors de la Grèce, étaient arrivés, par une autre voie, la contemplation abstraite, aux théories les plus ardues du panthéisme. La Grèce était bien plus avancée : elle avait conduit de front toutes les branches des connaissances humaines ; elle était par là même plus civilisée et plus puissante ; elle ne pouvait revenir sur ses pas. Tout au plus si les doctrines indiennes, peu nombreuses alors, occupèrent quelques esprits, à titre de curiosités historiques ; leur influence dut être et fut bien moindre qu'on ne l'a prétendu. La Grèce domina seule dans l'école d'Alexandrie. Mais si Aristote y fut le maître dans les sciences d'observation, Platon y domina dans les hautes régions de la philosophie. Cependant, faut-il s'étonner encore qu'au milieu de cet immense amas de doctrines, l'éclectisme ait conduit une foule d'esprits, trop faibles pour démêler et embrasser l'ensemble de leurs vérités, aux systèmes les plus faux et les plus absurdes même ; faut-il s'étonner qu'abordant le christianisme avec ces dispositions préalables, ces esprits se soient jetés dans cette foule d'hérésies, que l'on peut comprendre sous le nom général de gnosticisme, qui n'était autre chose au fond que l'incompatible combinaison des vagues idées philosophiques indo-persanes et gréco-égyptiennes sur les plus hautes questions, avec la rigueur et l'inflexible clarté des vérités chrétiennes. Mais l'école d'Alexandrie ne nourrit pas seulement des hérétiques; il se trouva parmi ses disciples des génies plus élevés qui comprirent la valeur de la science unie et soumise au christianisme; et c'est pour cela qu'ils combattirent les sectaires avec tant de force et une raison si puissante, qu'il leur fut impossible de résister. Outre ces premiers Pères de l'Église, les sciences des Arabes sont encore sorties de cette école, qui a existé jusqu'à la conquête d'Alexandrie par ces derniers, en 640.

Sa constitution, ses statuts, étaient remarquables; c'était une école libre; il y avait deux grands colléges dédiés, l'un à Sérapis, l'autre à Isis; les élèves y affluaient de toutes parts, attirés par la réputation et les leçons des maîtres savants qui y enseignaient, et dans l'espoir d'y jouir des facilités qu'elle leur offrait pour l'étude. Elle possédait en effet la plus considérable de toutes les bibliothèques de l'antiquité. On a évalué le nombre de ses volumes jusqu'à deux ou trois millions; mais il est plus probable qu'elle n'avait que le nombre, déjà assez immense, de quatre cent mille volumes; et bien entendu qu'il ne faut pas comprendre, sous ce nom, ce que nous entendons : un volume (volumen) était un rouleau plus ou moins considérable, et dont il fallait quelquefois un très-grand nombre pour composer un ouvrage. Cette célèbre bibliothèque fut brûlée lorsque César fit mettre le feu à la flotte des Alexandrins révoltés, dans le port de cette ville. Ce fut Antoine qui la rétablit en donnant, à sa maîtresse Cléopâtre, la bibliothèque de Pergame.

Outre cette bibliothèque, Alexandrie possédait encore très-probablement des collections d'histoire naturelle; cependant, nous ne le savons positivement que pour les squelettes humains ; c'est Galien qui nous l'apprend. Nous savons par Pline qu'on employait, en Égypte, le miel pour conserver au moins les animaux rares.

Ces immenses collections de livres et d'autres choses étaient tout à fait à l'usage des professeurs qui se retiraient à Alexandrie soit pour y enseigner, soit pour y approfondir leurs études. Les élèves qui s'y rendaient étaient absolument libres et en grand nombre; ils pouvaient, à ce qu'il paraît par le conseil que Galien donne à ses disciples d'aller à Alexandrie dans ce but, profiter des collections scientifiques.

Dans cette école, l'enseignement s'étendait à toutes les parties des sciences; mais l'astronomie, l'astrologie, l'anatomie et l'art de guérir y prédominèrent, bien que la philosophie y ait aussi jeté un vif éclat. Les maîtres étaient les plus célèbres et les meilleurs de l'école de Platon et d'Aristote, car celle de Socrate n'y était pas représentée. Le principe dominant de l'école d'Alexandrie, bien qu'infiniment supérieur au principe romain, était pourtant aussi l'application immédiate des sciences à l'utilité, mais des sciences approfondies et nullement dépouillées, comme à Rome, de leur caractère philosophique. Dans cette direction même, se rencontra la cause de l'influence de l'école alexandrique. C'est là que Galien s'est formé; c'est là qu'il a puisé le fond de sa doctrine.

3° Enfin, il nous reste à jeter un coup d'œil sur la troisième et dernière source des éléments des écrits de Galien, ses propres observations. Il a beaucoup observé par lui-même, et la plus grande preuve qu'il était doué du génie observateur, ce sont les nombreux et pénibles voyages qu'il entreprit uniquement pour connaître et examiner sur les lieux mêmes, toutes les substances qui tenaient à son art.

Au renouvellement des sciences, du quinzième au seizième siècle, il s'est élevé une grande discussion pour savoir si Galien avait disséqué des cadavres humains, ou s'il s'était borné à ceux de certains animaux, et surtout des singes. Ce dernier sentiment a été admis par Vésale et Haller. M. Kühn pense également que Galien a seulement disséqué les animaux les plus voisins de l'homme, entre autres des singes, du moins pour les viscères; que pour les os, il a pu voir des squelettes à Alexandrie, et quelques viscères par les plaies du ventre des gladiateurs. Galien dit positivement qu'on faisait à Alexandrie des leçons publiques d'anatomie sur des cadavres humains, et qu'il y avait des squelettes; par conséquent, il a pu observer là. Cependant, il ne paraît pas qu'il ait disséqué lui-même des cadavres humains; et parmi les singes, la description qu'il donne des muscles prouve qu'il n'a connu, comme Aristote, que le magot et non l'orang-outang, ainsi qu'on l'a prétendu. Pour l'homme, il a puisé dans des auteurs qui l'avaient disséqué; voilà pourquoi on trouve dans ses ouvrages des détails d'anatomie humaine. Il est même le premier qui ait donné à l'ensemble des os le nom de squelette. Il recommandait spécialement cette étude à ses élèves, et, après leur avoir indiqué plusieurs moyens d'observer des os, soit dans les ravins où de vieux tombeaux avaient pu crouler, soit dans les bois où les cadavres des brigands ou des suppliciés avaient laissé leur squelette, déchiqueté par les animaux, il finit, à défaut de ces moyens plus à leur portée, par les engager à aller à Alexandrie pour y faire cette étude, car, dit-il, cela en vaut bien la peine.

Lui-même, dans ses leçons, faisait des dissections publiques, et il cite comme témoins de ses opérations à Rome, Eudème le péripatéticien, Alexandre Damascène, le consul Boéthius. Il disséqua un assez grand nombre d'animaux, et même des éléphants; il fit des expériences sur les animaux vivants; il cite la section des nerfs intercostaux, et celle des nerfs récurrents.

Il n'y avait point encore d'hôpitaux où l'on pût suivre les maladies; ils seront un fruit de la charité chrétienne. Mais il avait sans doute quelque chose d'analogue dans le collège des gladiateurs de la ville de Pergame, qui lui fournit l'occasion de faire des remarques qu'un esprit de sa trempe ne pouvait laisser échapper.

Galien fit sortir la médecine de sa véritable source, en la tirant immédiatement de la philosophie, sans laquelle il est, dit-il lui-même, impossible de faire de bonne médecine. Aussi avait il commencé par se livrer à l'étude de la logique et de la dialectique, puis des sciences philosophiques proprement dites; il nous apprend que, dès l'âge de quinze ans, son père l'avait fortement exercé à la discussion; cela même l'a rendu essentiellement critique, comme on doit l'être, en examinant et observant par soi-même, pour arriver, par l'application de ses observations, à une pratique rationnelle. Et c'est dans ses mains qu'a commencé cette belle idée des moyens d'indication, sur lesquels repose la médecine scientifique, qui seule a pu rendre les moyens thérapeutiques rationnels, lorsqu'ils en étaient susceptibles. Pour faire la philosophie des sciences comme Aristote, il suffisait de connaître et de comparer entre eux, par exemple, les gouvernements de son temps, afin d'arriver aux principes du gouvernement général de la société, dernier but qu'il se proposait; ou bien, dans

toute autre partie de la science, il suffisait de généraliser de la même manière les travaux et les découvertes
des autres; tandis qu'il faut avoir observé soi-même
pour faire de la médecine rationnelle, dont le but ulté-
rieur est l'individu.

Ainsi, les études de Galien et les circonstances dans
lesquelles il a vécu, celles où il a exercé son art, avaient
puissamment porté son caractère vers la discussion et la
saine critique, tout en le rendant propre à envisager la
la science dans tout son ensemble, et c'est dans ces
dispositions qu'il sut employer les éléments que lui
fournirent les écrits de ses prédécesseurs, les leçons de
ses maîtres et ses propres observations.

V. *Histoire des écrits de Galien, et comment ils nous sont parvenus.*

L'histoire des écrits de Galien est assez facile; ayant
en effet joui presque immédiatement de sa plus haute
réputation et obtenu les plus grands succès, ses ouvrages devinrent sur-le-champ comme une espèce de
manuel, que tous les médecins durent avoir entre les
mains. Ce fait est très-remarquable pour son art
médical (τέχνη ἰατρική). Les Arabes, les Latins barbares, le moyen âge tout entier, jusqu'aux temps
modernes, ont fait le plus grand cas de cet ouvrage;
les médecins devaient le lire comme le plus authentique des livres de Galien; tous devaient, comme
spécimen de leur capacité, en expliquer quelques parties avant d'obtenir la licence d'exercer la médecine. Le
même empressement accueillit, dès l'origine, les autres
ouvrages de Galien : il s'en fit une multitude d'extraits
aussi bien en grec qu'en latin; ils se répandirent bientôt
dans tout l'empire romain, dans la partie latine et dans

la partie grecque, et, de là, ils passèrent, des mains des juifs et des chrétiens, dans celles des Arabes. Un grand nombre de ses principaux écrits furent traduits en hébreu et en arabe; on en trouve encore des manuscrits dans ces deux langues, dans plusieurs bibliothèques. C'est une chose remarquable que presque tous les Arabes aient suivi Galien, surtout dans cette partie de la médecine qui traite des maladies internes, dans la partie théorique qui traite de l'explication de l'origine et des causes des maladies, et dans l'anatomie. Il faut en dire autant de tous ceux qui ont suivi les Arabes. Cette grande vogue de tous les temps a donc rendu les ouvrages de Galien beaucoup plus faciles à recueillir que ceux d'Hippocrate et même d'Aristote.

Nous savons qu'il a composé un certain nombre de ses livres à Smyrne, dans sa jeunesse; c'étaient comme des résumés des leçons de ses maîtres. Les autres ont été composés à Rome dans son âge mûr; et ceux de sa vieillesse à Rome, à Pergame ou ailleurs, puisqu'on ignore où il mourut. Leur nombre s'élève à plus de mille volumes, ce qui pourtant serait loin de faire les cinq cents ouvrages sur la médecine seule dont parle Suidas [1]. On peut dire que Galien a écrit pendant toute sa vie. Ses derniers écrits, bien authentiques, sont les deux qu'il a intitulés, l'un *de Propriis libris*, et l'autre, *de Ordine librorum meorum*. Dans le premier, non-seulement il énumère ses ouvrages, mais encore il donne l'histoire et l'analyse des principaux, et surtout de ceux qui ont trait à l'anatomie et à la physiologie; dans le second, il indique dans quel ordre on doit les lire. C'est déjà un grand

[1] Nous avons déjà fait remarquer la différence qu'il y avait entre un volume et un ouvrage; il fallait quelquefois un très-grand nombre de volumes pour faire un ouvrage.

progrès que ces deux livres; ils nous donnent une idée de l'encyclopédie médicale, telle qu'il l'avait conçue, soit qu'il n'ait eu cette conception que dans sa plus grande maturité, soit qu'elle ait présidé à la composition de ses écrits. Il nous dit lui-même qu'il ne signait jamais ses livres; il les déposait, comme on le faisait alors volontiers, dans les bibliothèques publiques. A Rome, c'était le temple de la Paix qui servait de bibliothèque, et les savants s'y réunissaient pour disserter entre eux et se faire part de leur science. C'est là que Galien déposa une partie de ses œuvres, entre autres son grand traité *de Administratione anatomica*. Le temple de la Paix ayant été la proie d'un affreux incendie, sous Commode, les ouvrages de Galien furent avec bien d'autres dévorés par les flammes, ce qui l'obligea à les recomposer en partie, en y apportant des modifications et de nombreux perfectionnements; mais plusieurs furent entièrement perdus.

Du reste, il n'avait souvent d'autre motif, dans la publication de ses travaux, que de satisfaire aux désirs et aux instances de certaines personnes, soit des consulaires, comme Boéthius, qui le pria de publier par écrit ses cours d'anatomie, auxquels il avait assisté à Rome; soit de ses élèves, qui, en s'éloignant de lui, étaient bien aises d'emporter sa doctrine avec eux; plusieurs de ses ouvrages ont même été publiés par ses élèves, qui recueillaient ses leçons et les soumettaient à sa révision.

Tous ont été écrits en grec; mais ils ne nous sont pas tous parvenus en cette langue; plusieurs n'existent plus qu'en latin.

Il attachait très-peu d'importance au style; il a même fait un traité intitulé : *Contre ceux qui reprennent les so-*

lécismes de paroles. Dans un autre endroit, il ridiculise l'affectation du style attique, et prétend qu'il vaut mieux faire des barbarismes de mots que des barbarismes de choses dans le raisonnement ou la conduite de la vie. Il semble qu'il ait voulu par là se justifier; il est, en effet, d'une grande lâcheté de style, verbeux, diffus, d'une lecture pesante et ennuyeuse.

Ses manuscrits ont été fracturés en mille pièces, par la raison que la séparation des diverses branches de la médecine ayant été de bonne heure irrationnellement acceptée, chacun ne rechercha, dans la totalité de ses écrits, que ce qui avait trait à sa spécialité. Le seul grand manuscrit du Vatican est celui qui contient la plus grande partie de ses œuvres réunies. Ses ouvrages nous sont parvenus avec beaucoup moins d'erreurs que ceux de Pline et même d'Aristote; car la pratique s'en était emparée, et ce fut un des premiers auteurs imprimés. Un grand nombre d'hommes remarquables ont travaillé sur Galien; les uns pour le défendre, les autres pour le réfuter ; les uns ont écrit des commentaires ou sur tous, ou seulement sur plusieurs de ses livres, les autres ont travaillé à la rectification du texte. Conrard Gesner, qui avait travaillé sur le même objet, a donné le catalogue de tous les auteurs qui ont écrit, et ce qu'ils ont écrit sur Galien. Les principaux auteurs qui s'en sont occupés, depuis Gesner, sont Vésale, le restaurateur de l'anatomie dans les temps modernes; Leclerc, qui a donné la vie et le système de Galien mieux conçu; Barchusen, qui a mieux exposé la doctrine de Galien, et enfin, Haller, qui l'a mieux appréciée sous le rapport littéraire.

La plupart des livres de Galien ont été traduits en latin, beaucoup en arabe, et un certain nombre le furent aussi en hébreu, avec des commentaires dans ces diverses langues; très-peu ont été traduits en français.

La première édition de Galien est de 1490. C'est dans le seizième siècle que les éditions de Galien furent plus nombreuses. La meilleure édition grecque est celle de Bâle, 1538, 5 vol. in-f°, chez Andr. Crataud, à laquelle travaillèrent les hommes les plus instruits de cette époque, Léon Fuchs, Joach. Camérarius. Les nombreuses éditions latines chez les Juntes, à Venise, sont toutes de 1540 à 1635. Une seule édition grecque et latine a été donnée par René Chartier, médecin professeur à la faculté de Paris, sous Louis XIV, de 1639 à 1679, chez Jacq. Villery; elle ne fut terminée qu'après la mort de Chartier; plusieurs livres, qui n'étaient pas dans celle de Bâle, ont été ajoutés à celle-ci. La dernière édition est celle de Leipsick, en 21 vol. in-8°, commencée en 1821 et terminée en 1830. Elle est excellente et de la plus haute importance, sous le rapport de l'érudition approfondie, et de la science mieux connue et plus sainement appréciée; elle contient une vie et une histoire littéraire de Galien, fort intéressantes, quoique hérissées d'érudition allemande; elle a été donnée par Charles Gotlob Kühn, professeur de physiologie et de pathologie à l'Université de Leipsick.

VI. *Énumération méthodique et plan de ses ouvrages.*

De même qu'Aristote avait entrepris le cercle philosophique, de même Galien a entrepris le cercle médical, depuis la grammaire, pour ainsi dire, jusqu'à l'application du bandage et à la thérapeutique. Pour bien saisir son plan, il nous faut une mesure qui nous en montre les proportions et l'étendue. Dans Aristote, le terme de

la science, c'est la société, pour laquelle tout existe, et
vers le bien-être de laquelle tout doit converger; le
terme du médecin se raccourcit et se borne à l'individu,
qu'il faut maintenir en santé, ou y ramener lorsqu'il est
malade. Là est toute la différence entre le cercle philosophique et le cercle médical. Nous avons vu Aristote
embrasser la science dans toute son étendue, et créer
la philosophie, dont le but est social. Déjà Galien va
rétrécir son cercle à un but individuel, et le réduire à
n'être plus que médical. Il y a ici une preuve de progrès
dans les sciences et la civilisation, mais aussi une preuve
d'arrêt et de stationnement, une preuve de débilita-
tion sociale et d'abus de la civilisation arrivée à son
terme; car l'égoïsme règne, le bien-être et la volupté de
l'individu ne prisent plus les sciences que pour ce
qu'elles valent ? réparer ses excès et à prolonger ses
jouissances à lui, aux dépens de tous les êtres qui l'entourent, même de ses semblables, dont la dépouille
perdra de son mystérieux respect, pour montrer, par sa
structure, où il faut appliquer le remède dans la lésion
de tel ou tel organe; et le cadavre ne suffisant même plus
à la science, pressée de satisfaire l'avidité de la vie, non-
seulement l'animal, mais l'homme même, inconcevable
et horrible cruauté, sera disséqué vivant! Excès qui ne
servirent jamais les progrès de la science, et qui sont
opposés à l'esprit de la médecine, science admirable
dans son but social, le bien-être et le soulagement de
l'humanité. Cependant, l'isolement de la médecine en
appelait les progrès. Pour concevoir ceux que Galien
lui a fait faire, jetons un coup d'œil sur le cercle médical, tel que nous le concevons.

*La médecine est une partie de la science de l'homme
et des animaux, dirigée spécialement comme science*

vers la connaissance, comme art vers la guérison des altérations dont l'organisme est susceptible, à l'aide de procédés de différente nature. En adoptant cette définition, il y a deux choses à envisager, des préliminaires et des parties essentielles.

I. Les préliminaires sont nécessairement la partie philosophique par laquelle on apprend à diriger et à exprimer ses pensées, pour les coordonner d'abord et s'en rendre compte à soi-même, puis pour les communiquer aux autres. Vient ensuite l'art d'analyser les phénomènes dans leurs causes et leurs effets; il conduit à l'art de l'observation, qui consiste à fixer son attention sur un fait ou sur plusieurs, pour en découvrir la loi et les rapports; et ainsi l'observation des faits mène à leur généralisation, qui est l'art de classer, de distribuer les êtres observés dans l'ordre le plus propre à les comparer entre eux, et, par là, montrer d'un même coup d'œil la science de l'ensemble. Vient enfin l'art de nommer les objets, d'établir une nomenclature en rapport avec la classification, condition de la plus haute importance; car, comme une chose est perdue si elle n'est nommée, de même aussi une idée, un fait sont perdus s'ils ne sont nommés. Tels sont les préliminaires largement traités par Aristote dans les points essentiels; ils étaient nécessairement moins étendus pour lui que pour nous, puisqu'il y avait moins de faits observés et connus.

Une autre partie préliminaire, c'est la connaissance des milieux où doit vivre l'animal, l'être qui est le but de l'observation. Elle embrasse l'étude des lois générales de la physique et de la chimie, l'étude du sol, dont la connaissance est surtout nécessaire au médecin. Ce sont là deux parties prolégoméniques qui constituent des instruments propres à résoudre.

II. Ces instruments connus, il faut étudier à l'état normal les êtres auxquels on se propose d'appliquer l'art de la médecine; chercher d'abord les milieux propres à leur organisation, ce qui conduit à l'étude de cette organisation, l'anatomie; à l'étude de ses fonctions, la physiologie; et enfin, à l'histoire naturelle ou étude des habitudes et des mœurs de l'être organisé; trois choses qu'il faut étudier dans l'animal à l'état normal, afin de pouvoir l'y ramener, lorsqu'il en sera sorti par quelque altération.

III. Suit l'application de ces connaissances, à l'aide des signes ou symptômes, à la distinction des maladies, à leur définition, pour arriver à en saisir les lois et la marche, ce qui constitue la pathognomonique, qui, comme toute science naturelle et d'observation, aura atteint sa perfection quand elle sera arrivée à une méthode ou classification naturelle des maladies; cette idée féconde du docteur français Pinel, inspirera à Bichat son admirable traité des membranes.

Alors l'étude comparative, devenue facile, nous mène directement à l'histoire naturelle des maladies, c'est-à-dire, à l'étude et à la connaissance des causes et de la marche naturelle de la maladie, d'où ressort le prognostic qui en est une conséquence rigoureuse; et il est d'autant plus certain que l'action pertubatrice a moins contrarié les lois de cette marche naturelle. C'est à ce point de la science qu'Hippocrate nous avait amenés.

IV. Et par là, il était conduit à placer le sujet dans ce qui lui est bon pour le bien-être de sa nature; ainsi est constituée l'hygiène, dont le but est de prévenir les maladies, et qui comprend les règles ou préceptes qui gouvernent le physique, le moral et l'intellectuel.

V. Mais quant à la maladie elle-même, on a pu la prévenir ou non ; dans ce dernier cas, arrive l'application de ces connaissances à sa guérison plus ou moins complète, suivant des règles naturelles, par le régime, la diététique, due encore à Hippocrate, et la seule médecine des animaux; ou, suivant les règles de l'art, le traitement thérapeutique, considéré dans ses indications ou d'une manière générale, dans ses moyens ou procédés, qui sont ou extérieurs, ce qui constitue la chirurgie, ou intérieurs, la pharmaceutique, de laquelle découlent l'histoire naturelle des substances médicamenteuses, et l'art de les disposer et de les combiner selon les diverses circonstances de la maladie, de l'âge, du sexe, etc. La pharmacie vient ainsi clore le cercle médical, créé et en partie développé par Galien, dans l'ensemble de ses travaux.

Il avait lui-même si bien senti le but et le plan de ses ouvrages, qu'il en a publié un sur l'ordre dans lequel les autres devaient être lus.

I. *Préliminaires.* Le premier ouvrage qu'il veut qu'on lise est celui sur la rectitude des mots, qui n'est autre chose que la science grammaticale; il y blâme le trop d'importance que certaines gens attachent à la pureté du style. Aristote avait aussi commencé par le langage; c'est en effet la base de toute science comme de toute société.

Il veut qu'ensuite on attache de l'importance à son ouvrage *de Demonstratione*, ou l'art de la logique et de la dialectique, qui apprennent d'abord à diriger et à coordonner ses idées pour se convaincre soi-même, et puis à présenter ses idées de la manière la plus favorable et la plus propre à les faire adopter des autres. Là, il renferme sous un seul titre ce qu'Aristote avait traité sous plusieurs.

Son disciple doit, après cela, former son esprit à la
philosophie, en étudiant ses livres *de Philosophicâ spe-
culatione,* où il parait qu'il avait réuni les connaissances
philosophiques de son temps.

L'esprit ainsi préparé à juger par lui-même, doit choisir la secte à laquelle il veut appartenir, et Galien conseille son traité de la meilleure secte, *de Optimâ sectâ.*
Il y avait de son temps plusieurs sectes ou systèmes opposés dans la médecine; après les avoir passés en revue
et combattus, il choisit la secte d'Hippocrate, perfec-
tionnée par la science, pour laquelle Hippocrate n'avait
fait, à proprement parler, que de l'histoire naturelle.
Résumant cet ouvrage pour les élèves, *de Sectis ad tyrones,* il traite du meilleur système à leur enseigner;
il réfute toujours les sectes des empiriques et des méthodistes, et défend la secte des dogmatiques.

II. *Anatomie et physiologie.* Après avoir muni l'intelligence de ces connaissances instrumentales préliminaires,
il entre en matière, et veut qu'on étudie d'abord l'organisation et ses fonctions, l'anatomie et la physiologie;
car il est important avant tout de connaître l'organisme
aux lésions duquel on doit remédier. Dans une foule
d'endroits, il s'appuie sur les maux et les accidents qui
arrivaient de son temps, par suite de l'ignorance des
médecins, ses contemporains, en anatomie; et il ne
veut pas d'une anatomie superficielle, mais une science
approfondie et faite sur la nature même, et non dans
les livres. Cependant, il ne suffit pas de connaître les
organes, il faut encore savoir leurs fonctions, qui souvent peuvent fournir des signes ou des symptômes.
C'est pour remplir ces divers buts qu'il conseille d'é-
tudier :

1° Ses deux traités *de Pulsibus ad tyrones,* et *de Os-*

sibus ad eos qui introducuntur, traités qu'il regarde comme le fondement de l'anatomie, car, dit-il, ce que sont les pieux dans une tente, les murs dans une maison, les os le sont dans les animaux. Il appelle l'ensemble des os squelette, et il regarde le squelette comme un tout continu qui se développe au milieu des muscles, et est recouvert par eux. Il démontre que, de la forme et du nombre des os, on peut toujours conclure à la forme et au nombre des muscles.

2° Après avoir, dans le traité précédent, parfaitement décrit tout le squelette, non pas sur un original humain, mais sur un singe, ce qui est évident par la description qu'il donne des os du coccyx, il veut qu'on passe à l'étude de la myologie, par laquelle il commence son grand traité, *de Administratione anatomicâ*; il y enseigne comment on doit tuer l'animal sous l'eau, afin qu'il soit convenablement préparé pour la dissection; il montre de quelle manière il faut s'y prendre pour trouver toutes les parties qu'il indique. De la myologie, dans laquelle il cite un grand nombre de muscles qu'il a le premier démontrés, il passe aux organes de la nutrition, dont il fait dépendre ceux de la sécrétion; de là au cœur, aux organes de la respiration, et au système cérébral, qui termine la partie qui nous reste du neuvième livre. On retrouve dans ces neuf livres une foule de choses parfaitement décrites, que la postérité s'est attribuées. Le reste du neuvième livre, qui a péri, était consacré à l'anatomie de la moelle épinière. Les livres qui traitaient de l'œil, de la langue, du pharynx, du larynx, de l'os hyoïde, de l'histoire des veines et des artères, des nerfs du cerveau, des nerfs de la moelle épinière, et des parties de la génération, que Galien cite dans cet ordre, dans l'Histoire de ses propres livres, ont également péri.

3° Il propose d'étudier ensuite son traité *de Naturali-bus facultatibus,* qu'il écrivit à la prière de Boéthius, après ses livres de la dissection des artères et des veines; il y traite toutes les questions de physiologie générale, telles que celles de la vie, de la nutrition, de la sécré-tion, des éléments, etc.

Il revient ensuite à l'anatomie, *de Anatome mortuo-rum.* Après l'avoir étudiée à l'état statique, à l'état de mort, il conseille de lire son traité d'anatomie à l'état dynamique, à l'état de vie, *de Anatome vivorum,* pour joindre toujours ainsi l'étude de la fonction avec celle de l'organe. Il prescrit ensuite le traité *de Dissentione anatomicá,* où il expose les discussions et les opinions diverses des anatomistes de son temps, et ici, il est, on ne peut le dissimuler, très-acerbe pour ses confrères. En-suite de ces études, il veut qu'on passe à celle des par-ties du corps, et il propose ses Traités *du thorax, des poumons, des causes de la respiration, de la voix, du mou-vement des muscles.* Là se trouve un traité *de Nominibus,* qui n'est pas à sa place, soit par oubli, ou parce qu'il se trouvait sur le même rouleau.

III. Une fois l'anatomie et la physiologie étudiées, il envisage l'histoire naturelle en général, pour l'appliquer à la médecine; il la divise en plusieurs chapitres, et com-mence par les éléments, *de Elementorum demonstratione;* exposant d'abord les sentiments des médecins et des phi-losophes, touchant les éléments des choses; il en disserte ensuite à sa manière, et défend les quatre humeurs comme éléments propres des animaux doués de sang.

Passant à l'histoire naturelle hygiénique, il traite des tempéraments divers, *de Temperamentis;* de la vertu des remèdes simples et de la composition des médica-ments; des animaux et des divers caractères propres à chacun d'eux, *de animalibus cum propriis cujusque notis*. Il passe ensuite à l'étude plus spéciale de l'homme, et traite de la meilleure constitution du corps, *de optimâ corporis constitutione*; des bonnes habitudes, *de bono habitu*; il y parle aussi des mauvaises, *de inæquali intemperie*; du soin de conserver et de rétablir sa santé, *de sanitate tuendâ*; de la différence de constitution suivant l'âge, les sexes, etc.

Viennent ensuite ses Commentaires sur Hippocrate, dont il promet un plus grand nombre si sa vie se prolonge.

Voilà le plan de Galien, tel qu'il résulte de l'ordre dans lequel il veut qu'on étudie ses ouvrages. Il était donc philosophique et non dogmatique, et il avait bien positivement conçu le cercle médical complet. Il nous reste à voir comment il en a rempli les parties essentielles, celles qui appartiennent à la science générale de la nature, et qui par suite, reviennent à notre domaine; c'est ce que nous allons faire par l'analyse de ses deux principaux ouvrages : de l'Administration anatomique et de l'Usage des parties.

VII. *Analyse de ses principaux ouvrages.*

I. *De Administratione anatomicâ*. Il avait d'abord écrit cet ouvrage, au commencement du règne d'Antonin, à la prière de Boéthius. Brûlé dans l'incendie du temple de la Paix, il le recomposa, sur les instances de ses amis, avec beaucoup plus de soin et de grandes améliorations. C'est le plus complet et le plus parfait de tous ses ouvrages anatomiques. Il consacre les préliminaires à déterminer le sujet sur lequel on doit étudier; et comme il était extrêmement difficile de se procurer des squelettes humains, il veut qu'on étudie sur les singes, parce que, dit-il, parmi tous les animaux, le singe ressemble le plus à l'homme, pour les viscères, les muscles, les artères, les nerfs et la forme des os. Il marche sur deux pieds, se sert de ses membres antérieurs comme de mains. Il a la poitrine la plus large de tous les animaux, des clavicules semblables à celles de l'homme; la face ronde, le cou court. Comme il y a, ajoute-t-il, une corrélation entre les muscles, les viscères, les autres parties et les os, je veux que vous connaissiez d'abord les os humains, non-seulement par les livres qu'on intitule ostéologie, et qui ne disent rien de vrai, mais que vous les voyiez par vous-même, soit à Alexandrie, où le professeur fait sa démonstration sur un sujet, soit, comme je l'ai fait, en vous procurant des os de quelques sépulcres, ou des restes des cadavres de brigands, jetés sur la voie publique, ou bien des enfants exposés. Si vous ne pouvez étudier par ces moyens, il faut prendre un squelette de singe, et choisir ceux dont les mâchoires sont les plus courtes, et dont les canines ne dépassent pas les autres dents, parce qu'ils ressemblent plus à l'homme que les cynocéphales, dont le museau est long, les canines proéminentes, et qui marchent à peine à deux pieds. Il serait même avantageux d'étudier le squelette dans le singe et dans l'homme. Après cette étude, il faut passer à celle des muscles, car ces deux parties du corps sont comme le fondement de toutes les autres; ensuite viennent les artères, les veines, les nerfs, les viscères; puis les intestins, les graisses et les glandes. Voilà l'ordre que je vous conseille de suivre; si les singes vous manquent, il faut disséquer d'autres animaux, en notant les différences, car je les indiquerai.

Après ces préliminaires, il renvoie à son traité des os,

dont il ne parle point ici en détail. Il montre que les anciens ne savaient point faire l'anatomie et qu'ils en avaient difficilement l'occasion favorable. Il indique ensuite la manière de tuer l'animal sous l'eau pour qu'il soit plus propre à être disséqué.

Ce livre est très-remarquable en ce que, comme on vient de le voir, il établit un ordre rationnel à suivre dans l'étude des parties. A l'exemple d'Aristote, il fait de l'homme sa mesure, le regardant comme le chef-d'œuvre de la création, et cela avec d'autant plus de raison qu'il s'agit pour Galien de le guérir. Il cherche le signe le plus marquant de son intelligence; car il reconnaît que c'est elle qui domine dans l'homme. Il ne cherche point à l'expliquer : elle était aussi inexplicable pour lui qu'elle l'est encore aujourd'hui pour nous. Il reconnaît qu'elle a son siége dans le cerveau, et qu'elle a pour principal instrument la main; c'est pourquoi il commence par l'anatomie de la main dans le singe.

Il entre en matière par les muscles intérieurs du coude, qui fléchissent le *brachial* et les doigts ; il parle ensuite des muscles externes du coude et de leurs tendons; de la tête des muscles intérieurs et extérieurs du coude; il y parle de l'insertion et des ligaments. Les muscles supinateurs et pronateurs du radius le conduisent aux muscles de la main qu'il appelle le *sommet*; au chapitre X, il décrit les ligaments du coude et de la main, puis il finit ce livre par le bras et l'épaule, de l'articulation de laquelle il donne une figure avec des lettres indicatives.

Le livre second est consacré à l'anatomie des muscles et des ligaments de la cuisse, de la jambe et du pied, qu'il compare à la main, et il le finit en parlant des ongles, qu'il distingue des os, et qu'il dit naître d'une concrétion des os, des nerfs, de la chair et de la peau.

Le livre troisième traite des nerfs et des vaisseaux dans les membres, de leurs veines et de leurs artères; car, dit-il, un membre est composé d'os, de ligaments, de muscles, d'artères, de veines et de nerfs, et le tout est recouvert par la peau. Il compare avec plus de détails les diverses parties de la main et du pied. Ainsi il divise le membre thoracique en *instrumentum*, instrument, la main; *manubrium*, le manche, le poignet et l'avant-bras; *pediculum*, pédicule, le bras; et *radix*, racine, l'épaule. Prenant ensuite le membre pelvien, il y trouve les mêmes parties à peu près, mais avec des différences : il observe que le pied a plus des trois quarts de ses parties solides soudées ensemble par des tendons, tandis que la main a une bien plus grande partie de libre. Tout ce livre est consacré à montrer comment il faut disséquer pour voir tous les vaisseaux et les nerfs dans les membres, et à les décrire. Il montre l'importance de cette étude par l'exemple de médecins ignorants, qui, par des sections imprudentes, avaient causé les plus graves accidents.

Le quatrième livre résume d'abord ce qui précède; il a commencé par la main, « parce que c'est dans l'homme seul qu'on trouve véritablement cet organe; » et puis il est venu à la jambe, parce que là encore, à l'exception de tous les animaux, l'homme seul a quelque chose qui lui est propre. Seul, par le bienfait de ces membres, il marche droit; car nous avons, dit-il, toujours montré que le singe n'était qu'une ridicule similitude de l'homme; mais, dans les principales parties mêmes, il est manchot, *manca*. La structure de ses jambes est bien moins droite; le grand doigt de la main (le pouce), qui est tout le fondement des fonctions de cet instrument, est mutilé chez lui.

Tous ces chapitres, dans lesquels Galien traite de la

main, sont très-beaux ; il y parle convenablement des nerfs, des artères et des veines. Jusqu'ici, nous avions vu les nerfs confondus avec les tendons ; mais Galien en établit nettement la distinction, et démontre parfaitement l'origine des nerfs de l'encéphale et de la moelle épinière ; il en démontre même la fonction, par des expériences sur des animaux vivants, tout aussi concluantes que celles qu'on a faites de nos jours.

Il arrive aux trois cavités, où il observe le contenu, le contenant et l'extérieur. Le quatrième livre traite des muscles qui meuvent les mâchoires, les lèvres, la mâchoire inférieure, la tête, le cou et les épaules. Il parle d'abord des cinq mouvements des parties de la bouche ; tous les animaux, excepté le crocodile, ont la mâchoire inférieure mobile et la supérieure immobile. Il donne l'anatomie de toutes ces parties dans le singe, et le chapitre troisième est consacré à comparer la longueur des mâchoires dans les différents genres d'animaux, et il trouve que l'homme a, pour sa grandeur, la mâchoire la plus courte, le singe ensuite, et tous les animaux l'ont plus longue que le singe. Après les singes viennent les lynx, les satyres, les cynocéphales ; tous ces animaux ont un cou de même longueur et des clavicules comme l'homme ; tous marchent plus ou moins facilement sur deux pieds ; nul des autres animaux n'en est susceptible. Après les ours et les cochons, viennent les animaux qui ont les dents en scie et qu'on appelle pour cela *carcharodonta* ; ensuite deux autres genres d'animaux : l'un a des cornes, des ongles bifides, et il rumine ; l'autre n'a point de cornes ni d'ongles bifides, mais il est solipède.

Il fait en détail l'anatomie de tous les muscles de la tête, des mâchoires, des yeux, du front, etc.; parle du mouvement de la première et de la seconde vertèbre, des muscles qui vont de la tête à la poitrine et aux clavicules.

Le livre cinquième est tout entier consacré aux muscles du tronc, d'abord du thorax, puis au diaphragme, ensuite aux muscles de l'abdomen, des lombes et de l'épine.

Le livre sixième traite des organes de la nutrition, qui sont les intestins, l'estomac, le foie, la rate, les reins, la vessie, et leurs dépendances. Le chapitre premier de ce livre est très-remarquable. Il y démontre que la forme extérieure traduit la forme intérieure, et qu'on peut toujours conclure de l'une à l'autre; et que de la forme des os et de leur nombre, on peut également conclure à la forme et au nombre des muscles; et aussi de la fonction de l'organe à sa structure : « car les parties qui exécutent une fonction semblable, et qui ont au dehors la même figure, doivent nécessairement avoir au dedans la même structure; ainsi donc, pour ceux qui font une même action, qui présentent une même figure extérieure, toute la nature interne de leurs parties est absolument semblable. La nature, en effet, a construit pour chaque animal un corps propre aux affections de l'âme, et c'est pour cela qu'aussitôt qu'ils sont nés, tous se servent de leurs organes comme s'ils étaient instruits par un maître. Je n'ai jamais disséqué de petits animaux comme les fourmis, les cousins, les puces, mais j'ai disséqué ceux qui se traînent comme les belettes, les rats; et ceux qui rampent, comme les serpents; et en outre, un grand nombre de genres d'oiseaux et de poissons, pour me confirmer plus fortement que c'est une même intelligence qui les forme tous (ἕνεκα τοῦ πεισθῆναι βεβαίως ἕνα τὸν νοῦν εἶναι τὸν διαπλάττοντα ταῦτα); et que dans tous les animaux, le corps est propre aux mœurs de l'animal. Par une semblable connaissance, en voyant un animal que vous n'aviez jamais vu, vous connaîtrez d'avance sa structure sous-cutanée; et cela sera encore bien plus facile si vous le voyez remplir ses fonctions. » On ne peut s'empêcher d'admirer la profondeur philosophique du génie de Galien, qui, dans ce chapitre, a donné la conception la plus juste et la plus vraie de l'anatomie comparée, et posé en germe tous les principes devenus si féconds entre les mains de M. de Blainville, qui en a tiré la plus haute et la plus belle philosophie de la science ; en a fait sortir la démonstration de la série animale, bien entendue, et la création de la vraie méthode naturelle, dont les bases sont désormais trop bien assises, pour qu'elle ne finisse pas par régner seule sur la science, dans le plan et les limites qu'il lui a si logiquement tracées.

Après s'être ainsi résumé, Galien passe aux organes de la nutrition, dont il reconnaît trois espèces : les uns sont faits pour saisir, préparer la nourriture, et la porter dans tout le corps; les autres pour recevoir le superflu, les excréments; et les autres enfin, pour servir aux excrétions ou sécrétions. « Ce que nous avons à dire ici, ajoute-t-il, paraîtra incroyable; mais dès que vous l'étudierez, vous n'en douterez pas plus que du reste, et vous admirerez comment ces parties démontrent un seul art ouvrier de tous les animaux, qui a voulu que le but de leur structure fût leur usage. »

Tout ce qu'il dit de l'estomac est parfait; mais il n'a pas été tout à fait aussi heureux sur le foie et ses fonctions, comme nous le verrons. Il a parfaitement senti et démontré la différence et les modifications des estomacs des animaux, selon la diversité de nourriture, aussi bien que leurs relations avec la forme des dents et l'absence des

incisives supérieures dans les ruminants. Dans la classification des animaux d'après l'estomac, il place les solipèdes avant les ruminants; c'est la seule différence de
son autre classification d'après les mâchoires et les pieds.
Il parle ensuite du péritoine, du mésentère, de ses artères et de ses veines; des intestins, et enfin, de toutes
les autres parties du canal intestinal, qui lui était très-
bien connu, non-seulement pour les usages, mais encore pour la structure de ses diverses parties. Les appareils de la sécrétion lui étaient également connus; la
rate, le foie et ses vaisseaux, les méats du fiel, les reins,
les méats urinaires, les uretères, la vessie, les muscles
qui servent à retenir ou à expulser les excréments, sont
très-bien démontrés.

Le livre septième traite du cœur, des poumons et des
artères. La trachée, les bronches, et leurs ramifications
dans le poumon, sont parfaitement décrites; il prétend
que le cœur n'est pas un muscle, contre l'opinion de
quelques médecins de son temps; qu'il est la source de
la faculté irascible et de la chaleur naturelle. Il entre
dans les détails de l'anatomie des oreillettes, des membranes, des vaisseaux du cœur, des vaisseaux qui nour-
rissent le cœur; en un mot, de tout ce qui tient à cet
organe, qu'il regarde, avec le cerveau, comme les deux
maîtresses parties. Il parle fort au long de la cloison des
ventricules, dans laquelle se trouve, chez plusieurs animaux, un cartilage qui s'ossifie dans les plus grands, et il
dit qu'il a lui-même, à Rome, tiré cet os du cœur d'un
éléphant. Il donne la manière d'expérimenter sur ce viscère chez les animaux vivants; passe aux artères, où
il démontre qu'il y a du sang, contre l'opinion des sectateurs d'Érasistrate, qu'il ridiculise.

Le livre huitième donne l'anatomie du reste du thorax, des côtes, et traite du mouvement du thorax par l'action du muscle diaphragme; il y parle très-nettement des expériences sur la section des nerfs intercostaux, et de ceux qui se rendent au diaphragme, et des divers effets de paralysie de tout mouvement qu'opérait cette section. Il s'étend très-longuement sur la manière de faire ces expériences de physiologie.

Le livre neuvième contient, dans la partie qui nous reste, l'anatomie du cerveau. L'autre partie, qui est perdue, traitait de la moelle épinière. Le livre dix contenait l'anatomie de l'œil, de la langue et du pharynx; le onzième, celle du larynx et de l'os hyoïde; le douzième, l'histoire des artères et des veines; le treizième traitait des nerfs du cerveau; le quatorzième, des nerfs de la moelle épinière; le quinzième, des parties de la génération. Galien lui-même nous a ainsi tracé l'histoire de ces livres perdus, dans celui de ses propres ouvrages; c'est d'ailleurs à peu près le même ordre qu'il va suivre dans son autre grand traité *de Usu partium*, qu'il nous reste à analyser.

II. *De Usu partium. De l'Usage des parties.* Il commence également ce traité par la main, et revient, en faisant le cercle, au cerveau. C'est le premier ouvrage qui ait sorti de l'ensemble les parties pour étudier séparément leurs fonctions. Le traité *de Administratione anatomicâ* est un traité complet de démonstration anatomique; mais après avoir décrit et fait connaître la structure des organes, il fallait en étudier les fonctions, et c'est ce qu'il fait dans ce nouveau traité, qui n'est qu'une belle physio. logie de toutes les parties de l'organisme animal, dont il recherche les fonctions et les usages d'après les actes. Il pose d'abord quelques généralités de définitions. Il dit ce qu'il entend par parties, et c'est ce que nous entendons

par appareil. Il parle de la différence et des modifications des appareils en relation avec les mœurs des animaux : les animaux féroces et courageux sont armés de
défenses, et les timides ont reçu pour la fuite la vélo-
cité. « Mais à l'homme, car cet animal est sage et seul
divin de tous ceux qui sont sur la terre (ἀνθρώπῳ δὲ,
σοφὸν γὰρ τοῦτο τὸ ζῷον καὶ μόνον τῶν ἐπὶ γῆς θεῖον), pour
toute arme défensive, a été donnée la main, instrument
nécessaire à tous les arts, non moins propre à la paix
qu'à la guerre. Il n'a donc pas eu besoin de cornes, ni
d'ongles, puisqu'il peut, quand il voudra, recevoir dans
ses mains des armes bien meilleures que des cornes....
L'homme, par son intelligence et par ses mains, dompte
le cheval, est plus prompt que le lion.... L'homme n'est
ni nu, ni sans armes, ni facile à blesser, ni dépourvu
de chaussure, car il peut, quand il veut, se faire une
poitrine de fer, organe plus difficile à blesser que tous
les cuirs; il a une multitude de chaussures, d'armes et
de téguments, puisque, non-seulement la cuirasse,
mais les maisons, les murs et les tours, sont ses téguments. S'il avait des griffes aux mains, il ne pourrait
s'en servir ni pour faire des cuirasses, des lances.... ni
pour construire des maisons, des murs et des forteresses.
Avec ses mains, il tisse ses vêtements, tresse des filets
pour la pêche; par elles, il domine non-seulement les
animaux qui sont sur la terre, mais encore ceux qui
sont dans la mer et dans l'air. Telles sont les armes que
ses mains lui fournissent pour exercer sa puissance. Mais
l'homme, animal pacifique et politique, écrit les lois
avec ses mains, élève aux dieux des autels et des statues,
construit les vaisseaux, les flûtes, les lyres, le scalpel,
les ciseaux, et tous les autres instruments des arts. Il
laisse même des livres écrits sur leur spéculation; et

par le bienfait des mains, il vous est permis de parler
maintenant de science avec Platon, Aristote, Hippocrate et les autres anciens. »..... « Ainsi donc, la main a
été donnée à l'homme, non pas, comme le prétend
Anaxagore, pour qu'il fût le plus sage, mais parce qu'il
est le plus sage des animaux.... Comme son corps est
dépouillé d'armes, de même aussi son intelligence est
dépouillée d'arts ; or, à cause de la nudité de son corps,
il a reçu la main, qui est un instrument au-dessus de
tous les instruments, puisqu'elle peut tous les faire, et
à cause de l'ignorance de son intelligence, il a reçu la
raison, qui est un art au-dessus de tous les arts, puisqu'elle est née pour les recevoir tous. »

C'est ainsi que la différence des doctrines philosophiques en établit une immense entre les vues admirables
de Galien sur l'homme, et l'abjection dans laquelle on
se rappelle que Pline avait traîné ce premier être de la
création.

Galien entre ensuite dans le détail de toutes les parties de la main ; montre avec quelle perfection elle est
faite pour remplir toutes ses fonctions intellectuelles et
sensoriales ; il considère la division des doigts, qui leur
permet d'embrasser une plus grande étendue ; la brisure
des articulations ; le pouce on ne peut plus facilement
opposable à tous les autres doigts ; la faculté qu'a la main
de pouvoir modifier la disposition de toutes ses parties,
pour mesurer et saisir un corps rond ; la nature même
de toutes les parties de la main, modifiée pour toucher
les corps mous, comme les durs. En un mot, on ne peut
rien dire de plus sur cet organe, auquel il consacre un
livre qui est admirable de conception et de philosophie,
et où il démontre que rien ne peut être conçu de mieux
que la main, pour les usages auxquels elle est destinée.

Il y cite, avec les plus grands éloges, Hippocrate, Socrate, Platon et Aristote, qui avaient tous pensé comme lui sur la main; mais il y ajoute beaucoup, comme il le démontre lui-même, par une anatomie plus profonde et plus détaillée.

Le chapitre vingt-unième de ce livre traite des tendons, contre les sectateurs d'Épicure et d'Asclépiade, qui prétendaient que les usages de la vie formaient les organes. Il les réfute avec une puissante logique, tout en les ridiculisant, car, dit-il, si c'est l'usage qui forme l'organe, pourquoi le trouve-t-on dans le fœtus? pourquoi ne le trouve-t-on pas double dans ceux qui en usent beaucoup? et pourquoi le trouve-t-on dans ceux qui n'en usent pas?

Le livre second expose l'usage des autres parties de la main, du carpe, du coude et du bras. Il y démontre souvent la sagesse du Créateur et son admirable providence, et cela surtout dans le chapitre huit, où il parle des os des diverses parties du bras et de leurs usages; et dans le chapitre neuf, où il compare le pied à la main.

Le livre troisième enseigne l'art de la nature dans les jambes, l'usage du pied, de la jambe et de la cuisse..... L'homme n'a que deux pieds, parce qu'il a deux mains, et qu'il n'avait pas besoin de promptitude, puisqu'il peut dompter le cheval. Il montre qu'un plus grand nombre de pieds était nécessaire aux différents animaux à cause de leur genre de vie, et pour remplacer le défaut de l'organe intellectuel, de la main. Il résulte des détails dans lesquels il entre sur le nombre des pieds des insectes et des animaux inférieurs, qu'il y voit une marque évidente de dégradation.

Le chapitre dix de ce livre traite des instruments des

mouvements de la jambe, et de la bonté, de la sagesse
et de l'admirable puissance du Créateur. Après y avoir
réfuté certains hommes qui blâmaient la Providence
des prétendus inconvénients de leur corps, et les avoir
fort maltraités, il dit 'qu'il compose un hymne au
Créateur, et qu'il pense que la vraie piété consiste, non
à offrir des hécatombes et à faire fumer des parfums,
mais à connaître d'abord, et à démontrer ensuite aux
autres, combien est grande la sagesse, la puissance et
la bonté du Créateur.

Lorsqu'il a donné tous les détails sur les fonctions et
les usages des muscles, des os et de toutes les parties
du membre postérieur, il consacre le livre quatrième
aux divers instruments de la nutrition. Il parle parfaitement des divers organes; mais il erre sur le foie, en
lui attribuant en grande partie la sanguification du
chyle. Il fait, du reste, admirablement bien consister
la nutrition dans plusieurs propriétés physiques du
canal intestinal et de toutes les parties. L'estomac et
les organes de la nutrition possèdent donc « une faculté
attractive qui leur est propre, une faculté qui retient
les aliments reçus, et une faculté excrétrice des superflus; et, sans doute, avant toutes celles-là, une faculté
altérante, pour laquelle le ventre a besoin du secours de
toutes les autres. » Il dit que toutes les parties puisent
leur nourriture dans le sang des vaisseaux, comme les
arbres dans la terre, par la faculté attractive; mais que
les animaux diffèrent des végétaux en ce qu'ils peuvent
se mouvoir pour choisir leur nourriture; que, à cause
de cela, ils ont reçu un estomac pour l'élaborer. Il parle
très-bien de la chylification, et, sauf le secours de la
chimie qu'il n'avait pas, il analyse assez bien le chyle.
Il a parfaitement vu la différence de structure des ar-

tères et des veines; mais il a erré en soutenant que le sang veineux nourrissait comme le sang artériel. « La fonction des intestins grêles est, dit-il, de transmettre l'aliment, le chyle, du ventricule aux veines; mais comme le foie sert à la sanguification, et le ventricule à la chylification, les veines servent au transport du sang, et les intestins au transport du chyle; cependant les intestins servent aussi à la *concoction*, et les veines ont une faculté de sanguification, afin que, pendant le transport, la substance ne s'altérât pas. »

Il a parfaitement démontré que les nombreuses circonvolutions des intestins avaient pour but de faciliter l'absorption du chyle; que les gros intestins et le cœcum, qu'il a reconnu double dans les oiseaux, servaient à une dernière absorption avant l'éjection des fèces. Il finit par les muscles et la nutrition des intestins.

Dans le livre cinquième, il termine ce qui concerne la nutrition, et particulièrement la déjection. Il range la bile, le fiel, parmi les excréments, ou plutôt les excrétions; et il a vu que ces fluides se rendaient dans le ventricule (*duodenum*); il a également connu que la bile avait une propriété extrèmement âcre, mordante et dissolvante (*abradantem*); que le foie sécrétait la bile, et que les reins sécrétaient l'urine. Il a parfaitement démontré les nerfs des intestins et des organes de la nutrition; mais il n'a pas aussi bien connu leur fonction et leur importance dans la digestion.

Les deux livres suivants sont consacrés aux diverses parties extérieures et intérieures du thorax; il reconnaît que les poissons n'ont que le cœur dans le thorax, qu'ils n'ont point de voix, parce qu'ils n'ont point de poumons, et qu'ils ne respirent pas l'air..... Il explique les fonctions de toutes les diverses parties du cœur et du poumon, des artères et des veines, de la trachée, du larynx et de l'os hyoïde.

Dans les quatre livres suivants, consacrés aux diverses parties de la tête, il démontre que le cerveau est le principe des nerfs, de toute sensation et des mouvements volontaires, comme le cœur est le principe des mouvements des artères. En exposant comment les sens spéciaux tirent leur origine et reçoivent des nerfs du cerveau, il est conduit à parler de l'âme, de l'intelligence, dont il reconnaît qu'il est impossible d'expliquer la substance, et il ne s'y arrête pas inutilement. Mais il explique les divers usages des organes des sens, et s'étend assez longuement sur l'œil et la vision, dont il donne des démonstrations à l'aide de figures et de lettres. Cependant la physique était encore trop peu avancée pour qu'il pût atteindre à une étiologie satisfaisante de fonctions si relevées.

Le douzième et le treizième livres traitent du cou, de l'épine du dos, des vertèbres, de leurs ligaments, de leurs cartilages, des nerfs, des tendons, des muscles, et de toutes les autres parties qui s'y trouvent, ainsi que de leurs fonctions.

Le quatorzième et le quinzième livres traitent de la génération. Il commence par les organes femelles, parle des rapports de l'utérus et des mamelles; mais il est surtout remarquable dans la démonstration de la ressemblance et de l'identité de signification des organes mâles et des organes femelles. « Toutes les parties, dit-il, qui sont dans l'homme, vous les trouverez dans la femme ; si ce n'est que dans l'homme elles sont extérieures, et dans la femme intérieures. » Et il poursuit sa démonstration partie par partie. C'était déjà d'une manière très-positive et très-avancée la thèse que soutient et démontre M. de Blainville.

Il donne, dans le seizième livre, un ensemble de tous les nerfs et des artères de l'organisme.

Cet ouvrage, en thèse générale, est une admirable réfutation du matérialisme scientifique, même moderne; ce n'est d'un bout à l'autre que la grande et admirable thèse des causes finales, et une démonstration scientifique de la sagesse, de la puissance du Créateur, et de sa providence.

VIII. *Ce qu'il a laissé à la science.*

D'après l'énumération de ses ouvrages par lui-même, on voit que Galien avait travaillé sur le plan d'Aristote; des considérations médicales seules l'ont empêché et devaient l'empêcher de l'embrasser dans toute son étendue. Son plan entre parfaitement dans le plan que nous avons donné de l'encyclopédie médicale. Mais c'est surtout ce qu'il a légué à la science des animaux qui nous importe.

1. *Principes.* C'est Galien qui a comparé les deux parties qui constituent la science, c'est-à-dire, l'observation et le raisonnement (*experientia et ratio*), aux deux membres qui nous servent à marcher, agissant l'un après l'autre, le droit le premier et le plus important. Il a reconnu la nécessité de la philosophie pour la science, et a nettement accepté et défendu la thèse des causes finales, d'un Dieu créateur et de ses perfections; l'existence de l'âme et la haute supériorité de l'homme, qui est le plus divin des êtres qui sont sur la terre, au-dessus de tous les animaux; et il l'a pris comme mesure pour apprécier la perfection de ceux-ci. Mais il ne s'est pas contenté d'accepter ces hautes vérités, il s'est efforcé de les démontrer par les faits scientifiques.

II. *Anatomie.* Galien a été le maître de tous les anatomistes à la renaissance, jusqu'à ce que Vésale l'ait réformé par l'heureuse révolution de l'anatomie de l'homme. Il a d'abord traité des procédés anatomiques, de la manière dont il faut préparer l'animal pour qu'il soit plus propre à l'étude; il a décrit les instruments nécessaires à l'anatomiste; et, en troisième lieu, il a établi l'ordre à suivre dans l'étude des parties, d'abord les os, puis les muscles, comprenant le tronc et les extrémités, les trois cavités ou ventres, dans lesquels il propose les parties contenantes et les parties contenues : ce sont donc là trois préliminaires importants introduits dans la science.

An. spéciale. 1° De la peau en général et des organes des sens. Il considère la peau comme une partie similaire formée d'artères, de veines et de nerfs, ayant, au-dessus, l'épiderme, au-dessous, une membrane, sans doute le derme ou le peaussier; elle est partout percée de pores pour la sortie des vapeurs de la transpiration, et couverte, en certains endroits, de poils qui y sont implantés, comme les dents dans les gencives; elle est le siége des organes des sens, et spécialement du *toucher.*

La langue est considérée par lui comme le siége du sens du *goût,* dans la membrane qui la recouvre, et pour cela recevant deux ordres de nerfs, comme l'œil; l'un *dur,* l'autre *mou;* les premiers pour les muscles, les seconds pour la membrane : c'est donc déjà la distinction en nerfs locomoteurs et en nerfs sensoriaux.

Les narines. Il est, pour le sens de l'odorat, complétement dans l'erreur; il en place le siége à l'extrémité des ventricules latéraux du cerveau.

De l'œil. Il a parfaitement considéré l'œil anatomiquement et physiologiquement, comme le siége de la vision. Il y admet sept membranes, dont la rétine, *reticulum*, l'arachnoïde, la choroïde, l'uvée, deux sclérotiques, et les tendons des muscles réunis; trois humeurs: l'humeur vitrée, le cristallin, qui en est le produit, et l'humeur aqueuse, produite par la choroïde. Il a connu l'appareil lacrymal, ses glandes, le canal nasal, les paupières, dont la supérieure seule est mobile, et les cils qui ne croissent pas.

L'oreille est considérée comme l'organe de l'audition; mais elle est très-incomplétement décrite. Il dit pourtant que l'organe est renfermé dans l'os pétreux, qui est en forme de labyrinthe quand on le coupe; que le fond du conduit de l'ouïe, où se termine le nerf, est, à l'égard de l'organe, ce que le cristallin est à l'égard de l'œil.

2° APPAREIL DE LA LOCOMOTION. A. *Partie passive.* Il définit les os en général des corps durs, secs, terreux, dont l'étude constitue l'ostéologie, et l'ensemble le squelette. Il a distingué les épiphyses des apophyses. Il a étudié soigneusement les connexions des os, d'où les symphyses, les sutures, et les articulations qu'il a distinguées en plusieurs sortes. Il a montré leur réunion par des ligaments nettement distingués des nerfs. Puis il décrit tous les os; d'abord ceux de la tête, comprenant les mâchoires et les dents; la colonne vertébrale, en distinguant les vertèbres en cervicales, dorsales, lombaires et sacrées; ensuite le thorax, les omoplates, les clavicules, l'humérus et le reste des membres antérieurs; enfin les membres postérieurs.

B. *Partie active.* Il définit la fibre musculaire en elle-même, une fibre déliée comme des fils d'araignée, continue d'un côté avec le nerf (erreur, du reste, soutenue de notre temps), et, de l'autre, avec les tendons.

Le muscle est bien défini, comme une masse charnue formant une tête, un ventre, et un tendon ou queue.

Il a souvent désigné ou dénommé les muscles par quelques particularités de forme. Ainsi, deltoïde, crotaphyte, platisma, myoïdes. Il les a assez bien décrits, quoique longuement et assez peu clairement, suivant un plan raisonné, réfléchi, bien qu'assez singulier. Il commence par la main, comme la partie de l'homme la plus importante, la plus élevée. — Il a parfaitement compris le diaphragme. C'est la myologie du singe qu'il donne le plus souvent ; mais il ne néglige pourtant pas celle de l'homme, et parle même quelquefois des animaux. Il cite un très-grand nombre de muscles, dont il a fait le premier la démonstration, entre autres les interosseux, les lombricaux, etc.

3° APPAREIL DE LA DIGESTION, *instrumentum cibi*. Cet appareil forme la troisième cavité ou le ventre, l'abdomen et ses parties contenues. Il a commencé par l'enveloppe générale ou péritoine, corps mince arachnoïde, qui revêt tous les viscères, et dont dérivent l'épiploon, et le mésentère, dans lequel il a vu les glandes.

Il a parfaitement décrit la bouche, les dents, la langue, le pharynx et l'œsophage, qui le conduit à l'estomac.

L'estomac a deux orifices, l'un supérieur et l'autre inférieur, qu'il nomme *pylore* ; il est formé de deux membranes, l'une à fibres longitudinales, et l'autre à fibres transverses.

L'intestin est composé de même, et a des glandes internes pour lubréfier. Il subdivise les intestins en grêles et en gros. L'intestin grêle en duodénum, qu'il nomme exphysis, en jejunum et ileon ; l'intestin gros, en cœcum, colon et rectum, terminé par un sphincter.

L'estomac est compris entre le foie et la rate.

Le foie est formé d'une chair particulière, revêtue d'une membrane propre et du péritoine ; il reçoit par la veine porte toutes les veines mésaraïques ; il est subdivisé en lobes, et sépare du sang la bile, que conserve la vésicule du fiel.

La rate est un organe formé d'un parenchyme spongieux, mais qui l'est beaucoup moins que celui du poumon, contenant beaucoup plus d'artères que le foie, et donnant les vaisseaux courts à l'estomac.

L'appareil de la digestion était donc arrivé à un point très-satisfaisant pour les personnes qui ne veulent que des connaissances ordinaires, sans faire de physiologie ni d'anatomie détaillées.

4° APPAREIL DE LA RESPIRATION. Cet appareil est contenu dans la cavité pectorale, séparée de la précédente par le diaphragme ; il est entouré par une membrane (la plèvre) à laquelle il ne donne pas de nom, mais qu'il dit être séparée en ses deux parties, le médiastin. Le poumon est formé par un parenchyme lâche, rare, mou, composé d'une veine, de deux artères, qu'il nomme veine artérielle ou artère veineuse, et de trachée. Celle-ci est composée de cartilages sigmoïdes, et commence par le larynx, dans lequel il distingue les cartilages thyroïde, cricoïde, arythénoïde. Il a connu l'épiglotte, la glotte et ses ligaments.

Il a connu les lobes ou divisions des poumons, et, entre autres, le *lobule sous-cardiaque* du poumon droit.

Sauf donc certains détails d'anatomie, cet appareil était parfaitement décrit.

5° APPAREIL DE LA CIRCULATION. Il a parfaitement exposé la position, la disposition, la forme et même la structure du cœur ; son péricarde et l'eau qu'il contient, la nature de sa fibre musculaire; ses deux ventricules et les oreillettes, qu'il nomme *épiphyses ;* les valvules qui sont entre elles; le trou de Botal, les trois valvules sigmoïdes de l'entrée de l'artère pulmonaire.

Il a très-bien distingué les *veines* des *artères* par leur structure, les unes n'ayant qu'une membrane, les autres en ayant deux, dont l'intérieure est la plus épaisse et à fibres transverses. Il a montré que ces deux ordres de vaisseaux contenaient du sang; il a commis l'erreur d'envisager le foie comme le centre des veines, a oublié la veine cave, mais très-bien décrit la veine porte. Les artères sont toujours accompagnées d'une veine; les artères et les veines s'anastomosent à leur origine ou à leur terminaison; les artères se partagent en artères antérieures ou supérieures, et en artères inférieures ou aorte.

6° APPAREIL DE LA SÉCRÉTION. Il a connu comme organes servant à lubréfier ou à quelque usage : les mamelles, pour produire le lait, et qui ont des rapports avec la matrice ; les glandes salivaires, lacrymales, périglottes, agmydales, intestinales, les prostates; les reins, leur canal excréteur ou uretère, leur réservoir ou la vessie; mais il est beaucoup moins avancé dans leur description que pour les appareils précédents.

7° APPAREIL DE LA GÉNÉRATION. L'appareil de la génération lui est connu dans la femme et dans l'homme; il a noté leur similitude, du moins dans les parties principales; dans la femme les ovaires, les trompes, la

matrice, le vagin, les nymphes ; dans l'homme les testicules, les épididymes et les bourses, le canal défé-
rent, la vésicule séminale, les prostates, le pénis, sont
décrits et comparés ; et il en a montré l'harmonie et les
rapports.

8° Appareil de l'excitation et de la sensibilité.
Les plus anciens anatomistes regardaient la masse pul-
peuse contenue dans le crâne, comme un tout homogène, analogue à la moelle des os ; plus tard on l'appela encéphale, et Aristote distingua le premier le
cervelet du cerveau. Galien adopta cette division, en
l'attribuant à Hérophile, comme à l'anatomiste le plus
célèbre. Aristote n'avait vu que des cerveaux d'animaux, puisqu'il dit que le cervelet est après le cerveau [1]. Il paraît certain qu'Érasistrate [2] et Rufus [3] avaient
vu et disséqué des cerveaux humains ; ils disent que
le cervelet est sous le cerveau. Galien n'a disséqué que
des cerveaux d'animaux ; il dit lui-même qu'il a étudié
les membranes du cerveau sur des animaux vivants [4].
Ses descriptions prouvent qu'il n'avait étudié ce grand
système que sur des singes, dont il nous apprend qu'il
avait une grande quantité à sa disposition, surtout à
Rome.

Dans les grandes villes, les bouchers préparaient des
têtes de bœuf pour l'étude du cerveau [5].

Membranes. Suivant Galien, les anciens anatomistes
désignaient toutes les membranes du corps par le mot
méninges, et il ne sait comment, plus tard, ce nom fut

---

[1] *Hist. anim.*, l. I, ch. XVI.

[2] Gal., *de Usu part.*, l. VII, ch. XI.

[3] *De Corp. hum. part.*, Paris, 1554, p. 27,-40.

[4] *De Decret. Hipp. et Plat.*, l. VII, ch. III.

[5] Gal., *de Admin. anat.*, l. IX, ch. IV.

réservé aux seules enveloppes cérébrales[1]. Il n'admettait que deux membranes pour le cerveau, la dure-mère et la pie-mère. Il conseille de se servir, pour scier les os, d'instruments bien aiguisés, afin de ménager l'origine des nerfs, le cerveau, le septum lucidum, les veines, les artères, ce qui est auprès du bassin ou infundibulum, et le reste[2].

Sans distinguer positivement les deux feuillets de la dure-mère, Galien admet qu'elle se réfléchit sur elle-même pour constituer les cloisons du cerveau. Il a décrit la grande faux du cerveau qui divise les deux hémisphères, la tente du cervelet qui le sépare du cerveau, et la faux du cervelet.

En incisant la dure-mère de chaque côté de la faux du cerveau et de la tente du cervelet, on voit les vaisseaux qui se distribuent aux trois parties du cerveau, ramper superficiellement, ou se porter dans la profondeur, et s'entrelacer tous pour constituer la pie-mère, véritable tissu de veines et d'artères, dont les mailles sont remplies par une petite membrane[3]. La pie-mère enveloppe toute la surface du cerveau, pénètre dans les anfractuosités et les ventricules[4]; elle est unie, d'une part, au cerveau, et de l'autre, à la dure-mère, par des ramifications vasculaires; entre ces deux membranes existe un espace vide démontré par l'insufflation, et qui permet les mouvements d'inspiration et d'expiration du cerveau[5].

Le premier des anciens, et beaucoup mieux que les

---

[1] Gal., *de Admin.*, l. IX, ch. II.
[2] Gal., *de Admin.*, l. IX, ch. I.
[3] Gal., *de Decret. Hipp. et Plat.*, l. VII, ch. III.
[4] *De Usu part.*, l. VIII, ch. VIII.
[5] *De Usu part.*, l. VIII, ch. IX; *de Administ. anat.*, l. IX, ch. II.

modernes, Galien, dirigé par les causes finales et la sagesse de Dieu dans ses œuvres, avait compris et exposé en germe la sublime harmonie et l'admirable usage des enveloppes du cerveau. De même, dit-il, que Dieu a placé l'air comme élément moyen entre le feu et l'eau, ainsi la nature a disposé les membranes entre le cerveau qui est mou, et l'os qui est dur, comme un terme moyen, non-seulement par position, mais par substance, et de plus, elle a établi une proportion entre ces deux membranes; ainsi, la pie-mère, rapprochée du cerveau par sa consistance, en est l'enveloppe protectrice; la dure-mère est celle de la pie-mère, et le crâne celle de la dure-mère. Le crâne met le cerveau à l'abri des chocs extérieurs, la dure-mère le défend du contact des os dans ses mouvements d'élévation, et la pie-mère le protége du froissement de la dure-membrane. La dure-mère soutient, en outre, par ses replis, les diverses parties du cerveau, maintient les ventricules et les canaux béants. La pie-mère, en rassemblant les vaisseaux, les empêche de glisser sur la surface humide du cerveau. La substance cérébrale ne pouvant se soutenir d'elle-même, s'affaisse aussitôt qu'elle est dépouillée de la pie-mère, bien plus encore sur le vivant que sur le cadavre, où l'évaporation des esprits durcit la fibre nerveuse [1].

M. Daremberg, juste admirateur de Galien, et qui pourtant n'approuve pas ces dernières idées, dit : « Je lui demanderai, avec Vésale, où il a pu prendre une pareille idée du cerveau; car, enfin, le cerveau le plus mou, celui du cochon, par exemple, ne l'est jamais à

---

[1] Gal., *de Usu part.*, l. VIII, ch. IX ; *de Admin. anat.*, l. IX, ch. IV ; *de Usu part.*, l. IX, ch. VII ; l. VIII, ch. VIII, *dans M. Daremberg.*

ce degré, surtout sur le vivant : voilà cependant où peut conduire l'esprit de système et la manie des interprétations [1]. » Mais voici que l'anatomiste, qui a le plus et le mieux étudié le système nerveux encéphalique, M. Foville, a été conduit à développer et à démontrer de la manière la plus admirable, ce qui n'est qu'en germe dans Galien, qu'il venge avec autant de justice que de modération. « Si, dit-il, les considérations dans lesquelles nous sommes entré, sont exactes, et nous ne pouvons nous empêcher de les croire entièrement fondées, on devra conclure autrement que M. Daremberg à l'égard de l'usage que Galien attribue à la pie-mère. Et, dans ce cas, il serait très-remarquable que l'attaque dirigée contre Galien tiendrait à ce qu'on aurait cessé de comprendre aussi bien que lui les intentions de la nature [2]. »

Poursuivant sa belle idée, Galien avait attribué aux vaisseaux et aux membranes de la moelle épinière les mêmes usages ; et, comme pour justifier pleinement sa pensée, démontrée par M. Foville pour les vaisseaux encéphaliques, que souvent un seul instrument suffit à plusieurs fonctions, Galien expose que les artères de la pie-mère servent à la sécrétion des esprits animaux en même temps qu'à protéger et à soutenir la substance cérébrale. Il fait des rapprochements pleins d'intérêt entre les plexus vasculaires du cerveau, et ceux des testicules. Ailleurs, il compare la pie-mère, avec laquelle il comprenait l'arachnoïde, à la seconde membrane du fœtus, séparée de son corps par une couche de fluide [3].

---

[1] *Thèse de **M**. Daremberg*, p. 22.

[2] *Traité complet de l'anatomie*, etc., *du système nerveux cérébro-spinal*, par M. Foville, p. 536.

[3] *De Usu part.*, l. VIII et IX ; M. Foville, *même ouvrage*, p. 537.

Cerveau. Galien ne dit que fort peu de chose des circonvolutions cérébrales ; il a remarqué que le cervelet n'était pas formé de grandes circonvolutions comme le cerveau. Mais il a très-bien vu le corps calleux, les ventricules latéraux, le troisième et le quatrième ventricule, qu'il appelle ventricule de la voûte du cervelet. Il a également bien connu la cloison transparente, la glande pinéale, les tubercules quadrijumeaux et le corps vermiforme du cervelet. Mais il ne paraît pas avoir distingué la substance grise de la substance blanche, quoiqu'il ait enseigné que la substance du cerveau lui était propre. Ayant aperçu une différence dans le degré de mollesse ou de dureté des diverses portions des centres nerveux, et du cerveau en particulier, il avait constaté que cet organe, chez les jeunes animaux, est plus mou que chez les vieux, et qu'il remplit plus exactement la boîte osseuse ; que dans la vieillesse, il s'atrophie et retombe sur sa base ; que, quand cet endurcissement du cerveau est poussé trop loin, les sens s'obscurcissent et les mouvements se perdent.

Guidé par une conception, celle du mouvement des esprits vitaux, qui font la force du cerveau, et par celle de l'élaboration des liquides qui entretiennent sa vie, il était arrivé à une systématisation du système nerveux, qui, quoique fausse, n'est pas à dédaigner. S'il touche à une sorte de phrénologie, c'est avec une modération remarquable, et en réservant la nature de l'âme et sa liberté.

Moelle épinière. Galien la regarde comme une production et une prolongation du cerveau ; ses enveloppes sont le prolongement de celles du cerveau, dont la moelle diffère parce qu'elle n'exécute pas de mouvements comme lui, qu'elle est contenue dans le canal vertébral, composé d'os mobiles, tandis que les os de la tête, qui protégent le cerveau, sont immobiles. Mais les membranes dans le rachis sont disposées pour protéger la moelle contre le mouvement des vertèbres; elles sont baignées d'un fluide visqueux, analogue à celui de tous les organes qui jouissent de mouvements. M. Daremberg ne voit dans ce fluide que le fluide arachnoïdien : « Il n'est, en effet, dit-il, guère supposable qu'il ait entendu par cette humeur le tissu cellulo-graisseux qui unit la dure-mère au rachis, et qui n'est guère développé qu'à la région sacrée. » Ce que dit M. Daremberg est vrai de l'homme; mais s'il avait tenu compte de l'anatomie des animaux, il eût mieux compris Galien, qui n'avait disséqué que des animaux, chez lesquels le fluide gélatino-graisseux est beaucoup plus développé que dans l'homme.

Galien assure avec raison que la moelle est plus grosse au niveau de certaines vertèbres qu'en d'autres endroits. La moelle, ajoute-t-il, a été produite aussi grosse qu'il le fallait pour subvenir aux besoins des parties auxquelles elle distribue des nerfs. Enfin, la moelle est de même substance que le cerveau, mais seulement plus dure, et elle se durcit de plus en plus, à mesure qu'elle avance près de sa terminaison.

Nerfs. La division des cordons nerveux en paires symétriques, dont on étudie isolément l'extrémité centrale et la distribution à la périphérie, appartient à Galien, qui avait appelé ces paires des conjugaisons, nom infiniment préférable à celui de paires, qui est venu plus tard. Par conjugaison, il entend l'ensemble de la distribution harmonique de deux nerfs homologues, ayant chacun une origine identique, mais séparée, sur l'hémisphère droit et gauche du cerveau, et se rendant symétriquement à des organes pairs ou impairs. Il admet sept paires de nerfs cérébraux, qui comprennent tous les nerfs admis aujourd'hui, sauf le pathétique et l'oculomoteur externe; trente paires spinales; la sixième paire sacrée est regardée par lui comme un nerf unique, par lequel la moelle épuisée se termine : c'est le seul nerf qui fasse exception à la loi générale de la conjugaison [1]. Aristote avait fait naître les nerfs du cœur; Galien le réfute et introduit dans la science les premiers et les véritables principes du système nerveux; et il arrive même jusqu'à sa notion la plus élevée, puisqu'il dit que le nerf distingue l'animal de la plante [2], vérité fondamentale de la science de l'organisation; enfin, il admettait qu'il y a des nerfs distincts pour le mouvement et pour le sentiment.

La théorie du système nerveux était donc aussi avancée qu'elle pouvait l'être, et contenait des vérités premières que la science a fécondées, mais qu'elle ne dédaignerait pas d'avoir découvertes même de nos jours.

DANS L'ANATOMIE DE DÉVELOPPEMENT. Galien avait envisagé l'anatomie dans tout son ensemble, non-seulement à l'état statique, mais encore à l'état dynamique ou de développement. Il a connu, dans le fœtus, les trois membranes, le chorion, l'amnios, l'allantoïde et ses communications avec la vessie par l'ouraque, le placenta et le cordon ombilical; la communication des deux ventricules du cœur.

Nous pouvons donc conclure que Galien est véritablement le créateur de l'anatomie; c'est lui qui l'a fait sortir de l'enfance, en spécialisant nettement toutes les diverses parties de l'organisme. Sans doute, il a profité des travaux de ses prédécesseurs, mais, dans un grand

[1] Gal., *de Diss. nerv.*, V; *de Usu part.*, l. XIII, ch. V, VI, VII.
[2] *De Usu part.*, l. IV, ch. XIII.

nombre de cas, il les a redressés, et il n'y a presque pas d'appareils où il n'ait fait le premier plusieurs démonstrations importantes qu'ils n'avaient pas aperçues. Nous allons voir qu'il n'a pas moins fait marcher la physiologie.

III. *Physiologie*. B. *Générale*. Cette partie de la science était peu avancée dans Hippocrate et Aristote; elle était nulle dans Pline, qui n'admettait pas et qui ne pouvait admettre les causes finales, sans lesquelles il est impossible de faire de bonne et de véritable physiologie. Galien est le premier physiologiste. Ayant dit, en effet, qu'il fallait connaître les altérations avant de chercher à les guérir, et que pour y arriver, non-seulement l'étude de l'organisme, mais encore celle des fonctions, était nécessaire, on doit le regarder comme le créateur de la méthode expérimentale en physiologie. Il est vrai pourtant que c'est plutôt l'altération de l'organe que celle de la fonction qu'il faut connaître, comme cela est démontré par cette grande amélioration, due tout entière à la médecine française, dans ces vingt-cinq ou trente dernières années. Mais Galien a le premier institué ou au moins essayé des expériences en physiologie; le premier, il a recommandé d'étudier, sur les animaux vivants, ce qu'avaient montré les animaux morts. Nul n'a mieux démontré que lui l'importance de la main, au point d'y trouver l'instrument complémentaire de l'intelligence de l'homme. Aussi la main lui paraît être la partie par laquelle l'homme est homme (*homo est homo*). C'est lui qui, le premier, a le plus nettement établi que le corps est tel parce que l'âme est telle; que le corps est pour l'âme, et non l'âme pour le corps, et que, par conséquent, l'âme est avant le corps. Il avait rejeté avec mépris les atomes et le système de l'épicuréisme. Dès lors, il ne faut plus s'étonner s'il est l'un des organologistes qui aient le mieux senti et prouvé l'importance de la considération des causes finales, puisqu'il a consacré à cette thèse son plus long et l'un de ses meilleurs ouvrages.

C. *Spéciale.* 1° SENSATIONS. La théorie des sensations, la physiologie des sens spéciaux, ne pouvaient lui être connues; la physique lui manquait. Le sens du toucher pourtant a été assez bien analysé. Il a lieu, dit-il, par tous les nerfs, dont les rameaux se distribuent dans toutes les parties du corps. Les fonctions de la main ont été si admirablement traitées, qu'on n'y a rien ajouté depuis lui.

2° DES PHÉNOMÈNES D'INHALABILITÉ. Ce sont ces phénomènes qui sont les suites, les conséquences de la faculté dont jouit l'animal, d'absorber, de prendre plus ou moins immédiatement les matériaux de sa constitution aux corps qui l'entourent, et qui deviennent des conditions de son existence. L'absorption est immédiate lorsqu'elle agit sur tout ce qui se présente à la surface d'un organisme; Galien n'a rien vu dans cette absorption générale. Elle est médiate, lorsqu'elle s'opère sur des matériaux modifiés par leur contact avec la surface des organes digestifs. Galien a connu l'absorption intestinale par suite de la digestion dans l'estomac et le duodénum; il a même connu l'absorption du cœcum. Il a attribué aux veines mésaraïques l'usage d'absorber le chyle dans les intestins, et de laisser la masse qui va former les excréments.

Pour la respiration, il a vu qu'il y avait une portion d'air absorbé; mais c'est tout ce qu'il en a su.

La *circulation*, conséquence de l'absorption, lui a été inconnue dans son ensemble, quoiqu'il ait admis la continuation des veines avec les artères. Il a aperçu les mouvements de systole et de diastole dans les artères, mais non leur étiologie, quoique toutes les finesses de l'étude des maladies par le pouls lui soient dues.

3° PHÉNOMÈNES INTERMÉDIAIRES OU CHIMIQUES OU DE CONVERSION. *Sanguification.* Galien est le premier qui ait employé ce mot, et qui ait senti ce qu'est cette fonction de conversion, qui en ait donné une étiologie, erronée sans doute; suivant lui, elle a lieu dans le foie. Il a défini le chyle une substance blanchâtre venant des aliments, composée de *serum* et de *coagulum*. Le chyle amené par les veines dans le foie, s'y change en sang par l'action du parenchyme de cet organe, la sanguification n'ayant été que commencée dans les veines mésaraïques.

Il ne s'est pas occupé de la formation de la graisse. Quant à la nutrition, il dit qu'elle se fait par l'exsudation du sang à travers les pores des vaisseaux, et par la faculté attractive des parties. Or, si l'on veut bien y réfléchir, on verra que cela ne peut pas avoir lieu autrement.

4° DES PHÉNOMÈNES D'EXHALABILITÉ, c'est-à-dire de ceux qui rendent au monde extérieur, qui rejettent de l'organisme plus ou moins immédiatement des matériaux de nature et de combinaison variées, et dont l'usage est variable.

Sécrétions. Galien a reconnu que le sang apporté dans certains organes, comme les reins, le foie, la rate, etc., y produit une sécrétion. Les reins, dit-il, attirent du sang son humidité superflue, la rassemblent dans une cavité membraneuse qui se trouve au milieu des reins, d'où elle va dans la vessie par le canal de l'uretère. Il dit que le foie produit la bile jaune, et la rate la bile noire.

Génération. Il a dit que la semence de la femelle sert à la nourriture du fœtus, et celle du mâle à la formation de ses membranes; il était donc fort peu avancé dans l'étiologie de cette grande fonction.

5° Des phénomènes d'irritabilité. Ce sont les phénomènes par lesquels l'animal montre qu'il sent et qu'il vit; ceux de locomotion et de phonation. Ils sont produits par la fibre musculaire ou contractile, sous l'influence de la volonté, ou sans cette influence; ce qui donne l'irritabilité volontaire, et l'irritabilité non volontaire. Galien a montré, par des expériences, que la fibre musculaire ou contractile devait être distinguée en fibre volontaire et en fibre involontaire. Il a admis quatre mouvements : 1° mouvement de contraction; 2° mouvement d'extension; 3° mouvement de translation; 4° mouvement de torsion.

En coupant les nerfs intercostaux et les nerfs récurrents, il a démontré que ce sont les nerfs qui transmettent la volonté.

La mécanique de la locomotion de translation générale ne l'a pas occupé; mais c'est lui qui le premier a donné à la fonction locomotrice de la main le nom d'*appréhension*. Il a parfaitement senti et exposé le mécanisme de la locomotion respiratrice. *Dans la production de la voix*, il a montré que cette fonction a pour substratum la fibre musculaire et les muscles, et pour instruments le larynx et l'appareil respiratoire. Il a le premier très-bien vu que le phénomène a son siége dans la glotte. Par la section des nerfs récurrents, qui a déterminé le mutisme, il a prouvé que ce phénomène est musculaire volontaire. Il a donné une théorie de la voix, en disant que l'air passe d'un endroit large dans un endroit qui se restreint graduellement pour s'élargir ensuite.

Quant aux phénomènes d'irritabilité non volontaire,

il a vu comment la disposition des fibres longitudinales et transverses de l'estomac et de l'intestin donnait lieu à la marche de la matière alimentaire, que les
mouvements du cœur sont indépendants de la volonté,
puisque le cœur séparé continue à se mouvoir.

6° PHÉNOMÈNES DE SENSIBILITÉ. C'est par eux que
l'animal détermine les phénomènes d'irritabilité, et par
conséquent ses mouvements; ils ont pour substratum
le système nerveux, et pour instruments préliminaires
les organes des sens.

Galien regarde le cerveau comme le siége de l'entendement, et les nerfs comme les organes des sentiments et des mouvements. Les nerfs du cervelet sont,
selon lui, destinés aux mouvements.

La théorie des sensations, en général, est nulle dans
Galien; il en est de même de la théorie des sensations
réfléchies ou de l'intelligence; cependant ayant regardé
les ventricules du cerveau comme le siége de l'entendement et de l'âme raisonnable, il a admis que le cerveau est le siége de l'irritation volontaire et de la sensibilité, et il a fait des expériences pour prouver que ce
siége est dans les parties profondes. Il a nommé esprits
animaux le produit de l'acte du cerveau agissant dans
l'acte de la volonté. Il a créé l'expression d'*impression*
pour rendre la cause de la mémoire ou du souvenir.
Les esprits animaux sont mus par une faculté qui n'a
rien de commun avec les corps; ils ne sont pas la propre faculté de l'âme, mais bien ses organes immédiats.
Les esprits animaux meuvent le nerf, le nerf meut le
muscle, et le muscle meut l'os.

D'après ce rapide aperçu, il faut donc encore regarder Galien comme le père de la physiologie expérimentale. Il a fondé la science de la médecine, et donné

une vraie direction à l'art médical, en le basant sur l'anatomie, et en lui fournissant cette certitude qu'il a dans
un grand nombre de cas. Il a d'ailleurs, dans des points
assez nombreux, étendu l'anatomie et la physiologie
comparées, comme nous en avons donné plusieurs
preuves remarquables.

Mais après avoir analysé ce qu'il a laissé à la science
anatomique et physiologique, il n'est pas hors de propos de jeter un coup d'œil sur ce qu'il a fait pour la
médecine.

IV. *Ce qu'il a laissé à l'art de guérir.* Pour apprécier
convenablement ce qu'il a apporté de perfectionnements à cet art, appliqué à l'espèce humaine, il faut
jeter un coup d'œil sur ce qu'il était avant lui.

En parlant des auteurs qui se sont occupés d'une
manière plus ou moins directe, plus ou moins naturelle, de la science des animaux, nous avons vu qu'Hippocrate et son école nous avaient laissé peu de chose
d'exact ou de suffisamment exact sur l'anatomie de
l'homme; plus de choses erronées que de vraies sur
la physiologie; un commencement fort intéressant d'appréciation d'une partie de l'histoire naturelle de
l'homme; mais encore mieux dans le diagnostic et
surtout dans le pronostic des maladies qu'en tout autre point. Du reste cette école avait transmis peu de
chose sur la description des maladies, et sur leur classification naturelle; le traitement ou la curation par
expectation ou la diète fut porté fort haut; le traitement rationnel ou par indications demeura à peu près
nul; le traitement empirique, quoique peu actif en général, prédomina cependant.

En parlant de Pline, nous avons vu combien l'art de
guérir s'était étendu, combien de remèdes étaient offerts

et acceptés, depuis l'incantation recommandée par Caton jusqu'aux applications d'emplâtres, au point que presque tous les animaux connus et leurs parties, les végétaux et leurs parties, beaucoup de minéraux étaient indiqués pour telle ou telle maladie.

Ce serait sortir de notre cadre que de nous arrêter à montrer, en détail, quels progrès l'art de guérir avait faits, avant d'arriver à Galien; nous devons nous borner à quelques observations.

Chez les Grecs, par la continuation de l'école d'Hippocrate, à Cos, par l'école de Cnide, par l'influence même des travaux d'Aristote, l'art de guérir devait se perfectionner en suivant ses progrès logiques, puisqu'il était dans la bonne voie; et ces progrès devaient se porter naturellement sur une connaissance plus complète de l'organisation, des fonctions des organes, sur la distinction et la description des maladies, sur les indications de traitements.

Chez les Romains, les choses devaient prendre une autre direction, parce que les hommes qui venaient de Grèce exercer la médecine à Rome, centre de l'empire, étaient hors de la vraie voie, de la marche naturelle des choses, c'est-à-dire en deçà ou au delà; de là, la médecine des incantations, celle des emplâtres, des charlatans guérisseurs, ou celle des médecins à système. Il en était résulté des sectes en médecine comme il y en avait en philosophie, et comme il allait, par suite, advenir en religion.

Les sectes médicales du temps de Galien étaient au nombre de quatre principales.

1° *Les empiriques*, dont Acron, plus ancien qu'Hippocrate, mais surtout Sérapion d'Alexandrie sont considérés comme les fondateurs, soutenaient qu'il est inutile de raisonner en médecine, et qu'il faut s'attacher exclusivement à l'expérience.

2° *Les dogmatiques*, dont Hippocrate et son école sont considérés comme les maîtres, posaient en principe la connaissance des causes cachées et naturelles, les actions naturelles, les fonctions du corps humain, et par conséquent la connaissance de son organisation.

3° *Les méthodistes*, dont Asclépiade et Thémison sont regardés comme les inventeurs, ayant la prétention de trouver une méthode pour rendre la médecine plus aisée à apprendre et à pratiquer, ne cherchaient pas les causes des maladies, mais ce qu'elles ont de commun, leurs rapports naturels. Ils réduisaient toutes les maladies au *strictum*, au *laxum*, ou à l'*intermedium*.

4° *Les éclectiques*, Archigène à leur tête, avaient, comme l'indique leur nom, l'idée de choisir dans chaque système ce qu'il y avait de bon.

Ainsi, comme il serait aisé de le prouver, la médecine n'était nullement scientifique, c'est-à-dire que ses règles, ses préceptes, ne reposaient réellement sur aucun principe d'identité de la nature des choses, et elle ne pouvait, par conséquent, être enseignée qu'empiriquement.

Galien formula nettement ce que c'était que la médecine, et ce que c'était qu'une maladie. Il pose en principe que, pour connaître un *art*, il faut connaître sa fin. Établissant plusieurs catégories d'arts, il admet que celui de guérir est au nombre de ceux dont l'ouvrage subsiste, est effectif, refaisant, rétablissant ce qui avait été altéré. Cet art soutient et rétablit le corps de l'homme en lui conservant la santé, ou en la lui rendant quand il l'a perdue. Mais, comme pour réparer une maison, il faut que l'architecte en connaisse préalablement la composition, la structure, Galien démontre aussi la nécessité absolue de l'anatomie, et, comme conséquence, la connaissance des usages des organes, ou la physiologie.—Il définit une maladie, *une affection contre nature, dans laquelle une fonction ou une action est lésée.* — Il partage les maladies en deux groupes principaux, suivant que l'affection est dans les parties similaires, ou dans les instruments, les organes, d'où les maladies organiques.

En thérapeutique, comme méthode générale de traitement, il recommande d'avoir égard : 1° à la fonction lésée; 2° à la cause de cette lésion ; 3° aux causes qui ont précédé la cause immédiate ; 4° aux symptômes. — Dans les maladies d'organes, il veut qu'on fasse attention à la forme, au nombre, à la quantité, à la position des parties affectées.

Malheureusement Galien attacha trop d'importance aux causes cachées, aux causes médiates, à leur influence, et c'est là-dessus qu'il fonda son système général de médecine.

	Produisant :			
Admet-	*Le feu*.... le chaud.	Dont le mélange	Chaud et humide..	*sanguin.*
tant	*L'eau*..... l'humide.	2 à 2 produit	Froid et humide...	*pituite.*
comme	*L'air*...... le froid.	les	Chaud et sec.......	*bile jaune.*
éléments :	*La terre.* le sec.	*tempéraments :*	Froid et sec.........	*bile noire.*

Il voulait que dans le corps humain tout mouvement fut dû à des esprits,

Qu'il partage en	*naturels*....	dans le sang.
	animaux...	dans le cerveau, d'où le mouvement.
	vitaux......	dans le cœur.

La science de la médecine, dans Galien, se rapprochait plus de l'école hippocratique que de toute autre; il aimait à se dire lui-même le sectateur d'Hippocrate, sans pourtant accepter absolument toutes les vues des dogmatiques de son époque. Il embrassa la médecine et la réforma dans toute son étendue, et il fut encore ici le véritable créateur de l'art scientifique de guérir.

IX. *Résumé.*

Galien, dont les éléments de la biographie sont tirés de ses propres écrits, naquit à Pergame, ville célèbre par son temple d'Esculape, dieu de la médecine, et par la protection que les Eumènes et les Attale, lieutenants d'Alexandre, accordaient aux sciences philosophiques et médicales. Son père était riche et assez instruit pour commencer et diriger lui-même l'éducation de son fils sur un plan large et philosophique; il lui donna les meilleurs maîtres.

A cette époque, les sciences et surtout la médecine s'étaient répandues de proche en proche d'Athènes, dans toutes les villes de l'Asie Mineure, et jusqu'à Alexandrie, où les Ptolémées avaient établi de larges moyens d'instruction dans tous les genres.

Dès lors, Galien s'étant préparé convenablement, il lui fut possible, après avoir fréquenté les principales écoles, de choisir celle qui lui offrait le plus d'attraits, et ce fut celle des péripatéticiens. — Déterminé ensuite à s'adonner à l'étude de l'art de guérir, il put l'apprendre en passant successivement sous différents maîtres ou médecins, à Smyrne, à Corinthe, et surtout à Alexandrie, où il étudia l'anatomie; tout en voyageant cependant dans le but de connaître les substances médicales par lui-même.

Après avoir commencé la pratique de son art dans sa patrie, à Pergame, il fut conduit à Rome, centre de l'empire, et où la faveur dont jouissaient les médecins était plus grande ; il y fut distingué et appelé par l'empereur Marc-Aurèle et ses successeurs. — Il y passa la plus grande partie de sa vie, occupé de la pratique de son art, de l'enseignement dans le temple de la Paix, et de la rédaction, de la publication de ses livres, pour ses élèves, ses amis, ou même ses malades et des personnages distingués qui les lui demandaient.

Tous ses ouvrages ont été publiés de son vivant ; ceux qui ont trait à la médecine ont été copiés et conservés d'âge en âge, et nous sont venus dans un état suffisant de conservation. Il y en a un grand nombre de manuscrits, beaucoup ont été traduits en plusieurs langues, et ils ont eu de nombreuses éditions dès les premiers temps de l'imprimerie.

L'ensemble de ses ouvrages constitue une véritable encyclopédie médicale, comprenant toutes les connaissances nécessaires, aussi bien pour enseigner que pour pratiquer la médecine. Lui-même en a donné le plan dans l'un de ses écrits intitulé : *De l'Ordre dans lequel on doit lire ses livres.*

Les éléments de ses travaux sont tirés de ses prédécesseurs et de ses contemporains grecs ; il n'a rien emprunté des Romains ; mais il doit beaucoup à l'école d'Alexandrie et à ses propres observations, qui ont été très-nombreuses en anatomie et en physiologie.

L'analyse de ses deux principaux ouvrages : *de Administratione anatomicâ* et *de Usu partium*, nous a fait comprendre que si Galien avait été guidé par une idée philosophique élevée, dans l'ordre et le plan adopté, il avait pourtant été obligé de le tronquer pour le but médical qu'il se propose essentiellement.

Cherchant en définitive à apprécier ce que la science a accepté de Galien, outre la grande conception médicale encyclopédique, nous avons vu qu'il a le premier donné une anatomie presque complète dans la masse et même dans quelques détails de l'organisation de l'homme; anatomie tirée, il est vrai, du magot et du singe presque exclusivement; qu'en physiologie, il a le premier institué des expériences, et qu'il en a même fait de très-remarquables sur les nerfs; qu'en médecine on lui doit un système raisonné de la science. Il est le fondateur de l'anatomie des régions et de la physiologie dans leurs rapports avec la médecine et la chirurgie.

Enfin, nous pensons avoir prouvé que Galien a fait faire à la science un grand pas sous les quatre points de vue : des principes, en acceptant et démontrant les causes finales, la suprématie de l'âme sur le corps, et l'existence d'un Dieu, sage, puissant, créateur et conservateur; d'anatomie, de physiologie et de médecine, dernier progrès par lequel Galien, ayant démontré que la médecine était une science et en ayant donné le secret, ses ouvrages ont été en voie constante de mouvement, et ne sont jamais tombés.

FIN DU PREMIER VOLUME.

TABLE DES MATIÈRES

DU TOME PREMIER.

———

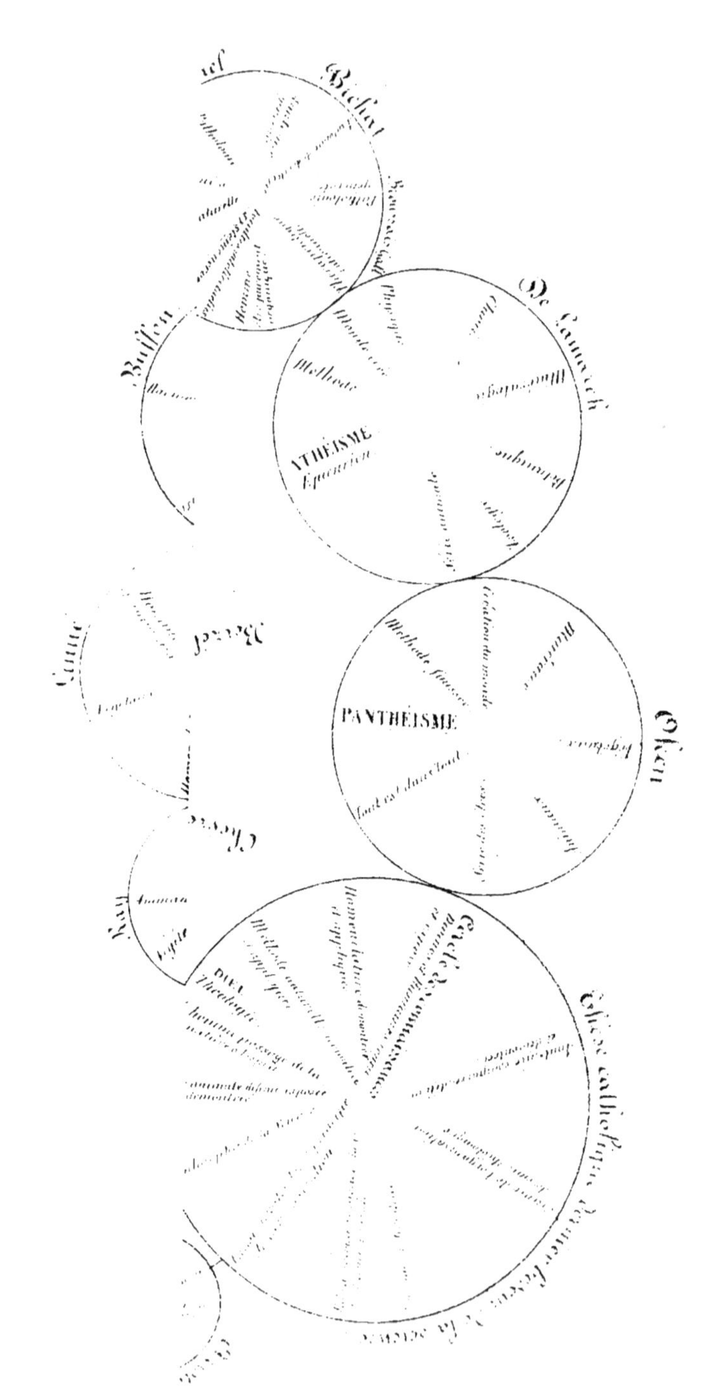
ATHÉISME
Épicurien
Méthode
PANTHÉISME
Méthode finitiste
DIEU
Théologie
Okon

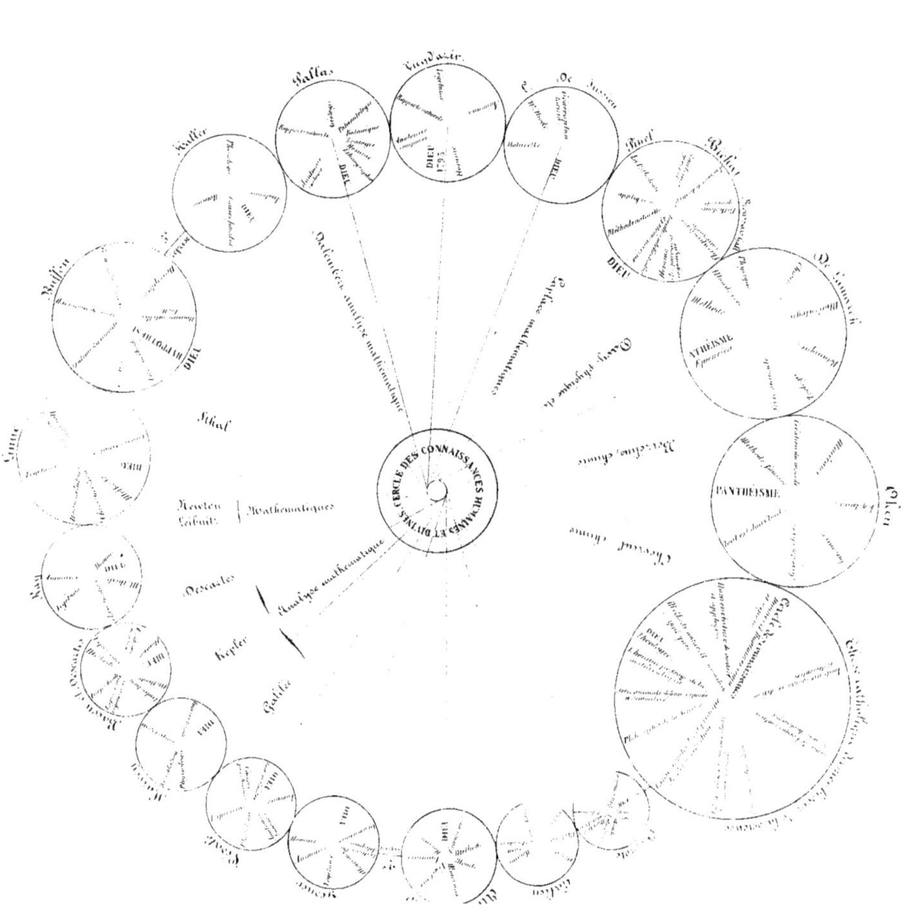